有限元理论及ANSYS工程应用

YOUXIANYUAN LILUN JI ANSYS GONGCHENG YINGYONG

王胜永 编著

主审 石路杨 袁志华 何文斌 赵 红

郑州大学出版社

郑 州

U0340624

内容简介

　　本书主要内容包括:以弹性力学为基础的有限元的概念和基本理论,平面弹性力学问题,空间弹性力学问题,有限元基本理论,ANSYS15.0 软件的有限元分析过程,ANSYS15.0 基本操作、基础应用实例、工程应用实例等,本书在内容安排上深入浅出、循序渐进,理论联系实际,注重工程应用。本书适合机械工程、土木工程、化工装备等工科专业教学及学习用书,也可作为相关专业从业人员参考学习用书。

图书在版编目(CIP)数据

有限元理论及 ANSYS 工程应用/王胜永编著. —郑州:
郑州大学出版社,2018.8(2019.1 重印)
　　ISBN 978-7-5645-5767-6

　　Ⅰ.①有… Ⅱ.①王… Ⅲ.①有限元分析–应用软件
Ⅳ.①O241.82-39

中国版本图书馆 CIP 数据核字(2018)第 196933 号

郑州大学出版社出版发行
郑州市大学路40 号　　　　　　　　邮政编码:450052
出版人:张功员　　　　　　　　　　发行电话:0371-66966070
全国新华书店经销
郑州市诚丰印刷有限公司印制
开本:787 mm×1 092 mm　1/16
印张:29.25
字数:693 千字
版次:2018 年 8 月第 1 版　　　　　印次:2019 年 1 月第 2 次印刷

书号:ISBN 978-7-5645-5767-6　　　　定价:69.00 元
本书如有印装质量问题,请向本社调换

前 言
Preface

··

自 1960 年 R. W. Clough 正式提出"有限元方法"以来,随着计算机科学技术的发展和进步,有限元方法得到了长足的发展和快速的普及。有限元方法已经在机械工程、航空航天、汽车、造船、土木工程、电子电气、冶金与成形等众多工程领域中得到了广泛应用。有限元法的通用计算软件作为有限元研究的一个重要组成部分,也随着电子计算机的飞速发展而迅速发展起来。大型通用有限元分析软件不断涌现和更新,在产品的开发、设计、分析以及制造过程得到了广泛应用,其功能强大、计算可靠、工作效率高,逐渐成为现代工业领域中计算机技术和现代工程方法的完美结合。同时,也对从事现代工程科学技术工作的人才提出了应具备完整知识结构的要求,即理论基础、工程实践和计算能力。

ANSYS 软件是一种大型通用的有限元分析(FEA)软件,是世界范围内增长最快的 CAE 软件。因其功能强大,应用领域宽广,现已成为国际最流行的有限元分析软件。目前,中国多所理工院校已采用 ANSYS 软件进行有限元分析或者作为标准教学软件,并且相继开设了这方面的课程。我们根据近年来的有限元教学内容和工程实践经验编著了本书,并力求做到以下几点:

首先,本书作为入门教材,主要讲述了有限元的基本理论和通用有限元分析软件 ANSYS15.0 在有限元分析中的应用。本书可以作为一本介绍有限元分析与应用的教学或参考用书,在进行有限元理论讲解过程中,尽量避开了枯燥的理论,避免学生在理论面前望而却步;同时又保留了足够的理论知识确保可以灵活、有效地使用 ANSYS15.0。在 ANSYS15.0 应用过程中,首先介绍相关的基础理论,然后给出一些工程实例问题,并进行理论求解计算,以便于大学生和初学者更好地学习有限元方法的基本概念。进而再介绍如何利用 ANSYS 求解这些问题。使大学生和初学者掌握如何利用通用有限元分析软件进行问题的求解。

其次,本书还特别强调分析结果的验证,通过理论解析解和 ANSYS15.0 求解结果对比,以简单、可行的"合理性检查"方法,检验实例问题分析结果的正确性。

　　再次,本书给出习题,可以帮助大学生和初学者完成一定的上机实验练习。本书通过理论讲解并配合上机实验训练以加强大学生和初学者对有限元理论的理解以及对 ANSYS15.0 软件的有效使用,因此特别适合于希望学习有限元分析基本理论和方法并将其应用于ANSYS15.0 有限元软件进行解决实际工程问题的高校学生、研究生和从事有限元研究与应用的工程技术人员。

　　本书是一本对工科各专业具有普遍适用性的基础应用学习书籍,在编著中做到由浅入深,注重知识体系的完整性,内容较为丰富。教师在具体讲授时,可根据需要适当取舍。

　　本书由郑州轻工业大学王胜永编著。同时,华北水利水电大学石路杨、河南农业大学袁志华、郑州轻工业大学何文斌以及郑州轻工业大学赵红担任主审。在此衷心感谢为本书付出努力的每一个人。

　　本书在编著的过程中,参考了相关专家和学者的著作和文献,在此谨表谢意!

　　由于编者水平有限,对书中的不足和疏漏之处在所难免,欢迎读者批评指正。

编者

2018 年 5 月

目录 CONTENTS

第1章　概论 ·· 1
　1.1　有限元方法简介 ··· 1
　1.2　有限元方法发展概况与趋势 ································· 2
　1.3　有限元软件开发与 CAD/CAE 技术 ····················· 5
　1.4　有限元方法及相关软件计算分析的作用 ················· 8
　1.5　本书内容安排与特点 ··· 8
第2章　有限单元法理论基础 ·· 10
　2.1　有限单元法力学理论基础概述 ····························· 10
　2.2　离散结构的解析法与有限元法求解 ······················ 11
　2.3　弹性力学基本方程 ·· 19
　2.4　有限单元法数学理论基础 ····································· 23
　2.5　三角形平面单元弹性力学分析 ······························ 23
　2.6　等参有限单元法 ·· 52
　2.7　空间弹性力学问题 ·· 74
第3章　有限元分析过程 ·· 89
　3.1　有限元分析的一般过程 ·· 89
　3.2　单元的位移插值函数 ··· 93
　3.3　单元刚度矩阵与等效节点载荷向量 ······················· 96
　3.4　整体分析 ··· 101
　3.5　约束条件的处理 ·· 104
　3.6　有限元一般分析过程算例 ····································· 106
　3.7　几种典型单元及位移模式 ····································· 109
第4章　ANSYS 概述 ··· 111
　4.1　ANSYS 简介 ·· 111
　4.2　ANSYS 安装与启动 ··· 114
　4.3　菜单介绍 ··· 118
　4.4　ANSYS 基本操作 ·· 130
　4.5　ANSYS 程序结构 ·· 133
　4.6　ANSYS 的单位制 ·· 149
　4.7　ANSYS 的坐标系及切换 ······································ 149

4.8 工作平面(Working Plane) ·········· 152
4.9 ANSYS 通用操作 ·········· 153
第5章 ANSYS 基本操作基础 ·········· 155
5.1 几何建模 ·········· 157
5.2 材料设置与网格划分 ·········· 181
5.3 施加加载与求解 ·········· 198
第6章 ANSYS 应用实例分析 ·········· 221
6.1 ANSYS 分析规划方案 ·········· 221
6.2 静力学结构分析概述 ·········· 222
6.3 线性静力学结构分析的基本步骤 ·········· 233
6.4 桁架结构 ·········· 235
6.5 梁结构 ·········· 257
6.6 二维与三维实体结构分析 ·········· 279
6.7 圆轴扭转分析 ·········· 295
6.8 压杆屈曲分析 ·········· 307
6.9 简单振动模态分析 ·········· 331
第7章 ANSYS 工程应用实例分析 ·········· 352
7.1 土木工程实例分析 ·········· 352
7.2 ANSYS 在机械工程的应用 ·········· 413
7.3 化工装备实例分析——球罐在地震载荷下的动力响应 ·········· 447
参考文献 ·········· 459

第 1 章   概论

1.1   有限元方法简介

在大学里我们一般学习过四门力学课程(理论力学、材料力学、结构力学、弹性力学)。理论力学的研究对象是刚体受力平衡规律;材料力学的研究对象是变形体受力后内部效应(应力与应变);结构力学研究的对象包括结构(如框架、桁架)的组成规则,结构在各种效应(外力、温度效应、施工误差及支座变形等)作用下的响应,包括内力(轴力、剪力、弯矩、扭矩)的计算,位移(线位移、角位移)计算,以及结构在动力荷载作用下的动力响应(自振周期、振型)的计算等;弹性力学的主要研究对象是板、壳、实体结构(如平板、水坝),研究弹性物体在外力和其他外界因素作用下产生的变形和内力,也称为弹性理论。

在四门力学课程学习过程中,我们采用了假设理论,在正常荷载的作用下,大部分实际结构变形都很小,其分析过程都简化成用线性理论描述。因而在小变形和室温下,材料的本构方程可以看成是线性的而不致有较大的误差。通常采用解析方法求解出精确解。然而,解析方法只适用于是少数方程性质比较简单,且几何形状相当规则的问题。而对于实际工程结构中的大多数问题,我们一般不能得到系统的精确解。这是由于方程的某些特征的非线性性质,或由于求解区域的几何形状比较复杂,往往不能得到解析的答案。这类问题的解决通常有两种途径。一是引入简化假设,将方程和几何边界简化为能够处理的情况,从而得到问题在简化状态下的解。但是这种方法只是在有限的情况下是可行的,因为过多的简化可能导致误差很大甚至错误的解。因此工程界和科学界诸多工程师和学者一直致力于寻找和发展另一种求解途径和方法——数值解法。特别是近四十多年来,随着电子计算机和相关计算分析软件的飞速发展和广泛应用,数值分析方法已成为求解科学技术问题的主要工具 。

解析解表明了工程问题在任何点的精确行为,而数值解只在称为节点的离散点上近似于解析解。已经发展的数值分析方法主要有两类:一类是有限差分法,其特点是针对每一个节点写微分方程,并且用差分方程代替导数,这一过程产生一组线性方程,有限差分法对于简单问题的求解是易于理解和应用的,但用于几何形状复杂的问题时,它的精度将降低,甚至发生困难;另一类数值分析方法是有限元方法,有限元方法的出现,是数值分析方法研究领域内重大突破性的进展 。

有限元方法也叫"有限单元法"或"有限元素法",它是一种将连续体离散化,以求解各种力学问题的数值方法。有限单元法的基本思想是将连续的求解区域离散为一组有限

个、且按一定方式相互连结在一起的单元的组合体。由于单元能按不同的连结方式进行组合,且单元本身又可以有不同形状和大小。因此,它可以很好地适应复杂的几何形状、复杂的材料特性和复杂的边界条件。再加上它有成熟的大型软件支持,使其已经成为一种非常广泛应用的数值计算方法。

例如,为分析直齿轮上一个齿内的应力分布,可分析如图 1.1 所示的一个平面截面内位移分布。作为近似解,可以先求出图中三角形各顶点位移。这里的三角形就是单元,其顶点就是节点。

从物理角度理解,可把一个连续的齿形截面分割成图 1.1 表示的很多小三角形单元,而单元之间在节点处以铰链相连接,由单元组合而成的结构近似代替原连续结构。如果能合理地求得各单元的弹性特性,也就可以求出这个组合结构的弹性特性。这样,结构在一定的约束条件下,在给定的载荷作用

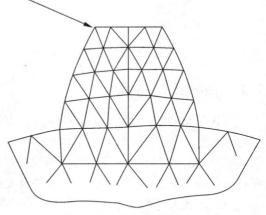

图 1.1 轮齿有限元网格

下,就可以求解各节点的位移,进而求解单元内的应力。这就是有限元方法直观的、物理的解释。

从数学角度理解,是把图 1.1 所示的求解区域剖分成许多三角形子域,子域内的位移可用三角形各顶点的位移合理插值来表示。按原问题的控制方程(如最小势能原理等)和约束条件,可以解出各节点的待定位移。推广到其他的连续域问题,节点未知量也可以是压力、温度、速度等物理量。这就是有限元方法的数学解释。

在一定条件下,由单元集合成的组合结构近似于真实结构。在此条件下,分区域插值求解也就能趋近于真实解。这种近似的求解方法及其所应满足的条件,就是有限元方法所要研究的内容。

可以看出,有限元方法可适应于任意复杂的几何区域,便于处理不同的边界条件,这一点比常用的差分法更为优越。满足一定条件下,单元越小,节点越多,有限元数值解的精度也就越高。电子计算机的大存贮量和高计算速度为此提供必要的手段。另外,由单元计算到集合为整体区域的有限元分析,都很适应于计算机的程序设计,可由计算机自动完成,这也是有限元法得以迅速发展的原因之一。

1.2 有限元方法发展概况与趋势

有限元方法作为处理连续介质问题的一种普遍方法。离散化是有限元方法的基础。然而,这种思想自古有之。齐诺(公元前 5 世纪前后古希腊埃利亚学派哲学家)说:空间是有限的和无限可分的。故,事物要存在必有大小。亚里士多德(古希腊哲学家、科学家)说:连续体由可分的元素组成。祖冲之(南北朝时期):在计算圆的周长时采用了离散化的逼近方法,即采用内接多边形和外切多边形从两个不同的方向近似描述圆的周长,当

多边形的边数逐步增加时近似值将从这两个方向逼近真解（图1.2）。这是"化圆为直"的做法，另外，"曹冲称象"的典故体现了"化整为零"的做法。这些实际上都体现了离散逼近的思想，即采用大量的简单小物体来"填充"出复杂的大物体。

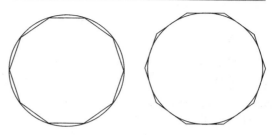

图1.2 圆周长的多边形近似逼近

在近代，应用数学界第一篇有限元论文是 1943 年 Courant R（库朗）发表的 *Variational methods for the solution of problems of equilibrium and vibration* 一文，文中描述了他使用三角形区域的多项式函数来求解扭转问题的近似解，由于当时计算机尚未出现，这篇论文并没有引起应有的注意。

1956 年，M. J. Turner（波音公司工程师 特纳），R. W. Clough（土木工程教授 克拉夫），H. C. Martin（航空工程教授 马丁）及 L. J. Topp（波音公司工程师 托普）等四位共同在航空科技期刊上发表一篇采用有限元技术计算飞机机翼强度及刚度的论文，名为 *Stiffness and Deflection Analysis of Complex Structures*，文中把这种解法称为刚性法（Stiffness），一般认为这是工程学界上有限元法的开端。

1960 年，Ray W. Clough（克拉夫）教授在美国土木工程学会（ASCE）之计算机会议上，发表另一篇名为 *The Finite Element in Plane Stress Analysis* 的论文，将应用范围扩展到飞机以外之土木工程上，同时有限元法（The Finite Element Method）的名称也第一次被正式提出。

O. C. Zienkiewize 在他的"*The Finite Element Method*"一书中写到：The limitation of the human mind are such that it can not grasp the behaviour of its complex surroundings and creations in one operation. Thus the process of subdividing all systems into their individual components or elements, whose behaviour is readily understood, and then rebuilding the original system from such components to study its behaviour is a natural way in which the engineer, the scientist, or even the economist proceeds.

这段文字的大意是："人类大脑是有限的，以致不能一次就弄清周围许多（自然存在的和创造出的）复杂事物的特性。因此，我们先把整个系统分成特性容易了解的单个元件或'单元'，然后由这些元件重建原来的系统以研究其特性，这是工程师、科学家甚至经济学家都采用的一种自然的方法"。许多经典的数学近似方法以及工程师们用的直接近似法都属于这一范畴。

我国的力学工作者为有限元方法的初期发展做出了许多贡献，其中比较著名的有：陈伯屏（结构矩阵方法），钱令希（余能原理），钱伟长（广义变分原理），胡海昌（广义变分原理），冯康（有限单元法理论）。而有限单元法从应用意义上讲，它的快速发展始于 20 世纪 60 年代。一般认为有限元法的发展经历了三个时期。

第一个时期：

1960 年起。最重要的工作来自结构工程师，第一次解决了诸如汽车、飞机、水坝等复杂结构的力学分析。尽管当时有限元法的数学基础尚未完全建立（尽管与今天相比，当

时的成就十分有限),但该方法获得了巨大成功。

第二个时期:

始于 1965 年前后,属于数值分析家。1963 年开始出现数值分析家的论文,他们终于认识了有限元法的基本原理,事实上是逼近论、偏微分方程及变分形式和泛函分析的巧妙结合。并得出结论:直接刚度法(即有限元法)的基础是变分原理,它是基于变分原理的一种新型里兹法(采用分区插值方案的新型里兹法)。这样就使数学界与工程界得到沟通,获得共识。从而使有限元法被公认为既有严密理论基础、又有普遍应用价值的一种数值方法。

在有限元的这一发展时期,还有必要说明两个问题:一个是有限单元法与变分原理之间的关系,另一个是我国学者对有限单元法的贡献。

第一个问题:从有限元法的创立过程看两者的关系。能量变分原理是有限元法的理论基础,这是学术界的共识。但这个共识的形成,有过这样的一段历史过程。

首先,应用数学界第一篇有限元论文是前面提到的 1943 年出版的 Courant 1941 年作的报告"Variational methods for the solution of problems of equilibrium and vibration"。他用变分原理和分片插值方法来求扭转问题的近似解。他在论文题目上把后来称为有限元的这种解法归结为"变分解法"。

其次,工程技术界第一篇有限元论文是 1956 年 Turner,Clough,Martin 和 Toop 的论文"Stiffness and deflection analysis of complex structures"。他们把刚架的矩阵位移法推广用于弹性力学平面问题作近似分析,在题目上把这种解法归结为复杂结构的刚度法(或直接刚度法)。随后(1960 年)Clough 定名为有限元法。这些作者与当时的工程师一样,可能不太注意 Courant 那篇被冷落的论文,不太注意他们的直接刚度法与 Courant 的变分解法有何联系。

最后,1963 年开始出现论文,包括 Melosh 的论文"Basis for derivation for the Direct Stiffness Method",并得出如下结论:直接刚度法(即有限元法)的基础是变分原理,它是基于变分原理的一种新型里兹法(采用分区插值方案的新型里兹法)。这样就使数学界与工程界得到沟通,获得共识。从而使有限元法被公认为既有严密理论基础、又有普遍应用价值的一种数值方法。

从 1943 年和 1956 年两种构思的独立提出,到 1963 年的交汇融合,这正是有限元创立的真实和曲折过程。通过这种曲折,正好看出两者关系的密切难分。

第二个问题:我国学者对有限单元法的贡献。我国数学家冯康等人从 1960 年前后开始,也创造了系统化的有限元算法(1965 年文"基于变分原理的差分格式")编写了程序,解决了当时国防和经济建设中的一些重大课题,并奠定了数学理论基础。因此可以说,有限元法是在欧、美和中国被独立发展的。

有限元及变分原理的研究领域是我国学者的研究强项。胡海昌于 1954 年提出的弹性力学广义变分原理为有限元法的发展提供了理论基础。冯康提出的基于变分原理的差分格式实质上就是今天的有限元法。龙驭球提出的分区和分项能量原理(1980),分区混合有限元(1982),样条有限元(1984),广义协调元(1987)和四边形面积坐标理论(1997)等,使有限元方法的分析能力和应用领域得到很大提升。

在专著方面,钱伟长于 1980 年出版的专著(变分法与有限元,北京:科学出版社,1980)和胡海昌于 1981 年出版的专著(弹性力学的变分原理及其应用,北京:科学出版社,1981)是变分原理与有限元法的两本经典之作。朱伯芳于 1979 年初版和 1998 年再版的专著(有限单元法原理与应用,北京:中国水利水电出版社,第 1 版 1979,第 2 版 1998)是兼备科学性和实用性的巨著。

第三个时期:有限单元法的广泛应用。自 1970 年开始,有限元法的理论迅速地发展起来,并广泛地应用于各种力学问题和非线性问题,成为分析大型、复杂工程结构的强有力手段。并且随着计算机的迅速发展,有限元法中人工是难以完成的大量计算工作能够由计算机来实现并快速地完成。因此,可以说计算机的发展很大程度上促进了有限元法的建立和发展。有限元法被迅速应用到各领域。

1.3　有限元软件开发与 CAD/CAE 技术

40 多年来,有限单元法的应用已由弹性力学平面问题扩展到空间问题、板壳问题,由静力平衡问题扩展到稳定问题、动力问题和波动问题。分析的对象从弹性材料扩展到塑性、黏弹性、黏塑性和复合材料等。从固体力学扩展到流体力学、传热学等连续介质力学领域。在工程分析中的作用已从分析和校核,扩展到优化设计并和计算机辅助设计技术相结合。随着现代力学、计算数学和计算机技术等学科的发展,有限单元法作为一个具有巩固理论基础和广泛应用能力的数值分析工具,已经迅速扩展到其他领域,诸如化工、电子、热传导、磁场、建筑声学,流体动力学、医学(骨骼力学、血液力学、脑流)、耦合场(结构—热、流体—结构、静电—结构、声学—结构)等等。可以说:有分析就有有限元。

有限元方法是与工程应用密切结合的,是直接为产品设计服务的。因而随着有限元理论的发展与完善,以及电子计算机的快速运算能力和广泛应用,结构有限元分析与产品设计结合起来,形成产品分析、设计、制造一体化(CAD、CAM)。而且,自 20 世纪 80 年代开始,世界各国,特别是发达国家,都花费巨大的人力和物力开发有限元程序,各种大大小小、专用的、通用的有限元结构分析程序也大量涌现出来。比如:

(1)ANSYS

1969 年,John Swanson 博士建立了自己的公司 Swanson Analysis Systems Inc(SASI)。其实早在 1963 年 John Swanson 博士任职于美国宾州匹兹堡西屋公司的太空核子实验室时,就已经为核子反应火箭作应力分析编写了一些计算加载温度和压力的结构应力和变位的程序,此程序当时命名为 STASYS (Structural Analysis System)。在 Swanson 博士公司成立的次年,结合者早期的 STASYS 程序发布了商用软件 ANSYS。1994 年 Swanson Analysis Systems, Inc. 被 TA Associates 并购,并宣布了新的公司名称改为 ANSYS。

ANSYS 公司自 1969 年成立以来,不断吸取世界最先进的计算方法和计算机技术,引导世界有限元分析软件的发展,以其先进性,可靠性、开放性等特点,被全球工业界广泛认可,拥有全球最大的用户群。1995 年,在分析设计类软件中第一个通过 ISO9001 国际质量体系认证。

ANSYS 采用三维实体描述法建立几何模型,几十种图素库可以模拟任意复杂的几何形状,强大的布尔运算实现模型的精雕细刻;提供多种网格划分方法,可以实现网格密度及形态的精确控制。具体划分方法有拉伸网格划分,智能自由网格划分,映射网格划分,自适应网格划分等。

ANSYS 可对结构进行静、动力线性和非线性分析、流体分析、热分析、电磁场分析、声学分析等。结构非线性分析包括几何非线性、材料非线性、状态非线性,单元非线性分析等。具有先进的优化功能、灵活快速的求解器、丰富的网格划分工具、与 CAD 及 CAE 软件的接口等功能。

强大的后处理功能可使用户很方便地获得分析结果,其形式包括彩色方图、等值面、梯度、动画显示、多种数据格式输出、结果排序检索及数学运算等。因此,ANSYS 软件被广泛应用于土木工程、机械、电子、交通、造船、水利、地矿、铁道、石油化工、航空航天、核工业等领域。

近年来,ANSYS 公司通过一连串的并购与自身壮大后,把其产品扩展为 ANSYS Mechanical 系列, ANSYS CFD(FLUENT/CFX)系列,ANSYS ANSOFT 系列以及 ANSYS Workbench 和 EKM 等。由此 ANSYS 塑造了一个体系规模庞大、产品线极为丰富的仿真平台,在结构分析、电磁场分析、流体动力学分析、多物理场、协同技术等方面都提供完善的解决方案。

(2)SAP

1963 年在加州大学 Berkeley 分校,Edward L. Wilson 教授和 Ray W. Clough 教授为了计算结构静力与动力分析而开发了 SMIS(Symbolic Matrix Interpretive System),其目的是为了弥补在传统手工计算方法和结构分析矩阵法之间的隔阂。

1969 年,Wilson 教授在第一代程序的基础上开发的第二代线性有限元分析程序,就是著名的 SAP(Structural analysis program),而非线性程序则为 NONSAP。经过 20 多年的不断发展、完善,成为一个在国际上普遍受欢迎的通用结构分析软件。

(3)MARC

MARC Analysis Research Corporation(简称 MARC)始创于 1967 年,总部设在美国加州的 Palo Alto,是全球第一家非线性有限元软件公司。创始人是美国著名布朗大学应用力学系教授 Pedro Marcal。MARC 公司在创立之初便独具慧眼,瞄准非线性分析这一未来分析发展的必然,致力于非线性有限元技术的研究、非线性有限元软件的开发、销售和售后服务。对于学术研究机构,MARC 公司的一贯宗旨是提供高水准的 CAE 分析软件及其超强灵活的二次开发环境,支持大学和研究机构完成前沿课题研究。对于广阔的工业领域,MARC 软件提供先进的虚拟产品加工过程和运行过程的仿真功能,帮助市场决策者和工程设计人员进行产品优化和设计,解决从简单到复杂的工程应用问题。经过 30 余年的不懈努力,MARC 软件得到学术界和工业界的大力推崇和广泛应用,建立了它在全球非线性有限元软件行业的领导者地位。

虽然在 MARC 在 1999 年被 MSC 公司收购,但其对有限元软件的发展起到了决定性的推动作用,至今在 MSC 的分析体系中依然有着 MARC 程序的身影。

（4）NASTRAN

美国国家太空总署 NASA（National Aeronautics and Space administration，国家航空和宇宙航行局），当年美国为了能够在与苏联之间的太空竞赛中取得优胜而成立了 NASA。为了满足宇航工业对结构分析的迫切需求，NASA 于 1966 年提出了发展世界上第一套泛用型的有限元分析软件 Nastran（NASA STRuctural ANalysis Program）的计划，MSC. Software 则参与了整个 Nastran 程序的开发过程。1969 年 NASA 推出了其第一个 NASTRAN 版本，称为 COSMIC Nastran。之后 MSC 继续的改良 Nastran 程序并在 1971 年推出 MSC. Nastran。因为和 NASA 的特殊关系，NASTRAN（又名 MSC NASTRAN）在航空航天领域有着崇高的地位。MSC. NASTRAN 是世界上功能最全面、应用最广泛的大型通用结构有限元分析软件之一，同时也是工业标准的 FEA 原代码程序及国际合作和国际招标中工程分析和校验的首选工具，可以解决各类结构的强度、刚度、屈曲、模态、动力学、热力学、非线性、声学、流体-结构耦合、气动弹性、超单元、惯性释放及结构优化等问题。通过 MSC. NASTRAN 的分析可确保各个零部件及整个系统在合理的环境下正常工作。此外，程序还提供了开放式用户开发环境和 DMAP 语言，及多种 CAD 接口，以满足用户的特殊需要。

MSC 公司作为最早成立的 CAE 公司，先后通过开发、并购，已经把数个 CAE 程序集成到其分析体系中。目前 MSC 公司旗下拥有十几个产品，如 Nastran、patran、Marc、Adams、Dytran 和 Easy 5 等，覆盖了线性分析、非线性分析、显式非线性分析以及流体动力学问题和流场耦合问题。另外，MSC 公司还推出了多学科方案（MD）来把以上的诸多产品集成为了一个单一的框架解决多学科仿真问题。

（5）ABAQUS

ABAQUS 公司成立于 1978 年，总部位于美国罗得岛州博塔市，是世界知名的高级有限元分析软件公司，其主要业务为非线性有限元分析软件 ABAQUS 的开发、维护及售后服务。ABAQUS 软件已被全球工业界广泛接受，在技术、品质以及可靠性等方面具有非常卓越的声誉，并拥有世界最大的非线性力学用户群，是国际上最先进的大型通用非线性有限元分析软件。

ABAQUS 是一套功能强大的模拟工程问题的有限元软件，可以分析复杂的力学、热学和材料学问题，分析的范围从相对简单的线性分析到非常复杂的非线性分析，特别是能够分析非常庞大的模型和模拟非线性问题。它包括一个十分丰富的、可模拟任意实际形状的单元库，并与之对应拥有各种类型的材料模型库，其中包括金属、橡胶、高分子材料、复合材料、钢筋混凝土、可压缩有弹性的泡沫材料以及类似于土和岩石等地质材料。作为通用的模拟计算工具，ABAQUS 可以模拟各种领域的问题，例如热传导、质量扩散、电子部件的热控制（热电耦合分析）、声学分析、岩土力学分析（流体渗透和应力耦合分析）及压电介质分析。

另外，20 世纪 70 年代中期，大连理工大学研制出了 JEFIX 有限元软件，航空工业部研制了 HAJIF 系列程序。80 年代中期，北京大学的袁明武教授通过对国外 SAP 软件的移植和重大改造，研制出了 SAP-84；北京农业大学的李明瑞教授研发了 FEM 软件；建筑科学研究院在国家"六五"攻关项目支持下，研制完成了"BDP-建筑工程设计软件包"；中国科学院开发了 FEPS、SEFEM；航空工业总公司飞机结构多约束优化设计系统 YIDOYU 等一批自主程序。

20 世纪 90 年代以来,大批国外 CAE 软件涌入国内市场,遍及国内的各个领域,国外的专家则深入到大学、院所、企业与工厂,展示他们的 CAE 技术、系统功能及使用技巧。因此使得国内自主研发 CAE 软件受到强烈打压,以至于在 20 世纪的最后十几年国内 CAE 自主创新的步伐已经非常缓慢,也逐渐拉开了与国外 CAE 软件的距离。

1.4　有限元方法及相关软件计算分析的作用

基于功能完善的有限元分析软件和高性能的计算机硬件对设计的结构进行详细的力学分析,以获得尽可能真实的结构受力信息,就可以在设计阶段对可能出现的各种问题进行安全评判和设计参数修改。据有关资料,一个新产品的问题有 60% 以上可以在设计阶段消除,甚至有的结构的施工过程也需要进行精细的设计,要做到这一点,就需要类似有限元分析这样的分析手段。

例如,大家熟知的土木建筑工程领域中,北京奥运场馆的鸟巢由纵横交错的钢质杆件组成,它是鸟巢设计核心部分(图 1.3),也是鸟巢建设中最艰难的。看似轻灵的杆件总重达 42000 t。其中,顶盖以及周边悬空部位重量为 14000 t。在施工时,采用了 78 根支柱进行支撑。在钢结构焊接完成后,需要将其缓慢而又平稳地卸去,让鸟巢变成完全靠自身结构支撑。因而,支撑塔架的卸载,实际上就是对整个钢结构的加载,如何卸载需要进行非常详细的数值化分析,以确定出最佳的卸载方案。2006 年 9 月 17 日成功地完成了整体钢结构施工的最后卸载。

图 1.3　北京鸟巢钢结构

1.5　本书内容安排与特点

前已提及,有限单元法是一种数值解,可总结如下特点:

(1)物理概念清晰。有限单元法一开始就从力学角度进行推导(平衡、几何、物理方程)研究,使初学者易于入门。

(2)可以从不同的理论得出相同的有限元法结果。例如,可以从通俗易懂的结构力学方法出发,阐述其基本原理和公式的推导,也可利用变分原理为其建立起严格的数学解释。如熟知的平面杆系单元刚度矩阵,可从转角位移方程出发获得单刚的每列元素。在左端单位水平位移和单位竖向位移单独作用下的杆端力便构成了单刚的第一、二列(图1.4)。

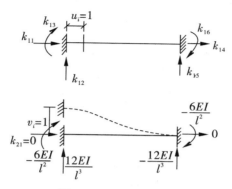

图 1.4　平面杆系单元

$$[K]^e = \begin{matrix} U_1 = 1 & V_1 = 1 & \\ \begin{bmatrix} \dfrac{EA}{l} & 0 & \cdots \\ 0 & \dfrac{12EI}{l^3} & \cdots \\ 0 & -\dfrac{6EI}{l^2} & \cdots \\ -\dfrac{EA}{l} & 0 & \cdots \\ 0 & -\dfrac{12EI}{l^3} & \cdots \\ 0 & -\dfrac{6EI}{l^2} & \cdots \end{bmatrix} \end{matrix}$$

(3)有极强的灵活性与适用性,可以适应一切连续介质和场问题。

(4)采用矩阵表达式、适应计算机编程。

但是,对从事应用科学的人员来说,有限元法是与电子计算机联系在一起的,有一点是清楚的,离开计算机谈有限元,对我们从事工程专业的人来说恐怕意义不大。因此,本课程的内容安排是通过学习有限元的基本原理和方法,学会编写计算机程序来解决结构工程中的力学分析问题。本课程学习包括三个方面:力学原理、数学方法和计算机程序设计等几个方面,诸方面互相结合才能形成这一完整的分析方法。

由于计算机的普及,有限元的应用已越来越广泛。在结构工程领域,大部分需要借助计算机来完成的,而要用计算机解决的问题,绝大部分与有限元有关。

第 2 章　有限单元法理论基础

在工程和科技领域内,对于许多力学问题和物理问题,人们可以给出它们的数学模型,即应遵循的基本方程(常微分方程或偏微分方程)和相应的定解条件。但能用解析方法求出精确解的只是少数方程性质比较简单,且几何形状相当规则的情况。例如在材料力学和结构力学学习中,我们讨论了简单杆件及杆系结构的强度计算问题。那都是属于古典力学的范畴。在平面假设的条件下,所得到的解是精确的。而对于大多数问题,由于方程的非线性性质,或由于求解域的几何形状比较复杂,则只能采用数值方法求解。例如在弹性力学学习中,由于取消了平面假设,使问题变得复杂化了。对于我们所讨论的问题,能找到精确的解是非常有限的。而更多的问题是我们无法找到它的精确解(或严格叫解析解),只能采用数值方法求解。

工程结构大致可分为两类,一类是离散结构(例如桁架结构),一类是连续体结构(例如板壳结构)。材料力学(结构力学)主要解决的是简单的离散结构问题,弹性力学主要解决连续体结构问题。本章首先讨论了离散结构方面材料力学与有限元的矩阵位移法求解过程分析比较,其次讨论了连续体结构方面弹性力学平面问题与有限元方法的求解过程分析比较。从而,可以为基础力学理论知识与有限元理论之间起到较好的过渡、衔接作用,也能够更好地理解有限元方法理论及求解过程。

2.1　有限单元法力学理论基础概述

力学是研究力对物体的效应的一门学科。力对物体的效应有两种:一种是引起物体运动状态的变化,称为外效应;另一种是引起物体的变形,称为内效应。大学基础力学课程中,材料力学研究力的内效应,即物体的变形和破坏规律。材料力学主要研究物体受力后发生的变形、由于变形而产生的内力以及物体由此而产生的失效和控制失效的准则。然而,在大多数工程实际中的各种结构或机械都是由许多杆件或零部件组成。这些杆件或零部件统称为构件。工程上构件的几何形状也是各种各样的,可分为杆件、板(或壳)、实体。材料力学主要的研究对象是杆状构件。材料力学的任务,就是在分析构件内力和变形的基础上,给出合理的构件计算准则,满足既安全又经济的工程设计要求,并为后续课程如结构力学、弹性力学和复合材料力学等提供必要的理论基础。

弹性力学又称弹性理论,是固体力学的一个分支学科。它是研究可变形固体在外部因素(力、温度变化、约束变动等)作用下所产生的应力、应变和位移的经典学科。确定弹性体的各质点应力、应变、位移,其目的就是确定构件设计中的强度和刚度指标,以此来解决实际工程结构中的强度、刚度和稳定性问题。弹性力学具体的研究对象主要为梁、柱、坝体、无限弹性体等实体结构以及板、壳等受力体。

弹性力学的研究内容和目的在任务原则上与材料力学相同,但其学科所研究的对象不同,研究方法也不完全相同。(1)在材料力学课程中,基本上只研究杆状构件(直杆、小曲率杆),也就是长度远大于高度和宽度的构件。这种构件在拉压、剪切、弯曲、扭转作用下的应力和位移,是材料力学的主要研究内容。弹性力学解决问题的范围比材料力学要大得多。如孔边应力集中、深梁的应力分析等问题用材料力学的理论是无法求解的,而弹性力学则可以解决这类问题。如板和壳以及挡土墙、堤坝、地基等实体结构,则必须以弹性力学为基础,才能进行研究。如果要对于杆状构件进行深入的、较精确的分析,也必须用到弹性力学的知识。同时弹性力学又为进一步研究板、壳等空间结构的强度、振动、稳定性等力学问题提供理论依据,它还是进一步学习塑性力学、断裂力学等其他力学课程的基础。(2)虽然在材料力学和弹性力学课程中都研究杆状构件,然而研究的方法却不完全相同。在材料力学中研究杆状构件,除了从静力学、几何学、物理学三方面进行分析以外,大都还要引用一些关于构件的形变状态或应力分布的假定,如平截面假设,这就大大简化了数学推演,但是得出的解答有时只是近似的。在弹性力学中研究杆状构件,一般都不必引用那些假定,而采用较精确的数学模型,因而得出的结果就比较精确,并且可以用来校核材料力学中得出的近似解答。(3)在具体问题的计算时,材料力学常采用截面法,即假想将物体剖开,取截面一边的部分物体作为分离体,利用静力平衡条件,列出单一变量的常微分方程,以求得截面上的应力,在数学上较易求解。弹性理论解决问题的方法与材料力学的方法是不相同的。在弹性理论中,假想物体内部为无数个单元平行六面体和表面为无数个单元四面体所组成。考虑这些单元体的平衡,可写出一组平衡微分方程,但未知应力数总是超出微分方程数。因此,弹性理论问题总是超静定的,必须考虑变形条件。由于物体在变形之后仍保持连续,所以单元体之间的变形必须是协调的。因此,可得出一组表示形变连续性的微分方程。还可用广义胡克定律表示应力与应变之间的关系。另外,在物体表面上还必须考虑物体内部应力与外荷载之间的平衡,称为边界条件。这样就有足够的微分方程数以求解未知的应力、应变与位移,所以在解决弹性理论问题时,必须考虑静力平衡条件、变形连续条件与广义胡克定律。即考虑静力学、几何方程、物理方程以及边界等方面的条件。由于数学上的困难,弹性理论问题不是总能直接从求解偏微分方程 组中得到答案的。对于复杂的实际问题,往往采用差分法、变分法、有限单元法来解决。

有限单元法又简称为有限元法,最早应用于结构力学,它用于分析杆件结构时,称为结构矩阵分析;用于分析弹性力学问题时,称为弹性力学问题的有限单元法,或简称有限元法。

2.2 离散结构的解析法与有限元法求解

有限元方法是在结构分析的矩阵位移法基础上发展起来的。在工程结构中,杆件结构是常见的结构型式,比较简单,其中每个杆件都可以看作一个单元组件;而且杆单元受力与位移间的关系又是很容易求得的,物理概念清晰,比较直观。本章先以一个轴向拉伸杆件为例,说明材料力学(结构力学)的解析法求解过程,然后应用有限元方法的结构分析的矩阵位移法。通过求解过程的比较分析,对一般的有限元方法求解过程的理解是非常有用的。

进行矩阵位移法应力分析时,有限元法的基础是材料力学,所以,当学习和利用有限元法时,材料力学的知识很有用。在这里以术语解说为中心,关于必要的材料力学和有限元法的一些内容简要说明。

作为材料力学的基础首先要知道载荷,位移、应变、应力。载荷也被称为力、外力、负荷,机械和结构必须能承受必要的载荷。只要有载荷作用,即使是肉眼看不见的微小程度,机械和结构总归有点变形。此时,机械或结构的各点移动量称为位移,取与整个物体相对的表现称为变形。整个物体如果位移一样的话,即使位移量很大也没有变形。表示各位置的变形程度是应变。对应于这个应变,材料内部产生的抵抗力,即对载荷材料内部的抵抗力称为应力。

如上所述,只要有载荷存在就有位移、应变、应力的存在,这四种只要有其一存在就会有其他三种存在。用材料力学能够求出结构的位移、应力,这只限于简单的形状和单一载荷形式,而且一般都可以给出解析公式,应用比较方便;但对于几何形状较为复杂的构件却很难得到准确的结果,甚至根本得不到结果。有限元法能够在现实复杂的机械或结构和任意载荷情况下,求出位移、应变、应力,给出应变和位移能够求出应力。

下面就以一个轴向拉伸杆结构为例,详细给出材料力学与有限元方法求解的过程,直观地引入有限元分析的基本思路,并以此逐步介绍有限元分析的过程。

【例 2.1】 (1)材料力学(结构力学)求解方法

如图 2.1 所示为轴向拉伸阶梯杆结构,已知相应的弹性模量和结构尺寸为

$E_1 = E_2 = 2 \times 10^7 \text{ Pa}, A_1 = 2A_2 = 2 \text{ cm}^2, l_1 = l_2 = 10 \text{ cm}, F = 10 \text{ N}$

用材料力学(结构力学)方法求解该问题。

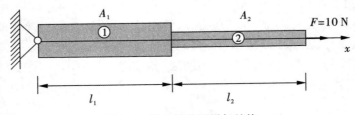

图 2.1 轴向拉伸阶梯杆结构

解答:首先可以应用截面法,在阶梯交界面处假想截开。对右端的杆件②进行力学分析,见图 2.2。其中 I_B^1 和 I_B^2 为内力(作用力与反作用力), P_C 为外力, P_A 为支座约束反力。则:

$$P_c = F = 10 \text{ N} \tag{2.1}$$

由杆件②的平衡关系可知,有

$$P_c = F = 10 \text{ N} \tag{2.2}$$

由于 I_B^1 和 I_B^2 是一对内力,也为作用力与反作用力,因此,有关系 $I_B^1 = -I_B^2$,则可计算出

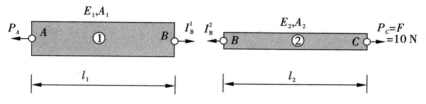

图 2.2　截面法杆件分离体的受力分析

所有作用力与内力的值为

$$P_A = I_B^1 = I_B^2 = P_C = F = 10 \text{ N} \tag{2.3}$$

下面计算每根杆件的应力,这是一个等截面杆受拉伸的情况,则杆件①的应力 σ_1 为

$$\sigma_1 = \frac{P_A}{A_1} = \frac{10 \text{ N}}{2 \text{ cm}^2} = 5 \times 10^4 \text{ Pa} \tag{2.4}$$

杆件②的应力 σ_2 为

$$\sigma_2 = \frac{P_C}{A_2} = \frac{10N}{1 \text{ cm}^2} = 1 \times 10^5 \text{ Pa} \tag{2.5}$$

由于材料是弹性的,由胡克定律(Hooke law)有:

$$\left. \begin{aligned} \sigma_1 &= E_1 \varepsilon_1 \\ \sigma_1 &= E_2 \varepsilon_2 \end{aligned} \right\} \tag{2.6}$$

其中 ε_1 和 ε_2 为杆件①和②的应变,则有

$$\left. \begin{aligned} \varepsilon_1 &= \frac{\sigma_1}{E_1} = \frac{5 \times 10^4 \text{ Pa}}{2 \times 10^7 \text{ Pa}} = 2.5 \times 10^{-3} \\ \varepsilon_2 &= \frac{\sigma_2}{E_2} = \frac{1 \times 10^5 \text{ Pa}}{2 \times 10^7 \text{ Pa}} = 5 \times 10^{-3} \end{aligned} \right\} \tag{2.7}$$

由应变的定义可知,它为杆件的相对伸长量,即 $\varepsilon = \Delta l / l$,因此 $\Delta l = \varepsilon \cdot l$,具体对杆件①和②,有:

$$\left. \begin{aligned} \Delta l_1 &= \varepsilon_1 \cdot l_1 = 2.5 \times 10^{-3} \times 10 = 2.5 \times 10^{-2} \text{ cm} \\ \Delta l_2 &= \varepsilon_2 \cdot l_2 = 5 \times 10^{-3} \times 10 = 5 \times 10^2 \text{ cm} \end{aligned} \right\} \tag{2.8}$$

由于左端 A 为固定,则该点沿 x 方向的位移为零,记为 $u_A = 0$,而 B 点的位移则为杆件①的伸长量 Δl_1 ,即 $u_B = \Delta l_1 = 2.5 \times 10^{-2} \text{ cm}$, C 点的位移为杆件①和②的总伸长量,即 $u_C = \Delta l_1 + \Delta l_2 = 7.5 \times 10^{-2} \text{ cm}$,则归纳为以上结果,有完整的解答:

$$\left. \begin{aligned} &\sigma_1 = 5 \times 10^4 \; Pa \, , \sigma_2 = 1 \times 10^5 \text{ Pa} \\ &\varepsilon_1 = 2.5 \times 10^{-3} \, , \varepsilon_2 = 5 \times 10^{-3} \\ &u_A = 0 \, , u_B = 5 \times 10^{-2} \text{ cm} \, , u_C = 7.5 \times 10^{-2} \text{ cm} \end{aligned} \right\} \tag{2.9}$$

以上的求解结果如图 2.3 所示。

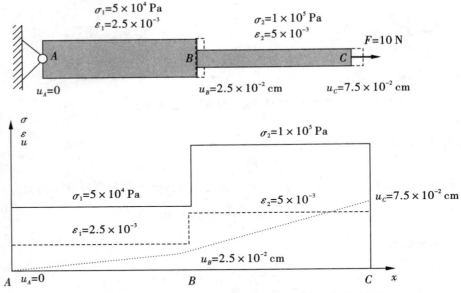

图 2.3 轴向拉伸阶梯杆件的材料力学(结构力学)解析解

讨论:以上完全按照材料力学的方法,将对象进行分解来获得问题的解答,它所求解的基本力学变量是力(或应力),由于以上问题非常简单,而且是静定问题,所以可以直接求出,但对于静不定问题,则需要变形协调方程(compatibility equation),才能求解出应力变量,在构建问题的变形协调方程时,则需要一定的技巧;若采用位移作为首先求解的基本变量,则可以使问题的求解变得更规范一些,下面就基于 A、B、C 三个点的位移来进行以上问题的求解。

(2)有限单元法求解

所处理的对象与例 2.1 相同,应用有限单元法,所谓基于单元的分析方法,就是将原整体结构按几何形状的变化性质划分节点并进行编号,然后将其分解为一个个小的构件(即单元),基于节点位移,建立每一个单元的节点平衡关系(叫作单元刚度方程);下一步就是将各个单元进行组合和集成,以得到该结构的整体平衡方程(也叫作整体刚度方程),按实际情况对方程中一些节点位移和节点力给定相应的值(叫作处理边界条件),就可以求解出所有的节点位移和支反力,最后在得到所有的节点位移后,就可以计算每一个单元的其他力学参量(如应变、应力)。

1)节点编号和单元划分。考虑图 2.1 所示杆件的受力状况,该轴向拉伸杆由不同截面尺寸的两部分组成,可以在截面变化处划分出节点,这样将该杆划分为 2 个单元,其节点和编号及每个节点的分离受力如图 2.4 所示。

2)计算各单元的单元刚度方程。首先分析图 2.4(c)中杆①内部的受力及变形状况,它的绝对伸长量为($u_B - u_A$),则相应伸长线应变 ε_1 为

$$\varepsilon_1 = \frac{u_B - u_A}{l_1} \tag{2.10}$$

由胡克定律,它的应力 σ_1 为

$$\sigma_1 = E_1 \varepsilon_1 = \frac{E_1}{l_1}(u_B - u_A) \qquad (2.11)$$

杆①的内力 I_B^1 为

$$I_B^1 = \sigma_1 A_1 = \frac{E_1 A_1}{l_1}(u_B - u_A) \qquad (2.12)$$

对于杆②进行同样的分析和计算,有它的内力 I_B^2 为

$$I_B^2 = \sigma_2 A_2 = \frac{E_2 A_2}{l_2}(u_C - u_B) \qquad (2.13)$$

图 2.4　轴向拉伸杆件离散结构受力分析

由图 2.4(b)节点 A、B、C 的受力状况,分别建立它们各自的平衡关系如下。

对于节点 A,有平衡关系

$$-\widetilde{P}_A + I_B^1 = 0 \qquad (2.14)$$

将式(2.12)代入,有

$$-\widetilde{P}_A + \frac{E_1 A_1}{l_1}(u_B - u_A) = 0 \qquad (2.15)$$

对于节点 B,有平衡关系

$$-I_B^1 + I_B^2 = 0 \qquad (2.16)$$

将式(2.12)和式(2.13)代入,有

$$-\frac{E_1 A_1}{l_1}(u_B - u_A) + \frac{E_2 A_2}{l_2}(u_C - u_B) = 0 \qquad (2.17)$$

对于节点 C,有平衡关系

$$P_C - I_B^2 = 0 \qquad (2.18)$$

将式(2.13)代入上式,有

$$P_C - \frac{E_2 A_2}{l_2}(u_C - u_B) = 0 \qquad (2.19)$$

将节点 A、B、C 的平衡关系写成一个方程组,有

$$
\left.
\begin{aligned}
-\widetilde{P}_A-\left(\frac{E_1A_1}{l_1}\right)u_A+\left(\frac{E_1A_1}{l_1}\right)u_B+0=0 \\
0+\left(\frac{E_1A_1}{l_1}\right)u_A-\left(\frac{E_1A_1}{l_1}+\frac{E_2A_2}{l_2}\right)u_B+\left(\frac{E_1A_1}{l_1}\right)u_C=0 \\
P_C-0+\left(\frac{E_2A_2}{l_2}\right)u_B-\left(\frac{E_2A_2}{l_2}\right)u_C=0
\end{aligned}
\right\}
\tag{2.20}
$$

3)组装个单元刚度方程。

将(2.20)写成矩阵形式,有

$$
\begin{bmatrix} -\widetilde{P}_A \\ 0 \\ P_C \end{bmatrix}
-
\begin{bmatrix}
\dfrac{E_1A_1}{l_1} & -\dfrac{E_1A_1}{l_1} & 0 \\[2mm]
-\dfrac{E_1A_1}{l_1} & \dfrac{E_1A_1}{l_1}+\dfrac{E_2A_2}{l_2} & -\dfrac{E_2A_2}{l_2} \\[2mm]
0 & -\dfrac{E_2A_2}{l_2} & \dfrac{E_2A_2}{l_2}
\end{bmatrix}
\begin{bmatrix} u_A \\ u_B \\ u_C \end{bmatrix}
=
\begin{bmatrix} 0 \\ 0 \\ 0 \end{bmatrix}
\tag{2.21}
$$

将材料弹性模量和结构尺寸代入(2.21)方程中,有以下方程(采用国际单位)

$$
\begin{bmatrix}
4\times10^4 & -4\times10^4 & 0 \\
-4\times10^4 & 6\times10^4 & -2\times10^4 \\
0 & -2\times10^4 & 2\times10^4
\end{bmatrix}
\begin{bmatrix} u_A \\ u_B \\ u_C \end{bmatrix}
=
\begin{bmatrix} -\widetilde{P}_A \\ 0 \\ 10 \end{bmatrix}
\tag{2.22}
$$

4)处理边界条件并求解。

如图 2.1 所示,该轴向拉伸杆左端点为固定铰链连接,即 $u_A=0$,该方程的未知量为 $u_B,u_C,\widetilde{P}_A$,求解该方程,有

$$
\left.
\begin{aligned}
u_B&=2.5\times10^{-4}\ \text{m} \\
u_C&=7.5\times10^{-4}\ \text{m} \\
\widetilde{P}_A&=10\ \text{N}
\end{aligned}
\right\}
\tag{2.23}
$$

可以看出这里的 $\widetilde{P}_A$ 就是支座反力(reaction force of support)。

5)求各个单元的其他力学量(应变、应力)。

下面就很容易求解出杆①和②中的其他力学量,即

$$
\left.
\begin{aligned}
\varepsilon_1&=\frac{u_B-u_A}{l_1}=2.5\times10^{-3} \\
\varepsilon_2&=\frac{u_C-u_B}{l_2}=5\times10^{-3} \\
\sigma_1&=E_1\varepsilon_1=5\times10^4\ \text{Pa} \\
\sigma_2&=E_2\varepsilon_2=1\times10^5\ \text{Pa}
\end{aligned}
\right\}
\tag{2.24}
$$

这样得到的结果与材料力学(结构力学)所得到的结果完全一致。下面再对节点位

移求解的方法作进一步的讨论。

讨论:还可以将式(2.21)写成

$$\underset{(3\times1)}{\boldsymbol{P}} - \underset{(3\times1)}{\boldsymbol{I}} = 0 \tag{2.25}$$

其中 $\underset{(3\times1)}{\boldsymbol{P}}$ 称为外力列阵(load matrix),$\underset{(3\times1)}{\boldsymbol{I}}$ 称为内力列阵(inner force matrix)或变形力列阵(deformed force matrix),这里矩阵符号的下标表示行和列的维数,这两个列阵分别为

$$\underset{(3\times1)}{\boldsymbol{P}} = \begin{bmatrix} -\widetilde{P}_A \\ 0 \\ P_C \end{bmatrix} \tag{2.26}$$

$$\underset{(3\times1)}{\boldsymbol{I}} = \begin{bmatrix} \dfrac{E_1A_1}{l_1} & -\dfrac{E_1A_1}{l_1} & 0 \\ -\dfrac{E_1A_1}{l_1} & \dfrac{E_1A_1}{l_1}+\dfrac{E_2A_2}{l_2} & -\dfrac{E_2A_2}{l_2} \\ 0 & -\dfrac{E_2A_2}{l_2} & \dfrac{E_2A_2}{l_2} \end{bmatrix} \begin{bmatrix} u_A \\ u_B \\ u_C \end{bmatrix} \tag{2.27}$$

式(2.25)的物理含义就是内力与外力的平衡关系,由式(2.27)可知,内力表现为各个节点上的内力,并且可以通过节点位移(nodal displacement)来获取。

为了将方程(2.21)写成更规范、更通用的形式,用来求解例题 2.1(2)所示结构的更一般的受力状况,下面在式(2.21)的基础上,直接推导出通用平衡方程。

将式(2.21)写成

$$\begin{bmatrix} \dfrac{E_1A_1}{l_1} & -\dfrac{E_1A_1}{l_1} & 0 \\ -\dfrac{E_1A_1}{l_1} & \dfrac{E_1A_1}{l_1}+\dfrac{E_2A_2}{l_2} & -\dfrac{E_2A_2}{l_2} \\ 0 & -\dfrac{E_2A_2}{l_2} & \dfrac{E_2A_2}{l_2} \end{bmatrix} \begin{bmatrix} u_A \\ u_B \\ u_C \end{bmatrix} = \begin{bmatrix} P_A \\ P_B \\ P_C \end{bmatrix} \tag{2.28}$$

再将其分解为两个杆件之和,即写成

$$\begin{bmatrix} \dfrac{E_1A_1}{l_1} & -\dfrac{E_1A_1}{l_1} & 0 \\ -\dfrac{E_1A_1}{l_1} & \dfrac{E_1A_1}{l_1} & 0 \\ 0 & 0 & 0 \end{bmatrix} \begin{bmatrix} u_A \\ u_B \\ u_C \end{bmatrix} + \begin{bmatrix} 0 & 0 & 0 \\ 0 & \dfrac{E_2A_2}{l_2} & -\dfrac{E_2A_2}{l_2} \\ 0 & -\dfrac{E_2A_2}{l_2} & \dfrac{E_2A_2}{l_2} \end{bmatrix} \begin{bmatrix} u_A \\ u_B \\ u_C \end{bmatrix} = \begin{bmatrix} P_A \\ P_B \\ P_C \end{bmatrix} \tag{2.29}$$

以上式(2.29)左端的第 1 项实质为

$$\begin{bmatrix} \dfrac{E_1A_1}{l_1} & -\dfrac{E_1A_1}{l_1} \\ -\dfrac{E_1A_1}{l_1} & \dfrac{E_1A_1}{l_1} \end{bmatrix} \begin{bmatrix} u_A \\ u_B \end{bmatrix} = \dfrac{E_1A_1}{l_1} \begin{bmatrix} u_A-u_B \\ u_B-u_A \end{bmatrix} = \begin{bmatrix} -I_B^1 \\ I_B^1 \end{bmatrix} \tag{2.30}$$

上式中的 $-I_B^1$ 及 I_B^1 见图 2.4(c),含义为杆件①中的左节点的内力和右节点的内力。同样地,式(2.29)左端的第 2 项实质为

$$\begin{bmatrix} \dfrac{E_2A_2}{l_2} & -\dfrac{E_2A_2}{l_2} \\[2mm] -\dfrac{E_2A_2}{l_2} & \dfrac{E_2A_2}{l_2} \end{bmatrix} \begin{bmatrix} u_B \\ u_C \end{bmatrix} = \dfrac{E_2A_2}{l_2} \begin{bmatrix} u_B - u_C \\ u_C - u_B \end{bmatrix} = \begin{bmatrix} -I_B^2 \\ I_B^2 \end{bmatrix} \tag{2.31}$$

上式中的 $-I_B^2$ 及 I_B^2 见图 2.4(c),含义为杆件②中的左节点的内力和右节点的内力。

可以看出:方程(2.29)的左端就是杆件①的内力表达和杆件②的内力表达之和,这样就将原来的基于节点的平衡关系,变为通过每一个杆件的平衡关系来进行叠加。这里就自然引入单元的概念,即将原整体结构进行"分段",以划分出较小的"构件"(component),每一个"构件"上具有节点,还可以基于节点位移写出该"构件"的内力表达关系,这样的"构件"就叫作单元(element),它意味着在几何形状上、节点描述上都有一定普遍性(generalization)和标准性(standardization),只要根据实际情况将单元表达式中的参数(如材料常数、几何参数)作相应的代换,它就可以广泛应用于这一类构件(单元)的描述。

从式(2.30)和式(2.31)可以看出,虽然它们分别用来描述杆件①和杆件②的,但它们的表达形式完全相同,因此本质上是一样,实际上,它们都是杆单元(bar element)。

可以将杆单元表达为如图 2.5 所示的标准形式。

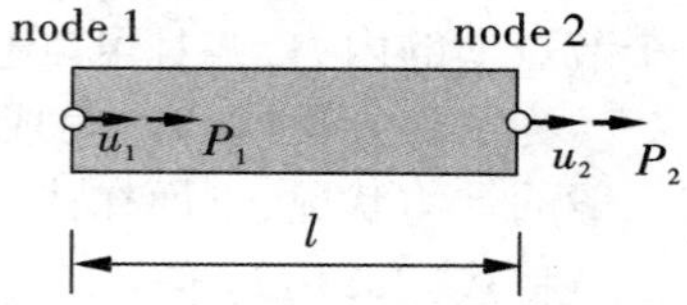

将单元节点位移写成

$$\underset{(2\times1)}{\boldsymbol{q}^e} = \begin{bmatrix} u_1 \\ u_2 \end{bmatrix} = \begin{bmatrix} u_1 & u_2 \end{bmatrix}^{\mathrm{T}} \tag{2.32}$$

将单元节点外力写成

$$\underset{(2\times1)}{\boldsymbol{P}^e} = \begin{bmatrix} P_1 \\ P_2 \end{bmatrix} = \begin{bmatrix} P_1 & P_2 \end{bmatrix}^{\mathrm{T}} \tag{2.33}$$

图 2.5　杆的有限单元

由式(2.30),该单元节点内力为

$$\begin{bmatrix} -I_1 \\ I_2 \end{bmatrix} = \begin{bmatrix} \dfrac{EA}{l} & -\dfrac{EA}{l} \\[2mm] -\dfrac{EA}{l} & \dfrac{EA}{l} \end{bmatrix} \begin{bmatrix} u_1 \\ u_2 \end{bmatrix} \tag{2.34}$$

它将与单元的节点外力 $\underset{(2\times1)}{\boldsymbol{P}^e}$ 相平衡,则有 $P_1 = -I_1$,$P_2 = I_2$ 因此,该方程可以写成

$$\begin{bmatrix} \dfrac{EA}{l} & -\dfrac{EA}{l} \\[2mm] -\dfrac{EA}{l} & \dfrac{EA}{l} \end{bmatrix} \begin{bmatrix} u_1 \\ u_2 \end{bmatrix} = \begin{bmatrix} P_1 \\ P_2 \end{bmatrix} \tag{2.35}$$

进一步表达成

$$\underset{(2\times2)}{\boldsymbol{K}^e} \underset{(2\times1)}{\boldsymbol{q}^e} = \underset{(2\times1)}{\boldsymbol{P}^e} \tag{2.36}$$

其中

$$\underset{(2\times2)}{\boldsymbol{K}^e} = \begin{bmatrix} \dfrac{EA}{l} & -\dfrac{EA}{l} \\ -\dfrac{EA}{l} & \dfrac{EA}{l} \end{bmatrix} \begin{bmatrix} K_{11} & K_{12} \\ K_{21} & K_{22} \end{bmatrix} \tag{2.37}$$

可以看出,方程(2.36)是单元内力与外力的平衡方程(equilibrium equation),$\boldsymbol{K}^e$ 叫作单元的刚度矩阵(stiffness matrix),K_{11}、K_{12}、K_{21}、K_{22} 叫作刚度矩阵中的刚度系数(stiffness coefficient)。

这样可以得到一种直观的有限单元法求解过程,就是将复杂的几何和受力对象划分为一个个形状比较简单的标准"构件",称为单元,然后给出单元节点的位移和受力描述,构建起单元的刚度方程,再通过单元与单元之间的节点连接关系进行单元的组装,可以得到结构的整体刚度方程,进而根据位移约束和受力状态,处理边界条件,并进行求解,基本流程的示意见图 2.6。

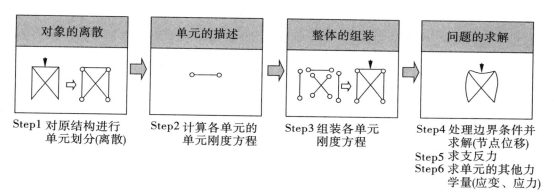

图 2.6　有限单元法求解过程

2.3　弹性力学基本方程

弹性力学是研究弹性体在约束和外载荷作用下应力和变形分布规律的一门学科。在弹性力学中针对微小的单元体建立基本方程,把复杂形状弹性体的受力和变形分析问题归结为偏微分方程组的边值问题。

(1)平衡方程

弹性体 V 域内任一点的平衡微分方程为:

$$\frac{\partial \sigma_x}{\partial x} + \frac{\partial \tau_{xy}}{\partial y} + \frac{\partial \tau_{xz}}{\partial z} + f_x = 0$$

$$\frac{\partial \tau_{yx}}{\partial x} + \frac{\partial \sigma_y}{\partial y} + \frac{\partial \tau_{yz}}{\partial z} + f_y = 0$$

$$\frac{\partial \tau_{zx}}{\partial x} + \frac{\partial \tau_{xy}}{\partial y} + \frac{\partial \sigma_z}{\partial z} + f_z = 0 \tag{2.38}$$

平衡微分方程用矩阵表示为:

$$L^{\mathrm{T}}\sigma + f = 0 \tag{2.39}$$

式中，L 为微分算子矩阵，σ 为应力列阵或称为应力向量，f 为体力列阵或称为体力向量，它们分别表示为：

$$L^{\mathrm{T}} = \begin{bmatrix} \dfrac{\partial}{\partial x} & 0 & 0 & \dfrac{\partial}{\partial y} & 0 & \dfrac{\partial}{\partial z} \\ 0 & \dfrac{\partial}{\partial y} & 0 & \dfrac{\partial}{\partial x} & \dfrac{\partial}{\partial z} & 0 \\ 0 & 0 & \dfrac{\partial}{\partial z} & 0 & \dfrac{\partial}{\partial y} & \dfrac{\partial}{\partial x} \end{bmatrix} \tag{2.40}$$

$$\sigma = \begin{Bmatrix} \sigma_x \\ \sigma_y \\ \sigma_z \\ \tau_{xy} \\ \tau_{yz} \\ \tau_{zx} \end{Bmatrix} = \begin{bmatrix} \sigma_x & \sigma_y & \sigma_z & \tau_{xy} & \tau_{yz} & \tau_{zx} \end{bmatrix}^{\mathrm{T}} \tag{2.41}$$

$$f = \begin{Bmatrix} f_x \\ f_y \\ f_z \end{Bmatrix} = \begin{bmatrix} f_x & f_y & f_z \end{bmatrix}^{\mathrm{T}} \tag{2.42}$$

对于平面问题

$$L^{\mathrm{T}} = \begin{bmatrix} \dfrac{\partial}{\partial x} & 0 & \dfrac{\partial}{\partial y} \\ 0 & \dfrac{\partial}{\partial y} & \dfrac{\partial}{\partial x} \end{bmatrix} \tag{2.43}$$

$$\sigma = \begin{Bmatrix} \sigma_x \\ \sigma_y \\ \tau_{xy} \end{Bmatrix} = \begin{bmatrix} \sigma_x & \sigma_y & \tau_{xy} \end{bmatrix}^{\mathrm{T}} \tag{2.44}$$

$$f = \begin{Bmatrix} f_x \\ f_y \end{Bmatrix} = \begin{bmatrix} f_x & f_y \end{bmatrix}^{\mathrm{T}} \tag{2.45}$$

(2) 几何方程

在小变形条件下，弹性体内任一点的应变与位移的关系，即几何方程：

$$\varepsilon_x = \frac{\partial u}{\partial x}, \varepsilon_y = \frac{\partial v}{\partial y}, \varepsilon_z = \frac{\partial w}{\partial z} \tag{2.46}$$

$$\gamma_{xy} = \frac{\partial u}{\partial y} + \frac{\partial v}{\partial x}, \gamma_{yz} = \frac{\partial v}{\partial z} + \frac{\partial w}{\partial y}, \gamma_{zx} = \frac{\partial w}{\partial x} + \frac{\partial u}{\partial z} \tag{2.47}$$

几何方程用矩阵表示为：

$$\varepsilon = Lu \tag{2.48}$$

式中，ε 为应变列阵或称应变向量；u 为位移列阵或称位移向量，有：

$$\varepsilon = \begin{Bmatrix} \varepsilon_x \\ \varepsilon_y \\ \varepsilon_z \\ \gamma_{xy} \\ \gamma_{yz} \\ \gamma_{zx} \end{Bmatrix} = \begin{bmatrix} \varepsilon_x & \varepsilon_y & \varepsilon_z & \gamma_{xy} & \gamma_{yz} & \gamma_{zx} \end{bmatrix}^{\mathrm{T}} \tag{2.49}$$

$$u = \begin{Bmatrix} u \\ v \\ w \end{Bmatrix} = \begin{bmatrix} u & v & w \end{bmatrix}^{\mathrm{T}} \tag{2.50}$$

对于平面问题：

$$\varepsilon = \begin{Bmatrix} \varepsilon_x \\ \varepsilon_y \\ \gamma_{xy} \end{Bmatrix} = \begin{bmatrix} \varepsilon_x & \varepsilon_y & \gamma_{xy} \end{bmatrix}^{\mathrm{T}} \tag{2.51}$$

$$u = \begin{Bmatrix} u \\ v \end{Bmatrix} = \begin{bmatrix} u & v \end{bmatrix}^{\mathrm{T}} \tag{2.52}$$

（3）物理方程

各向同性线弹性体的应力与应变的关系，即物理方程为：

$$\begin{aligned} \sigma_x &= \lambda(\varepsilon_x + \varepsilon_y + \varepsilon_z) + 2G\varepsilon_x \\ \sigma_y &= \lambda(\varepsilon_x + \varepsilon_y + \varepsilon_z) + 2G\varepsilon_y \\ \sigma_z &= \lambda(\varepsilon_x + \varepsilon_y + \varepsilon_z) + 2G\varepsilon_z \\ \tau_{xy} &= G\gamma_{xy} \\ \tau_{yz} &= G\gamma_{yz} \\ \tau_{zx} &= G\gamma_{zx} \end{aligned} \tag{2.53}$$

式中，λ 和 G 为拉梅（Lame）常数，它们与弹性模量和泊松比的关系为：

$$\lambda = \frac{E\upsilon}{(1 + \upsilon)(1 - 2\upsilon)}, G = \frac{E}{2(1 + \upsilon)} \tag{2.54}$$

物理方程用矩阵表示为：

$$\sigma = D\varepsilon \tag{2.55}$$

式中，D 为弹性矩阵，有：

$$D = \begin{bmatrix} \lambda + 2G & \lambda & \lambda & 0 & 0 & 0 \\ & \lambda + 2G & \lambda & 0 & 0 & 0 \\ & & \lambda + 2G & 0 & 0 & 0 \\ & 对 & & G & 0 & 0 \\ & & 称 & & G & 0 \\ & & & & & G \end{bmatrix} \tag{2.56}$$

对于平面应力问题弹性矩阵为：

$$D = \frac{E}{1 - v^2} \begin{bmatrix} 1 & v & 0 \\ v & 1 & 0 \\ 0 & 0 & \dfrac{1-v}{2} \end{bmatrix} \tag{2.57}$$

对于平面应变问题需把 E 换成 $\dfrac{E}{1-v^2}$，v 换成 $\dfrac{v}{1-v}$。

(4)应力边界条件

在受已知面力作用的边界 S_σ 上，应力与面力满足的条件为：

$$l\sigma_x + m\tau_{xy} + n\tau_{xz} = \bar{f}_x$$
$$l\tau_{yx} + m\sigma_y + n\tau_{yz} = \bar{f}_y$$
$$l\tau_{zx} + m\tau_{zy} + n\sigma_z = \bar{f}_z \tag{2.58}$$

式中，l,m,n 分别为边界外法向方向余弦；$\bar{f}_x, \bar{f}_y, \bar{f}_z$ 分别为已知面力分量。

应力边界条件用矩阵表示为

$$n\sigma = \bar{f} \tag{2.59}$$

$$n = \begin{bmatrix} l & 0 & 0 & m & 0 & n \\ 0 & m & 0 & l & n & 0 \\ 0 & 0 & n & 0 & m & l \end{bmatrix}$$

$$\bar{f} = \begin{Bmatrix} \bar{f}_x \\ \bar{f}_y \\ \bar{f}_z \end{Bmatrix} = \begin{bmatrix} \bar{f}_x & \bar{f}_y & \bar{f}_z \end{bmatrix}^{\mathrm{T}}$$

对于平面问题：

$$\bar{f} = \begin{Bmatrix} \bar{f}_x \\ \bar{f}_y \end{Bmatrix} = \begin{bmatrix} \bar{f}_x & \bar{f}_y \end{bmatrix}^{\mathrm{T}}$$

(5)位移边界条件

在位移已知的边界 S_σ 上，位移应等于已知位移，即：

$$u = \begin{Bmatrix} u \\ v \\ w \end{Bmatrix} = \bar{u} \tag{2.60}$$

$$\bar{u} = \begin{Bmatrix} \bar{u} \\ \bar{v} \\ \bar{w} \end{Bmatrix} = \begin{bmatrix} \bar{u} & \bar{v} & \bar{w} \end{bmatrix}^{\mathrm{T}}$$

式中，$\bar{u}$ 为已知位移向量。

对于平面问题

$$u = \begin{Bmatrix} u \\ v \end{Bmatrix} \qquad\qquad (2.61)$$

2.4　有限单元法数学理论基础

由于偏微分方程边值问题的求解在数学上存在困难,因此对于弹性力学问题,一般问题的求解是十分困难的,甚至是不可能的。因此,开发弹性力学的数值或者近似解法就具有极为重要的作用。

工程或物理学中的许多问题,通常是以未知场函数应满足的微分方程和边界条件的形式提出来的。对场的描述分为两类,一类是微分形式,一类是积分形式。多数情况下对场的理论研究采用微分形式,而对数值研究采用积分形式。等效积分形式是在对全场微分描述的基础上的一种等效的积分形式,所以等效积分形式和传统场的积分形式并不是完全相等的概念,后者是完全对场局部代表体元提炼出来的,而前者是在微分形式上基于数学的等效性提出的。所以基于等效性的概念,场的微分形式和场的等效积分形式是完全等价的。

等效积分形式的弱形式是在等效积分形式的基础上提出的,将等效积分形式分步积分,得到的形式称为等效积分的弱形式。因为分步积分后,算子导数阶次降低,对待求变量的连续性降低,这就起到了弱化作用。当然,将微分方程转化为弱形式,这个弱不是弱化对方程解的效果,而是弱化对解方程的要求。所以等效积分形式的弱形式是对微分方程的简化,已经不能和微分形式来等价。这种弱化降低了场的连续性,例如对于弹性力学问题,那么只需要求解的位移场连续就可以满足 C_0 连续,将原本的等效积分求解大大简化。所以在通常的有限元方法中一般需要推导场方程的等效积分形式的弱形式。可以参阅王勖成《有限单元法》一书。

有限元法的最主要的一个特点就是把要求的方程的偏微分形式转化成积分形式,而这一过程主要通过两个途径:加权余值法和变分法。而把强形式转化为弱形式,是有限元的核心技术。通过引入权函数/试函数,将近似解代入微分方程会有余值,基于等效积分形式或等效积分弱形式来求得微分方程近似解的方法称为加权余量法。另外,平衡方程和几何方程的等效积分弱形式,也可以用变分法,如虚功原理(虚位移原理和虚应力原理的总称)得到。其详细的求解机理及过程在本书中不做讨论,请参考其他相关书籍和资料。

2.5　三角形平面单元弹性力学分析

2.5.1　位移模式与解答的收敛性

在三角形单元进行弹性力学分析中,每一单元被当成是一个连续的、均匀的、完全弹性的各向同性体。

如果弹性体的位移分量是坐标的已知函数,就可以用几何方程求得应变分量,从而用物理方程求得应力分量。但是,如果只是已知弹性体中某几个点(如结点)的位移分量的数值,是不能直接求得应变分量和应力分量的。因此为了能用结点位移表示应变和应力,首先必须假定一个位移模式,也就是假定位移分量为坐标的某种简单函数。当然,这些函数在上述几个点的数值,应当等于这几个点的位移分量的数值。单元上的位移表达式称为位移模式。通过插值的办法,可以把单元上的位移函数用三个结点位移值来表示。

考虑典型单元,如图 2.7 所示。假定单元中的位移分量是坐标的线性函数,即:

$$u = a_1 + a_2 x + a_3 y$$
$$v = a_4 + a_5 x + a_6 y$$

(2.62)

考虑 x 方向的位移,在 i, j, m 3 个结点处,应当有:

$$u_i = a_1 + a_2 x_i + a_3 y_i$$
$$u_j = a_1 + a_2 x_j + a_3 y_j$$
$$u_m = a_1 + a_2 x_m + a_3 y_m$$

(2.63)

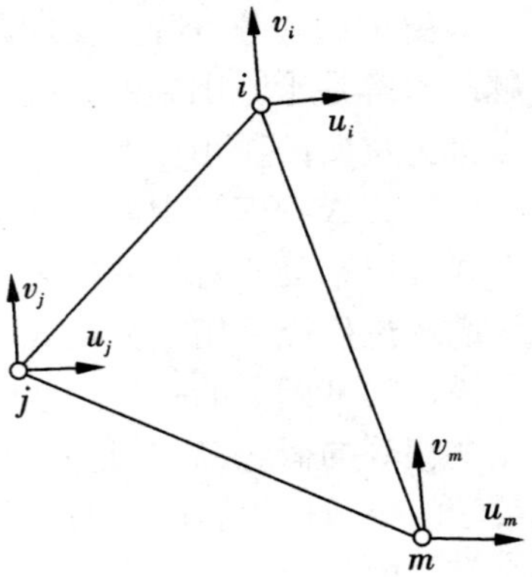

图 2.7

求解上式可以求出 a_1, a_2, a_3

$$a_1 = \frac{1}{2A} \begin{vmatrix} u_i & x_i & y_i \\ u_j & x_j & y_j \\ u_m & x_m & y_m \end{vmatrix} = \frac{1}{2A}(a_i u_i + a_j u_j + a_m u_m)$$

$$a_2 = \frac{1}{2A} \begin{vmatrix} 1 & u_i & y_i \\ 1 & u_j & y_j \\ 1 & u_m & y_m \end{vmatrix} = \frac{1}{2A}(b_i u_i + b_j u_j + b_m u_m)$$

$$a_3 = \frac{1}{2A} \begin{vmatrix} 1 & x_i & u_i \\ 1 & x_j & u_j \\ 1 & x_m & u_m \end{vmatrix} = \frac{1}{2A}(c_i u_i + c_j u_j + c_m u_m)$$

(2.64)

同理,考虑 y 方向的位移 v 可以求出 a_4, a_5, a_6 为

$$a_4 = \frac{1}{2A}(a_i v_i + a_j v_j + a_m v_m)$$

$$a_5 = \frac{1}{2A}(b_i v_i + b_j v_j + b_m v_m)$$

$$a_6 = \frac{1}{2A}(c_i v_i + c_j v_j + c_m v_m)$$

(2.65)

代回式(2.62),整理后得

$$u = N_i u_i + N_j u_j + N_m u_m$$
$$v = N_i v_i + N_j v_j + N_m v_m$$

(2.66)

其中

$$N_i = \frac{a_i + b_i x + c_i y}{2A} \qquad (i, j, m)$$

(2.67)

系数 a_i, b_i, c_i 分别为

$$a_i = x_j y_m - x_m y_j$$
$$b_i = y_j - y_m \qquad (i, j, m) \tag{2.68}$$
$$c_i = -(x_j - x_m)$$

A 为单元的面积

$$A = \frac{1}{2} \begin{vmatrix} 1 & x_i & y_i \\ 1 & x_j & y_j \\ 1 & x_m & y_m \end{vmatrix} \tag{2.69}$$

为了使面积不致成为负值,规定结点的次序按逆时针转向,如图 2.7 所示。

把位移模式的表达式(2.66)改写为矩阵形式:

$$
u = \begin{Bmatrix} u \\ v \end{Bmatrix} = \begin{bmatrix} N_i & 0 & N_j & 0 & N_m & 0 \\ 0 & N_i & 0 & N_j & 0 & N_m \end{bmatrix} \begin{Bmatrix} u_i \\ v_i \\ u_j \\ v_j \\ u_m \\ v_m \end{Bmatrix} \tag{2.70}
$$

$$= \begin{bmatrix} IN_i & IN_j & IN_m \end{bmatrix} \begin{Bmatrix} a_i \\ a_j \\ a_m \end{Bmatrix}$$

$$= \begin{bmatrix} N_i & N_j & N_m \end{bmatrix} a^e$$

$$= N a^e$$

式中,$I = \begin{bmatrix} 1 & 0 \\ 0 & 1 \end{bmatrix}$ 为二阶的单位阵,N_i, N_j, N_m 为坐标的函数,称为插值函数,它们反映单元的位移形态,因此也称为位移的形态函数,或简称为形函数,矩阵 N 称为形函数矩阵。形函数具有如下性质:

(1)在结点上,形函数的值有:

$$N_i(x_j, y_j) = \delta_{ij} = \begin{cases} 1 & (i = j) \\ 0 & (i \neq j) \end{cases} \tag{2.71}$$

也就是说,在结点 i 上 $N_i = 1$,在 j, m 结点上 $N_i = 0$。简单地讲,形函数本点为 1,在其他点为 0。N_j, N_m 具有同样的性质。这种性质是插值函数的基本性质所决定的。因为从式(2.66)可以看出,当 $x = x_i, y = y_i$ 时,即在结点 i 处,要求 $u = u_i$,因此必然要求 $N_i = 1$,$N_j = 0, N_m = 0$。由该性质可以导出形函数在三角形单元上的积分和在某边界上的积分为:

$$\iint_{\Omega^e} N_i \mathrm{d}x\mathrm{d}y = \frac{1}{3} A, \int_{ij} N_i \mathrm{d}s = \frac{1}{2} l_{ij} \tag{2.72}$$

其中,$\iint_{\Omega^e}$ 表示对平面单元积分,$\int_{ij}$ 表示对单元 ij 的边界线积分。

(2)在单元中,任意点各形函数之和等于 1,即:

$$N_i + N_j + N_m = 1 \qquad (2.73)$$

因为若单元发生刚体位移,如在 x 方向有刚体位移 $u = u_0$,则单元中任一点都具有相同的位移 u_0,当然在结点处的位移也等于 u_0,即 $u_i = u_j = u_m = u_0$。代入式(2.66)有:

$$u = N_i u_0 + N_j u_0 + N_m u_0 = (N_i + N_j + N_m)u_0 = u_0 \qquad (2.74)$$

因此,必然要求 $N_i + N_j + N_m = 1$。若形函数不能满足此条件,则位移模式就不能反映单元的刚体位移。

在有限单元法中,位移模式决定计算误差。荷载的移置以及应力矩阵和刚度矩阵的建立等都依赖于位移模式。因此为了能用有限单元法得出正确的解答,必须使位移模式能够正确反应弹性体中的真实位移形态。具体说来,就是要满足下列三方面的条件:

①位移模式必须能反映单元的刚体位移。每个单元的位移一般总是包含着两部分:一部分是由本单元的变形引起的,另一部分是与本单元的变形无关的,即刚体位移,它是由于其他单元发生了变形而牵连引起的。甚至在弹性体的某些部位,如在靠近悬臂梁的自由端处,单元的变形很小,而该单元的位移主要是由于其他单元发生变形而引起的刚体位移。因此为了正确反映单元的位移形态,位移模式必须能反映该单元的刚体位移。

②位移模式必须能反映单元的常量应变。每个单元的应变一般总是包含着两个部分:一个部分是与该单元中各点的位置坐标有关的,是各点不同的,即所谓变量应变;另一部分是与位置坐标无关的,是各点相同的,即所谓常量应变。而且当单元的尺寸较小时,单元中各点的应变趋于相等,也就是单元的变形趋于均匀,因而常量应变就成为应变的主要部分。因此为了正确反映单元的变形状态,位移模式必须能反映该单元的常量应变。

③位移模式应当尽可能反映位移的连续性。在连续弹性体中,位移是连续的,不会发生两相邻部分互相脱离或互相侵入的现象。为了使得单元内部的位移保持连续,必须把位移模式取为坐标的单值连续函数。为了使相邻单元的位移保持连续,就要使它们公共结点处具有相同的位移时,也能在整个公共边界上具有相同的位移。这样就能使得相邻单元在受力以后既不互相脱离,也不互相侵入,而代替原为连续弹性体的那个离散结构仍然保持为连续弹性体。不难想象,如果单元很小很小,而且相邻单元在公共结点处具有相同的位移,也就能保证它们在整个公共边界上大致具有相同的位移。但是在实际计算时,不大可能把单元取得如此之小,因此在选取位移模式时,还是应当尽可能使其反映出位移的连续性。

条件①加条件②称为完备性条件,条件③称为连续性条件,理论和实践都已表明:为了使有限单元法的解答在单元的尺寸逐步取小时能够收敛于定确解答,反映刚体位移和常量应变是必要条件,加上反映相邻单元的位移连续性就是充分条件。

式(2.62)所示的位移模式是反映了三角形单元的刚体位移和常量应变的。为此,把式(2.38)改写成为

$$u = a_1 + a_2 x - \frac{a_5 - a_3}{2}y + \frac{a_5 + a_3}{2}y$$

$$v = a_4 + a_6 y + \frac{a_5 - a_3}{2}x + \frac{a_5 + a_3}{2}x \qquad (2.75)$$

与弹性力学中刚体位移表达式 $u = u_0 - \omega y, v = v_0 + \omega x$ 比较,可见:

$$u_0 = a_1, v_0 = a_4, \omega = \frac{a_5 - a_3}{2} \qquad (2.76)$$

它们反映了刚体移动和刚体转动。另一方面,将式(2.75)代入几何方程得:

$$\varepsilon_x = a_2, \varepsilon_y = a_6, \gamma_{xy} = a_3 + a_5 \qquad (2.77)$$

它们反映了常量的应变。总之,6 个参数 $a_1, \cdots, a_6$ 反映了 3 个刚体位移和常量应变,表明所设定的位移模式满足完备性条件。

式(2.62)所示的位移模式也反映了相邻单元之间位移的连续性。任意两个相邻的单元,如图 2.8 中的 ijm 和 ipj,它们在 i 点的位移相同,都是 u_i 和 v_i,在 j 点的位移也相同,都是 u_j 和 v_j。由于式(2.62)所示的位移分量在每个单元中都是坐标的线性函数,在公共边界 ij 上当然也是线性变化,所以上述两个相邻单元在边上的任意一点都具有相同的位移。这就保证了相邻单元之间位移的连续性。在每一单元的内部,位移也是连续的,因为式(2.62)是多项式,而多项式都是单值连续函数。

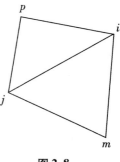

图 2.8

2.5.2　应力转换矩阵及单元刚度矩阵

有了单元位移模式后,便可利用几何方程和物理方程求得单元的应变和应力。将位移模式(2.70)代入几何方程(2.48),得:

$$\varepsilon = \left\{ \begin{matrix} \varepsilon_x \\ \varepsilon_y \\ \gamma_{xy} \end{matrix} \right\} = Lu = LNa^e = L[\, N_i \quad N_j \quad N_m \,]\, a^e = [\, B_i \quad B_j \quad B_m \,]\, a^e = Ba^e \qquad (2.78)$$

式中,矩阵 B 为应变转换矩阵,也称应变矩阵,其分块子矩阵为:

$$B_i = LN_i = \begin{bmatrix} \dfrac{\partial}{\partial x} & 0 \\ 0 & \dfrac{\partial}{\partial y} \\ \dfrac{\partial}{\partial y} & \dfrac{\partial}{\partial x} \end{bmatrix} \begin{bmatrix} N_i & 0 \\ 0 & N_i \end{bmatrix} = \frac{1}{2A} \begin{bmatrix} b_i & 0 \\ 0 & c_i \\ c_i & b_i \end{bmatrix} \qquad (i,j,m) \qquad (2.79)$$

三角形单元的应变矩阵为:

$$B = \frac{1}{2A} \begin{bmatrix} b_i & 0 & b_j & 0 & b_m & 0 \\ 0 & c_i & 0 & c_j & 0 & c_m \\ c_i & b_i & c_j & b_j & c_m & b_m \end{bmatrix} \qquad (2.80)$$

由于单元的面积 A 以及各个 b 和 c 都是常量,所以应变矩阵 B 的各分量都是常量,可见应变 ε 的各分量也是常量。就是说,在每一个单元中,应变分量 $\varepsilon_x, \varepsilon_y, \varepsilon_z$ 都是常量。因此,这里所采用的简单三角形单元也称为平面问题的常应变单元。

将表达式(2.78)代入物理方程(2.55),就可以把应力用单元结点位移表示为:

$$\sigma = D\varepsilon = DBa^e = Sa^e \qquad (2.81)$$

式中，S 称为应力转换矩阵，也称应力矩阵，即：

$$S = DB = D[B_i \quad B_j \quad B_m] = [S_i \quad S_j \quad S_m] \tag{2.82}$$

将平面应力问题中弹性矩阵的表达式代入式（2.82）即得平面应力问题中的应力矩阵。其分块子矩阵为：

$$S = \frac{E}{2(1-v^2)A} \begin{bmatrix} b_i & vc_i \\ vb_i & c_i \\ \frac{1-v}{2}c_i & \frac{1-v}{2}b_i \end{bmatrix} \quad (i,j,m) \tag{2.83}$$

对于平面应变问题需把 E 换成 $\frac{E}{1-v^2}$，v 换成 $\frac{v}{1-v}$，于是式（2.83）变为：

$$S_i = \frac{E(1-v)}{2(1+v)(1-2v)A} \begin{bmatrix} b_i & \frac{v}{1-v}c_i \\ \frac{v}{1-v}b_i & c_i \\ \frac{1-2v}{2(1-v)}c_i & \frac{1-2v}{2(1-v)}b_i \end{bmatrix} \quad (i,j,m) \tag{2.84}$$

应力矩阵也是常量矩阵。可见，在每一个单元中，应力分量也是常量，当然，相邻单元一般将具有不同的应力，因而在它们的公共边上，应力具有突变。但是，随单元的逐步趋小，这种突变将急剧减小，并不妨碍有限单元法的解答收敛于正确解答。

现在来导出用结点位移表示结点力的表达式。假想在单元 ijm 中发生了虚位移 δu，相应的结点虚位移为 δa^e，引起的虚应变为 $\delta\varepsilon$。因为每一个单元所受的荷载都要移植到结点上，所以该单元所受的外力只有结点力 F^e，即单元从网格割离出来后，结点对单元的作用力。这时虚功方程为：

$$(\delta a^e)^T F^e = \iint_{\Omega^e} \delta\varepsilon^T \sigma t dx dy \tag{2.85}$$

式中，t 为单元的厚度。有时为了简明起见，认为是单位厚度将 t 省略。将式（2.81）以及由式（2.78）得来的 $\delta\varepsilon = B\delta a^e$ 代入，得：

$$(\delta a^e)^T F^e = \iint_{\Omega^e} (\delta a^e)^T B^T DB t a^e dx dy \tag{2.86}$$

由于结点位移与坐标无关，上式右边的 $(\delta a^e)^T$ 和 a^e 可以提到积分号的外面去。又由于虚位移是任意的，从而矩阵 $(\delta a^e)^T$ 也是任意的，所以等式两边与它相乘的矩阵应当相等。于是得：

$$F^e = \iint_{\Omega^e} B^T DB t dx dy a^e = k a^e \tag{2.87}$$

式中，k 称为单元刚度矩阵。

$$k = \iint_{\Omega^e} B^T DB t dx dy$$

这就建立了单元上的结点力与结点位移之间的关系。由于 D 中的元素是常量，而且在线性位移模式的情况下，B 中的元素也是常量，再注意到 $\iint_{\Omega^e} dx dy = A$，单元刚度阵 $k = $

$\iint_{\Omega^e} B^T DBt\,dx\,dy$ 就简化为

$$k = B^T DBtA = \begin{bmatrix} k_{ii} & k_{ij} & k_{im} \\ k_{ji} & k_{jj} & k_{jm} \\ k_{mi} & k_{mj} & k_{mm} \end{bmatrix} \qquad (2.88)$$

将弹性矩阵 D 和应变矩阵 B 代入后,即得平面应力问题中三角形单元的刚度矩阵写成分块形式为:

$$k_{rs} = \frac{Et}{4(1-v^2)A} \begin{bmatrix} b_r b_s + \dfrac{1-v}{2}c_r c_s & vb_r c_s + \dfrac{1-v}{2}c_r b_s \\ vc_r b_s + \dfrac{1-v}{2}b_r c_s & c_r c_s + \dfrac{1-v}{2}b_r b_s \end{bmatrix}$$

$$(r = i,j,m; s = i,j,m) \qquad (2.89)$$

对于平面应变问题,式(2.89)中的 E 换成 $\dfrac{E}{1-v^2}$,v 换成 $\dfrac{v}{1-v}$,于是得:

$$k_{rs} = \frac{E(1-v)t}{4(1+v)(1-2v)A} \begin{bmatrix} b_r b_s + \dfrac{1-2v}{2(1-v)}c_r c_s & \dfrac{v}{1-v}b_r c_s + \dfrac{1-2v}{2(1-v)}c_r b_s \\ \dfrac{v}{1-v}c_r b_s + \dfrac{1-2v}{2(1-v)}b_r c_s & c_r c_s + \dfrac{1-2v}{2(1-v)}b_r b_s \end{bmatrix}$$

$$(r = i,j,m; s = i,j,m) \qquad (2.90)$$

作为简例,设有平面应力情况下的单元 ijm,如图 2.9 所示。在所选的坐标系中,有:

$$x_i = a, x_j = 0, x_m = 0,$$
$$y_i = 0, y_j = a, y_m = 0 \qquad (2.91)$$

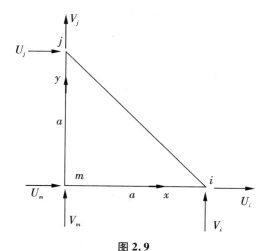

图 2.9

三角形的面积为 $A = \dfrac{a^2}{2}$,应用式(2.68)得:

$$b_i = a, b_j = 0, b_m = -a,$$
$$c_i = 0, c_j = a, c_m = -a$$

(2.92)

应用式(2.89),得该单元的刚度矩阵为:

$$k = \frac{Et}{2(1-v^2)} \begin{bmatrix} 1 & & & & & \\ 0 & \frac{1-v}{2} & & 对 & & \\ 0 & \frac{1-v}{2} & \frac{1-v}{2} & & 称 & \\ v & 0 & 0 & 1 & & \\ -1 & -\frac{1-v}{2} & -\frac{1-v}{2} & -v & \frac{3-v}{2} & \\ -v & -\frac{1-v}{2} & -\frac{1-v}{2} & -1 & \frac{1+v}{2} & \frac{3-v}{2} \end{bmatrix}$$

(2.93)

应用式(2.87)和式(2.81),得单元的结点力和应力:

$$F^e = \begin{Bmatrix} U_i \\ V_i \\ U_j \\ V_j \\ U_m \\ V_m \end{Bmatrix} = \frac{Et}{2(1-v^2)} \begin{bmatrix} 1 & & & & & \\ 0 & \frac{1-v}{2} & & 对 & & \\ 0 & \frac{1-v}{2} & \frac{1-v}{2} & & 称 & \\ v & 0 & 0 & 1 & & \\ -1 & -\frac{1-v}{2} & -\frac{1-v}{2} & -v & \frac{3-v}{2} & \\ -v & -\frac{1-v}{2} & -\frac{1-v}{2} & -1 & \frac{1+v}{2} & \frac{3-v}{2} \end{bmatrix} \begin{Bmatrix} u_i \\ v_i \\ u_j \\ v_j \\ u_m \\ v_m \end{Bmatrix}$$

(2.94)

$$\sigma = \begin{Bmatrix} \sigma_x \\ \sigma_y \\ \tau_{xy} \end{Bmatrix} = \frac{E}{(1-v^2)a} \begin{bmatrix} 1 & 0 & 0 & v & -1 & -v \\ v & 0 & 0 & 1 & -v & -1 \\ 0 & \frac{1-v}{2} & \frac{1-v}{2} & 0 & -\frac{1-v}{2} & -\frac{1-v}{2} \end{bmatrix} \begin{Bmatrix} u_i \\ v_i \\ u_j \\ v_j \\ u_m \\ v_m \end{Bmatrix}$$

(2.95)

现在,通过这个简例,试考察一下结点力与单元中应力两者之间的关系。为简单明了起见,假定只有结点 i 发生位移 u_i(图 2.10(a))。由式(2.94)得相应的结点力为:

$$[U_i \quad V_i \quad U_j \quad V_j \quad U \quad V]^T = \frac{Et}{2(1-v^2)} [1 \quad 0 \quad 0 \quad v \quad -1 \quad -v]^T u_i$$
$$= P[1 \quad 0 \quad 0 \quad v \quad -1 \quad -v]^T$$

(2.96)

其中：

$$P = \frac{Etu_i}{2(1-v^2)}$$

相应的结点位移及结点力如图 2.10(a)所示。

另一方面,由于这个位移 u_i,由式(2.95)得相应的应力为：

$$\begin{bmatrix} \sigma_x & \sigma_y & \tau_{xy} \end{bmatrix} = \frac{Eu_i}{(1-v^2)a} \begin{bmatrix} 1 & v & 0 \end{bmatrix}^{\mathrm{T}} = \frac{2P}{ta} \begin{bmatrix} 1 & v & 0 \end{bmatrix}^{\mathrm{T}} \qquad (2.97)$$

如图 2.10(b)中 jm 及 mi 二面上所示。根据该单元的平衡条件,还可得出斜面 ij 上的应力,如图 2.10(b)中所示。对于该单元来说,这些力也就是作用于三个边界上的面力。现在,这些面力与图 2.10(a)中的结点力是静力等效的。

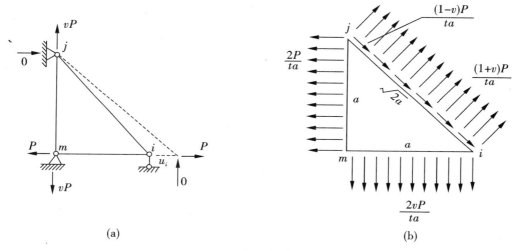

(a)　　　　　　　　　　　　　　　　(b)

图 2.10

单元刚度矩阵具有如下力学意义和性质：

(1)单元刚度矩阵各元素的力学意义。为了阐述单元刚度矩阵的力学意义,将式(2.87)展开写成：

$$F^e = \begin{Bmatrix} U_i \\ V_i \\ U_j \\ V_j \\ U_m \\ V_m \end{Bmatrix} = \begin{bmatrix} k_{ii}^{xx} & k_{ii}^{xy} & k_{ij}^{xx} & k_{ij}^{xy} & k_{im}^{xx} & k_{im}^{xy} \\ k_{ii}^{yx} & k_{ii}^{yy} & k_{ij}^{yx} & k_{ij}^{yy} & k_{im}^{yx} & k_{im}^{yy} \\ k_{ji}^{xx} & k_{ji}^{xy} & k_{jj}^{xx} & k_{jj}^{xy} & k_{jm}^{xx} & k_{jm}^{xy} \\ k_{ji}^{yx} & k_{ji}^{yy} & k_{jj}^{yx} & k_{jj}^{yy} & k_{jm}^{yx} & k_{jm}^{yy} \\ k_{mi}^{xx} & k_{mi}^{xy} & k_{mj}^{xx} & k_{mj}^{xy} & k_{mm}^{xx} & k_{mm}^{xy} \\ k_{mi}^{yx} & k_{mi}^{yy} & k_{mj}^{yx} & k_{mj}^{yy} & k_{mm}^{yx} & k_{mm}^{yy} \end{bmatrix} \begin{Bmatrix} u_i \\ v_i \\ u_j \\ v_j \\ u_m \\ v_m \end{Bmatrix} \qquad (2.98)$$

当某个结点位移分量(如 u_i)为 1,其他节点位移分量均为 0 时,式(2.98)成为：

$$F^e = \begin{Bmatrix} U_i \\ V_i \\ U_j \\ V_j \\ U_m \\ V_m \end{Bmatrix} = \begin{Bmatrix} k_{ii}^{xx} \\ k_{ii}^{yx} \\ k_{ji}^{xx} \\ k_{ji}^{yx} \\ k_{mi}^{xx} \\ k_{mi}^{yx} \end{Bmatrix} \qquad (2.99)$$

式(2.99)表明,单元刚度矩阵的第一列元素的力学意义是:当 i 结点 x 方向发生单位位移($u_i = 1$,其他节点位移分量均为 0)时,所产生的结点力。单元在这些结点力作用下保持平衡,因此在 x 方向和 y 方向结点力之和为零,即:

$$k_{ii}^{xx} + k_{ji}^{xx} + k_{mi}^{xx} = 0$$
$$k_{ii}^{yx} + k_{ji}^{yx} + k_{mi}^{yx} = 0 \qquad (2.100)$$

同样分析可以得出其他各列元素的力学意义。归纳起来,单元刚度矩阵中任一个元素(如 k_{ij}^{yx})的力学意义为:当 j 结点 x 方向发生单位位移时,在 i 结点 y 方向产生的结点力。

为了简单明了,还可以将式(2.98)按结点写成分块子矩阵形式:

$$F^e = \begin{Bmatrix} F_i \\ F_j \\ F_m \end{Bmatrix} = \begin{bmatrix} k_{ii} & k_{ij} & k_{im} \\ k_{ji} & k_{jj} & k_{jm} \\ k_{mi} & k_{mj} & k_{mm} \end{bmatrix} \begin{Bmatrix} a_i \\ a_j \\ a_m \end{Bmatrix} \qquad (2.101)$$

刚度矩阵中各分块子矩阵(如 k_{ij})是 2×2 的矩阵,它表示 j 结点 x 方向或 y 方向发生单位位移,在 i 结点 x 方向或 y 方向产生的结点力。笼统地讲,k_{ij} 表示 j 结点对 i 结点的刚度贡献。

(2)对称性。由单元刚度阵 $k = \iint_{\Omega^e} B^T D B t \mathrm{d}x\mathrm{d}y$ 显然看出:

$$k^T = \left(\iint_{\Omega^e} B^T D B t \mathrm{d}x\mathrm{d}y \right)^T = \iint_{\Omega^e} B^T D B t \mathrm{d}x\mathrm{d}y = k \qquad (2.102)$$

(3)奇异性。由式(2.101)可知,单元刚度矩阵各列元素之和等于零。再考虑刚度矩阵的对称性,单元刚度矩阵每一行的元素之和也等于零。因此单元刚度矩阵是奇异的,即 $|k| = 0$。正由于此给定任意结点位移可以由式(2.87)计算出单元的结点力。反之,如果给定某一结点荷载,即使它满足平衡条件,也不能由该公式确定单元的结点位移 a^e。这是因为单元还可以有任意的刚体位移。

(4)主元素恒正

$$k_{ii}^{xx} > 0, k_{ii}^{yy} > 0 \qquad (i,j,m) \qquad (2.103)$$

这是因为在结点某个方向施加单位位移,必然会在该结点同一方向产生结点力。

以上性质对各种形式的单元都是普遍具有的,对于三角形单元还具有如下两个特有的性质:

①单元均匀放大或缩小不会改变刚度矩阵的数值。也就是说,两个相似的三角形单元,它们的刚度矩阵是相同的。图 2.9 所示的三角形单元的刚度矩式(2.93)中并没有出

现单元尺寸 a。

②单元水平或竖向移动不会改变刚度矩阵的数值。这是因为刚度矩阵公式（2.89）只与代表单元相对长度的 b_r 和 c_s 有关。

2.5.3 等效结点荷载

有限元计算需要把所有分布体力和分布面力移置到结点上而成为结点荷载,这种移置必须按照静力等效的原则来进行。对于变形体,包括弹性体在内。所谓静力等效,是指原荷载与结点荷载在任何虚位移上的虚功相等。在一定的位移模式之下,这样移置的结果是唯一的。按这种原则移置到结点上的荷载称为等效结点荷载。对于三角形单元,这种移置总能符合通常所理解的、对刚体而言的静力等效原则,即原荷载与结点荷载在任一轴上的投影之和相等,对任一轴的力矩之和也相等。也就是,在向任一点简化时,它们将具有相同的主矢量及主矩。

设单元 ijm 在坐标为 (x,y) 的任意一点 M 受有集中荷载 P,其标向分量为 P_x 及 P_y（图 2.11）,用矩阵表示为 $P = [P_x \quad P_y]^T$。移置到该单元上各结点处的等效结点荷载,用荷载列阵表示为:

$$R^e = [R_{ix} \quad R_{iy} \quad R_{jx} \quad R_{jy} \quad R_{mx} \quad R_{my}]^T \tag{2.104}$$

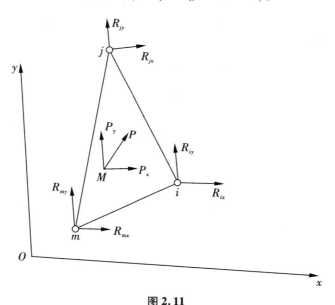

图 2.11

现在,假设该单元发生了虚位移,其中,M 点的相应虚位移为:

$$\delta u = [\delta u \quad \delta v]^T \tag{2.105}$$

而该单元上各结点的相应虚位移为:

$$\delta a^e = [\delta u_i \quad \delta v_i \quad \delta u_j \quad \delta v_j \quad \delta u_m \quad \delta v_m]^T \tag{2.106}$$

按照静力等效的原则,即结点荷载与原荷载在上述虚位移上的虚功相等,有:

$$(\delta a^e)^{\mathrm{T}} R^e = \delta u^{\mathrm{T}} P \tag{2.107}$$

将由式 (2.70) 得来的 $\delta u = N\delta a^e$ 代入, 得:

$$(\delta a^e)^{\mathrm{T}} R^e = (\delta a^e)^{\mathrm{T}} N^{\mathrm{T}} P \tag{2.108}$$

由于虚位移是任意的, 于是得:

$$R^e = N^{\mathrm{T}} P \tag{2.109}$$

展开写成:

$$R^e = [R_{ix} \quad R_{iy} \quad R_{jx} \quad R_{jy} \quad R_{mx} \quad R_{my}]^{\mathrm{T}} \tag{2.110}$$

$$= [N_i P_x \quad N_i P_y \quad N_j P_x \quad N_j P_y \quad N_m P_x \quad N_m P_y]$$

有了集中力作用下的等效结点荷载公式后, 任意分布荷载作用下的等效结点荷载都可以通过积分得到。设上述单元受有分布的体力 $f = [f_x \quad f_y]^{\mathrm{T}}$, 可将微分体积 $t\mathrm{d}x\mathrm{d}y$ 上的体力 $ft\mathrm{d}x\mathrm{d}y$, 当成集中荷载 $\mathrm{d}P$, 利用式 (2.109) 的积分得到:

$$R^e = \iint_{\Omega^e} N^{\mathrm{T}} ft\mathrm{d}x\mathrm{d}y \tag{2.111}$$

设上述单元的 ij 边是在弹性体的边界上, 受有分布面力 $\bar{f} = [\bar{f}_x \quad \bar{f}_y]^{\mathrm{T}}$, 可将微分面积 $t\mathrm{d}s$ 上的面力 $\bar{f}t\mathrm{d}s$ 当成集中荷载 $\mathrm{d}P$, 利用式 (2.109) 的积分得到:

$$R^e = \int_{ij} N^{\mathrm{T}} \bar{f}\mathrm{d}s \tag{2.112}$$

下面利用以上公式计算一些常见的分布荷载产生的等效结点荷载。

(1) 单元受自重作用。设单元容量 (即单位体积重量) 为 ρg [图 2.12(a)]。按照公式 (2.111):

$$f = \left\{ \begin{array}{c} 0 \\ -\rho g \end{array} \right\} \tag{2.113}$$

$$R^e = \iint_{\Omega^e} N^{\mathrm{T}} \left\{ \begin{array}{c} 0 \\ -\rho g \end{array} \right\} t\mathrm{d}x\mathrm{d}y$$

$$= -\rho gt \iint_{\Omega^e} [0 \quad N_i \quad 0 \quad N_j \quad 0 \quad N_m]^{\mathrm{T}} \mathrm{d}x\mathrm{d}y \tag{2.114}$$

$$= -\frac{1}{3}\rho gtA [0 \quad 1 \quad 0 \quad 1 \quad 0 \quad 1]^{\mathrm{T}}$$

表明把单元总重量平均分配到 3 个结点上。

(2) 在 ij 边界上受 x 方向均布力 q 作用, 边界长度为 l [图 2.12(b)], 按照公式 (2.112):

$$\bar{f} = \left\{ \begin{array}{c} q \\ 0 \end{array} \right\} \tag{2.115}$$

$$R^e = \int_{ij} N^{\mathrm{T}} \left\{ \begin{array}{c} q \\ 0 \end{array} \right\} \mathrm{d}s$$

$$= qt \int_{ij} [N_i \cdot 0 \quad N_j \quad 0 \quad N_m \quad 0]^{\mathrm{T}} \mathrm{d}s \tag{2.116}$$

$$= \frac{1}{2}qlt [1 \quad 0 \quad 1 \quad 0 \quad 0 \quad 0]^{\mathrm{T}}$$

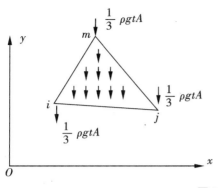
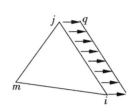

图 2.12

表明把面力的合力平均分配到结点 i 和结点 j 上，m 结点的等效结点荷载为零。

（3）在 ij 边界上受三角形分布荷载作用，边界长度为 l。为了积分方便，设从 i 结点出发指向 j 结点的直线作为局部坐标 s，则面力可表示为：

$$\bar{f} = \left\{ \begin{array}{c} (1 - \dfrac{s}{l})q \\ 0 \end{array} \right\} \tag{2.117}$$

在 ij 边上，$N_i = 1 - \dfrac{s}{l}, N_j = \dfrac{s}{l}, N_m = 0$

按照公式（2.112）：

$$R^e = \int_{ij} \begin{bmatrix} N_i\bar{f}_x & N_i\bar{f}_y & N_j\bar{f}_x & N_j\bar{f}_y & N_m\bar{f}_x & N_m\bar{f}_y \end{bmatrix}^{\mathrm{T}} ds$$

$$= \int_{ij} \left[(1-\dfrac{s}{l})(1-\dfrac{s}{l})q, \quad 0 \quad \dfrac{s}{l}(1-\dfrac{s}{l})q, \quad 0, \quad 0, \quad 0 \right]^{\mathrm{T}} \mathrm{d}s \tag{2.118}$$

$$= \dfrac{1}{2}ql \begin{bmatrix} \dfrac{2}{3} & 0 & \dfrac{1}{3} & 0 & 0 & 0 \end{bmatrix}^{\mathrm{T}}$$

表明把三角形分布面力的合力的 $\dfrac{2}{3}$ 分配到 i 结点，把合力的 $\dfrac{1}{3}$ 分配到 j 结点。

2.5.4　结构的整体分析、支配方程

在有限元网格中任意取出一个典型结点 i，该结点受有环绕该结点的单元对它的作用力 F_i，这些作用力与各单元的结点力大小相等方向相反，另外该结点还受有环绕该结点的那些单元上移置而来的等效结点荷载 R_i。根据平衡条件，各环绕单元对该结点作用的结点力之和应等于由各环绕单元移置而来的结点荷载之和，即：

$$\sum_e F_i = \sum_e R_i \tag{2.119}$$

对所有结点都可以建立这样的平衡方程。如果结点总数为 n 个，则对于平面问题就有 $2n$ 个这样的方程，将结点力公式（2.87）代入上式，便得到关于结点位移 a 的 $2n$ 个线性代数方程组，称为有限元的支配方程：

$$Ka = R \tag{2.120}$$

K 为整体刚度矩阵，a 为整体结点位移列阵，R 为整体结点荷载列阵。

按结点将该方程组写成分块矩阵形式：

$$\begin{bmatrix} K_{11} & K_{12} & \cdots & K_{1n} \\ K_{21} & K_{22} & \cdots & K_{2n} \\ \vdots & \vdots & & \vdots \\ K_{n1} & K_{n2} & \cdots & K_{nn} \end{bmatrix} \begin{Bmatrix} a_1 \\ a_2 \\ \vdots \\ a_n \end{Bmatrix} = \begin{Bmatrix} R_1 \\ R_2 \\ \vdots \\ R_n \end{Bmatrix} \tag{2.121}$$

支配方程(2.121)的左边代表各结点的结点力。如把第一行元素与结点位移列阵 a 各元素相乘之和就是第一个结点的结点力。若命某个结点位移分量为 1，如 $u_1=1$，其他结点位移全部为 0，这时各结点的结点力就是刚度矩阵 K 中的第一列各元素。或者说刚度矩阵 K 中第一列各元素代表 1 结点 x 方向发生单位位移时，在各结点产生的结点力。同样的分析可以得出其他各元素也具有类似的力学意义。归纳起来，刚度矩阵 K 中各分块子矩阵 K_{ij} 的力学意义是：当 j 结点 x 方向或 y 方向发生单位位移时，在 i 结点 x 方向或 y 方向产生的结点力。笼统地讲，K_{ij} 表示 j 结点对 i 结点的刚度贡献。可见，整体刚度矩阵各元素的力学意义与单元刚度矩阵各元素的力学意义相同。但是要注意两者结点编码的取值范围不同，前者是整体结点之间的刚度贡献，后者是单元 i, j, m 三个结点之间的刚度贡献。

在实际应用中，有限元的支配方程规模是很大的，它的求解方法与整体刚度矩阵的性质有很大的关系。下面讨论整体刚度矩阵的性质。

(1) 对称性。因为整体刚度矩阵是由各单元刚度矩阵集合而成，所以仍然具有对称性。

(2) 稀疏性。从平衡条件(2.119)知，每个结点的结点力只与环该结点的单元有关，即只有环绕该结点的单元的结点位移对结点贡献刚度。称这些对该总有刚度贡献的结点为相关结点。虽然总体结点数很多，但是每个结点的相关结点却是很少，这导致刚度矩阵中只有很少的非零元素，这就是刚度矩阵的稀疏性，用这个程质，采用恰当的解法，只需存储非零元素，可以极大节省计算机内存。

(3) 非零元素呈带状分布，只要编号合理，刚度矩阵中的非零元素将集中在以主对角线为中心的一条带状的区域内，如图 2.13 所示每行的第一个非零元素到主元素之间元素的个数称为半带宽。在直接解法中，只需存储半带宽以内的元素，因此半带宽越小，求解效率就越高。半带宽的大小与整体结点编码有关。好的结点编码能使半带宽较小。

整体刚度矩阵 K 的半带宽取决于每个单元中的任意两个结点编号之间的最大差。设 D 是网格中各单元的这一最大差，半带宽则为：

$$B = (D + 1)m \tag{2.122}$$

式中 m 是每个结点的自由度数，对于平面问题 $m = 2$，对于空间问题 $m = 3$。因此，为了使半带宽最小，应当选择使 D 最小的结点编号系统。例如，考察图 2.14 所示网格的两种不同的结点编号系统。第一个编号系统[图 2.14(a)]中的 D 值为 8，而第二个编号系统[图 2.14(b)]中的 D 值为 5，可见第二个编号系统优于第一个。为了使半带宽最小，可以通过对结点编号进行优化来实现，这个工作可由计算机自动完成。

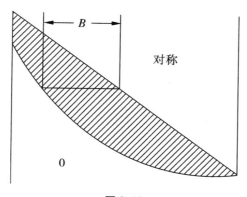

图 2.13

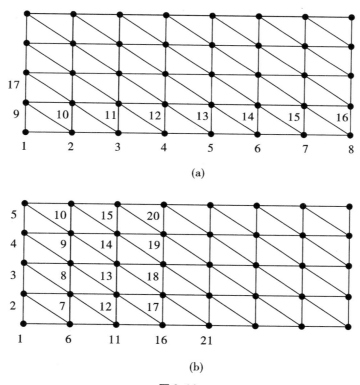

(a)

(b)

图 2.14

下面通过一个简例来说明如何对一个结构进行整体分析:建立整体刚度矩阵和整体
结点荷载列阵,建立整体结点平衡方程组,解出结点位移,并从而求出单元的应力。设有
对角受压的正方形薄板,图 2.15(a),荷载沿厚度均匀分布,为 2 N/m。由于 xz 面和 yz 面
均为该薄板的对称面,所以只需取四分之一部分作为计算对象,图 2.15(b)。将该对象划
分为 4 个单元,共有 6 个结点。单元和结点均编上号码,其中结点的整体编码 1～6,各单

元的结点局部编码 i、j、m，两者的对应关系如下：

单元号	I	II	III	IV
局部编码	整体编码			
i	3	5	2	6
j	1	2	5	3
m	2	4	3	5

对称面上的结点没有垂直于对称面的位移分量，因此，在1、2、4 三个结点设置了水平连杆支座，在4、5、6 三个结点设置了铅直连杆支座。这样就得出如图 2.15（b）所示的离散结构。

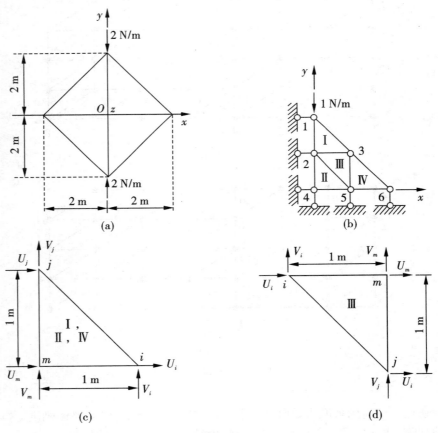

图 2.15

对于每个单元，由于结点的局部编码与整体编码的对应关系已经确定，每个单元刚度矩阵中任一子矩阵的力学意义也就明确了。例如，单元 I 的 k_{ii}，即 k_{33}，它的四个元素就是当结构的结点 3 沿 x 或 y 方向有单位位移时,由于单元 I 的刚度而在结点 3 的 x 或 y 方向引起的结点力等。据此,各个单元的刚度矩阵中 9 个子矩阵的力学意义可表示如下:

$$
\begin{array}{c}
\text{单元 I}\\
\begin{array}{c}
F_3\\
F_1\\
F_2
\end{array}
\left|
\begin{array}{ccc}
k_{ii} & k_{ij} & k_{im}\\
k_{ji} & k_{jj} & k_{jm}\\
k_{mi} & k_{mj} & k_{mm}
\end{array}
\right.
\quad\text{(a)}\\
\hline
\begin{array}{ccc}
a_3 & a_1 & a_2
\end{array}
\end{array}
\qquad
\begin{array}{c}
\text{单元 II}\\
\begin{array}{c}
F_5\\
F_2\\
F_4
\end{array}
\left|
\begin{array}{ccc}
k_{ii} & k_{ij} & k_{im}\\
k_{ji} & k_{jj} & k_{jm}\\
k_{mi} & k_{mj} & k_{mm}
\end{array}
\right.
\quad\text{(b)}\\
\hline
\begin{array}{ccc}
a_5 & a_2 & a_4
\end{array}
\end{array}
$$

$$
\begin{array}{c}
\text{单元 III}\\
\begin{array}{c}
F_2\\
F_5\\
F_3
\end{array}
\left|
\begin{array}{ccc}
k_{ii} & k_{ij} & k_{im}\\
k_{ji} & k_{jj} & k_{jm}\\
k_{mi} & k_{mj} & k_{mm}
\end{array}
\right.
\quad\text{(c)}\\
\hline
\begin{array}{ccc}
a_2 & a_5 & a_3
\end{array}
\end{array}
\qquad
\begin{array}{c}
\text{单元 IV}\\
\begin{array}{c}
F_6\\
F_3\\
F_5
\end{array}
\left|
\begin{array}{ccc}
k_{ii} & k_{ij} & k_{im}\\
k_{ji} & k_{jj} & k_{jm}\\
k_{mi} & k_{mj} & k_{mm}
\end{array}
\right.
\quad\text{(d)}\\
\hline
\begin{array}{ccc}
a_6 & a_3 & a_5
\end{array}
\end{array}
$$

现在,暂不考虑位移边界条件,把图 2.15(b)所示结构的整体结点平衡方程组 $Ka = R$ 写成:

$$
\begin{bmatrix}
k_{11} & k_{12} & k_{13} & k_{14} & k_{15} & k_{16}\\
k_{21} & k_{22} & k_{23} & k_{24} & k_{25} & k_{26}\\
k_{31} & k_{32} & k_{33} & k_{34} & k_{35} & k_{36}\\
k_{41} & k_{42} & k_{43} & k_{44} & k_{45} & k_{46}\\
k_{51} & k_{52} & k_{53} & k_{54} & k_{55} & k_{56}\\
k_{61} & k_{62} & k_{63} & k_{64} & k_{65} & k_{66}
\end{bmatrix}
\begin{Bmatrix}
a_1\\
a_2\\
a_3\\
a_4\\
a_5\\
a_6
\end{Bmatrix}
=
\begin{Bmatrix}
R_1\\
R_2\\
R_3\\
R_4\\
R_5\\
R_6
\end{Bmatrix}
\qquad\text{(e)}
$$

在这里,整体刚度矩阵 K 按分块形式写成 6×6 的矩阵,但它的每一个子块是 2×2 的矩阵,因此,它实际上是 12×12 的矩阵。矩阵 K 中的任意一个子矩阵,如 k_{23},它的四个元素乃是结构的结点 3 沿 x 或 y 方向有单位位移而在结点 2 的 x 或 y 方向引起的结点力。笼统地讲,k_{23} 表示 3 结点对 2 结点的刚度贡献。

由于结点 3 与结点 2 在结构中是通过 I 和 III 这两个单元相联系,因而 k_{23} 应是单元 I 的 k_{23} 与单元 III 的 k_{23} 之和。由式(a)可见,单元 I 的 k_{23} 是它的 k_{mi};由式(b)可见,单元 III 的 k_{23} 是它的 k_{im}。因此 K 中的 k_{23} 应是单元 I 的刚度矩阵中的 k_{mi} 与单元 III 的刚度矩阵中的 k_{im} 之和。换句话说,单元 I 的 k_{mi} 及单元 III 的 k_{im} 都应叠加到 K 中 k_{23} 的位置上去。同样不难找到各个单元刚度矩阵中所有的子矩阵在整体刚度矩阵 K 中的具体位置。于是建立 K 的步骤就成为:将 K 全部充零,逐个单元地建立单元的刚度矩阵,然后根据单元结点的局部编码与整体编码的关系,将单元的刚度矩阵中每一个子矩阵叠加到 K 中的相应位置上。对所有的单元全部完成上述叠加步骤,就形成了整体刚度矩阵。这样得出图 2.15(b)所示结构的整体刚度矩阵为:

$$k = \left[\begin{array}{cc|cc|cc|cc} k_{jj} & k_{jm} & & k_{ji} & & & & \\ k_{mj} & k_{mm}+k_{jj}+k_{ii} & k_{mi}+k_{im} & & k_{jm} & & k_{ji}+k_{ij} & \\ \hline k_{ji} & k_{im}+k_{mi} & k_{ii}+k_{mm}+k_{jj} & & & & k_{mj}+k_{jm} & k_{ji} \\ & k_{mj} & & & & k_{mm} & k_{mi} & \\ \hline k_{ij}+k_{ji} & k_{jm}+k_{mj} & k_{im} & & k_{ii}+k_{jj}+k_{mm} & & k_{mi} & \\ & k_{ij} & & & k_{im} & & k_{ii} & \end{array}\right] \qquad (f)$$

式中，k 的上标 Ⅰ、Ⅱ、Ⅲ、Ⅳ 表示那个 k 是哪一个单元的刚度矩阵中的子矩阵，空白处是 2×2 的零矩阵。

对于单元 Ⅰ、Ⅱ、Ⅳ，可求得 $A = 0.5 \ \text{m}^2$，有：

$b_i = 1 \ \text{m}, b_j = 0, b_m = -1 \ \text{m}$

$c_i = 0, c_j = 1 \ \text{m}, c_m = -1 \ \text{m}$

对于单元 Ⅲ，可求得 $A = 0.5 \ \text{m}^2$，有：

$b_i = -1 \ \text{m}, b_j = 0, b_m = 1 \ \text{m}$

$c_i = 0, c_j = -1 \ \text{m}, c_m = 1 \ \text{m}$

根据上列数值，并为简单起见，取 $\nu = 0, t = 1 \ \text{m}$，应用公式 (2.89)，可见两种单元的刚度矩阵均是：

$$k = E \begin{bmatrix} 0.5 & 0 & 0 & 0 & -0.5 & 0 \\ 0 & 0.25 & 0.25 & 0 & -0.25 & -0.25 \\ 0 & 0.25 & 0.25 & 0 & -0.25 & -0.25 \\ 0 & 0 & 0 & 0.5 & 0 & -0.5 \\ -0.5 & -0.25 & -0.25 & 0 & 0.75 & 0.25 \\ 0 & -0.25 & -0.25 & -0.5 & 0.25 & 0.75 \end{bmatrix} \qquad (g)$$

将式 (e) 中各个子块的具体数值代入式 (b)，叠加以后，得：

$$K = E\left[\begin{array}{cc|cc|cc|cc|cc} 0.25 & 0 & -0.25 & -0.25 & 0 & 0.25 & & & & \\ 0 & 0.5 & 0 & -0.5 & 0 & 0 & & & & \\ \hline -0.25 & 0 & 1.5 & 0.25 & -1 & -0.25 & -0.25 & -0.25 & 0 & 0.25 \\ -0.25 & -0.5 & 0.25 & 1.5 & -0.25 & -0.5 & 0 & -0.5 & 0.25 & 0 \\ \hline 0 & 0 & -1 & -0.25 & 1.5 & 0.25 & & & -0.5 & -0.25 & 0 & 0.25 \\ 0.25 & 0 & -0.25 & -0.5 & 0.25 & 1.5 & & & -0.25 & -1 & 0 & 0 \\ \hline & & -0.25 & 0 & & & 0.75 & 0.25 & -0.5 & -0.25 \\ & & -0.25 & -0.5 & & & 0.25 & 0.75 & 0 & -0.25 \\ \hline & & 0 & 0.25 & -0.5 & -0.25 & -0.5 & 0 & 1.5 & 0.25 & -0.5 & -0.25 \\ & & 0.25 & 0 & -0.25 & -1 & -0.25 & -0.25 & 0.25 & 1.5 & 0 & -0.25 \\ \hline & & & & 0 & 0 & & & -0.5 & 0 & 0.5 & 0 \\ & & & & 0.25 & 0 & & & -0.25 & -0.25 & 0 & 0.25 \end{array}\right]$$

$$(h)$$

由于有位移边界条件 $u_1 = u_2 = u_4 = v_4 = v_5 = v_6 = 0$，与这六个零位移分量相应的六个平

衡方程不必建立,因此,须将式(d)中的第 1、3、7、8、10、12 各行以及同序号的各列划划去,而式(d)简化为:

$$
K = E\begin{bmatrix}
0.5 & -0.5 & 0 & 0 & 0 & 0 \\
-0.5 & 1.5 & -0.25 & -0.5 & 0.25 & 0 \\
0 & -0.25 & 1.5 & 0.25 & -0.5 & 0 \\
0 & -0.5 & 0.25 & 1.5 & -0.25 & 0 \\
0 & 0.25 & -0.5 & -0.25 & 1.5 & -0.5 \\
0 & 0 & 0 & 0 & -0.5 & 0.5
\end{bmatrix} \tag{i}
$$

现在来建立结构的整体结点荷载列阵。在确定了每个单元的结点荷载列阵:

$$
R^e = \begin{bmatrix} R_i^T & R_j^T & R_m^T \end{bmatrix}^T = \begin{bmatrix} R_{ix} & R_{iy} & R_{jx} & R_{jy} & R_{mx} & R_{my} \end{bmatrix}^T
$$

以后,根据各个单元的结点局部编码与整体编码的对应关系,不难确定其三个子块 R_i、R_j、R_m 在 R 中的位置。例如,对于图 2.15(b)所示的结构,在不考虑位移边界条件的情况下,有:

$$
R = \begin{Bmatrix} R_1 \\ R_2 \\ R_3 \\ R_4 \\ R_5 \\ R_6 \end{Bmatrix} = \begin{Bmatrix} R^j \\ R^m + R^j + R^i \\ R^i + R^m + R^j \\ R^m \\ R^i + R^j + R^m \\ R^i \end{Bmatrix} \tag{j}
$$

现在,由于该结构只是在结点 1 受有向下的荷载 1 N/m,因而上式中具有非零元素的子块只有:

$$
R_1 = R^j = \begin{Bmatrix} 0 \\ -1 \end{Bmatrix}
$$

在考虑了位移边界条件以后,整体结点荷载列阵(j)为:

$$
R = \begin{bmatrix} -1 & 0 & 0 & 0 & 0 & 0 \end{bmatrix}^T \tag{k}
$$

按照式(e)所示的 K 及式(d)所示的 R,得出结构的整体平衡方程组:

$$
E\begin{bmatrix}
0.5 & & & & 对 & \\
-0.5 & 1.5 & & & & \\
0 & -0.25 & 1.5 & & 称 & \\
0 & -0.5 & 0.25 & 1.5 & & \\
0 & 0.25 & -0.5 & -0.25 & 1.5 & \\
0 & 0 & 0 & 0 & -0.5 & 0.5
\end{bmatrix}
\begin{Bmatrix} v_1 \\ v_2 \\ u_3 \\ v_3 \\ u_5 \\ u_6 \end{Bmatrix} = \begin{Bmatrix} -1 \\ 0 \\ 0 \\ 0 \\ 0 \\ 0 \end{Bmatrix}
$$

求解以后,得结点位移为:

$$\begin{Bmatrix} v_1 \\ v_2 \\ u_3 \\ v_3 \\ u_5 \\ u_6 \end{Bmatrix} = \frac{1}{E} \begin{Bmatrix} -3.235 \\ -1.253 \\ -0.088 \\ -0.374 \\ 0.176 \\ 0.176 \end{Bmatrix}$$

根据 $v = 0$ 以及已求出的 A 值、b 值和 c 值,可由公式(2.82)得出单元的应力转换矩阵如下。

对于单元 I、II、IV,有:

$$S = E \begin{bmatrix} 1 & 0 & 0 & 0 & -1 & 0 \\ 0 & 0 & 0 & 1 & 0 & -1 \\ 0 & 0.5 & 0.5 & 0 & -0.5 & -0.5 \end{bmatrix}$$

对于单元 III

$$S = E \begin{bmatrix} -1 & 0 & 0 & 0 & 1 & 0 \\ 0 & 0 & 0 & -1 & 0 & 1 \\ 0 & -0.5 & -0.5 & 0 & 0.5 & 0.5 \end{bmatrix}$$

于是可用公式(2.80)求得各单元中的应力为:

$$\begin{Bmatrix} \sigma_x \\ \sigma_y \\ \tau_{xy} \end{Bmatrix} = E \begin{bmatrix} 1 & 0 & 0 & 0 & -1 & 0 \\ 0 & 0 & 0 & 1 & 0 & -1 \\ 0 & 0.5 & 0.5 & 0 & -0.5 & -0.5 \end{bmatrix} \begin{Bmatrix} u_3 \\ v_3 \\ 0 \\ v_1 \\ 0 \\ v_2 \end{Bmatrix} = \begin{Bmatrix} -0.088 \\ -2.000 \\ 0.440 \end{Bmatrix} (\text{N/m}^2)$$

$$\begin{Bmatrix} \sigma_x \\ \sigma_y \\ \tau_{xy} \end{Bmatrix} = E \begin{bmatrix} 1 & 0 & 0 & 0 & -1 & 0 \\ 0 & 0 & 0 & 1 & 0 & -1 \\ 0 & 0.5 & 0.5 & 0 & -0.5 & -0.5 \end{bmatrix} \begin{Bmatrix} u_5 \\ 0 \\ 0 \\ v_2 \\ 0 \\ 0 \end{Bmatrix} = \begin{Bmatrix} 0.176 \\ -1.253 \\ 0 \end{Bmatrix} (\text{N/m}^2)$$

$$\begin{Bmatrix} \sigma_x \\ \sigma_y \\ \tau_{xy} \end{Bmatrix} = E \begin{bmatrix} -1 & 0 & 0 & 0 & 1 & 0 \\ 0 & 0 & 0 & -1 & 0 & 1 \\ 0 & -0.5 & -0.5 & 0 & 0.5 & 0.5 \end{bmatrix} \begin{Bmatrix} 0 \\ v_2 \\ u_5 \\ 0 \\ u_3 \\ v_3 \end{Bmatrix} = \begin{Bmatrix} -0.088 \\ -0.374 \\ 0.308 \end{Bmatrix} (\text{N/m}^2)$$

$$\begin{Bmatrix} \sigma_x \\ \sigma_y \\ \tau_{xy} \end{Bmatrix} = E \begin{bmatrix} 1 & 0 & 0 & 0 & -1 & 0 \\ 0 & 0 & 0 & 1 & 0 & -1 \\ 0 & 0.5 & 0.5 & 0 & -0.5 & -0.5 \end{bmatrix} \begin{Bmatrix} u_6 \\ 0 \\ u_3 \\ v_3 \\ u_5 \\ 0 \end{Bmatrix} = \begin{Bmatrix} 0 \\ -0.374 \\ -0.132 \end{Bmatrix} (\text{N/m}^2)$$

2.5.5 用变分原理建立有限元的支配方程

本节利用变分原理来建立有限元的支配方程。首先用最小势能原理推导出有限元的求解方程。在平面问题中,最小势能原理中的总势能 Π 的表达式(2.123)表示为:

$$\Pi = \frac{1}{2} \int_\Omega \varepsilon^T D \varepsilon t \mathrm{d}x \mathrm{d}y - \int_\Omega u^T f t \mathrm{d}x \mathrm{d}y - \int_{S_\sigma} u^T \bar{f} t \mathrm{d}s \tag{2.123}$$

其中, t 是平面弹性体的厚度; f 是体积力; $\bar{f}$ 是物体表面的面力。

将弹性体离散成有限元网格后,上述总势能可以写成各单元的势能之和,并利用应变公式(2.78)和位移模式(2.70)得:

$$\Pi = \sum_e \Pi^e$$

$$= \frac{1}{2} \sum_e (a^e)^T \int_{\Omega^e} B^T D B t \mathrm{d}x \mathrm{d}y a^e - \sum_e (a^e)^T \int_{\Omega^e} N^T f t \mathrm{d}x \mathrm{d}y - \sum_e (a^e)^T \int_{S^e} N^T \bar{f} t \mathrm{d}s \tag{2.124}$$

最小势能原理泛函 Π 的宗量是位移 u,离散以后泛函(2.124)的宗量则成为结构整体结点位移 a。因此,需要将式(2.124)中各单元的结点位移 a^e 统一用整体结点位移 a 表示。为此,引入一个单元结点位移和整体结点位移之间的转换矩阵 C_e,称 C_e 为选择矩阵。将单元结点位移用整体结点位移表示为:

$$a^e = C_e a \tag{2.125}$$

选择矩阵 C_e 起着从整体结点位移列阵中选择出相应的结点位移放到单元结点位移列阵相应位置上去的作用。例如,图2.16的有限元网格共有6个结点,各单元的局部编码如单元内部的编码所示。

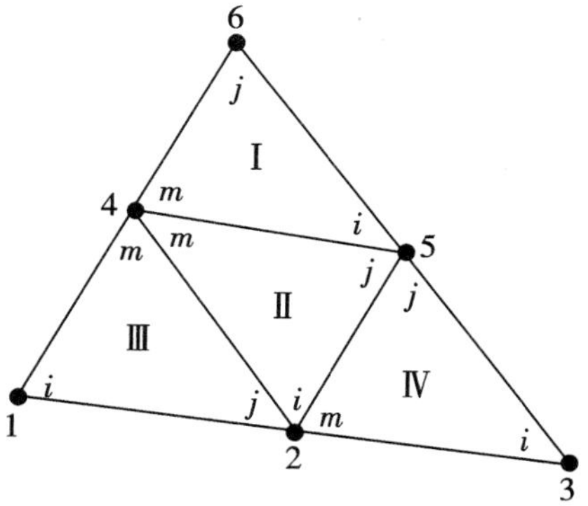

对于 II 号单元,根据整体编码与局部编码的关系,需要将整体结点位移列阵中,第2个子列阵取出来放到单元结点位移列阵的第1个子列阵上去,即 a_i 的位置;将第5个子列阵取出来放到单元结点位移列阵的第2个子列阵上去,将第4个子列阵取出来放到单元结点位移列阵的第3个子列阵上去。为了要实现这种结果,把选择矩阵 C_e 取为:

图2.16

$$C_{II} = \begin{bmatrix} 0 & I & 0 & 0 & 0 & 0 \\ 0 & 0 & 0 & 0 & I & 0 \\ 0 & 0 & 0 & I & 0 & 0 \end{bmatrix} \tag{2.126}$$

其中 I 为单位矩阵 $\begin{bmatrix} 1 & 0 \\ 0 & 1 \end{bmatrix}$，对于 3 结点的三角形单元，选择矩阵总是 $3 \times n$（结点总数，这里等于 6）的分块形式的矩阵。

同理可以写出其余单元的选择矩阵：

$$C_{\mathrm{I}} = \begin{bmatrix} 0 & 0 & 0 & 0 & I & 0 \\ 0 & 0 & 0 & 0 & 0 & I \\ 0 & 0 & 0 & I & 0 & 0 \end{bmatrix}$$

$$C_{\mathrm{III}} = \begin{bmatrix} I & 0 & 0 & 0 & 0 & 0 \\ 0 & I & 0 & 0 & 0 & 0 \\ 0 & 0 & 0 & I & 0 & 0 \end{bmatrix}$$

$$C_{\mathrm{N}} = \begin{bmatrix} 0 & 0 & I & 0 & 0 & 0 \\ 0 & 0 & 0 & 0 & I & 0 \\ 0 & I & 0 & 0 & 0 & 0 \end{bmatrix} \tag{2.127}$$

另外，在具体运算中或程序实施中通过结点的整体编码与单元局部编码就可以实现整体到单元或单元到整体的对应关系，用不着选择矩阵。引入选择矩阵只是数学表达的需要。

将式（1.125）代入式（2.124），得：

$$\Pi = \frac{1}{2}a^{\mathrm{T}}\left(\sum_e c_e^{\mathrm{T}} \int_{\Omega^e} B^{\mathrm{T}}DBt\mathrm{d}x\mathrm{d}y C_e \right)a - a^{\mathrm{T}} \sum_e C_e^{\mathrm{T}} \int_{\Omega^e} N^{\mathrm{T}}ft\mathrm{d}x\mathrm{d}y - a^{\mathrm{T}} \sum_e C_e^{\mathrm{T}} \int_{S^e} N^{\mathrm{T}}\bar{f}t\mathrm{d}s$$

$$= \frac{1}{2}a^{\mathrm{T}}Ka - a^{\mathrm{T}}R \tag{2.128}$$

其中

$$K = \sum_e C_e^{\mathrm{T}}kC_e$$

$$R = \sum_e C_e^{\mathrm{T}}R^e \tag{2.129}$$

$$k = \int_{\Omega^e} B^{\mathrm{T}}DBt\mathrm{d}x\mathrm{d}y$$

$$R^e = \int_{\Omega^e} N^{\mathrm{T}}ft\mathrm{d}x\mathrm{d}y + \int_{S^e} N^{\mathrm{T}}\bar{f}t\mathrm{d}s$$

根据最小势能原理 $\delta\Pi = 0$，，即：

$$\frac{\partial \Pi}{\partial a} = 0 \tag{2.130}$$

这样就得有限元的求解方程：

$$Ka = R \tag{2.131}$$

整体刚度矩阵 K 由单元刚度矩阵 k 集合而成，整体等效结点荷载由各单结点荷载集合而成。公式（2.129）中的单元刚度矩阵和单元等效结点荷载的表达式与单元刚度矩阵 k 和式（2.111）、式（2.112）完全相同。而且，我们在推导过程中并没有规定是哪种类型的单元，因此式（2.129）适用于平面问题任一单元类型。

式(2.129)中的 $\sum\limits_{e}$ 表示对所有单元求和。由于选择矩阵的作用，使每个单元刚度矩阵的体积放大到与整体刚度矩阵的体积相同，然后累加到整体刚度矩阵中去。同样对于单元结点荷载列阵也是先将其体积扩大，然后累加而成为整体荷载列阵。以 Ⅱ 号单元为例，有：

$$
C_{\mathrm{II}}^{\mathrm{T}} k^{\mathrm{II}} C_{\mathrm{II}} = \begin{bmatrix} 0 & 0 & 0 \\ I & 0 & 0 \\ 0 & 0 & 0 \\ 0 & 0 & I \\ 0 & I & 0 \\ 0 & 0 & 0 \end{bmatrix} \begin{bmatrix} k_{ii} & k_{ij} & k_{im} \\ k_{ji} & k_{jj} & k_{jm} \\ k_{mi} & k_{mj} & k_{mm} \end{bmatrix} \begin{bmatrix} 0 & I & 0 & 0 & 0 & 0 \\ 0 & 0 & 0 & 0 & I & 0 \\ 0 & 0 & 0 & I & 0 & 0 \end{bmatrix}
$$

$$
= \begin{bmatrix} 0 & 0 & 0 & 0 & 0 & 0 \\ 0 & k_{ii} & 0 & k_{im} & k_{ij} & 0 \\ 0 & 0 & 0 & 0 & 0 & 0 \\ 0 & k_{mi} & 0 & k_{mm} & k_{mj} & 0 \\ 0 & k_{ji} & 0 & k_{jm} & k_{jj} & 0 \\ 0 & 0 & 0 & 0 & 0 & 0 \end{bmatrix}
$$

$$
C_{\mathrm{II}}^{\mathrm{T}} R^{\mathrm{II}} = \begin{bmatrix} 0 & 0 & 0 \\ I & 0 & 0 \\ 0 & 0 & 0 \\ 0 & 0 & I \\ 0 & I & 0 \\ 0 & 0 & 0 \end{bmatrix} \begin{Bmatrix} R_i \\ R_j \\ R_m \end{Bmatrix} = \begin{Bmatrix} 0 \\ R_i \\ 0 \\ R_m \\ R_j \\ 0 \end{Bmatrix}
$$

可见，式(2.129)的集合表达式与上节介绍的单元刚度矩阵到整体刚度矩阵的集合方法是一致的。单元结点荷载到整体结点荷载列的集合方法也是一致的。

有限元的支配方程也可以用虚功原理来建立。平面问题的虚功方程为：

$$
\int_{\Omega} \delta\varepsilon^{\mathrm{T}} \sigma t \mathrm{d}x \mathrm{d}y = \int_{\Omega} \delta u^{\mathrm{T}} ft \mathrm{d}x \mathrm{d}y + \int_{S_\sigma} \delta u^{\mathrm{T}} \bar{f} t \mathrm{d}s \tag{2.132}
$$

物体离散化以后，上式成为：

$$
\sum_{e} (\delta a^e)^{\mathrm{T}} \int_{\Omega^e} B^{\mathrm{T}} DBt \mathrm{d}x \mathrm{d}y a^e = \sum_{e} (\delta a^e)^{\mathrm{T}} \int_{\Omega^e} N^{\mathrm{T}} ft \mathrm{d}x \mathrm{d}y + \sum_{e} (a^e)^{\mathrm{T}} \int_{S^e} N^{\mathrm{T}} \bar{f} t \mathrm{d}s
$$

$$
\tag{2.133}
$$

将式(2.125)代入，得：

$$
\delta a^{\mathrm{T}} \left(\sum_{e} c_e^{\mathrm{T}} \int_{\Omega^e} B^{\mathrm{T}} DBt \mathrm{d}x \mathrm{d}y C_e \right) a = \delta a^{\mathrm{T}} \sum_{e} C_e^{\mathrm{T}} \int_{\Omega^e} N^{\mathrm{T}} ft \mathrm{d}x \mathrm{d}y + \delta a^{\mathrm{T}} \sum_{e} C_e^{\mathrm{T}} \int_{S^e} N^{\mathrm{T}} \bar{f} t \mathrm{d}s
$$

$$
\tag{2.134}
$$

由于虚结点位移 δa^{T} 是任意的，则上式成为：

$$
\sum_{e} c_e^{\mathrm{T}} \int_{\Omega^e} B^{\mathrm{T}} DBt \mathrm{d}x \mathrm{d}y C_e a = \sum_{e} C_e^{\mathrm{T}} \int_{\Omega^e} N^{\mathrm{T}} ft \mathrm{d}x \mathrm{d}y + \sum_{e} C_e^{\mathrm{T}} \int_{S^e} N^{\mathrm{T}} \bar{f} t \mathrm{d}s \tag{2.135}
$$

与式(2.129)比较可知,式(2.135)与有限元的求解方程(2.131)完全相同。

2.5.6　单元划分要注意的问题

由 2.5.4 节中的例题可见,用有限单元法求解弹性力学问题,即使是很简单的平面问题,计算工作量也是很大的。因此,一般只能利用事先编好的计算程序,在计算机上进行计算。但是,单元的划分和计算成果的整理仍须由人工来考虑,而这是很重要的两步工作。

在划分单元时,就整体来说,单元的大小(即网格的疏密)要根据精度的要求和计算机的速度及容量来确定。根据误差分析,应力的误差与单元的尺寸成正比,位移的误差与单元的尺寸的平方成正比,可见单元分得越小,计算结果越精确。但在另一方面,单元越多,计算时间越长,要求的计算机容量也越大。因此,必须在计算机容量的范围以内,根据合理的计算时间,考虑工程上对精度的要求来决定单元的大小。

在单元划分上,对于不同部位的单元,可以采用不同的大小,也应当采用不同的大小。例如,在边界比较曲折的部位,单元必须小一些;在边界比较平滑的部位,单元可以大些。又如,对于应力和位移情况需要了解得比较详细的重要部位,以及应力和位移变化得比较剧烈的部位,单元必须小一些;对于次要的部位,以及应力和位移变化得较平缓的部位,单元可以大一些。如果应力和位移的变化情况不易事先预估,有时不得不先用比较均匀的单元,进行一次计算,然后根据计算结果重新划分单元,进行第二次计算。

根据误差分析,应力及位移的误差都和单元的最小内角的正弦成反比。据此,采用等边三角形单元与采用等腰直角三角形单元误差之比为 $\sin 45°:\sin 60°$,即 $1:1.23$,显然是前者较好。但是,在通常的情况下,为了适应弹性体的边界以及单元由大到小的变化是不大可能使所有的单元都接近于等边三角形的,而且为了便于整理和分析成果,往往宁愿采用直角三角形的单元。

当结构具有对称面而荷载对称于该面或反对称于该面时,为了利用对称性或反对称性,从而减少计算工作量,应当使单元的划分也对称于该面。例如,对于 2.5.4 节中的例题由于该薄板以及所受荷载都具有两个对称面,就使单元的划分也对称于这两个面,于是就只需计算 1/4 薄板,而且对称面上的结点没有垂直于对称面的位移,这就大大减少了计算工作量。与此相似,当结构具有对称面而所受的荷载又反对称于该面时,也应当使单元的划分对称于该面,于是就也只需计算结构的一半,而且对称面上的各结点将没有沿着该面的位移,大大减少了计算工作量。对于具有对称面的结构,即使荷载并不是对称于该面,也不是反对称于该面,也宁愿把荷载分解成为对称的和反对称的两组,分别计算,然后将计算结果进行叠加。

例如,图 2.17(a)所示的刚架是对称于 yz 面的。在计算之前,先把荷载分解为对称的及反对称的两组,如图 2.17(b)及(c)所示。在对称荷载的作用下,该刚架的位移及应力都将对称于 yz 面。计算时,可只计算对称面右边的一半,而把对称面上各结点的水平位移 u 取为零,左边一半刚架的位移及应力可由对称条件求得。在图 2.17(c)所示的反对称荷载作用下,该刚架的位移及应力都将反对称于 yz 面。计算时,仍只计算对称面右边的一半,而把对称面上各结点的铅直位移 v 取为零,左边一半刚架的位移及应力可由反对称条件得来。把这样两次计算而得的成果相叠加,就得出整个刚架在原荷载作用下的位移及应力。

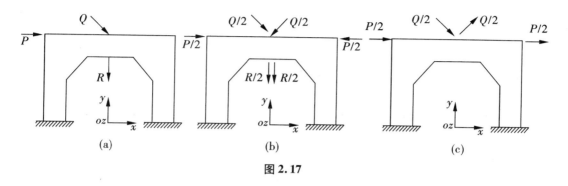

图 2.17

如果计算对象的厚度有突变之处[图 2.18(a)],或者它的弹性有突变之处[图 2.18(b)],除了应当把这种部位的单元取得较小些以外,还应当把突变线作为单元的界线(不要使突变线穿过单元)。这是因为:①对每个单元进行弹性力学分析时,曾假定该单元的厚度 t 是常量,弹性常数 E 和 v 也是常量。②厚度或弹性的突变,必然伴随着应力的突变,而应力的这种突变不可能在一个单元中得到反映,只可能在不同的单元中得到一定程度的反映(当然不可能得到完全的反映)。

如果计算对象受有集度突变的分布荷载[图 2.18(c)],或受有集中荷载[图 2.18(d)],也应当把这种部位的单元取得小一些,并在荷载突变或集中之处布置结点,以使应力的突变得到一定程度的反映。

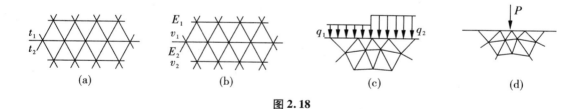

图 2.18

在计算闸坝等结构物时,为了使地基弹性对结构物中应力的影响能反映出来,必须把和结构物相连的那一部分地基也取为弹性体,和结构物一起作为计算对象。按照弹性力学中关于接触应力的理论,所取地基范围的大小,应视结构物底部的宽度如何(与结构物的高度完全无关)。在早期的文献中,一般都建议在结构物的两边和下方,把地基范围取为大致等于结构物底部的宽度,即 $L=b$[图 2.19(a)]。但在后来的一些文献中,大都所取的范围扩大为 $L=2b$,在个别的文献中还把它扩大为 $L=4b$。此外,还有一些文献作者认为应当把地基范围取为矩形区域[图 2.19(b)],以便将铰支座改为连杆支座,以减少对地基的人为约束。最近的大量分析指出:在地基比较均匀的情况下,并没有必要使 L 超过 $2b$,用连杆支座还不如用铰支座更接近实际情况;地基范围的形状,影响也并不大。

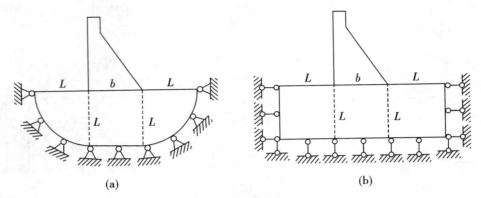

图 2.19

如果地基很不均匀,需要在地基中布置很多的单元,而机器的容量又不允许。则可将计算分两次进行。在第一次计算时,考虑较大范围地基的弹性,并尽量在这范围内多布置单元而在结构物内则仅布置较少的单元,如图 2.20(a)所示。这时的主要目的在于算出地基内靠近结构物处 ABCD 线上各结点的位移。在第二次计算时,把结构物内的网格加密,如图 2.20(b)所示,放弃 ABCD 以下的地基,而将第一次计算所得的 ABCD 线上各结点的位移作为已知量输入,算出坝体中的应力及位移,作为最后成果。在两次计算中,最好是使 ABCD 一线上结点的布置相同,而且使邻近 ABCD 的一排单元的布置也相同,如图 2.20 所示,这样就避免输入位移时的插值计算,从而避免引进的误差,而且上述那单元的应力在两次计算中的差距,可以指示出最后计算成果的精度如何。

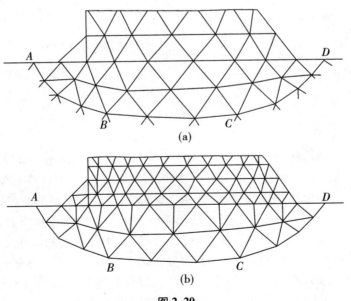

图 2.20

　　当结构物具有凹槽或孔洞时,在凹槽或孔洞附近将发生应力集中,即该处的应力很大而且变化剧烈。为了正确反映此项应力,必须把该处的网格画得很密,但这就可能超出机器的容量,而且单元的尺寸相差悬殊,可能还会引起很大的计算误差。在这种情况下,也可以把计算分两次进行。第一次计算时,把凹槽或孔洞附近的网格画得比别处仅仅稍微密一些,以约略反映凹槽或孔洞对应力分布的影响,如图2.21(a)所示半圆凹槽附近的 *ABCD* 部分。甚至可以根本不管凹槽或孔洞的存在,而把 *ABCD* 部分的网格画得和别处大致同样疏密。这时,主要的目的是算出别处的应力,并算出 *ABCD* 线上各结点的位移。第二次计算时,把凹槽或孔洞附近的网格画得充分细密[图2.21(b)],就以 *ABCD* 部分为计算对象,而将前一次计算所得的 *ABCD* 线上各结点的位移作为已知量输入,即可将凹槽或孔洞附近的局部应力算得充分精确。

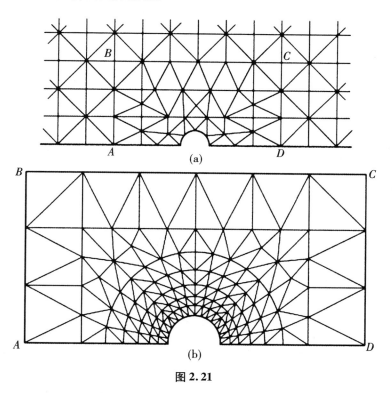

图2.21

2.5.7　计算成果的整理

　　计算成果主要包括两个方面:位移方面和应力方面。在位移方面,一般都无须进行整理工作。根据计算成果中的结点位移分量,就可以画出结构物的位移图线。下面仅针对应力方面的计算成果进行讨论,这些成果整理方法对于其他类型单元也具有参考意义。

　　3 结点三角形单元是常应变单元,因而也是常应力单元。算出的常量应力,曾经被当成三角形单元形心处的应力。据此就得出一个图示应力的通用办法,在每个单元的形心,沿着应力主向,以一定的比例尺标出主应力的大小,拉应力用箭头表示,压应力用平头表示,如图 2.22(a)所示。就整个结构物的应力概况而言,这是一个很好的图示方法,因为应力的大小和方向在整个结构物中的变化规律都可以约略地表示出来。

关于为什么把计算出来的常量应力作为单元形心处的应力,有的文献这样解释,这个常量应力是单元中的平均应力,当单元较小因而应力变化比较平缓时,单元中的实际应力可以认为是线性变化,而三角形中线性变量的平均值就等于该变量在三角形形心处的值。应当指出,这个解释是基于错误的前提:计算出来的常量应力远不是单元内的平均应力,即使单元很小,它也会远远大于或远远小于单元内所有各点的实际应力。把它标在单元形心处,不过是人们这样规定,而此外也没有更好的规定了。

为了由计算成果推出结构物内某一点的接近实际的应力,必须通过某种平均计算,通常可采用绕结点平均法或二单元平均法。

所谓绕结点平均法,就是把环绕某一结边界线点的各单元中的常量应力加以平均,用来表征该结点处的应力。以图 2.22(b)中结点 0 及结点 1 处的 σ_x 为例,就是取:

$$(\sigma_x)_0 = \frac{1}{2}\big[(\sigma_x)_A + (\sigma_x)_B\big]$$

$$(\sigma_x)_1 = \frac{1}{6}\big[(\sigma_x)_A + (\sigma_x)_B + (\sigma_x)_C + (\sigma_x)_D + (\sigma_x)_E + (\sigma_x)_F\big]$$

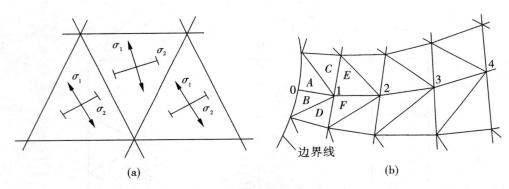

图 2.22

为了使这样平均得来的应力能够较好地表征结点处的实际应力,环绕该结点的各个单元,它们的面积不能相差太大,它们在该结点所张的角度也不能相差太大。有人建议按照单元的面积进行加权平均,也有人建议按照单元在结点所张角度的正弦进行加权平均但是在绝大多数的情况下,这样加权平均并不能改进平均应力的表征性(使其更接近于该结点处的实际应力),有时反而使得表征性更差。

用绕结点平均法计算出来的结点应力,在内结点处具有较好的表征性,但在边界结点处则可能表征性很差。因此边界结点处的应力不宜直接由单元应力的平均得来,而要由内结点处的应力推算得来。以图 2.22(b)中边界结点 0 处的应力为例,就是要由内结点12,3 处的应力用抛物线插值公式推算得来,这样可以大大改进它的表征性。据此,为了整理某一截面上的应力,在这个截面上至少要布置 5 个结点。

所谓二单元平均法,就是把两个相邻单元中的常量应力加以平均来表征公共边中点处的应力。以图 2.23 所示的情况为例，就是取：

$$(\sigma_x)_1 = \frac{1}{2}\big[(\sigma_x)_A + (\sigma_x)_B\big], \quad (\sigma_x)_2 = \frac{1}{2}\big[(\sigma_x)_C + (\sigma_x)_D\big], \cdots$$

为了这样平均得来的应力具有较好的表征性，两个相邻单元的面积不能相差太大。有人建议，在两个相邻单元的面积相差较大的情况下，把应力按照单元的面积进行加权平均以表征两单元形心处的应力。

如果内点 1,2,3 等的光滑连线与边界相交在 O 点（图 2.23），则 O 点处的应力可由上述几个内点处的应力用插值公式推算得来，其表征性一般也很好。

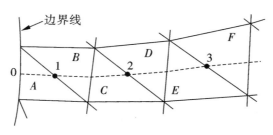

图 2.23

在应力变化并不剧烈的部位，由绕结点边界线平均法和二单元平均法得来的应力，表征性不相上下。在应力变化比较剧烈的部位，特别是在应力集中之处，由绕结点平均法得来的应力，其表征性就比较差了。但是，绕结点平均法也有它的优点：为了得出弹性体内某一截面上的应力图线，只需在划分单元时布置若干个结点在这一截面上（至少 5 个），而采用二单元平均法时就没有这样方便。至于绕结点平均法中较多的计算，包括应力的平均以及边界结点处应力的推算，都不难由计算程序来实现。

注意：如果相邻的单元具有不同的厚度或不同的弹性常数，则在理论上应力应当有突变。因此，只容许对厚度及弹性常数都相同的单元进行平均计算，以免完全失去这种应有的突变。在编写计算程序时，务必要考虑到这一点。

在推算边界点或边界结点处的应力时，可以先推算应力分量再求主应力，也可以对主应力进行推算。在一般情况下，前者的精度比较高一些，但差异并不是很明显。

在弹性体的凹槽附近，平行于边界的主应力往往是数值较大而且变化比较剧烈。在推求最大的主应力时，必须充分注意如何达到最高的精度。例如，图 2.24(a) 所示的凹槽，设边界点或边界结点 1,2,3,4 等处平行于边界的主应力分别为 $(\sigma)_1$, $(\sigma)_2$, $(\sigma)_3$, $(\sigma)_4$ 等，已经把凹槽处的一段边界曲线展为直线轴 x 图 2.24(b)]，点绘 $(\sigma)_1$, $(\sigma)_2$, $(\sigma)_3$, $(\sigma)_4$ 等，画出平滑的图线。如果图线的坡度不太陡，就可以由图线上量得最大主应力 $(\sigma)_{max}$ 的数值。但是，如果图线的坡度很陡，则需按照 $(\sigma)_1$, $(\sigma)_2$, $(\sigma)_3$, $(\sigma)_4$ 的数值，为 σ 取插值函数 $\sigma = f(x)$，然后令 $\dfrac{d}{dx} f(x) = 0$，求出 x 在这一范围内的实根，再代入 $f(x)$ 以求出 $(\sigma)_{max}$。

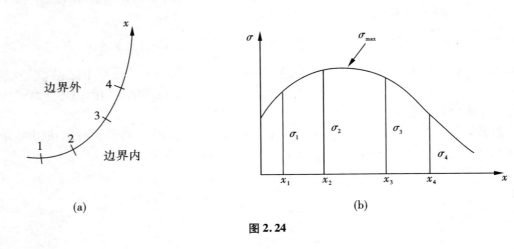

图 2.24

　　弹性体具有凹尖角处的应力是很大的(在完全弹性体的假定下,它在理论上是无限大)。因此,在用有限单元法进行计算时,围绕尖角的一些单元中的应力就越大,可能大到惊人的程度。实际上,由于尖角处的材料已经发生局部的屈服、开裂或滑移,在完全弹性体的假定之下算出的这些大应力是不存在的。为了正确估算尖角处的应力,必须考虑局部屈服、开裂或滑移的影响。在没有条件考虑这些影响时,可以这样较简单地处理:把围绕尖角的单元取得充分小,而在分析安全度时,对这些单元中的大应力不予理会,只要其他单元中的应力不超过材料的容许应力,就认为该处是安全的。如果其他单元中的应力超过容许应力,就要采取适当的措施。最有效的措施是把凹尖角改为凹圆角,对局部问题进行局部处理。不要企图用加大整体尺寸来降低局部应力,因为那样做往往是徒劳的,至少是在经济上完全不合理的。

　　用有限单元法计算弹性力学问题时,特别是采用常应变单元时,应当在计算之前精心划分网格,在计算之后精心整理成果。这样来提高所得应力的精度,不会增大所需的计算量,而且往往比简单地加密网格更为有效。此外,加密网格将使计算量的增大,从而导计算误差的增大在超过一定的限度以后,加密网格将完全不能提高精度,可能反而使精度有所降低。

2.6　等参有限单元法

2.6.1　坐标变换、等参单元

　　三角形单元和矩形单元相比,矩形单元能够比三角形单元更好地反映单元中应力的变化。但是,矩形单元不能适应曲线边界和斜交的直线边界,也不能随意改变大小,在应用上是很不方便的。如果采用任意四边形单元,如图 2.25(a)所示,就能克服正规矩形单元的这些不足,又具有三角形单元适应边界能力强的特点。

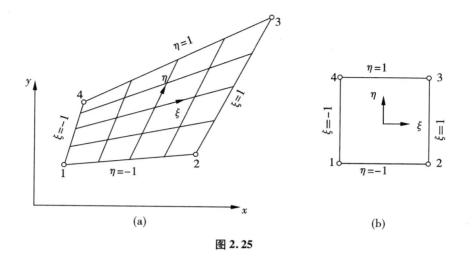

图 2.25

对于任意四边形单元,在构造位移模式时,就不能再沿用前面的方法。如果仍然把单元的位移模式假设为:

$$u = a_1 + a_2 x + a_3 y + a_4 xy$$
$$v = a_5 + a_6 x + a_7 y + a_8 xy$$

(a)

就不能保证在两相邻单元的交界面上位移的连续性,例如,边界 23 的直线方程为:

$$y = Ax + B$$

(b)

将式(b)代入式(a)有:

$$u = a_1 + a_2 x + a_3 Ax + a_3 B + a_4 Ax^2 + a_4 Bx$$
$$v = a_5 + a_6 x + a_7 Ax + a_7 B + a_8 Ax^2 + a_8 Bx$$

(c)

由式(c)可见,在边界 23 上位移是 x 的二次函数,而该交界面只有 2 个公共结点,不能唯一确定一个二次函数,因此两相邻单元在该交界面上位移是不相同的。也即按这样构造的位移模式不能满足连续性要求。

另外,即便找到合适的位移模式,每个单元的形状各不相同,在计算单元刚度矩阵和结点荷载时所涉及的积分域也是各不相同,这对具体计算和编程带来极大的困难,甚至可以说是无法实现的。

通过坐标变换,可以解决上述困难。设整体坐标系为 (x,y),在每个单元上建立局部坐标系 (ξ,η)。通过坐标变换:

$$x = f(\xi,\eta)$$
$$y = g(\xi,\eta)$$

(d)

将每个实际单元[图 2.25(a)]映射到标准正方形单元[图 2.25(b)]。即将实际单元的 4 个边界映射到标准单元的 4 个边界;实际单元内任一点映射到标准单元内某一点;反之,在标准单元内任一点也能在实际单元内找到唯一的对应点。也就是说,通过这种坐标变换建立每个实际单元与标准单元的一一对应关系。在数学上只要两种坐标系之间的雅可比行列式:

$$|J| = \begin{vmatrix} \dfrac{\partial x}{\partial \xi} & \dfrac{\partial y}{\partial \xi} \\[2mm] \dfrac{\partial x}{\partial \eta} & \dfrac{\partial y}{\partial \eta} \end{vmatrix} > 0 \qquad\qquad (2.136)$$

就能保证这种一一对应关系的实现。

为了建立前面所述的坐标变换,最方便最直观的方法是将坐标变换式表示成为关于整体坐标的插值函数(类同于矩形单元的位移模式),即:

$$\begin{aligned} x &= N_1 x_1 + N_2 x_2 + N_3 x_3 + N_4 x_4 \\ y &= N_1 y_1 + N_2 y_2 + N_3 y_3 + N_4 y_4 \end{aligned} \qquad (2.137)$$

其中 4 个形函数(插值函数)为:

$$N_1 = \frac{1}{4}(1 - \xi)(1 - \eta)$$

$$N_2 = \frac{1}{4}(1 + \xi)(1 - \eta)$$

$$N_3 = \frac{1}{4}(1 + \xi)(1 + \eta)$$

$$N_4 = \frac{1}{4}(1 - \xi)(1 + \eta)$$

合并写成:

$$N_i = \frac{1}{4}(1 + \xi_i \xi)(1 + \eta_i \eta) \qquad\qquad (2.138)$$

式中,ξ, η 是定义在标准单元上的局部坐标,ξ_i, η_i($i = 1,2,3,4$)分别代表标准单元 4 个结点处的局部坐标值。

可以验证,坐标变换式(2.137)能把实际单元映射到标准单元。或者说它把标准单元的 4 个边界变换到实际单元的 4 个边界,把标准单元内任一点唯一地变换到实际单元内的点。例如,在边界 23 上 $\xi = 1$,这时,$N_1 = 0, N_2 = \dfrac{1}{2}(1 - \eta), N_3 = \dfrac{1}{2}(1 + \eta), N_4 = 0$。

$$x = \frac{1}{2}(1 - \eta)x_2 + \frac{1}{2}(1 + \eta)x_3 = \frac{1}{2}(x_2 + x_3) + \frac{1}{2}(x_3 - x_2)\eta$$

$$y = \frac{1}{2}(1 - \eta)y_2 + \frac{1}{2}(1 + \eta)y_3 = \frac{1}{2}(y_2 + y_3) + \frac{1}{2}(y_3 - y_2)\eta \qquad (e)$$

当 $\eta = -1$ 时,$x = x_2, y = y_2$,当 $\eta = 1$ 时,$x = x_3, y = y_3$ 由此可见式(e)就是实际单元边界 23 的直线方程。又如标准单元的中心点($\xi = 0, \eta = 0$)可以变换到实际单元的中心点。

如果实际单元的编码正确,形状又规整。还可以证明坐标变换式(2.137)的雅可比行列式 $|J| > 0$。

这样,就建立了实际单元与标准单元的一一对应关系。我们把实际单元图 2.25(a)称为子单元,把标准单元图 2.25(b)称为母单元。

将单元位移模式取为:

$$\begin{aligned} u &= N_1 u_1 + N_2 u_2 + N_3 u_3 + N_4 u_4 \\ v &= N_1 v_1 + N_2 v_2 + N_3 v_3 + N_4 v_4 \end{aligned} \qquad (2.139)$$

其中,形函数 N_i 与式一样, $u_i,v_i\ (i=1,2,3,4)$ 为实际单元 4 个结点处的位移。写成矩阵形式为:

$$u = \begin{bmatrix} N_1 & 0 & N_2 & 0 & N_3 & 0 & N_4 & 0 \\ 0 & N_1 & 0 & N_2 & 0 & N_3 & 0 & N_4 \end{bmatrix} \begin{Bmatrix} u_1 \\ v_1 \\ u_2 \\ v_2 \\ u_3 \\ v_3 \\ u_4 \\ v_4 \end{Bmatrix} \tag{2.140}$$

$$= \begin{bmatrix} IN_1 & IN_2 & IN_3 & IN_4 \end{bmatrix} a^e$$

$$= Na^e$$

由于位移模式(2.139)与坐标变换式(2.137)具有相同的形式,即形函数相同,参数个数相同。所以这种单元称为等参数单元或称等参单元。

2.6.2　单元应变和应力

有了位移模式就可以利用几何方程和物理方程求得单元上的应变和应力的表达式:

$$\varepsilon = Lu = \begin{bmatrix} \dfrac{\partial}{\partial x} & 0 \\ 0 & \dfrac{\partial}{\partial y} \\ \dfrac{\partial}{\partial y} & \dfrac{\partial}{\partial x} \end{bmatrix} \begin{bmatrix} IN_1 & IN_2 & IN_3 & IN_4 \end{bmatrix} a^e \tag{2.141}$$

$$= \begin{bmatrix} B_1 & B_2 & B_3 & B_4 \end{bmatrix} a^e$$

$$= Ba^e$$

其中:

$$B_i = \begin{bmatrix} \dfrac{\partial N_i}{\partial x} & 0 \\ 0 & \dfrac{\partial N_i}{\partial y} \\ \dfrac{\partial u_i}{\partial y} & \dfrac{\partial N_i}{\partial x} \end{bmatrix} \qquad (i=1,2,3,4) \tag{2.142}$$

$$\sigma = D\varepsilon = D\begin{bmatrix} B_1 & B_2 & B_3 & B_4 \end{bmatrix} a^e$$

$$= \begin{bmatrix} S_1 & S_2 & S_3 & S_4 \end{bmatrix} a^e \tag{2.143}$$

$$= Sa^e$$

其中:

$$S_i = DB_i$$

$$= \frac{E}{1 - v^2} \begin{bmatrix} \dfrac{\partial N_i}{\partial x} & v\,\dfrac{\partial N_i}{\partial y} \\[2mm] v\,\dfrac{\partial N_i}{\partial x} & \dfrac{\partial N_i}{\partial y} \\[2mm] \dfrac{1-v}{2}\dfrac{\partial N_i}{\partial y} & \dfrac{1-v}{2}\dfrac{\partial N_i}{\partial x} \end{bmatrix} \qquad (i = 1,2,3,4) \tag{2.144}$$

对于平面应变问题，只要将公式（2.144）中的 E 换成 $\dfrac{E}{1-v^2}$，把 v 换成 $\dfrac{v}{1-v}$ 即可。

在应变矩阵 B 和应力矩阵 S 中，涉及形函数对整体坐标的导数，等参单元的形函数是定义在母单元上的，即用局部坐标表示的。它们是整体坐标的隐式函数，因此需要根据复合函数的求导法则来求出各形函数对整体坐标的导数。

$$\frac{\partial N_i}{\partial \xi} = \frac{\partial N_i}{\partial x}\frac{\partial x}{\partial \xi} + \frac{\partial N_i}{\partial y}\frac{\partial y}{\partial \xi}$$

$$\frac{\partial N_i}{\partial \eta} = \frac{\partial N_i}{\partial x}\frac{\partial x}{\partial \eta} + \frac{\partial N_i}{\partial y}\frac{\partial y}{\partial \eta} \tag{a}$$

由式（a）可以解出 $\dfrac{\partial N_i}{\partial x}$ 和 $\dfrac{\partial N_i}{\partial y}$

$$\begin{Bmatrix} \dfrac{\partial N_i}{\partial x} \\[2mm] \dfrac{\partial N_i}{\partial y} \end{Bmatrix} = J^{-1} \begin{Bmatrix} \dfrac{\partial N_i}{\partial \xi} \\[2mm] \dfrac{\partial N_i}{\partial y} \end{Bmatrix} \qquad (i = 1,2,3,4) \tag{2.145}$$

式中 J 为雅可比矩阵：

$$J = \begin{bmatrix} \dfrac{\partial x}{\partial \xi} & \dfrac{\partial y}{\partial \xi} \\[2mm] \dfrac{\partial x}{\partial \eta} & \dfrac{\partial y}{\partial \eta} \end{bmatrix} \tag{2.146}$$

2.6.3 微面积、微线段的计算

在计算单元刚度矩阵和结点荷载时要用到实际单元的微分面积 $\mathrm{d}A$ 和微分线段 $\mathrm{d}s$。这一节讨论把微面积和微线段用局部坐标的微分来表示，以便将所有积分计算转换到母单元上进行。

（1）微分面积

设实际单元中任一点微分面积为 $\mathrm{d}A$，如图 2.26（a）阴影部分，图中 $\mathrm{d}r_\xi$ 为 ξ 坐标线上的微分矢量，$\mathrm{d}r_\eta$ 为 η 坐标线上的微分矢量，即：

$$\mathrm{d}r_\xi = \mathrm{d}x i + \mathrm{d}y j = \frac{\partial x}{\partial \xi}\mathrm{d}\xi i + \frac{\partial y}{\partial \xi}\mathrm{d}\xi j$$

$$\mathrm{d}r_\eta = \frac{\partial x}{\partial \eta}\mathrm{d}\eta i + \frac{\partial y}{\partial \eta}\mathrm{d}\eta j \tag{a}$$

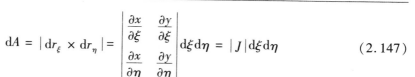

$$dA = |dr_\xi \times dr_\eta| = \begin{vmatrix} \dfrac{\partial x}{\partial \xi} & \dfrac{\partial y}{\partial \xi} \\ \dfrac{\partial x}{\partial \eta} & \dfrac{\partial y}{\partial \eta} \end{vmatrix} d\xi d\eta = |J| d\xi d\eta \tag{2.147}$$

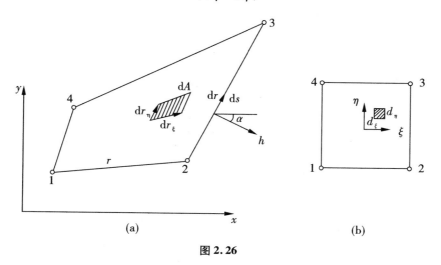

(a)　　　　　　　　　　　　　　(b)

图 2.26

可见雅可比行列式 $|J|$ 是实际单元微面积与母单元微面积的比值,相当于实际单元上微面积的放大(缩小)系数。

(2)微分线段

在 $\xi = \pm 1$ 的边界上 $dr = \dfrac{\partial x}{\partial \eta} d\eta i + \dfrac{\partial y}{\partial \eta} d\eta j$,则:

$$ds = |dr| = \sqrt{\left(\dfrac{\partial x}{\partial \eta}\right)^2 + \left(\dfrac{\partial y}{\partial \eta}\right)^2} d\eta \tag{2.148}$$

同理,在 $\eta = \pm 1$ 的边界上:

$$ds = \sqrt{\left(\dfrac{\partial x}{\partial \xi}\right)^2 + \left(\dfrac{\partial y}{\partial \xi}\right)^2} d\xi \tag{2.149}$$

对于 4 结点四边形等参单元,在 $\xi = 1$ 的边界上有:

$$x = \frac{1}{2}(1 - \eta)x_2 + \frac{1}{2}(1 + \eta)x_3$$

$$y = \frac{1}{2}(1 - \eta)y_2 + \frac{1}{2}(1 + \eta)y_3 \tag{b}$$

$$\frac{\partial x}{\partial \eta} = \frac{1}{2}(x_3 - x_2)$$

$$\frac{\partial y}{\partial \eta} = \frac{1}{2}(y_3 - y_2) \tag{c}$$

将式(c)代入式(2.148),得:

$$ds = \frac{1}{2}\sqrt{(x_3 - x_2)^2 + (y_3 - y_2)^2} d\eta = \frac{1}{2}l_{23} d\eta \tag{d}$$

同理,在 $\xi = -1$ 的边界上:

$$ds = \frac{1}{2} l_{14} d\eta \qquad\qquad (e)$$

在 $\eta = 1$ 的边界上:

$$ds = \frac{1}{2} l_{34} d\xi \qquad\qquad (f)$$

在 $\eta = -1$ 的边界上:

$$ds = \frac{1}{2} l_{12} d\xi \qquad\qquad (g)$$

在式(d) ~ (g)中的 l_{23} 等,分别表示各边界的长度。顺便指出,在程序设计中为了通用化,一般采用表达式(2.148)和式(2.149)计算微分长度,因为它们对任意单元类型都适用。

(3)单元边界外法向

图 2.26(a)所示, $\xi = 1$ 的边界上某点的外法向方向为 n ,设它的方向余弦为 l, m 。

$$l = \cos \alpha, m = -\sin \alpha$$

该点的微分矢量为:

$$dr = \frac{\partial x}{\partial \eta} d\eta i + \frac{\partial y}{\partial \eta} d\eta j \qquad\qquad (h)$$

根据微分矢量 dr 与外法向 n 的正交几何关系有:

$$l = \cos(dr, y) = \frac{\dfrac{\partial y}{\partial \eta}}{\sqrt{\left(\dfrac{\partial x}{\partial \eta}\right)^2 + \left(\dfrac{\partial y}{\partial \eta}\right)^2}} \qquad\qquad (2.150)$$

$$m = -\sin\alpha = -\cos(\frac{\pi}{2} - \alpha) = \frac{-\dfrac{\partial x}{\partial \eta}}{\sqrt{\left(\dfrac{\partial x}{\partial \eta}\right)^2 + \left(\dfrac{\partial y}{\partial \eta}\right)^2}}$$

同理可得到其他 3 个边界的外法向方向的表达式。

在 $\xi = -1$ 的边界上:

$$l = \frac{-\dfrac{\partial y}{\partial \eta}}{\sqrt{\left(\dfrac{\partial x}{\partial \eta}\right)^2 + \left(\dfrac{\partial y}{\partial \eta}\right)^2}}$$

$$m = \frac{\dfrac{\partial x}{\partial \eta}}{\sqrt{\left(\dfrac{\partial x}{\partial \eta}\right)^2 + \left(\dfrac{\partial y}{\partial \eta}\right)^2}} \qquad\qquad (2.151)$$

在 $\eta = 1$ 的边界上:

$$l = \frac{-\dfrac{\partial y}{\partial \xi}}{\sqrt{\left(\dfrac{\partial x}{\partial \xi}\right)^2 + \left(\dfrac{\partial y}{\partial \xi}\right)^2}}$$

$$m = \frac{\frac{\partial x}{\partial \xi}}{\sqrt{\left(\frac{\partial x}{\partial \xi}\right)^2 + \left(\frac{\partial y}{\partial \xi}\right)^2}} \tag{2.152}$$

在 $\eta = -1$ 的边界上：

$$l = \frac{\frac{\partial y}{\partial \xi}}{\sqrt{\left(\frac{\partial x}{\partial \xi}\right)^2 + \left(\frac{\partial y}{\partial \xi}\right)^2}}$$

$$m = \frac{-\frac{\partial x}{\partial \xi}}{\sqrt{\left(\frac{\partial x}{\partial \xi}\right)^2 + \left(\frac{\partial y}{\partial \xi}\right)^2}} \tag{2.153}$$

2.6.4 等参单元的收敛性、坐标变换对单元形状的要求

为了保证有限元解的收敛性,单元位移模式必须要满足完备性和连续性。现在以 4 结点四边形等参单元为例,讨论等参单元的收敛性。

(1)位移模式的完备性

从对三角形单元收敛性的分析知道,位移模式中如果包含了完全线性项(即一次完全多项式),就能保证满足完备性要求,即反映了单元的刚体位移和常量应变。

现假设单元位移场是一个完全线性多项式,即:

$$u = a_1 + a_2 x + a_3 y + \cdots$$
$$v = a_4 + a_5 x + a_6 y + \cdots \tag{a}$$

考察对等参单元[即坐标变换式(2.137),位移模式(2.139)]将提出什么样的要求。

将(a)中的位移分量如 u 在各结点赋值,即有:

$$u_1 = a_1 + a_2 x_1 + a_3 y_1 + \cdots$$
$$u_2 = a_1 + a_2 x_2 + a_3 y_2 + \cdots$$
$$u_3 = a_1 + a_2 x_3 + a_3 y_3 + \cdots$$
$$u_4 = a_1 + a_2 x_4 + a_3 y_4 + \cdots \tag{b}$$

将其代入位移模式(2.139),得:

$$\begin{aligned}
u &= N_1(a_1 + a_2 x_1 + a_3 y_1) + N_2(a_1 + a_2 x_2 + a_3 y_2) + \\
&\quad N_3(a_1 + a_2 x_3 + a_3 y_3) + N_4(a_1 + a_2 x_4 + a_3 y_4) + \cdots \\
&= a_1(N_1 + N_2 + N_3 + N_4) + a_2(N_1 x_1 + N_2 x_2 + N_3 x_3 + N_4 x_4) + \\
&\quad a_3(N_1 y_1 + N_2 y_2 + N_3 y_3 + N_4 y_4) + \cdots \\
&= a_1 + a_2 x + a_3 y + \cdots
\end{aligned} \tag{c}$$

将上式写成:

$$a_1\left(\sum_{i=1}^{4} N_i - 1\right) + a_2\left(\sum_{i=1}^{4} N_i x_i - x\right) + a_3\left(\sum_{i=1}^{4} N_i y_i - y\right) + \cdots = 0 \tag{d}$$

如果要使假设的线性位移场(a)真实存在,也即 a_1、a_2、a_3 不能为零,那么上式中插号内的项必须为零,即:

$$\sum_{i=1}^{4} N_i = 1$$

$$\sum_{i=1}^{4} N_i x_i = x$$

$$\sum_{i=1}^{4} N_i y_i = y \tag{2.154}$$

这就是等参单元完备性要求对形函数的限制条件。对于等参单元,式(2.154)后两个条件是自然满足的,因此是否满足完备性要求,只需检验第一个条件即形函数之和等于1,这是等参单元形函数的基本性质之一。

下面检验4结点等参单元是否满足完备性条件。由形函数公式(2.138):

$$\sum_{i=1}^{4} N_i = \frac{1}{4}(1-\xi)(1-\eta) + \frac{1}{4}(1+\xi)(1-\eta) +$$

$$\frac{1}{4}(1+\xi)(1+\eta) + \frac{1}{4}(1-\xi)(1+\eta)$$

$$= \frac{1}{2}(1-\eta) + \frac{1}{2}(1+\eta) = 1$$

可见前面讨论的位移模式满足完备性要求。

以上对完备性要求的分析适用于其他所有等参单元(平面问题或空间问题)。归纳为:对于具有 m 个结点的等参单元,为了位移模式满足完备性要求,形函数必须且仅满足:

$$\sum_{i=1}^{m} N_i = 1 \tag{2.155}$$

(2)位移模式的连续性

位移模式在各单元上自然是连续的,在整个有限元网格上的位移场是否连续,只需考察任意两单元交界面上位移是否连续即可。

以图 2.26(a)单元的 23 边界为例。在该边界上 $N_1 = 0$,$N_2 = \frac{1}{2}(1-\eta)$,$N_3 = \frac{1}{2}(1+\eta)$,$N_4 = 0$。代入位移模式(2.139),得:

$$u = \frac{1}{2}(u_3 + u_2) + \frac{1}{2}(u_3 - u_2)\eta$$

$$v = \frac{1}{2}(v_3 + v_2) + \frac{1}{2}(v_3 - v_2)\eta \tag{e}$$

这是一个线性位移函数,在该边界上有两个结点。两个结点的位移值可以唯一确定线性位移函数。因此与其相邻的单元在该交界面上具有相同的位移分布。所以位移模式(2.139)满足连续性要求。

(3)坐标变换对单元形状的要求

等参单元首要条件要建立坐标变换,两个坐标系之间一一对应关系的条件是雅可比

行列式 $|J|$ 不得为零。如果 $|J|=0$，雅可比逆矩阵 J^{-1} 就不存在，公式（2.145）就不成立，一切计算就无从说起。如果规定 $|J|>0$，那么就不允许 $|J|<0$，否则，由于 $|J|$ 是连续函数，必然存在一点使得 $|J|=0$。从上一节的讨论知道，$|J|$ 相当于实际单元到母单元微面积的放大系数。现在考察图 2.27 单元 4 个角点处的雅可比行列式的值。

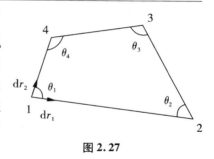

图 2.27

在 1 结点的微面积为：

$$dA_1 = |dr_1| \cdot |dr_2| \sin\theta_1 = |J_1| d\xi d\eta$$

则：

$$|J_1| = \frac{|dr_1| \cdot |dr_2|}{d\xi d\eta} \sin\theta_1 = a_1 l_{12} l_{14} \sin\theta_1 \tag{f}$$

其中 l_{ij} 表示 i 结点到 j 结点的距离，即边界的长度。是一个正的调整系数，用来调整微分长度比值与有限长度 l_{12}、l_{14} 的关系。同理可写出其他 3 个结点处的雅可比行列式：

$$|J_2| = a_2 l_{23} l_{21} \sin\theta_2$$
$$|J_3| = a_3 l_{34} l_{32} \sin\theta_3$$
$$|J_4| = a_4 l_{41} l_{43} \sin\theta_4 \tag{g}$$

由式（f）和式（g）可见，为了保证各结点处 $|J_i|>0$，必须满足：

$$0 < \theta_i < \pi \quad (i = 1,2,3,4)$$

另外，4 个边界的长度都不能为零，即 $l_{ij}>0$。由此，图 2.28 所示的单元都是不正确的。图 2.28（a）中 $l_{34}=0$，它将导致 $|J_3|=|J_4|=0$。图 2.28（b）中 $\theta_4 > \pi$，使得 $|J_4|<0$，它将导致 4 结点附近某点的 $|J|=0$。

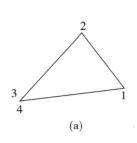
(a)

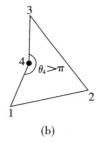
(b)

图 2.28

以上讨论可以推广到空间问题。为了保证整体坐标与局部坐标的一一对应关系，单元不能歪斜，单元的各边长不能等于零。

值得指出的是，某些文献建议，从统一的四边形单元的表达式出发，利用如图 2.28（a）所示 2 个结点合并为 1 个结点的方法，将四边形单元退化三角形单元，从而不必另行推导后者的表达式。用类似的方法，将空间六面体单元退化为五面体或四面体单元。在

这些退化单元的某些角点 $|J| = 0$，但是在实际计算中仍可应用，因为数值计算中，只用到积分点处的 $|J|$，而积分点通常都在单元内部，因此可以避开角点 $|J| = 0$ 的问题。应当注意，退化单元由于形态不好，精度较差，在应用中应该尽量避免采用退化元。

2.6.5 单元刚度矩阵、等效结点荷载

有了等参坐标变换，就可以把原先在实际单元域上的积分变换到在母单元上的积分，使积分的上下限统一。公式（2.129）中的单元刚度矩阵 k 和结点荷载可以改写成：

$$k = \int_{\Omega^e} B^T D B t \mathrm{d}A = \int_{-1}^{1} \int_{-1}^{1} B^T D B t \, |J| \mathrm{d}\xi \mathrm{d}\eta \qquad (2.156)$$

体力引起的单元结点荷载为：

$$R^e = \int_{\Omega^e} N^T f t \mathrm{d}A = \int_{-1}^{1} \int_{-1}^{1} N^T f t \, |J| \mathrm{d}\xi \mathrm{d}\eta \qquad (2.157)$$

面力引起的单元结点荷载，如在 $\xi \pm 1$ 的边界：

$$R^e = \int_{S^e} N^T \bar{f} t \mathrm{d}S = \int_{-1}^{1} N^T \bar{f} t \sqrt{\left(\frac{\partial x}{\partial \eta}\right)^2 + \left(\frac{\partial y}{\partial \eta}\right)^2} \mathrm{d}\eta \qquad (2.158)$$

在 $\eta \pm 1$ 的边界；

$$R^e = \int_{S^e} N^T \bar{f} t \mathrm{d}S = \int_{-1}^{1} N^T \bar{f} t \sqrt{\left(\frac{\partial x}{\partial \xi}\right)^2 + \left(\frac{\partial y}{\partial \xi}\right)^2} \mathrm{d}\xi \qquad (2.159)$$

对于一些几何形状简单的单元，结点荷载可以显式地计算出来。如图 2.29 所示的平行四边形单元，底边长为 a，斜边长为 b。在自重 $f = \begin{bmatrix} 0 & -\rho g \end{bmatrix}^T$ 作用下，单元结点荷载为：

$$R^e = \int_{-1}^{1} \int_{-1}^{1} N^T \left\{ \begin{matrix} 0 \\ -\rho g \end{matrix} \right\} t \, |J| \mathrm{d}\xi \mathrm{d}\eta \qquad (a)$$

$$= -\rho g \int_{-1}^{1} \int_{-1}^{1} [0 \quad N_1 \quad 0 \quad N_2 \quad 0 \quad N_3 \quad 0 \quad N_4]^T |J| t \mathrm{d}\xi \mathrm{d}\eta$$

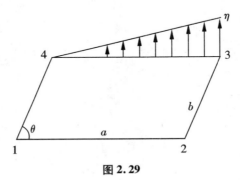

图 2.29

式中的雅可比行列式成为：

$$|J| = \begin{vmatrix} \dfrac{\partial x}{\partial \xi} & \dfrac{\partial y}{\partial \xi} \\ \dfrac{\partial x}{\partial \eta} & \dfrac{\partial y}{\partial \eta} \end{vmatrix}$$

$$= \frac{1}{16} \begin{vmatrix} (1-\eta)(x_2-x_1)+(1+\eta)(x_3-x_4) & (1-\eta)(y_2-y_1)+(1+\eta)(y_3-y_4) \\ (1-\xi)(x_4-x_1)+(1+\xi)(x_3-x_2) & (1-\xi)(y_4-y_1)+(1+\xi)(y_3-y_2) \end{vmatrix}$$

$$= \frac{1}{16} \begin{vmatrix} 2a & 0 \\ 2b\cos\theta & 2b\sin\theta \end{vmatrix} = \frac{1}{4}ab\sin\theta = \frac{1}{4}A \tag{b}$$

将形函数的表达式(2.138)及式(b)代入式(a),得:

$$R^e = \frac{-\rho g t A}{4} \int_{-1}^{1} \int_{-1}^{1} \begin{bmatrix} 0 & N_1 & 0 & N_2 & 0 & N_3 & 0 & N_4 \end{bmatrix}^T d\xi d\eta \tag{c}$$

$$= -\frac{1}{4}\rho g t A \begin{bmatrix} 0 & 1 & 0 & 1 & 0 & 1 & 0 & 1 \end{bmatrix}^T$$

即把单元重量平均分配到 4 个结点上。

在 $\eta = 1$ 的边界上(43 边界)受到三角形分布荷载(图 2.29),这时面力矢量为:

$$\bar{f} = \begin{bmatrix} 0 & \frac{1}{2}(1+\xi)q \end{bmatrix}^T$$

单元的结点荷载为:

$$R^e = \int_{-1}^{1} N^T \left\{ \begin{matrix} 0 \\ \frac{1}{2}(1+\xi)q \end{matrix} \right\} t \sqrt{\left(\frac{\partial x}{\partial \xi}\right) + \left(\frac{\partial y}{\partial \xi}\right)} \, d\xi$$

$$= \frac{1}{2}q \int_{-1}^{1} (1+\xi) \begin{bmatrix} 0 & N_1 & 0 & N_2 & 0 & N_3 & 0 & N_4 \end{bmatrix}^T t \frac{1}{2}a \, d\xi$$

考虑到在 $\eta = 1$ 的边上 $N_1 = 0, N_2 = 0, N_3 = \frac{1}{2}(1+\xi), N_4 = \frac{1}{2}(1-\xi)$。

代入上式得:

$$R^e = \frac{1}{2}atq \begin{bmatrix} 0 & 0 & 0 & 0 & 0 & \frac{2}{3} & 0 & \frac{1}{3} \end{bmatrix}^T$$

即把分布面力的合力的分配到 3 结点把的合力分配到 4 结点。

如果在单元边界上受有法向分布力,式(2.157)和式(2.158)还可以进一步简化。

设在边界 $\xi = 1$ 上法向分布面力的集度为 $q(\eta)$,则面力矢量为:

$$\bar{f} = \left\{ \begin{matrix} l \\ m \end{matrix} \right\} q(\eta)$$

将上式代入式(2.157),并考虑到式(2.150),得:

$$R^e = \int_{-1}^{1} N^T \left\{ \begin{matrix} l \\ m \end{matrix} \right\} q(\eta) t \sqrt{\left(\frac{\partial x}{\partial \eta}\right)^2 + \left(\frac{\partial y}{\partial \eta}\right)^2} \, d\eta$$

$$= \int_{-1}^{1} N^T \left\{ \begin{matrix} \dfrac{\partial y}{\partial \eta} \\ -\dfrac{\partial x}{\partial \eta} \end{matrix} \right\} q(\eta) t \, d\eta \tag{2.160}$$

2.6.6 高斯数值积分

从上节讨论可知,单元刚度矩阵和结点荷载的计算,最后都归结为以下两种标准

积分:

$$\mathrm{I} = \int_{-1}^{1} F(\xi)\,\mathrm{d}\xi \qquad\qquad (2.161)$$

$$\mathrm{II} = \int_{-1}^{1} \int_{-1}^{1} F(\xi,\eta)\,\mathrm{d}\xi\mathrm{d}\eta \qquad\qquad (2.162)$$

在空间问题中还将遇到三维积分:

$$\mathrm{III} = \int_{-1}^{1} \int_{-1}^{1} \int_{-1}^{1} F(\xi,\eta,\zeta)\,\mathrm{d}\xi\mathrm{d}\eta\mathrm{d}\zeta \qquad\qquad (2.163)$$

这些被积函数一般都很复杂,不可能解析地精确求出。可以采用数值积分方法计算积分值。

数值积分一般有两类方法,一类是等间距数值积分,如辛普生方法等。另一类是不等间距数值积分,如高斯数值积分法。高斯积分法对积分点的位置进行了优化处理,所以往往能取得比较高的精度。

首先讨论一维积分式(2.161)。高斯数值积分是用下列和式代替原积分式(2.161),即:

$$\begin{aligned}
\mathrm{I} &= \int_{-1}^{1} F(\xi)\,\mathrm{d}\xi \\
&= H_1 F(\xi_1) + H_2 F(\xi_2) + \cdots H_n F(\xi_n) \\
&= \sum_{i=1}^{n} H_i F(\xi_i)
\end{aligned} \qquad (2.164)$$

式中,ξ_i 为积分点坐标(简称积分点),H_i 为积分权系数,n 为积分点个数。

上述近似积分公式在几何上的理解是:用 n 个矩形面积之和代替原来曲线 $F(\xi)$ 在 $(-1,1)$ 区间上所围成的面积,如图2.30所示。

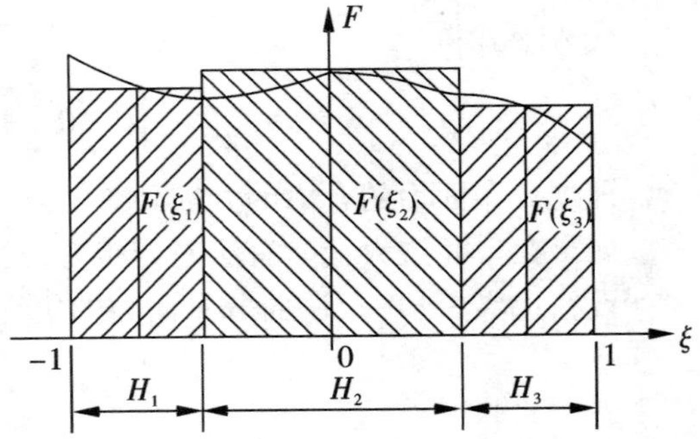

积分点 ξ_i 和积分权系数由下列公式确定:

$$\int_{-1}^{1} \xi^{i-1} P(\xi)\,\mathrm{d}\xi = 0 \qquad (i = 1,2,\cdots n)$$
$$\qquad\qquad (2.165)$$

$$H_i = \int_{-1}^{1} l_i^{(n-1)}(\xi)\,\mathrm{d}\xi \qquad (2.166)$$

图2.30

其中 $P(\xi)$ 为 n 次多项式:

$$P(\xi) = (\xi - \xi_1)(\xi - \xi_2)\cdots(\xi - \xi_n) = \prod_{j=1}^{n} (\xi - \xi_j) \qquad (2.167)$$

$l_i^{(n-1)}(\xi)$ 为 $n-1$ 阶拉格朗日插值函数:

$$l_i^{(n-1)}(\xi) = \frac{(\xi - \xi_1)(\xi - \xi_2)\cdots(\xi - \xi_{i-1})(\xi - \xi_{i+1})\cdots(\xi - \xi_n)}{(\xi_i - \xi_1)(\xi_i - \xi_2)\cdots(\xi_i - \xi_{i-1})(\xi_i - \xi_{i+1})\cdots(\xi_i - \xi_n)} \qquad (2.168)$$

式中 ξ_i 是积分点坐标,ξ^i 表示 ξ 的 i 次幂。

【例 1】 用高斯数值积分法计算积分 $\int_{-1}^{1} \xi^4 d\xi$ 。

该积分的精确值为：

$$\int_{-1}^{1} \xi^4 d\xi = \frac{2}{5} = 0.4$$

当取 $n = 2$ 时，高斯积值为：

$$\int_{-1}^{1} \xi^4 d\xi = 1 \times (-0.577\cdots)^4 + 1 \times (0.577\cdots)^4 = 0.22$$

与精确解 0.4 相差很大，误差达 45%。

当取 $n = 3$ 时，高斯积分值为：

$$\int_{-1}^{1} \xi^4 d\xi = 0.555\cdots \times (-0.774\cdots)^4 + 0.888\cdots \times (0.00)^4 + 0.555\cdots \times (0.774\cdots)^4$$
$$= 0.4000$$

这时的高斯数值积分与精确解相同。

一维高斯数值积分公式(2.164)可以很容易推广到二维积分和三维积分。

二维高斯数值积分公式为：

$$\mathrm{II} = \int_{-1}^{1} \int_{-1}^{1} F(\xi, \eta) d\xi d\eta = \sum_{i=1}^{n} \sum_{i=1}^{n} H_i H_j F(\xi_i, \eta_j) \tag{2.169}$$

三维高斯数值积分公式为：

$$\mathrm{III} = \int_{-1}^{1} \int_{-1}^{1} \int_{-1}^{1} F(\xi, \eta, \zeta) d\xi d\eta d\zeta = \sum_{i=1}^{n} \sum_{i=1}^{n} \sum_{i=1}^{n} H_i H_j H_k F(\xi_i, \eta_j, \zeta_k) \tag{2.170}$$

现在分析对于单元荷载列阵和单元刚度矩阵，在用高斯数值积分时，为了得到较高的积分精度或者完全精确的积分值，需要取多少个积分点。

体力引起的单元结点荷载为：

$$R^e = \int_{-1}^{1} \int_{-1}^{1} N^T f t |J| d\xi d\eta \tag{a}$$

对于 4 结点四边形等参单元，形函数 N_i 对每个局部坐标都是一次式，因而 N^T 中的各个元素，每个局部坐标的最高幂次是 1。由公式(2.143)可见，雅可比行列式 $|J|$ 每个局部坐标的最高幂次也是 1。如果假设体力矢量 f 为常量时，则式(a)中的被积函数对于每个局部坐标来说，最高幂次是 $m = 1 + 1 = 2$ 次。于是，为了式(a)积分完全精确，在每个方向的积分点数目 $n \geqslant \frac{2+1}{2} = 1.5$，要取 2 个积分点，2 个方向共需积分点数应为 $2^2 = 4$ 个，即：

$$R^e = \sum_{i=1}^{2} \sum_{i=1}^{2} H_i H_j \left(N^T f |J| t \right)_{\xi = \xi_i, \eta = \eta_j}$$

分布面力引起的单元结点荷载为：

$$R^e = \int_{-1}^{1} (N^T)_{\xi = \pm 1} \bar{f} t \left(\sqrt{\left(\frac{\partial x}{\partial \eta}\right)^2 + \left(\frac{\partial y}{\partial \eta}\right)^2} \right)_{\xi = \pm 1} d\eta \tag{b}$$

对于 4 结点四边形等参单元，式(b)中 N^T 的元素，η 的最高幂次为 1。面力 $\bar{f}$ 假设为线性分布,是 η 的一次函数,$\sqrt{\left(\dfrac{\partial x}{\partial \eta}\right)^2 + \left(\dfrac{\partial y}{\partial \eta}\right)^2}$ 对四边形单元来说是常是可见,式(b)中的被积函数是 η 的二次多项式。即 η 的最高幂次 $m = 1 + 2$ 次。为了求得精确积分,需要积分点数目 $n \geqslant \dfrac{2+1}{2} = 1.5$,取 $n = 2$。则分布面的结点荷载列阵的高斯数值积分表达式为:

$$R^e = \sum_{i=1}^{2} H_i \left(N^{\mathrm{T}} \bar{f} t \sqrt{\left(\frac{\partial x}{\partial \eta}\right)^2 + \left(\frac{\partial y}{\partial \eta}\right)^2} \right)_{\eta = \eta_i, \xi = \pm 1}$$

单元刚度矩阵的积分表达式为;

$$k = \int_{-1}^{1} \int_{-1}^{1} B^{\mathrm{T}} D B t \,|\,J\,|\, \mathrm{d}\xi \mathrm{d}\eta \tag{c}$$

由于 B 中的元素是形函数对整体坐标的导数 $\dfrac{\partial N_i}{\partial x}$ 和 $\dfrac{\partial N_i}{\partial y}$,如公式(2.142)所示,这些项与 J^{-1} 有关,所以 B 的元素不是多项式,因而无法用前面的方法分析需要多少积分点的数目。但是,如果单元较小,以致单元中的应变 ε 和应力 σ 可以当作常量,则:

$$\varepsilon^{\mathrm{T}} \sigma = (B a^e)^{\mathrm{T}} D B a^e = (a^e)^{\mathrm{T}} B^{\mathrm{T}} D B a^e$$

也可以当作常量,于是 $B^{\mathrm{T}} D B$ 可以当作常量。这样式(c)中被积函数的幂次只取决于 $|J|$ 的幂次。对于 4 结点四边形单元,上面已经分析过,$|J|$ 每个局部坐标的最高幂次都为 1,因而可以把式(c)中的被积函数近似地当作是每个局部坐标的 1 次项,即 $m = 1$。为了求得精确积分,需要积分点数目 $n \geqslant \dfrac{1+1}{2} = 1$,取 $n = 1$。则单元刚度矩阵的高斯数值积分表达式为:

$$k = H_1 H_1 \left(B^{\mathrm{T}} D B t \,|\,J\,| \right)_{\xi = \xi_1, \eta = \eta_1}$$

单元上的应变 ε 和 σ 一般并不是常量,以上分析的积分点数目是偏少的。所以实际计算中通常取与结点荷载的积分点数目相同的值,也取 $n = 2$,共需 $2^2 = 4$ 个积分点。

需要指出的是,在有限单元法中,所取的位移模式使得每个单元的自由度从无限多减少为有限多个,单元的刚度被夸大了。另外,由数值积分得来的刚度矩阵的数值,总是随着所取积分点的数目减少而减少。这样,如果采用偏少的积分点数目,即积分点数目取少于积分值完全精确时所需的积分点数目,可以使得上述两方面因素引起的误差互相抵消,反而有助于提高计算精度。这种高斯积分点数目低于被积函数精确积分所需要的积分点数目的积分方案称之为减缩积分。实际计算表明,采用减缩积分方案往往可以取得更好的计算精度。

2.6.7 高次等参单元

前面讨论的 4 结点四边形单元是最基本的也是应用最广泛的等参单元,它的位移模式是双线性型。但是,有时为了适应复杂的曲线边界,也为了提高单元的应力精度,需要采用更高次的位移模式。

2.6.7.1　8 结点等参单元

在四边形单元各边中点都增设一个结点,共有 8 个结点,如图 2.31 所示。8 结点单元的边界可以是曲线边界[图 2.31(a)],经等参变换后母单元仍然是正方形[图 2.31(b)]。

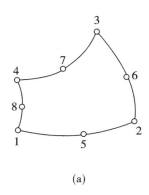

(a)

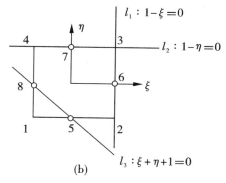

(b)

图 2.31

坐标变换为:

$$x = \sum_{i=1}^{8} N_i x_i$$

$$y = \sum_{i=1}^{8} N_i y_i \tag{2.171}$$

位移模式为:

$$u = \sum_{i=1}^{8} N_i u_i$$

$$v = \sum_{i=1}^{8} N_i v_i \tag{2.172}$$

N_i 是定义在母单元上的形函数。它可以采用待定系数法来确定。以 N_1 为例,设:

$$N_1 = a_1 + a_2 \xi + a_3 \eta + a_4 \xi \eta + a_5 \xi^2 + a_6 \eta^2 + a_7 \xi^2 \eta + a_8 \xi \eta^2 \tag{2.173}$$

根据形函数的基本性质:

$$N_i(\xi_j, \eta_j) = \delta_{ij} \qquad (j = 1, 2, \cdots, 8) \tag{a}$$

式(a)可以列出 8 个条件,将式(2.173)代入上式,得到关于 $a_i(i = 1, 2, \cdots, 8)$ 的 8 个联立方程组,求解该方程组便可求出待定系数 a。对于高次单元,结点数较多,解析地求解高阶方程组比较困难。因此,在具体构造形函数 N_i 时,基本不用此方法,而是直接根据形函数的基本性质,采用几何的方法来确定形函数。

在介绍几何方法之前,先讨论一下式(2.173)中的各项是如何确定出来的。

首先,8 个结点按式(a)可以列出 8 个条件,因此,式(2.173)中必须包含 8 项、能使待定系数 α 唯一确定。其次,多项式的各幂次项按 Pascal 三角形(图 2.32)配置确定。具体说来,从常数项开始,依次由低次幂到高次幂逐行增加到所需的项数。另外,如果单元结点是对称布置的,还必须考虑多项式项的对称配置。若在多项式中包含有 Pascal 三角形对称轴一边的某一项,则必须同时包含它在另一边的对应项,若在一行中只需添加一项,则必须选对称轴上的项。例如,如果我们希望构造一个具有 8 项的三次模型,则应该选择所有的常数项、线性项、二次项以及三次项中的 $\xi^2\eta$ 和 $\xi\eta^2$ 项。要注意的是,在三次项中不能取 ξ^3 和 η^3 项,因为 ξ^3 和 η^3 比 $\xi^2\eta$ 和 $\xi\eta^2$ 的幂次高,就是说要使多项式的幂次尽可能最低。所以,若在 Pascal 三角形中的某行只需要其中几项,就应当从对称轴项开始向左右两侧选择增加项

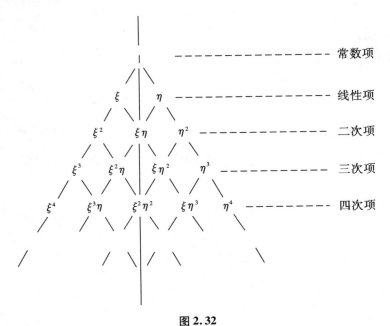

图 2.32

对于具体的单元类型,按 Pascal 三角形配置的多次式,形函数的表达式总是确定的。位移具有与形函数相同的多项式形式,我们把所有如式(2.173)所表示的多项式的集合,称为有限元子空间。对于具体的单元类型,有限元子空间是确定的,也就是说,规定了单元的结点布置,按 Pascal 三角形配置的有限元子空间是唯一确定的。

现在回到如何用几何的方法构造形函数。以 N_1 为例,N_1 需要满足条件(a),即它在 1 结点等于 1,在其他所有结点等于零。由图 2.31(b)知,三个直线 (l_1,l_2,l_3) 方程的左边项相乘就能保证除 1 结点外其他所有结点处的值都等于零,由此,可设;

$$N_1 = A(1 - \xi)(1 - \eta)(\xi + \eta + 1) \qquad\qquad (b)$$

再根据在 1 结点 $N_1 = 1$ 的条件,确定出 A 值为 $-\dfrac{1}{4}$。代入上式,得:

$$N_1 = \frac{1}{4}(1 - \xi)(1 - \eta)(-\xi - \eta - 1)$$

同理可得其他各结点的形函数。合并写成:

$$N_i = \frac{1}{4}(1 + \xi_i\xi)(1 + \eta_i\eta)(\xi_i\xi + \eta_i\eta - 1) \quad (i = 1,2,3,4)$$

$$N_5 = \frac{1}{2}(1 - \xi^2)(1 - \eta)$$

$$N_6 = \frac{1}{2}(1 - \eta^2)(1 + \xi) \qquad\qquad (2.174)$$

$$N_7 = \frac{1}{2}(1 - \xi^2)(1 + \eta)$$

$$N_8 = \frac{1}{2}(1 - \eta^2)(1 - \xi)$$

可以证明,按上述几何方法,根据形函数 N_i 本点为 1 其他点为零的性质构造得到的形函数是唯一的。值得注意的是,所有形函数必须属于有限元子空间,也即形函数中 ξ 和 η 的幂次项不能超出式(2.173)所包含的项。例如,如果把直线 l_3 改成经过 5 结点和 8 结点的某种曲线(ξ、η 的二次式),虽然也能构造出满足本点为 1 其他点为零的形函数 N_1,但是,这时的 N_1 里已包含了 $\xi^3\eta$ 项和 $\xi\eta^3$,超出了式(2.173)的幂次范围,所以这样的 N_1 不属于我们讨论的有限元子空间,因此,对于 N_1 来讲,只有图 2.31(b)中规定的三条直线可供选择。

下面分析上述构造得到的位移模式满足完备性要求和连续性要求。

$$\sum_{i=1}^{8} N_i = \frac{1}{4}(1 - \xi)(1 - \eta)(-\xi - \eta - 1) +$$
$$\frac{1}{4}(1 + \xi)(1 - \eta)(\xi - \eta - 1) + \frac{1}{4}(1 + \xi)(1 + \eta)(\xi + \eta - 1) +$$
$$\frac{1}{4}(1 - \xi)(1 + \eta)(-\xi + \eta - 1) +$$
$$\frac{1}{2}(1 + \xi^2)(1 - \eta) + \frac{1}{2}(1 - \eta^2)(1 + \xi) +$$
$$\frac{1}{2}(1 - \xi^2)(1 + \eta) + \frac{1}{2}(1 - \eta^2)(1 - \xi)$$
$$= 1$$

可见,位移模式满足完备性要求,

为了分析位移模式的连续性,以 $\xi = 1$ 的边界(即边界 263)为例。在该边界上:

$$N_1 = N_4 = N_5 = N_7 = N_8 = 0$$

$$N_2 = -\frac{1}{2}(1 - \eta)\eta$$

$$N_3 = \frac{1}{2}(1 + \eta)\eta$$

$$N_6 = 1 - \eta^2$$

代入式(2.172)有:

$$u = -\frac{1}{2}(1 - \eta)\eta u_2 + \frac{1}{2}(1 + \eta)\eta u_3 + (1 - \eta^2)u_6$$

$$v = -\frac{1}{2}(1-\eta)\eta v_2 + \frac{1}{2}(1+\eta)\eta v_3 + (1-\eta^2)v_6$$

可见,在该边界上位移是 η 的二次函数。该边界上有 3 个结点,3 点可以唯一确定一个二次函数。因此在任意两相邻单元的交界面上位移保持满足连续性要求。

2.6.7.2　变结点等参单元

在对工程结构进行有限元计算时,有些部位需要布置精度高的单元,如 8 结点单元有的部位精度要求不高,只需基本单元,如 4 结点单元;另外,在自适应有限元分析时,有时根据精度要求,需要将某些部位的单元的阶次提高。这些情况下,都会碰到如何将低阶单元与高阶单元联系起来的问题。变结点单元可以解决这个问题。如图 2.33(a)所示,用一个 5 结点单元作为过渡单元,将 4 结点单元与 8 结点单元联系在一起,以便使各相邻单元交界面的位移仍保持连续。

变结点单元的形函数可以通过对 4 结点单元形函数的修正得到。如图 2.33(b)为个 5 结点母单元。

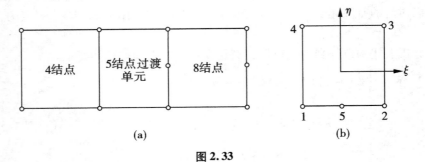

图 2.33

假设开始只有 4 个角结点,相对应的形函数为:

$$\hat{N}_i = \frac{1}{4}(1+\xi_i\xi)(1+\eta_i\eta) \qquad (i=1,2,3,4) \qquad (c)$$

现在在 1 结点与 2 结点之间增加了一个结点,编为 5 号结点。与该结点相应的形函数可以采用前面介绍的几何划线法得到:

$$N_5 = \frac{1}{2}(1-\xi^2)(1-\eta) \qquad (d)$$

现在 5 个结点所对应的形函数情况是: N_5 已满足了形函数的基本条件 $N_5(\xi_j,\eta_j) = \delta_{5j}(j=1,2,\cdots 5)$,而 $\hat{N}_i(i=1,2,3,4)$ 中的 $\hat{N}_1$ 和 $\hat{N}_2$ 不再满足 $\hat{N}_1(\xi_5,\eta_5)=0$ 和 $\hat{N}_2(\xi_5,\eta_5)=0$ 的基本条件。为了满足此条件,需要将 $\hat{N}_1$ 和 $\hat{N}_2$ 修正为:

$$N_1 = \hat{N}_1 - \frac{1}{2}N_5$$

$$N_2 = \hat{N}_2 - \frac{1}{2}N_5$$

这样就得到了 5 结点单元的形函数为:

$$N_1 = \hat{N}_1 - \frac{1}{2}N_5$$

$$N_2 = \hat{N}_2 - \frac{1}{2}N_5$$

$$N_1 = \hat{N}_1 - \frac{1}{2}N_5$$

$$N_2 = \hat{N}_2 - \frac{1}{2}N_5 \qquad (2.175)$$

$$N_3 = \hat{N}_3$$

$$N_4 = \hat{N}_4$$

$$N_5 = \frac{1}{2}(1 - \xi^2)(1 - \eta)$$

类似地,可以讨论增加其他边中点 6,7,8 的情况,最后得到 4~8 结点单元的形函数的统一形式为:

$$N_1 = \hat{N}_1 - \frac{1}{2}N_5 - \frac{1}{2}N_8$$

$$N_2 = \hat{N}_2 - \frac{1}{2}N_5 - \frac{1}{2}N_6$$

$$N_3 = \hat{N}_3 - \frac{1}{2}N_6 - \frac{1}{2}N_7$$

$$N_4 = \hat{N}_4 - \frac{1}{2}N7_6 - \frac{1}{2}N_8$$

$$N_5 = \frac{1}{2}(1 - \xi^2)(1 - \eta)$$

$$N_6 = \frac{1}{2}(1 - \eta^2)(1 + \xi)$$

$$N_7 = \frac{1}{2}(1 - \xi^2)(1 + \eta)$$

$$N_8 = \frac{1}{2}(1 - \eta^2)(1 - \xi) \qquad (2.176)$$

其中:

$$\hat{N}_i = \frac{1}{4}(1 + \xi_i\xi)(1 + \eta_i\eta) \qquad (i = 1,2,3,4)$$

读者可以验证式(2.176)所给出的形函数与前面构造的 8 结点单元的形函数公式(2.174)是完全相同的。

如果 5、6、7、8 结点中某一个不存在,则令与它对应的形函数为 0,便成为过渡单元的形函数。

2.6.8　变结点有限元的统一列式

上一节采用变结点的方法将 4~8 结点单元的形函数统一起来,这对编程非常方便,

可以把各种单元模型统一在一个程序模块里。这一节将统一列出 4 ~ 8 结点单元的有限
元计算公式。

设四边形单元具有 m 个结点，$m = 4, 5, \cdots, 8$。与其对应的等参有限元计算公式为：

(1) 坐标变换

$$x = \sum_{i=1}^{m} N_i x_i$$

$$y = \sum_{i=1}^{m} N_i y_i \qquad (2.177)$$

(2) 位移模式

$$u = \left\{ \begin{array}{c} u \\ v \end{array} \right\} = \begin{bmatrix} N_1 & 0 & N_2 & 0 & \cdots & N_m & 0 \\ 0 & N_1 & 0 & N_2 & \cdots & 0 & N_m \end{bmatrix} \left\{ \begin{array}{c} u_1 \\ v_1 \\ u_2 \\ v_2 \\ \vdots \\ u_m \\ v_m \end{array} \right\} \qquad (2.178)$$

$$= \begin{bmatrix} IN_1 & IN_2 & \cdots & IN_m \end{bmatrix} a^e$$

$$= \begin{bmatrix} N_1 & N_2 & \cdots & N_m \end{bmatrix} a^e$$

$$= N a^e$$

(3) 单元应变

$$\varepsilon = \begin{bmatrix} B_1 & B_2 & \cdots & B_m \end{bmatrix} a^e = B a^e \qquad (2.179)$$

其中：

$$B_i = \begin{bmatrix} \dfrac{\partial N_i}{\partial x} & 0 \\ 0 & \dfrac{\partial N_i}{\partial y} \\ \dfrac{\partial u_i}{\partial y} & \dfrac{\partial N_i}{\partial x} \end{bmatrix} \qquad (i = 1, 2, 3, 4)$$

$$\left\{ \begin{array}{c} \dfrac{\partial N_i}{\partial x} \\ \dfrac{\partial N_i}{\partial y} \end{array} \right\} = J^{-1} \left\{ \begin{array}{c} \dfrac{\partial N_i}{\partial \xi} \\ \dfrac{\partial N_i}{\partial \eta} \end{array} \right\} \qquad (i = 1, 2, 3, 4)$$

$$J = \begin{bmatrix} \dfrac{\partial x}{\partial \xi} & \dfrac{\partial y}{\partial \xi} \\ \dfrac{\partial x}{\partial \eta} & \dfrac{\partial y}{\partial \eta} \end{bmatrix} = \begin{bmatrix} \displaystyle\sum_{i=1}^{m} \dfrac{\partial N_i}{\partial \xi} x_i & \displaystyle\sum_{i=1}^{m} \dfrac{\partial N_i}{\partial \xi} y_i \\ \displaystyle\sum_{i=1}^{m} \dfrac{\partial N_i}{\partial \eta} x_i & \displaystyle\sum_{i=1}^{m} \dfrac{\partial N_i}{\partial \eta} y_i \end{bmatrix}$$

(4) 单元应力

$$\boldsymbol{\sigma} = \begin{bmatrix} S_1 & S_2 & \cdots & S_4 \end{bmatrix} a^e = Sa^e \tag{2.180}$$

其中:

$$S_i = DB_i = \frac{E}{1-v^2} \begin{bmatrix} \dfrac{\partial N_i}{\partial x} & v\,\dfrac{\partial N_i}{\partial y} \\[2mm] v\,\dfrac{\partial N_i}{\partial x} & \dfrac{\partial N_i}{\partial y} \\[2mm] \dfrac{1-v}{2}\dfrac{\partial N_i}{\partial y} & \dfrac{1-v}{2}\dfrac{\partial N_i}{\partial x} \end{bmatrix} \qquad (i=1,2,\cdots,m)$$

对于平面应变问题需把上式中的 E 换 $\dfrac{E}{1-v^2}$, v 换成 $\dfrac{v}{1-v}$。

(5)单元结点荷载列阵

1)体力引起的单元结点荷载列阵为:

$$R^e = \int_{\Omega^e} N^{\mathrm{T}} f t dA = \int_{-1}^{1} \int_{-1}^{1} N^{\mathrm{T}} f t \,|\,J\,|\,\mathrm{d}\xi \mathrm{d}\eta \tag{2.181}$$

2)面力引起的单元结点荷载列阵

在 $\xi = \pm 1$ 的边界:

$$R^e = \int_{S^e} N^{\mathrm{T}} \bar{f} t dS = \int_{-1}^{1} N^{\mathrm{T}} \bar{f} t \sqrt{\left(\frac{\partial x}{\partial \eta}\right)^2 + \left(\frac{\partial y}{\partial \eta}\right)^2} \,\mathrm{d}\eta \tag{2.182}$$

如果受法向压力 q 作用,则上式成为:

$$R^e = \pm \int_{-1}^{1} N^{\mathrm{T}} \left\{ \begin{array}{c} -\dfrac{\partial y}{\partial \eta} \\[2mm] \dfrac{\partial x}{\partial \eta} \end{array} \right\} q(\eta) t \mathrm{d}\eta \tag{2.183}$$

在 $\eta = \pm 1$ 的边界:

$$R^e = \int_{S^e} N^{\mathrm{T}} \bar{f} t dS = \int_{-1}^{1} N^{\mathrm{T}} \bar{f} t \sqrt{\left(\frac{\partial x}{\partial \xi}\right)^2 + \left(\frac{\partial y}{\partial \xi}\right)^2} \,\mathrm{d}\xi \tag{2.184}$$

如果受法向压力 q 作用,则上式成为:

$$R^e = \pm \int_{-1}^{1} N^{\mathrm{T}} \left\{ \begin{array}{c} \dfrac{\partial y}{\partial \xi} \\[2mm] -\dfrac{\partial x}{\partial \xi} \end{array} \right\} q(\xi) t \mathrm{d}\xi \tag{2.185}$$

(6)单元刚度矩阵

$$k = \int_{\Omega^e} B^{\mathrm{T}} DB t dA = \int_{-1}^{1} \int_{-1}^{1} B^{\mathrm{T}} DB t \,|\,J\,|\,\mathrm{d}\xi \mathrm{d}\eta \tag{2.186}$$

(7)整体刚度矩阵

$$K = \sum_e C_e^{\mathrm{T}} k C_e \tag{2.187}$$

其中 C_e 为单元选择矩阵。

(8)整体荷载列阵

$$R = \sum_e C_e^{\mathrm{T}} R^e \tag{2.188}$$

(9) 有限元支配方程

$$Ka = R \tag{2.189}$$

在引入位移约束条件以后,求解方程组(2.189)便得整体结点位移 a 。再由公式(2.179)和式(2.139)就可以求出各单元的应变和应力。

在计算单元刚度矩阵式(2.186)和单元结点荷载列阵式(2.181)～式(2.183)要用到高斯数值积分。下面以 8 结点等参单元为例,讨论如何确定积分点数目。

对于 8 结点等参单元,形函数 N_i [式(2.174)]中 ξ 和 η 的最高幂均为 2 次, $|J|$ 中 ξ 和 η 的最高幂次均为 3 次。由此,如果体力是常量,则分布体力的结点荷载列阵式 (2.181)中被积函数每个局部坐标的最高幂次为 5 次,每个坐标方向的积分点数应为 $n \geqslant \dfrac{5+1}{2} = 3$,取 3 个积分点,应采用 3×3 数值积分方案。

对于分布面力的结点荷载列阵,都以法向面力作用下公式为准,如式(2.183),假设法向面力 $q(\eta)$ 为 η 的一次式,则式(2.183)中被积函数的最高幂次为 4 次。积分点数应为 $n \geqslant \dfrac{4+1}{2} = 2.5$,取 3 个积分点,应采用 3×3 数值积分方案。

单元刚度矩阵式(2.186),假设 $B^T DB$ 为常量,被积函数的幂次仅取决于 $|J|$,而 $|J|$ 中 ξ 和 η 的最高幂次均为 3 次,每个坐标方向的积分点数应为 $n \geqslant \dfrac{3+1}{2} = 2$,取 2 个积分点,,应采用 2×2 数值积分方案。

2.7 空间弹性力学问题

2.7.1 四面体单元

四面体单元是最早被提出,也是最简单的空间单元。如图 2.34 所示的四面体单元,4 个角结点的编码分别为 i, j, m, p 。每个结点有 3 个位移分量:

$$a_i = \begin{Bmatrix} u_i \\ v_i \\ w_i \end{Bmatrix} \tag{2.190}$$

把 4 个结点的位移分量按顺序排列成单元结点位移列阵:

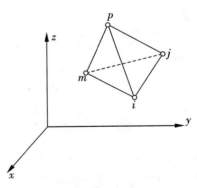

图 2.34

$$a^e = \begin{Bmatrix} a_i \\ a_j \\ a_m \\ a_p \end{Bmatrix} = \begin{bmatrix} u_i & v_i & w_i & \cdots & u_p & v_p & w_p \end{bmatrix}^T$$

$$\tag{2.191}$$

假定单元内位移分量是 x, y, z 的线性函数,即:

$$u = a_1 + a_2 x + a_3 y + a_4 z$$
$$v = a_5 + a_6 x + a_7 y + a_8 z \tag{2.192}$$
$$w = a_9 + a_{10} x + a_{11} y + a_{12} z$$

根据插值条件,在 4 个结点处位移应当等于结点位移。以 u 为例,有:

$$u_i = a_1 + a_2 x_i + a_3 y_i + a_4 z_i$$
$$u_j = a_1 + a_2 x_j + a_3 y_j + a_4 z_j$$
$$u_m = a_1 + a_2 x_m + a_3 y_m + a_4 z_m \tag{a}$$
$$u_p = a_1 + a_2 x_p + a_3 y_p + a_4 z_p$$

求解式(a)便得待定系数 a_1, a_2, a_3, a_4。将其代回到式(2.192),得到:

$$u = N_i u_i + N_j u_j + N_m u_m + N_p u_p \tag{b}$$

同理,可得到:

$$v = N_i v_i + N_j v_j + N_m v_m + N_p v_p \tag{c}$$
$$w = N_i w_i + N_j w_j + N_m w_m + N_p w_p \tag{d}$$

其中:

$$N_i = \frac{1}{6V}(a_i + b_i x + c_i y + d_i z) \quad (i, j, m, p) \tag{2.193}$$

$$V = \frac{1}{6} \begin{vmatrix} 1 & x_i & y_i & z_i \\ 1 & x_j & y_j & z_j \\ 1 & x_m & y_m & z_m \\ 1 & x_p & y_p & z_p \end{vmatrix} \tag{2.194}$$

$$a_i = \begin{vmatrix} x_j & y_j & z_j \\ x_m & y_m & z_m \\ x_p & y_p & z_p \end{vmatrix} \quad b_i = - \begin{vmatrix} 1 & y_j & z_j \\ 1 & y_m & z_m \\ 1 & y_p & z_p \end{vmatrix} \quad (i, m)$$

$$c_i = - \begin{vmatrix} x_j & 1 & z_j \\ x_m & 1 & z_m \\ x_p & 1 & z_p \end{vmatrix} \quad d_i = - \begin{vmatrix} x_j & y_j & 1 \\ x_m & y_m & 1 \\ x_p & y_p & 1 \end{vmatrix} \quad (i, m)$$

$$a_j = - \begin{vmatrix} x_j & y_j & z_j \\ x_m & y_m & z_m \\ x_p & y_p & z_p \end{vmatrix} \quad b_j = \begin{vmatrix} 1 & y_j & z_j \\ 1 & y_m & z_m \\ 1 & y_p & z_p \end{vmatrix} \quad (j, p)$$

$$c_j = \begin{vmatrix} x_j & 1 & z_j \\ x_m & 1 & z_m \\ x_p & 1 & z_p \end{vmatrix} \quad d_j = \begin{vmatrix} x_j & y_j & 1 \\ x_m & y_m & 1 \\ x_p & y_p & 1 \end{vmatrix} \quad (j, p) \tag{2.195}$$

式中,V 为四面体 $ijmp$ 的体积。

为了使四面体的体积 V 不致成为负值,单元结点的编号 i、j、m、p 必须依照一定顺序。在右手坐标系中,当按照 $i \to j \to m$ 的方向转动时,右手螺旋应指向 p 的前进方向,如图

2.34 所示。

把位移分量式(b),(c),(d)合并写成矩阵形式:

$$u = \begin{Bmatrix} u \\ v \\ w \end{Bmatrix} = Na^e \tag{2.196}$$

其中 N 为形函数矩阵:

$$N = \begin{bmatrix} N_i & 0 & 0 & \cdots & N_p & 0 & 0 \\ 0 & N_i & 0 & \cdots & 0 & N_p & 0 \\ 0 & 0 & N_i & \cdots & 0 & 0 & N_p \end{bmatrix} = \begin{bmatrix} IN_i & IN_j & IN_m & IN_p \end{bmatrix} \tag{2.197}$$

$$= \begin{bmatrix} N_i & N_j & N_m & N_p \end{bmatrix}$$

式中,I 为 3 阶单位矩阵。

可以证明式(2.192)中的系数 a_1, a_5, a_9 代表单元刚体位移 u_0, v_0, w_0;系数 a_2, a_7, a_{12} 代表常量正应变;其余 6 个系数反映了单元的刚体转动 w_x, w_y, w_z 和常量切应变。也就是说线性项位移能反映单元的刚体位移和常量应变,也即满足完备性要求。另外,由于位移模式是线性的,任意两相邻单元的交界面上位移能保持一致,即满足连续性要求。

把位移模式(2.196)代入几何方程得单元应变分量:

$$\varepsilon = \begin{Bmatrix} \varepsilon_x \\ \varepsilon_y \\ \varepsilon_z \\ r_{xy} \\ r_{yz} \\ r_{zx} \end{Bmatrix} = Lu = LNa^e = Ba^e \tag{2.198}$$

其中 B 称为应变转换矩阵,也简称为应变矩阵,即:

$$B = \begin{bmatrix} B_i & B_j & B_m & B_p \end{bmatrix} \tag{2.199}$$

$$B_i = LN_i = \begin{bmatrix} \dfrac{\partial N_i}{\partial x} & 0 & 0 \\ 0 & \dfrac{\partial N_i}{\partial y} & 0 \\ 0 & 0 & \dfrac{\partial N_i}{\partial z} \\ \dfrac{\partial N_i}{\partial y} & \dfrac{\partial N_i}{\partial x} & 0 \\ 0 & \dfrac{\partial N_i}{\partial z} & \dfrac{\partial N_i}{\partial y} \\ \dfrac{\partial N_i}{\partial z} & & \dfrac{\partial N_i}{\partial x} \end{bmatrix} = \frac{1}{6V} \begin{bmatrix} b_i & 0 & 0 \\ 0 & c_i & 0 \\ 0 & 0 & d_i \\ c_i & b_i & 0 \\ 0 & d_i & c_i \\ d_i & 0 & b_i \end{bmatrix} \quad (i,j,m,p)$$

利用物理方程可得单元应力分量:

$$\sigma = \begin{Bmatrix} \sigma_x \\ \sigma_y \\ \sigma_z \\ \tau_{xy} \\ \tau_{yz} \\ \tau_{zx} \end{Bmatrix} = D\varepsilon = Sa^e \tag{2.200}$$

其中 S 称为应力转换矩阵，也简称为应力矩阵，即：

$$S = [S_i \quad S_j \quad S_m \quad S_p] \tag{2.201}$$

$$S_i = DB_i = \frac{E(1-v)}{6(1+v)(1-2v)V} \begin{bmatrix} b_i & A_1 c_i & A_1 d_i \\ A_1 b_i & c_i & A_1 d_i \\ A_1 b_i & A_1 c_i & d_i \\ A_2 c_i & A_2 b_i & 0 \\ 0 & A_2 d_i & A_2 c_i \\ A_2 d_i & 0 & A_2 b_i \end{bmatrix} \quad (i,j,m,p)$$

其中：

$$A_1 = \frac{v}{1-v}, A_2 = \frac{1-2v}{2(1-v)}$$

2.7.2　单元刚度矩阵、荷载列阵

首先利用最小势能原理建立有限元的支配方程。对于空间弹性力学问题，物体的总势能为：

$$\prod = \frac{1}{2}\int_V \varepsilon^{\mathrm T}\sigma dv - \int_V u^{\mathrm T}fdv - \int_{S_a} u^{\mathrm T}\bar{f}ds \tag{2.202}$$

物体离散化后，将单元上的位移表达式（2.196）、应变表达式（2.198）、应力表达式（2.200）代入上式，得：

$$\begin{aligned}\prod &= \frac{1}{2}\sum_e \int_{Ve} \varepsilon^{\mathrm T}\sigma dv - \sum_e \int_{Ve} u^{\mathrm T}fdv - \sum_e \int_{Se} u^{\mathrm T}\bar{f}ds \\ &= \frac{1}{2}\sum_e (a^e)^{\mathrm T}\int_{Ve} B^{\mathrm T}DBtdva^e - \sum_e (a^e)^{\mathrm T}\int_{Ve} N^{\mathrm T}fdv - \sum_e (a^e)^{\mathrm T}\int_{Se} N^{\mathrm T}\bar{f}ds \\ &= \frac{1}{2}a^{\mathrm T}\sum_e (C_e{}^{\mathrm T}\int_{Ve} B^{\mathrm T}DBtdvC_e)a - a^{\mathrm T}\sum_e C_e{}^{\mathrm T}\int_{Ve} N^{\mathrm T}fdv - a^{\mathrm T}\sum_e C_e{}^{\mathrm T}\int_{Se} N^{\mathrm T}\bar{f}ds \\ &= \frac{1}{2}a^{\mathrm T}Ka - a^{\mathrm T}R \end{aligned} \tag{2.203}$$

式中，V^e 表示单元体积域；S^e 表示受面力作用的单元的边界面；C_e 为联系整体结点位移列阵与单元结点位移列阵的选择矩阵，即：

$$a^e = C_e a \tag{2.204}$$

由最小势能原理,总势能的变分 $\delta \Pi = 0$,得到有限单元法的支配方程:

$$Ka = R \tag{2.205}$$

其中:

$$
\begin{aligned}
K &= \sum_e C_e^{\mathrm{T}} k C_e \\
R &= \sum_e C_e^{\mathrm{T}} R^e \\
k &= \int_{Ve} B^{\mathrm{T}} DB \mathrm{d}v \\
R^e &= \int_{Ve} N^{\mathrm{T}} f \mathrm{d}v + \int_{Se} N^{\mathrm{T}} \bar{f} \mathrm{d}s
\end{aligned}
\tag{2.206}
$$

式中,K 为结构整体刚度矩阵,R 为整体结点荷载列阵,k 为单元刚度矩阵,R^e 为由体力 f 和面力 $\bar{f}$ 引起单元的等效结点荷载。公式(2.206)对于任意空间单元类型都适用。

将应变矩阵 B 式(2.199)代入式(2.206)中的第三行,便得到四面体单元的刚度矩阵:

$$
k = \int_{Ve} B^{\mathrm{T}} DB \mathrm{d}v = B^{\mathrm{T}} DBV =
\begin{bmatrix}
k_{ii} & k_{ij} & k_{im} & k_{ip} \\
k_{ji} & k_{jj} & k_{jm} & k_{jp} \\
k_{mi} & k_{mj} & k_{mm} & k_{mp} \\
k_{pi} & k_{pj} & k_{pm} & k_{pp}
\end{bmatrix}
\tag{2.207}
$$

各分块子矩阵的表达式为:

$$
k_{rs} = B_r^{\mathrm{T}} DB_s V = \frac{E(1-v)}{36(1+v)(1-2v)V}
$$

$$
\cdot
\begin{bmatrix}
b_r b_s + A_2(c_r c_s + d_r d_s) & A_1 b_r c_s + A_2 c_r b_s & A_1 b_r b_s + A_2 d_r b_s \\
A_1 c_r b_s + A_2 b_r c_s & c_r c_s + A_2(b_r b_s + d_r d_s) & A_1 c_r d_s + A_2 d_r c_s \\
A_1 d_r b_s + A_2 b_r d_s & A_1 d_r c_s + A_2 c_r d_s & d_r d_s + A_2(b_r b_s + c_r c_s)
\end{bmatrix}
$$

$$(r, s = i, j, m, p)$$

若单元受自重作用,体积力 $f = \begin{bmatrix} 0 & 0 & -\rho g \end{bmatrix}^{\mathrm{T}}$,相应的单元等效结点荷载为:

$$
\begin{aligned}
R^e &= \int_{Ve} N^{\mathrm{T}} \begin{Bmatrix} 0 \\ 0 \\ -\rho g \end{Bmatrix} \mathrm{d}x \mathrm{d}y \mathrm{d}z \\
&= -\rho g \int_{Ve} \begin{bmatrix} 0 & 0 & N_i & 0 & 0 & N_j & 0 & 0 & N_m & 0 & 0 & N_p \end{bmatrix}^{\mathrm{T}} \mathrm{d}x \mathrm{d}y \mathrm{d}z \\
&= -\frac{1}{4} \rho g V \begin{bmatrix} 0 & 0 & 1 & 0 & 0 & 1 & 0 & 0 & 1 & 0 & 0 & 1 \end{bmatrix}^{\mathrm{T}}
\end{aligned}
\tag{2.208}
$$

表明把单元重量平均分到 4 个结点。

若单元某边界面如 ijm 面 x 方向受线性分力作用,设结点 i 的面力集度为 q,结点 j,p 的集度为 0,则面力矢量 $\bar{f} = \begin{bmatrix} N_i q & 0 & 0 \end{bmatrix}^{\mathrm{T}}$。相应的单元等效结点荷载为:

$$R^e = \int_{S^e} N^T f ds$$

$$= \int_{S^e} \begin{bmatrix} N_i N_i q & 0 & 0 & N_i N_j q & 0 & 0 & N_i N_m q & 0 & 0 & 0 \end{bmatrix}^T ds \qquad (2.209)$$

$$= \frac{1}{3} q A_{ijm} \begin{bmatrix} \frac{1}{2} & 0 & 0 & \frac{1}{4} & 0 & 0 & \frac{1}{4} & 0 & 0 & 0 & 0 \end{bmatrix}^T$$

表明把分布面力合力的 $\frac{1}{2}$ 分配在 i 结点,结点 j 和 m 结点各为合力的 $\frac{1}{4}$。

2.7.3　体积坐标

前面讨论的是常应变四面体单元,若在四面体各棱线上增设结点,便可得到高次四面体单元。对于高次四面体单元,引入体积坐标可以简化计算公式。如图 2.35 所示,在四面体单元 1234 中,任一点 P 的位置可用下列比值来确定。

$$L_1 = \frac{V_1}{V}, L_2 = \frac{V_2}{V}, L_3 = \frac{V_3}{V}, L_4 = \frac{V_4}{V} \qquad (2.210)$$

$$V = \frac{1}{6} \begin{vmatrix} 1 & x_1 & y_1 & z_1 \\ 1 & x_2 & y_2 & z_2 \\ 1 & x_3 & y_3 & z_3 \\ 1 & x_4 & y_4 & z_4 \end{vmatrix} \qquad (a)$$

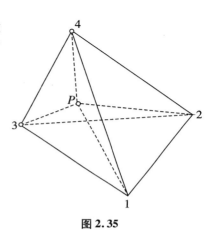

图 2.35

式中,V 为四面体的体积,V_1, V_2, V_3, V_4 分别为四面体 $P234, P341, P412, P123$ 的体积,L_1, L_2, L_3, L_4 称为 P 点的体积坐标。

由于 $V_1 + V_2 + V_3 + V_4 = V$,因此有:

$$L_1 + L_2 + L_3 + L_4 = 1 \qquad (b)$$

体积坐标与直角坐标之间具有关系:

$$\begin{Bmatrix} L_1 \\ L_2 \\ L_3 \\ L_4 \end{Bmatrix} = \frac{1}{6V} \begin{vmatrix} a_1 & b_1 & c_1 & d_1 \\ a_2 & b_2 & c_2 & d_2 \\ a_3 & b_3 & c_3 & d_3 \\ a_4 & b_4 & c_4 & d_4 \end{vmatrix} \begin{Bmatrix} 1 \\ x \\ y \\ z \end{Bmatrix} \qquad (2.211)$$

式中,系数 $a_i, b_i, c_i, d_i (i = 1,2,3,4)$ 由式(2.195)确定。

体积坐标各幂次乘积在四面体上的积分公式为:

$$\iiint_V L_1^a L_2^b L_3^c L_4^d dx dy dz = 6V \frac{a! \ b! \ c! \ d!}{(a + b + c + d + 3)!} \qquad (2.212)$$

上节所述的常应变四面体单元,所采用的形函数可用体积坐标表示为:

$$N_1 = L_1, N_2 = L_2, N_3 = L_3, N_4 = L_4$$

2.7.4 高次四面体单元

为了提高单元应力精度,适应复杂的曲面边界形状,可以在四面体单元的各棱边增设结点构成高次四面体单元。

图 2.36 为 10 结点四面体单元。

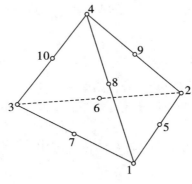

图 2.36

设单元位移模式为直角坐标 (x, y, z) 的完全二次多项式,即:

$$u = a_1 + a_2 x + a_3 y + a_4 z + a_5 xy + a_6 yz + a_7 zx + a_8 x^2 + a_9 y^2 + a_{10} z^2$$

$$v = a_{11} + a_{12} x + a_{13} y + a_{14} z + a_{15} xy + a_{16} yz + a_{17} zx + a_{18} x^2 + a_{19} y^2 + a_{20} z^2 \quad (a)$$

$$w = a_{21} + a_{22} x + a_{23} y + a_{24} z + a_{25} xy + a_{26} yz + a_{27} zx + a_{28} x^2 + a_{29} y^2 + a_{30} z^2$$

每个位移分量包含 10 个待定系数,10 个结点(3 个角结点,6 个边中结点),可以列出 10 个条件,正好可以解出这 10 个待定系数,代回到式(a)便可得到用结点位移表示的位移模式。

位移模式(a)中包含了线性多项式,因此它满足完备性条件。又因为它是二次多项式,在单元的每边界面上有 6 个结点,6 个结点可以完全确定面上的二次多项式,因此它也满足位移连续性条件。

但是,对于高次单元采用上述方法来构造位移模式是很费事的,也是很困难的,因为它要解析地求解高阶(10 阶)方程组。下面利用体积坐标,将位移模式直接写为:

$$u = \sum_{i=1}^{10} N_i u_i$$

$$v = \sum_{i=1}^{10} N_i v_i \qquad w = \sum_{i=1}^{10} N_i w_i \qquad (b)$$

用矩阵表示为:

$$u = N a^e \qquad (2.213)$$

其中:

$$N = \begin{bmatrix} N_1 & 0 & 0 & N_2 & 0 & 0 & \cdots & N_{10} & 0 & 0 \\ 0 & N_1 & 0 & 0 & N_2 & 0 & \cdots & 0 & N_{10} & 0 \\ 0 & 0 & N_1 & 0 & 0 & N_2 & \cdots & 0 & 0 & N_{10} \end{bmatrix}$$

$$= \begin{bmatrix} IN_1 & IN_2 & \cdots & IN_{10} \end{bmatrix}$$

$$= \begin{bmatrix} N_1 & N_2 & N_3 & N_4 & N_5 & N_6 & N_7 & N_8 & N_9 & N_{10} \end{bmatrix}$$

$$a^e = \begin{bmatrix} u_1 v_1 w_1 & u_2 v_2 w_2 & \cdots & u_{10} v_{10} w_{10} \end{bmatrix}^T$$

根据形函数的基本性质 $N_i(x_j, y_j, z_j) = \delta_{ij}(i,j = 1,2,\cdots,10)$ ，式 (b) 中的形函数可以很方便地用体积坐标表示为：

$$
\begin{aligned}
N_i &= (2L_i - 1)L_i \qquad (i = 1,2,3,4) \\
N_5 &= 4L_1 L_2 \qquad N_6 = 4L_2 L_3 \\
N_7 &= 4L_1 L_3 \qquad N_8 = 4L_1 L_4 \\
N_9 &= 4L_2 L_4 \qquad N_{10} = 4L_3 L_4
\end{aligned}
\tag{2.214}
$$

还可以利用 2.6 节中按构造变结点形函数的方法写出 4 ~ 10 变结点四面体单元的形函数：

$$
\begin{aligned}
N_1 &= L_1 - \frac{1}{2}N_5 - \frac{1}{2}N_7 - \frac{1}{2}N_8 \\
N_2 &= L_2 - \frac{1}{2}N_5 - \frac{1}{2}N_6 - \frac{1}{2}N_9 \\
N_3 &= L_3 - \frac{1}{2}N_6 - \frac{1}{2}N_7 - \frac{1}{2}N_{10} \\
N_4 &= L_4 - \frac{1}{2}N_8 - \frac{1}{2}N_9 - \frac{1}{2}N_{10} \\
N_5 &= 4L_1 L_2 \qquad N_6 = 4L_2 L_3 \\
N_7 &= 4L_1 L_3 \qquad N_8 = 4L_1 L_4 \\
N_9 &= 4L_2 L_4 \qquad N_{10} = 4L_3 L_4
\end{aligned}
\tag{2.215}
$$

若某棱边上的结点不存在，就令该结点对应的形函数为 0 ，便得到变结点过渡单元的形函数。读者可以验证，如果取结点数为 10 ，式 (2.214) 与式 (2.215) 的结果是一致的。

2.7.5 空间等参单元

首先通过坐标变换，将实际单元变换到标准单元 (母单元) ，如图 2.37 所示。

设单元的结点数为 m ，则坐标变换式为：

$$x = \sum_{i=1}^{m} N_i x_i, y = \sum_{i=1}^{m} N_i y_i, z = \sum_{i=1}^{m} N_i z_i \tag{2.216}$$

等参单元的位移模式为：

$$u = \sum_{i=1}^{m} N_i u_i, v = \sum_{i=1}^{m} N_i v_i, w = \sum_{i=1}^{m} N_i w_i$$

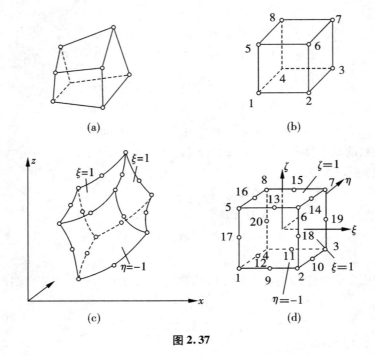

图 2.37

写成矩阵形式为：

$$u = \begin{Bmatrix} u \\ v \\ w \end{Bmatrix} = Na^e \qquad (2.217)$$

式中，N 为形函数矩阵，a^e 为单元结点位移列阵。

$$N = \begin{bmatrix} N_1 & 0 & 0 & N_2 & 0 & 0 & \cdots & N_m & 0 & 0 \\ 0 & N_1 & 0 & 0 & N_2 & 0 & \cdots & 0 & N_m & 0 \\ 0 & 0 & N_1 & 0 & 0 & N_2 & \cdots & 0 & 0 & N_m \end{bmatrix}$$

$$= \begin{bmatrix} IN_1 & IN_2 & \cdots & IN_m \end{bmatrix} \qquad (2.218)$$

$$= \begin{bmatrix} N_1 & N_2 & \cdots & N_m \end{bmatrix}$$

$$a^e = \begin{bmatrix} u_1 v_1 w_1 & u_2 v_2 w_2 & \cdots & u_m v_m w_m \end{bmatrix}^T \qquad (2.219)$$

上述式子中形函数 $N_i(i = 1, 2, \cdots m)$ 均是定义在母单元上的，是局部坐标的函数。下面讨论如何确定各种类型单元的形函数。

在平面问题里我们已经知道，基于 Pascal 三角形采用几何划线法构造的形函数所对应的位移模式都能满足完备性要求和连续性要求。在空间问题里，可以采用类似的方法来构造形函数。具体做法是：①根据单元结点数 m 按多项式三角锥（图 2.38）配置形函数表达式的各幂次项，构成有限元子空间。②根据形函数的基本性质 $N_i(\xi_j, \eta_j, \zeta_j) = \delta_{ij}$ 采用几何划面法确定形函数。

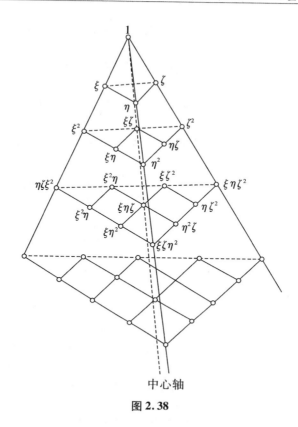

中心轴

图 2.38

三角锥配置多项式的原则是:从上而下逐层增加项数,在每层选择项数时要考虑对称性。例如,8 结点单元的多项式应包含第一层和第二层的所有项,即 $1,\xi,\eta,\zeta$,第三层选 3 项 $\xi\eta,\eta\zeta,\zeta\xi$。还差一项,这一项应选第四层对称轴上的项 $\xi\eta\zeta$,而不能在第三层剩余的 3 项中选,否则,不管选哪一项都破坏了对称性。因此 8 结点单元的形函数只能有如下形式(以 N_1 为例):

$$N_1 = a_1 + a_2\xi + a_3\eta + a_4\zeta + a_5\xi\eta + a_6\eta\zeta + a_7\zeta\xi + a_8\xi\eta\zeta \qquad (2.220)$$

如式(2.220),所有可能的多项式的集合就构成了 8 结点有限元子空间。在用几何划面法确定形函数时,要注意所有形函数必须属于有限元子空间,即它们的各幂次项不能超出式(2.220)中所包含的最高幂次。可以验证,按这种方法得出的形函数是唯一的。

根据上述方法,可以很方便地得出各种单元的形函数。

8 结点六面体单元的形函数为:

$$N_i = \frac{1}{8}(1 + \xi_i\xi)(1 + \eta_i\eta)(1 + \zeta_i\zeta) \qquad (i = 1,2,\cdots,8) \qquad (2.221)$$

20 结点六面体单元的形函数为:

$$N_i = \frac{1}{8}(1 + \xi_i\xi)(1 + \eta_i\eta)(1 + \zeta_i\zeta)(\xi_i\xi + \eta_i\eta + \zeta_i\zeta - 2) \quad (i = 1,2,\cdots,8)$$

$$N_i = \frac{1}{4}(1 - \xi^2)(1 + \eta_i\eta)(1 + \zeta_i\zeta) \quad (i = 9,11,13,15)$$

$$N_i = \frac{1}{4}(1 - \eta^2)(1 + \xi_i\xi)(1 + \zeta_i\zeta) \quad (i = 10,12,14,16)$$

$$N_i = \frac{1}{4}(1 - \zeta^2)(1 + \xi_i\xi)(1 + \eta_i\eta) \quad (i = 17,18,19,20)$$

$$(2.222)$$

按照变结点形函数的构造方法,可以写出 8 ~ 20 结点六面体单元形函数的统一表达式:

$$N_1 = \hat{N}_1 - \frac{1}{2}(N_9 + N_{12} + N_{17})$$

$$N_2 = \hat{N}_2 - \frac{1}{2}(N_9 + N_{10} + N_{18})$$

$$N_3 = \hat{N}_3 - \frac{1}{2}(N_{10} + N_{11} + N_{19})$$

$$N_4 = \hat{N}_4 - \frac{1}{2}(N_{11} + N_{12} + N_{20})$$

$$N_5 = \hat{N}_5 - \frac{1}{2}(N_{13} + N_{16} + N_{17})$$

$$N_6 = \hat{N}_6 - \frac{1}{2}(N_{13} + N_{14} + N_{18})$$

$$N_7 = \hat{N}_7 - \frac{1}{2}(N_{14} + N_{15} + N_{19})$$

$$N_8 = \hat{N}_8 - \frac{1}{2}(N_{15} + N_{16} + N_{20}) \qquad (2.223)$$

式中:

$$\hat{N}_i = \frac{1}{8}(1 + \xi_i\xi)(1 + \eta_i\eta)(1 + \zeta_i\zeta) \qquad (i = 1,2,\cdots,8)$$

$N_9 \sim N_{20}$ 仍由式(2.222)中后 3 式确定。

6 结点三棱柱单元的形函数为:

$$N_i = \frac{1}{2}L_i(1 - \zeta_i\zeta) \qquad (i = 1,2,3)$$

$$N_i = \frac{1}{2}L_{i-3}(1 + \zeta_i\zeta) \qquad (i = 4,5,6)$$

$$(2.224)$$

式中,L_i 为三角形单元的面积坐标。

读者可以验证,上述各种单元的形函数均满足:

$$\sum_{i=1}^{m} N_i = 1$$

因此相应的位移模式满足完备性条件,还可以很容易地分析出任意两相邻单元的交界面上的位移也满足连续性条件。

2.7.6　整体坐标与局部坐标之间的微分变换关系

（1）形函数对整体坐标的导数

形函数 N_i 对局部坐标的偏导数可以表示成：

$$\frac{\partial N_i}{\partial \xi} = \frac{\partial N_i}{\partial x}\frac{\partial x}{\partial \xi} + \frac{\partial N_i}{\partial y}\frac{\partial y}{\partial \xi} + \frac{\partial N_i}{\partial z}\frac{\partial z}{\partial \xi}$$

$$\frac{\partial N_i}{\partial \eta} = \frac{\partial N_i}{\partial x}\frac{\partial x}{\partial \eta} + \frac{\partial N_i}{\partial y}\frac{\partial y}{\partial \eta} + \frac{\partial N_i}{\partial z}\frac{\partial z}{\partial \eta}$$

$$\frac{\partial N_i}{\partial \zeta} = \frac{\partial N_i}{\partial x}\frac{\partial x}{\partial \zeta} + \frac{\partial N_i}{\partial y}\frac{\partial y}{\partial \zeta} + \frac{\partial N_i}{\partial z}\frac{\partial z}{\partial \zeta} \tag{a}$$

将它集合写成矩阵形式：

$$\begin{Bmatrix}\dfrac{\partial N_i}{\partial \xi}\\[2mm]\dfrac{\partial N_i}{\partial \eta}\\[2mm]\dfrac{\partial N_i}{\partial \zeta}\end{Bmatrix} = \begin{bmatrix}\dfrac{\partial x}{\partial \xi}&\dfrac{\partial y}{\partial \xi}&\dfrac{\partial z}{\partial \xi}\\[2mm]\dfrac{\partial x}{\partial \eta}&\dfrac{\partial y}{\partial \eta}&\dfrac{\partial z}{\partial \eta}\\[2mm]\dfrac{\partial x}{\partial \zeta}&\dfrac{\partial y}{\partial \zeta}&\dfrac{\partial z}{\partial \zeta}\end{bmatrix}\begin{Bmatrix}\dfrac{\partial N_i}{\partial x}\\[2mm]\dfrac{\partial N_i}{\partial y}\\[2mm]\dfrac{\partial N_i}{\partial z}\end{Bmatrix} \tag{b}$$

由式（b）可解得形函数 N_i 对整体坐标的导数：

$$\begin{Bmatrix}\dfrac{\partial N_i}{\partial x}\\[2mm]\dfrac{\partial N_i}{\partial y}\\[2mm]\dfrac{\partial N_i}{\partial z}\end{Bmatrix} = J^{-1}\begin{Bmatrix}\dfrac{\partial N_i}{\partial \xi}\\[2mm]\dfrac{\partial N_i}{\partial \eta}\\[2mm]\dfrac{\partial N_i}{\partial \zeta}\end{Bmatrix} \tag{2.225}$$

其中，J 为雅可比矩阵：

$$J = \frac{\partial(x,y,z)}{\partial(\xi,\eta,\zeta)} = \begin{bmatrix}\dfrac{\partial x}{\partial \xi}&\dfrac{\partial y}{\partial \xi}&\dfrac{\partial z}{\partial \xi}\\[2mm]\dfrac{\partial x}{\partial \eta}&\dfrac{\partial y}{\partial \eta}&\dfrac{\partial z}{\partial \eta}\\[2mm]\dfrac{\partial x}{\partial \zeta}&\dfrac{\partial y}{\partial \zeta}&\dfrac{\partial z}{\partial \zeta}\end{bmatrix} = \begin{bmatrix}\sum\limits_{i=1}^{m}\dfrac{\partial N_i}{\partial \xi}x_i&\sum\limits_{i=1}^{m}\dfrac{\partial N_i}{\partial \xi}y_i&\sum\limits_{i=1}^{m}\dfrac{\partial N_i}{\partial \xi}z_i\\[2mm]\sum\limits_{i=1}^{m}\dfrac{\partial N_i}{\partial \eta}x_i&\sum\limits_{i=1}^{m}\dfrac{\partial N_i}{\partial \eta}y_i&\sum\limits_{i=1}^{m}\dfrac{\partial N_i}{\partial \eta}z_i\\[2mm]\sum\limits_{i=1}^{m}\dfrac{\partial N_i}{\partial \zeta}x_i&\sum\limits_{i=1}^{m}\dfrac{\partial N_i}{\partial \zeta}y_i&\sum\limits_{i=1}^{m}\dfrac{\partial N_i}{\partial \zeta}z_i\end{bmatrix} \tag{2.226}$$

由式（2.225）和式（2.226）可知，形函数 N_i 对整体坐标的导数已表达为形函数 N_i 对局部坐标的导数，而形函数 N_i 是局部坐标的显式函数，其导数是确定的。

（2）微分体积的变换

在实际单元某点取一体积微元 $\mathrm{d}v$，如图 2.39 所示。该微元是母单元中相应点的微体积 $\mathrm{d}\xi\mathrm{d}\eta\mathrm{d}\zeta$ 变换而来，因此它的棱边就是三个局部坐标的坐标线方向的微分矢量，将它们分别记为 $\mathrm{d}r_\xi,\mathrm{d}r_\eta,\mathrm{d}r_\zeta$。三个坐标线上的微分矢量分别为：

$$dr_\xi = \frac{\partial x}{\partial \xi}d\xi i + \frac{\partial y}{\partial \xi}d\xi j + \frac{\partial z}{\partial \xi}d\xi k$$

$$dr_\eta = \frac{\partial x}{\partial \eta}d\eta i + \frac{\partial y}{\partial \eta}d\eta j + \frac{\partial z}{\partial \eta}d\eta k \qquad (c)$$

$$dr_\zeta = \frac{\partial x}{\partial \zeta}d\zeta i + \frac{\partial y}{\partial \zeta}d\zeta j + \frac{\partial z}{\partial \xi}d\zeta k$$

式中, i,j,k 为直角坐标的单位基矢量。

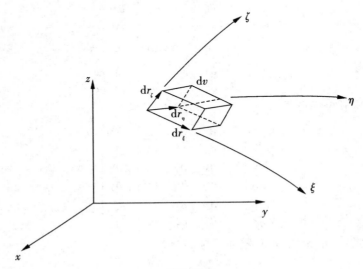

图 2.39

微分体积 dv 等于三个微分矢量的混合积, 即:

$$dv = dr_\xi \cdot (dr_\eta \times dr_\zeta) = \begin{bmatrix} \dfrac{\partial x}{\partial \xi} & \dfrac{\partial y}{\partial \xi} & \dfrac{\partial z}{\partial \xi} \\[2mm] \dfrac{\partial x}{\partial \eta} & \dfrac{\partial y}{\partial \eta} & \dfrac{\partial z}{\partial \eta} \\[2mm] \dfrac{\partial x}{\partial \zeta} & \dfrac{\partial y}{\partial \zeta} & \dfrac{\partial z}{\partial \zeta} \end{bmatrix} d\xi d\eta d\zeta = |J|d\xi d\eta d\zeta \qquad (2.227)$$

可见, 实际单元中的微分体积等于母单元中微分体积乘以 $|J|$, 或者说, 雅可比行列式 $|J|$ 是实际单元中的微元体积对母单元微分体积的放大系数。

(3)微分面积的变换

以实际 $\xi = \pm 1$ 单元的表面为例。在该表面上取微分面积 ds , 它应该等于 η 坐标线和 ζ 坐标线上微分矢量叉乘的模, 即:

$$ds = |dr_\eta \times dr_\zeta|$$

将式(c)中后两式代入上式, 并注意到 $\xi = \pm 1$, 得:

$$ds = \left[\left(\frac{\partial y}{\partial \eta}\frac{\partial z}{\partial \zeta} - \frac{\partial y}{\partial \zeta}\frac{\partial z}{\partial \eta} \right)^2 + \left(\frac{\partial z}{\partial \eta}\frac{\partial x}{\partial \zeta} - \frac{\partial z}{\partial \zeta}\frac{\partial x}{\partial \eta} \right)^2 + \left(\frac{\partial x}{\partial \eta}\frac{\partial y}{\partial \zeta} - \frac{\partial x}{\partial \zeta}\frac{\partial y}{\partial \eta} \right)^2 \right]^{1/2} d\eta d\zeta = A_\xi d\eta d\zeta$$

$$(2.228)$$

A_ξ 相当于两个坐标系之间微分面积的放大系数。其他面上的 $\mathrm{d}s$ 可由上式轮换 $\xi,\eta,$ ζ 得到。

（4）单元边界面的外法向

以 $\xi=1$ 的边界面为例,该面的外法向与 $\mathrm{d}r_\eta \times \mathrm{d}r_\zeta$ 的方向相同,因此,该面外法向的方向余弦为:

$$l = \frac{1}{A_\xi}\left(\frac{\partial y}{\partial \eta}\frac{\partial z}{\partial \zeta} - \frac{\partial y}{\partial \zeta}\frac{\partial z}{\partial \eta}\right)$$

$$m = \frac{1}{A_\xi}\left(\frac{\partial z}{\partial \eta}\frac{\partial x}{\partial \zeta} - \frac{\partial z}{\partial \zeta}\frac{\partial x}{\partial \eta}\right)$$

$$n = \frac{1}{A_\xi}\left(\frac{\partial x}{\partial \eta}\frac{\partial y}{\partial \zeta} - \frac{\partial x}{\partial \zeta}\frac{\partial y}{\partial \eta}\right) \tag{2.229}$$

其他面的外法向方向余弦可由上式通过转换 ξ,η,ζ 得到。

2.7.7　等参单元的刚度矩阵、荷载列阵

有了单元位移模式后,根据几何方程和物理方程就可得到单元的应变和应力。

$$\varepsilon = Lu = LNa^e = Ba^e \tag{2.230}$$

式中,B 为应变转换矩阵:

$$B = \begin{bmatrix} B_1 & B_2 & \cdots & B_m \end{bmatrix} \tag{2.231}$$

$$B_i = LN_i = \begin{bmatrix} \dfrac{\partial N_i}{\partial x} & 0 & 0 \\[2mm] 0 & \dfrac{\partial N_i}{\partial y} & 0 \\[2mm] 0 & 0 & \dfrac{\partial N_i}{\partial z} \\[2mm] \dfrac{\partial N_i}{\partial y} & \dfrac{\partial N_i}{\partial x} & 0 \\[2mm] 0 & \dfrac{\partial N_i}{\partial z} & \dfrac{\partial N_i}{\partial y} \\[2mm] \dfrac{\partial N_i}{\partial z} & & \dfrac{\partial N_i}{\partial x} \end{bmatrix} \qquad (i = 1,2,\cdots,m)$$

$$\sigma = D\varepsilon = DBa^e = Sa^e \tag{2.232}$$

式中,S 为应力转换矩阵:

$$S = \begin{bmatrix} S_1 & S_2 & \cdots & S_m \end{bmatrix} \tag{2.233}$$

$$S_i = DB_i \qquad (i = 1,2,\cdots,m)$$

式中,D 为弹性矩阵。

将应变转换矩阵(2.231)代入公式(2.206),再考虑到公式(2.227),便得到单元刚度矩阵:

$$k = \int_{V^e} B^{\mathrm{T}}DB\,\mathrm{d}v = \int_{-1}^{1}\int_{-1}^{1}\int_{-1}^{1} B^{\mathrm{T}}DB\,|J|\,\mathrm{d}\xi\mathrm{d}\eta\mathrm{d}\zeta \tag{2.234}$$

在用高斯积分计算上式时,与平面问题的分析类似,仅用 $|J|$ 的幂次来决定积分点。以 20 结点等参单元为例,形函数 N_i 是 ξ,η,ζ 的 2 次幂,由公式(2.226)可知 $|J|$ 是 ξ,η,ζ 的 5 次幂多项式。因此积分点数目应为 $n \geqslant \dfrac{5+1}{2}=3$,取 $n=3$,采用 3×3×3 积分方案。

体力引起的等效结点荷载为:

$$R^e = \int_{ve} N^{\mathrm{T}} f \mathrm{d}v = \int_{-1}^{1}\int_{-1}^{1}\int_{-1}^{1} N^{\mathrm{T}} f |J| \mathrm{d}\xi\mathrm{d}\eta\mathrm{d}\zeta \tag{2.235}$$

若体力 f 为常量,对于 20 结点单元,被积函数关于 ξ,η,ζ 的最高幂次都是 7。因此积分点数目应为 $n \geqslant \dfrac{7+1}{2}=4$,取 $n=4$,采用 4×4×4 积分方案。

在单元某边界面如 $\xi=\pm1$ 受面力作用,单元的等效结点荷载为:

$$R^e = \int_{Se} N^{\mathrm{T}} \bar{f} \mathrm{d}s = \int_{-1}^{1}\int_{-1}^{1} N^{\mathrm{T}} \bar{f} A_\xi \mathrm{d}\eta\mathrm{d}\zeta \tag{2.236}$$

由式(2.228)知,A 是函数的根式,不能化为多项式,因而无法精确判明所需的积分点数目。但是,如果所受的面力是法向压力,式(2.236)就可以得以简化,被积函数将成为多项式。我们可以用法向压力的结点荷载的积分方案,代替一般面力的结点荷载的积分方案。

在单元边界 $\xi=1$ 上受法向压力作用时,面力矢量 f 成为:

$$\bar{f} = -q(\eta,\zeta)\begin{Bmatrix} l \\ m \\ n \end{Bmatrix} \tag{a}$$

式中,$q(\eta,\zeta)$ 为法向压力的集度,l,m,n 为该面外法向的方向余弦,由公式(2.229)确定。

将式(a)代入式(4447),得法向压力的等效结点荷载为:

$$R^e = \int_{-1}^{1}\int_{-1}^{1} N^{\mathrm{T}} q(\eta,\zeta)\left[\frac{\partial y}{\partial \eta}\frac{\partial z}{\partial \zeta}-\frac{\partial y}{\partial \zeta}\frac{\partial z}{\partial \eta}, \frac{\partial z}{\partial \eta}\frac{\partial x}{\partial \zeta}-\frac{\partial z}{\partial \zeta}\frac{\partial x}{\partial \eta}, \frac{\partial x}{\partial \eta}\frac{\partial y}{\partial \zeta}-\frac{\partial x}{\partial \zeta}\frac{\partial y}{\partial \eta}\right]^{\mathrm{T}} \mathrm{d}\eta\mathrm{d}\zeta \tag{2.237}$$

假设 $q(\eta,\zeta)$ 为线性分布,那么,对于 20 结点单元,上式中被积函数关于 η,ζ 的最高幂次都是 6。因此积分点数目应应为 $n \geqslant \dfrac{6+1}{2}=3.5$ 取 $n=4$,采用 4×4 积分方案。

第 3 章　有限元分析过程

3.1　有限元分析的一般过程

3.1.1　结构的离散化

结构的离散化是将结构或弹性体人为地划分成由有限个单元,并通过有限个节点相互连接的离散系统。

这一步要解决以下几个方面的问题:

(1)选择一个适当的参考系,既要考虑到工程设计习惯,又要照顾到建立模型的方便。

(2)根据结构的特点,选择不同类型的单元。对复合结构可能同时用到多种类型的单元,此时还需要考虑不同类型单元的连接处理等问题。

(3)根据计算分析的精度、周期及费用等方面的要求,合理确定单元的尺寸和阶次。

(4)根据工程需要,确定分析类型和计算工况。要考虑参数区间及确定最危险工况等问题。

(5)根据结构的实际支撑情况及受载状态,确定各工况的边界约束和有效计算载荷。

3.1.2　选择位移插值函数

(1)位移插值函数的要求

在有限元法中通常选择多项式函数作为单元位移插值函数,并利用节点处的位移连续性条件,将位移插值函数整理成以下形函数矩阵与单元节点位移向量的乘积形式。

$$\{u\} = [N] \cdot \{\delta^e\}$$

位移插值函数需要满足相容(协调)条件,采用多项式形式的位移插值函数,这一条件始终可以满足。

但近年来有人提出了一些新的位移插值函数,如:三角函数、样条函数及双曲函数等,此时需要检查是否满足相容条件。

(2)位移插值函数的收敛性(完备性)要求

①位移插值函数必须包含常应变状态;

②位移插值函数必须包含刚体位移。

(3)复杂单元形函数的构造

对于高阶复杂单元,利用节点处的位移连续性条件求解形函数,实际上是不可行的。

因此在实际应用中更多的情况下是利用形函数的性质来构造形函数。

（4）形函数的性质

①相关节点处的值为1，不相关节点处的值为0；

②形函数之和恒等于1。

以阶梯轴的形函数为例

$$[N] = \left[1 - \frac{x}{L^e}, \frac{x}{L^e} \right]$$

两个形函数分别为 $N_1 = 1 - \frac{x}{L^e}$ ，$N_2 = \frac{x}{L^e}$

在 i 节点有：$\begin{cases} N_1 = 1 \\ N_2 = 0 \end{cases}$，在 j 节点有：$\begin{cases} N_1 = 2 \\ N_2 = 1 \end{cases}$，在任何点有：$N_1 + N_2 = 1$

这里我们称 i 为 N_1 的相关节点，j 为 N_2 的相关节点，其他点均为不相关节点。

3.1.3 单元分析

使用最小势能原理，需要计算结构势能，由弹性应变能和外力虚功两部分构成。结构已经被离散，弹性应变能可以由单元弹性应变能叠加得到，外力虚功中的体力、面力都是分布在单元上的，也可以采用叠加计算。

3.1.3.1 计算单元弹性应变能

$$\prod^e = \frac{1}{2} \iiint_{Ve} \{\varepsilon\}^{\mathrm{T}} \{\sigma\} \cdot \mathrm{d}V$$

式中：V^e ——单元体积。

由几何关系 $\{\varepsilon\} = [\nabla]\{u\} = [\nabla] \cdot [N] \cdot \{\delta^e\}$ 代入前式有：

$$\prod^e = \frac{1}{2} \iiint_{Ve} \{\delta^e\}^{\mathrm{T}} [B]^{\mathrm{T}} [D] \cdot [B] \cdot \{\delta^e\} \cdot \mathrm{d}V$$

$$= \frac{1}{2} \{\delta^e\}^{\mathrm{T}} \left(\iiint_{Ve} [B]^{\mathrm{T}} [D] \cdot [B] \cdot \mathrm{d}V \right) \cdot \{\delta^e\}$$

令：$[K^e] = \iiint_{Ve} [B]^{\mathrm{T}} [D] \cdot [B] \cdot \mathrm{d}V$ 称单元刚度矩阵，简称单刚。

这样单元弹性应变能可以表示为：

$$\prod^e = \frac{1}{2} \{\delta^e\}^{\mathrm{T}} \cdot [K^e] \cdot \{\delta^e\}$$

3.1.3.2 计算单元外力功

（1）体力虚功

$$W_b^e = \iiint_{Ve} \{u\}^{\mathrm{T}} \{F_b\} \cdot \mathrm{d}V = \iiint_{Ve} \{\delta^e\}^{\mathrm{T}} [N]^{\mathrm{T}} \{F_b\} \cdot \mathrm{d}V = \{\delta^e\}^{\mathrm{T}} \iiint_{Ve} [N]^{\mathrm{T}} \{F_b\} \cdot \mathrm{d}V$$

令：$\{P_b^e\} = \iiint\limits_{Ve} [N]^T \{F_b\} \cdot dV$ 上式称单元等效体力载荷向量。

单元体力虚功可以表示为：$W_b^e = \{\delta^e\}^T \{P_b^e\}$

（2）表面力虚功

$$W_s^e = \iint\limits_{A_1^e} \{u\}^T \{F_s\} \cdot dA = \iint\limits_{A_1^e} \{\delta^e\}^T [N]^T \{F_s\} \cdot dA = \{\delta^e\}^T \iint\limits_{A_1^e} [N]^T \{F_s\} \cdot dA$$

A_1^e——单元上外力已知的表面，注意！这里只考虑结构的边界表面。

令：$\{P_s^e\} = \iint\limits_{A_1^e} [N]^T \{F_s\} \cdot dA$，称单元等效面力载荷向量。

单元表面力虚功可以表示为：$W_b^e = \{\delta^e\}^T \{P_s^e\}$

从前面推导可以看出：单元弹性应变能可计算的部分只有单元刚度矩阵，单元外力虚功可计算的部分只有单元等效体力载荷向量和等效面力载荷向量。在实际分析时并不需要进行上述推导，只需要将假定的位移插值函数代入本节推导得出的单元刚度矩阵、等效体力载荷向量和等效面力载荷向量的计算公式即可。

所以我们说有限元分析的第三步是计算单元刚度矩阵、等效体力载荷向量和等效面力载荷向量。

需要说明的是：

1）单元刚度矩阵具有正定性、奇异性和对称性三个重要特性。所谓正定性指所有对角线元素都是正数，其物理意义是位移方向与载荷方向一致；奇异性是说单元刚度矩阵不满秩是奇异矩阵，其物理意义是单元含有刚体位移；对称性是说单元刚度矩阵是对称矩阵，程序设计时可以充分利用。

2）按照本节公式计算的单元等效体力载荷向量和等效面力载荷向量称为一致载荷向量。实际分析时有时也采用静力学原理计算单元等效体力载荷向量和等效面力载荷向量，实际应用表明在大多数情况下，这样做可以简化计算，同时又基本上不影响分析结果。

3.1.4　整体分析

计算整个结构的势能，代入最小势能原理：

（1）计算整个结构的弹性应变能

$$\Pi = \sum_{e=1}^{n} \Pi^e = \sum_{e=1}^{n} \frac{1}{2} \{\delta^e\}^T \cdot [K^e] \cdot \{\delta^e\} = \sum_{e=1}^{n} \frac{1}{2} \{\delta\}^T \cdot [\widetilde{K^e}] \cdot \{\delta\}$$

$$= \frac{1}{2} \{\delta\}^T \left(\sum [\widetilde{K^e}] \right) \cdot \{\delta\}$$

令：$[K] = \sum [\widetilde{K^e}]$——结构整体刚度矩阵（总刚）

此时结构的弹性应变能可以表示为：

$$\Pi = \frac{1}{2} \{\delta\}^T [K] \cdot \{\delta\}$$

结构的弹性应变能可计算的部分只有 $[K]$。

所以我们说,结构的弹性应变能的计算就归结为总刚的计算。

（2）计算整个结构的外力虚功

$$W_P = \sum_{e=1}^{n} W_b^e + \sum_{e=1}^{n} W_s^e + \{\delta\}^T \{P_i\} = \sum_{e=1}^{n} \{\delta^e\}^T \{P_b^e\} + \sum_{e=1}^{n} \{\delta^e\}^T \{P_s^e\} + \{\delta\}^T \{P_i\}$$

将 $\{\delta^e\}^T, \{P_b^e\}$ 变换形式写成 $\{\delta\}^T, \{\widetilde{P}_b^e\}$

将 $\{\delta^e\}^T, \{P_s^e\}$ 变换形式写成 $\{\delta\}^T, \{\widetilde{P}_s^e\}$

外力虚功可以表示为:

$$W_p = \sum_{e=1}^{n} \{\delta\}^T \{\widetilde{P}_b^e\} + \sum_{e=1}^{n} \{\delta\}^T \{\widetilde{P}_s^e\} + \{\delta\}^T \{P_i\} = \{\delta\}^T \left(\sum_{e=1}^{n} \{\widetilde{P}_b^e\} + \sum_{e=1}^{n} \{\widetilde{P}_s^e\} + \{P_i\} \right)$$

令: $\{P\} = \sum_{e=1}^{n} \{\widetilde{P}_b^e\} + \sum_{e=1}^{n} \{\widetilde{P}_s^e\} + \{P_i\}$ ——结构整体等效节点载荷向量。

外力虚功可以进一步表示为: $W_P = \{\delta\}^T \{P\}$

结构的外力虚功可计算的部分只有 $\{P\}$ 。

所以我们说,结构的外力虚功可计算就归结为结构整体等效节点载荷向量的计算。

（3）计算整个结构的势能并代入最小势能原理

将结构弹性应变能及外力虚功的表达式代入结构势能表达式,则结构的势能可以表示为:

$$\Pi = \frac{1}{2} \{\delta\}^T [K] \cdot \{\delta\} - \{\delta\}^T \{P\}$$

将上式代入泛函的极值条件 $\dfrac{\partial \Pi}{\partial \delta_i} = 0$ 或 $\dfrac{\partial \Pi}{\partial \{\delta\}}^T = \{0\}$

可以得到 $[K] \cdot \{\delta\} - \{P\} = \{0\}$

移项后有 $[K] \cdot \{\delta\} = \{P\}$ ——结构近似平衡方程。

结构近似平衡方程的物理意义与平衡微分方程等价,但该方程放松了对平衡的要求,给出的仅仅是近似的平衡条件。这非常有利于进行近似求解。

（4）实际应用时结构近似平衡方程的生成

实际应用时我们完全可以根据单元刚度矩阵、单元等效体力载荷向量、单元等效面力载荷向量及节点集中载荷向量直接生成结构近似平衡方程,现在举例说明生成过程。

（5）整体刚度矩阵的性质

1）稀疏性。整体刚度矩阵是一个大型稀疏矩阵,非零元素不到 10%,对于大型实际问题可能只有 2% ~ 5% 。

2）带状分布。带状分布是说整体刚度矩阵的非零元素全都分布在对角线附近的一个带状区域内。带状区域的宽度称为带宽,它与模型的节点编序有关,合理的节点编号,可以减小带宽。因此,很多有限元前处理软件都有带宽优化模块。

3）对称性。整体刚度矩阵也是对称矩阵。

程序设计时可以充分利用这些特性来达到节约内存,提高计算效率的目的。

例如:实际程序中通常采用半三角存储、一维等带宽存储和一维变带宽存储等紧缩存

储方案。

3.1.5　约束处理

引入已知位移边界条件,消除刚体位移,使方程具有唯一解。

$$[\widetilde{K}] \cdot \{\widetilde{\delta}\} = \{\widetilde{P}\}$$

3.1.6　方程求解

$$\{\widetilde{\delta}\} = [\widetilde{K}]^{-1}\{\widetilde{P}\}$$

求解近似平衡方程可以得到全部节点位移。可以利用节点位移评价结构的静刚度。

3.1.7　计算单元应力

$$\{\sigma\} = [D] \cdot \{\varepsilon\} = [D] \cdot [B] \cdot \{\delta^e\}$$

一般来说 $[B]$ 是坐标的函数,实际分析是往往取几个固定值(点)进行计算,这些点称应力输出点,做强度校核还要计算等效应力。

有限元单元分析的一般过程如下:

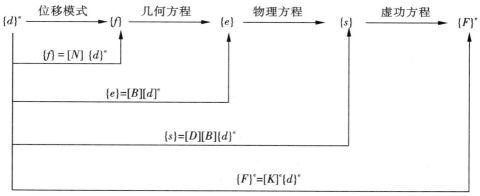

下面以平面三节点三角形单元为例介绍有限元分析的过程:

3.2　单元的位移插值函数

3.2.1　位移插值函数的选取方法

我们分析一个典型三角形单元的力学特性,在结构中任取一个三角形单元如图 3.1,单元 3 个节点的整体编号分别为 i、j 和 m ,坐标分别表示为 (x_i, y_i)、(x_j, y_j) 和 (x_m, y_m) ,三个节点的 6 个位移分量如图 3.1。

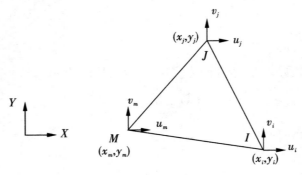

图 3.1

通常写成一个列向：$\{\delta\}^e = \{u_i \quad v_i \quad u_j \quad v_j \quad u_m \quad v_m\}^T$

右上标 e 表示是单元的。通常，单元位移模式取为多项式形式。在单元内，位移 u、v 应是 x、y 的连续函数，在各节点处，u、v 的值应等于各节点的位移。单元形状和节点数目选取不同，所设位移模式也就不同。对于三节点三角形单元，共有 6 个自由度，其位移模式可取为最简单的线性函数，包含 6 个待定常数，α_1，$\cdots$，α_6。所以 3 结点三角形单元的位移函数如下：

$$\left.\begin{aligned} u &= a_1 + a_2 x + a_3 y \\ v &= a_4 + a_5 x + a_6 y \end{aligned}\right\} \tag{3.1}$$

式中：x、y——单元内任一点的坐标；

u、v——该点沿 x，y 方向的位移。

将 3 个结点上的坐标和位移分量代入公式(3.1)就可以将六个待定系数用结点坐标和位移分量表示出来。

将水平位移分量和结点坐标代入式(3.1)中的第一式，有：

$$u_i = a_1 + a_2 x_i + a_3 y_i$$
$$u_j = a_1 + a_2 x_j + a_3 y_j$$
$$u_m = a_1 + a_2 x_m + a_3 y_m$$

写成矩阵形式：

$$\begin{Bmatrix} u_i \\ u_j \\ u_m \end{Bmatrix} = \begin{Bmatrix} 1 & x_i & y_i \\ 1 & x_j & y_j \\ 1 & x_m & y_m \end{Bmatrix} \begin{Bmatrix} a_1 \\ a_2 \\ a_3 \end{Bmatrix}$$

令 $$\begin{bmatrix} 1 & x_i & y_i \\ 1 & x_j & y_j \\ 1 & x_m & y_m \end{bmatrix} = [\,T\,]$$

则有
$$\begin{Bmatrix} a_1 \\ a_2 \\ a_3 \end{Bmatrix} = [T]^{-1} \begin{Bmatrix} u_i \\ u_j \\ u_m \end{Bmatrix}$$

$$[T]^{-1} = \frac{[T]^*}{|T|}$$

$|T| = 2A$, A 为三角形单元的面积。

$[T]$ 的伴随矩阵为

$$[T]^* = \begin{bmatrix} x_j y_m - x_m y_j & y_j - y_m & x_m - x_j \\ x_m y_i - x_i y_m & y_m - y_i & x_i - x_m \\ x_i y_j - x_j y_i & y_i - y_j & x_j - x_i \end{bmatrix}^T$$

令
$$[T]^* = \begin{bmatrix} a_i & b_i & c_i \\ a_j & b_j & c_j \\ a_m & b_m & c_m \end{bmatrix}^T = \begin{bmatrix} a_i & a_j & a_m \\ b_i & b_j & b_m \\ c_i & c_j & c_m \end{bmatrix}$$

则
$$\begin{Bmatrix} a_1 \\ a_2 \\ a_3 \end{Bmatrix} = \frac{1}{2A} \begin{bmatrix} a_i & a_j & a_m \\ b_i & b_j & b_m \\ c_i & c_j & c_m \end{bmatrix} \begin{Bmatrix} u_i \\ u_j \\ u_m \end{Bmatrix} \tag{3.2}$$

同样,将垂直位移分量与结点坐标代入公式(3.1)中的第二式,可得,

$$\begin{Bmatrix} a_4 \\ a_5 \\ a_6 \end{Bmatrix} = \frac{1}{2A} \begin{bmatrix} a_i & a_j & a_m \\ b_i & b_j & b_m \\ c_i & c_j & c_m \end{bmatrix} \begin{Bmatrix} v_i \\ v_j \\ v_m \end{Bmatrix} \tag{3.3}$$

式中

$$a_i = (x_j y_m - x_m y_j), \quad b_i = y_j - y_m, \quad c_i = x_m - x_j$$
$$a_j = (x_m y_i - x_i y_m), \quad b_j = y_m - y_i, \quad c_j = x_i - x_m$$
$$a_m = (x_i y_j - x_j y_i), \quad b_m = y_i - y_j, \quad c_m = x_j - x_i$$

$$A = \frac{1}{2} \begin{vmatrix} 1 & x_i & y_i \\ 1 & x_j & y_j \\ 1 & x_m & y_m \end{vmatrix} = \frac{1}{2}(x_j y_m + x_m y_i + x_i y_j - x_m y_j - x_i y_m - x_j y_i)$$

将式(3.2)、(3.3)代回(3.1)整理后可得,

$$u = \frac{1}{2A} [(a_i + b_i x + c_i y) u_i + (a_j + b_j x + c_j y) u_j + (a_m + b_m x + c_m y) u_m]$$

$$u = \frac{1}{2A} [(a_i + b_i x + c_i y) v_i + (a_j + b_j x + c_j y) v_j + (a_m + b_m x + c_m y) v_m]$$

令 $N_i = \frac{1}{2A}(a_i + b_i x + c_i y)$ (下标 i, j, m 轮换)

写成矩阵形式如下:

$$\left\{\begin{matrix} u \\ v \end{matrix}\right\} = \begin{bmatrix} N_i & 0 & N_j & 0 & N_m & 0 \\ 0 & N_i & 0 & N_j & 0 & N_m \end{bmatrix} \begin{Bmatrix} u_i \\ v_i \\ u_j \\ v_j \\ u_m \\ v_m \end{Bmatrix} = [N]\{\delta\}^e$$

把 $[N]$ 称为形态矩阵，N_i 称为形态函数。

选择单元位移函数应满足以下条件：

1）反映单元的刚体位移与常量应变。

2）相邻单元在公共边界上的位移连续，即单元之间不能重叠，也不能脱离。

由（3.1）可以将单元位移表示成以下的形式，

$$u = a_1 + a_2 x - \frac{a_5 - a_3}{2} y + \frac{a_5 + a_3}{2} y$$

$$v = a_4 + a_6 y + \frac{a_5 - a_3}{2} x + \frac{a_5 + a_3}{2} x$$

反映了刚体位移和常应变。

单元位移函数是线性插值函数，因此单元边界上各点的位移可以由两个结点的位移完全确定。两个单元的边界共用两个结点，所以边界上的位移连续。

3）位移函数应保证单元内部及相邻单元之间位移的连续性。

形态函数 N_i 具有以下性质：

1）在单元结点上形态函数的值为 1 或为 0。

2）在单元中的任意一点上，三个形态函数之和等于 1。

用 $|T|$ 来计算三角形面积时，要注意单元结点的排列顺序，当三个结点 i,j,m 取逆针顺序时，$A = \frac{1}{2}|T| > 0$；当三个结点 i,j,m 取顺时针顺序时，$A = \frac{1}{2}|T| < 0$。

3.2.2 位移插值函数的连续性（协调性）

连续性也叫协调性，指相邻单元公共边界处位移的连续性条件。满足连续性条件的，称为协调单元，反之称为不协调单元。可以证明本节的三角形单元是协调单元。

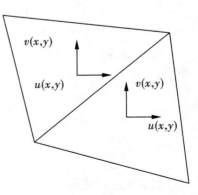

3.3 单元刚度矩阵与等效节点载荷向量

3.3.1 单元刚度矩阵的计算

本节将利用几何方程、物理方程、虚功方程来推导

图3.2

用节点位移表示单元应变、单元应力和节点力,最终建立单元刚度矩阵。

(1)单元应变和节点位移的关系

根据单元的位移函数,

$$\left\{\begin{matrix}u\\v\end{matrix}\right\}=\begin{Bmatrix}N_i&0&N_j&0&N_m&0\\0&N_i&0&N_j&0&N_m\end{Bmatrix}\begin{Bmatrix}u_i\\v_i\\u_j\\v_j\\u_m\\v_m\end{Bmatrix}$$

由几何方程可以得到单元的应变表达式,

$$\{\varepsilon\}=\left\{\begin{matrix}\dfrac{\partial u}{\partial x}\\\dfrac{\partial v}{\partial y}\\\dfrac{\partial u}{\partial y}+\dfrac{\partial v}{\partial x}\end{matrix}\right\}=\frac{1}{2A}\begin{bmatrix}b_i&0&b_j&0&b_m&0\\0&c_i&0&c_j&0&c_m\\c_i&b_i&c_j&b_j&c_m&b_m\end{bmatrix}\begin{Bmatrix}u_i\\v_i\\u_j\\v_j\\u_m\\v_m\end{Bmatrix}$$

记为 $\{\varepsilon\}=[B]\{\delta\}^e$,$[B]$矩阵称为应变矩阵。

$[B]$矩阵可以表示为分块矩阵的形式 $[B]=[B_i\quad B_j\quad B_m]$

$$[B_i]=\frac{1}{2A}\begin{bmatrix}b_i&0\\0&c_i\\c_i&b_i\end{bmatrix}\qquad(i,j,m)$$

上式即为应变与单元节点位移的关系,对三角形单元,它的元素都是只与单元的几何性质有关的常量,单元内各点的应变分量也都是常量,因此把三节点三角形单元称为平面问题的常应变单元。

(2)单元应力与单元节点位移的关系

由物理方程,可以得到单元的应力表达式,

$$\{\sigma\}=[D]\{\varepsilon\}=[D][B]\{\delta\}^e$$

$[D]$称为弹性矩阵,对于平面应力问题,

$$[D]=\frac{E}{(1-\mu^2)}\begin{bmatrix}1&\mu&0\\\mu&1&0\\0&0&\dfrac{1-\mu}{2}\end{bmatrix}$$

定义 $[S]=[D][B]$ 为应力矩阵。

将应力矩阵分块表示为,

$$[S]=[S_i\quad S_j\quad S_m]$$

$$[S_i] = [D][B_i] = \frac{E}{2A(1-\mu^2)} \begin{bmatrix} b_i & \mu c_i \\ \mu b_i & c_i \\ \dfrac{1-\mu}{2}c_i & \dfrac{1-\mu}{2}b_i \end{bmatrix}$$

对于平面应变问题,只需把上式中的 E 换为 $\dfrac{E}{1-\mu^2}$,μ 换为 $\dfrac{\mu}{1-\mu}$ 即可。

显然[S]矩阵是常数矩阵,单元中的应力分量也是常量,一般把它看成单元形心处的值。通常不同的单元,应力是不相同的。因此在相邻两单元的公共边界上,应力将有突变,并不连续,这是有限元位移法的不足之处,是应力近似计算的一种表现。但应力突变值,随着单元的细分而急剧减小,精度会改善,不影响有限元解答的收敛性。

(3)单元刚度矩阵

这里直接利用虚功方程来建立刚度方程,因为虚功方程是以功能形式表述的平衡方程。

1)虚功原理

在外力作用下处于平衡状态的弹性体,如果发生了虚位移,则所有外力在虚位移上做的虚功等于内应力在虚应变上做的虚功。

单元的结点力记为 $\{F\}^e = [\,U_i \quad V_i \quad U_j \quad V_j \quad U_m \quad V_m\,]^T$

单元的虚应变为 $\{\varepsilon^*\} = [B]\{\delta^*\}^e$

单元的外力虚功为,

$$(\{\delta^*\}^e)^T \{F\}^e$$

单元的内力虚功为,

$$\iint \{\varepsilon^*\}^T \{\sigma\} t\mathrm{d}x\mathrm{d}y$$

2)单元刚度矩阵

由虚功原理可得,

$$(\{\delta^*\}^e)^T \{F\}^e = \iint \{\varepsilon^*\}^T \{\sigma\} t\mathrm{d}x\mathrm{d}y$$

由几何方程:

$$\{\varepsilon^*\}^T = ([B]\{\delta^*\}^e)^T = (\{\delta^*\}^e)^T [B]^T$$

由物理方程:

$$\{\sigma\} = [S]\{\delta\}^e = [D][B]\{\delta\}^e$$

代入后,有

$$(\{\delta^*\}^e)^T \{F\}^e = (\{\delta^*\}^e)^T \iint [B]^T [D][B] t\mathrm{d}x\mathrm{d}y \{\delta\}^e$$

$$\{F\}^e = \iint [B]^T [D][B] t\mathrm{d}x\mathrm{d}y \{\delta\}^e = \left(\iint [B]^T [D][B] t\mathrm{d}x\mathrm{d}y \right) \{\delta\}^e$$

定义 $[K]^e = \iint [B]^T [D][B] t\mathrm{d}x\mathrm{d}y$ 为单元刚度矩阵。

在3结点等厚三角形单元中[B]和[D]的分量均为常量,则单元刚度矩阵可以表示为,$[K]^e = [B]^T [D][B] tA$,式中 t 为单元厚度,A 为单元面积。

单元刚度矩阵表示为分块矩阵:

$$[K]^e = \begin{bmatrix} [K_{ii}] & [K_{ij}] & [K_{im}] \\ [K_{ji}] & [K_{jj}] & [K_{jm}] \\ [K_{mi}] & [K_{mj}] & [K_{mm}] \end{bmatrix} = tA \begin{Bmatrix} [B_i]^T \\ [B_j]^T \\ [B_m]^T \end{Bmatrix} [D] [B_i \quad B_j \quad B_m]^T$$

$$[K_{rs}] = [^B_r]T[D][B_s]$$

$$= \frac{Et}{4(1-\mu^2)A} \begin{bmatrix} b_r b_s + \dfrac{1-\mu}{2} c_r c_s & \mu b_r c_s + \dfrac{1-\mu}{2} c_r b_s \\ \mu c_r b_s + \dfrac{1-\mu}{2} b_r c_s & c_r c_s + \dfrac{1-\mu}{2} b_r b_s \end{bmatrix} \quad (r = i,j,m; s = i,j,m)$$

3)单元刚度矩阵的物理意义。

假设单元的结点位移如下：$\{\delta\}^e = [1 \quad 0 \quad 0 \quad 0 \quad 0 \quad 0]^T$

由 $\{F\}^e = [K]^e \{\delta\}^e$，得到结点力如下：

$$\begin{Bmatrix} U_i \\ V_i \\ U_j \\ V_j \\ U_m \\ V_m \end{Bmatrix} = \begin{Bmatrix} K_{ix,ix} \\ K_{iy,ix} \\ K_{jx,ix} \\ K_{jy,ix} \\ K_{mx,ix} \\ K_{my,ix} \end{Bmatrix}$$

$K_{ix,ix}$ 表示 i 结点在水平方向产生单位位移时，在结点 i 的水平方向上需要施加的结点力。

$K_{iy,ix}$ 表示 i 结点在水平方向产生单位位移时，在结点 i 的垂直方向上需要施加的结点力。

选择不同的单元结点位移，可以得到单元刚度矩阵中每个元素的物理含义：

$K_{rx,sx}$ 表示 s 结点在水平方向产生单位位移时，在结点 r 的水平方向上需要施加的结点力。

$K_{ry,sx}$ 表示 s 结点在水平方向产生单位位移时，在结点 r 的垂直方向上需要施加的结点力。

$K_{rx,sy}$ 表示 s 结点在垂直方向产生单位位移时，在结点 r 的水平方向上需要施加的结点力。

$K_{ry,sy}$ 表示 s 结点在垂直方向产生单位位移时，在结点 r 的垂直方向上需要施加的结点力。

因此单元刚度矩阵中每个元素都可以理解为刚度系数，即在结点产生单位位移时需要施加的力。

4）单元刚度矩阵的性质。

① 单元刚度矩阵取决于单元的形状大小方位及材料的弹性常数，而与单元的位置无关，即不随单元或坐标轴的平行移动而改变。同时，单元刚度矩阵还特别与所假设的单元位移模式有关，不同的位移模式，将带来不同的单元刚度矩阵。

所以，用有限元法求解，选择适当的单元位移模式和单元形状是提高计算精度的关键。

②对称性。

利用分块矩阵的性质证明如下：

$$[K_{rs}] = [B_r]^{\mathrm{T}}[D][B_s]$$

$$[K_{sr}] = [B_s]^{\mathrm{T}}[D][B_r]$$

$$[K_{sr}]^{\mathrm{T}} = ([B_s]^{\mathrm{T}}[D][B_r])^{\mathrm{T}} = [B_r]^{\mathrm{T}}[D]^{\mathrm{T}}[B_s] = [B_r]^{\mathrm{T}}[D][B_s] = [K_{rs}]$$

即 $[K]^e = ([K]^e)^{\mathrm{T}}$

③奇异性。

即单元刚度矩阵的行列式为零，$|K|^e = 0$。

将定单元产生了 x 方向的刚体移动，$\{\delta\}^e = [1 \quad 0 \quad 1 \quad 0 \quad 1 \quad 0]^{\mathrm{T}}$，此时对应的单元结点力为零。即：

$$
\begin{Bmatrix} 0 \\ 0 \\ 0 \\ 0 \\ 0 \\ 0 \end{Bmatrix} = [K]^e \begin{Bmatrix} 1 \\ 0 \\ 1 \\ 0 \\ 1 \\ 0 \end{Bmatrix}
$$

可以得到，在单元刚度矩阵中 1,3,5 列中对应行的系数相加为零，由行列式的性质可知，$|K|^e = 0$。

同样如果假定单元产生了 y 方向上的刚体位移 $\{\delta\}^e = [0 \quad 1 \quad 0 \quad 1 \quad 0 \quad 1]^{\mathrm{T}}$，可以得到，在单元刚度矩阵中 2,4,6 列中对应行的系数相加为零。

3.3.2　单元等效节点载荷计算

有限元法的求解对象是单元的组合体，因此作用在弹性体上的外力，需要移置到相应的结点上成为结点载荷。载荷移置要满足静力等效原则。静力等效是指原载荷与结点载荷在任意虚位移上做的虚功相等。

单元的虚位移可以用结点的虚位移 $\{\delta^*\}^e$ 表示为，

$$\{f^*\} = [N]\{\delta^*\}^e$$

令结点载荷为

$$
\{R\}^e = \begin{Bmatrix} X_i \\ Y_i \\ X_j \\ Y_j \\ X_m \\ Y_m \end{Bmatrix}
$$

(1)集中力的移置

如图 3.3 所示，在单元内任意一点作用集中力 $\{P\} = \begin{Bmatrix} P_x \\ P_y \end{Bmatrix}$

由虚功相等可得：

$$({\{\delta^*\}}^e)^{\mathrm{T}}\{R\}^e = ({\{\delta^*\}}^e)^{\mathrm{T}}[N]^{\mathrm{T}}\{P\}$$

由于虚位移是任意的,则 $\{R\}^e = [N]^{\mathrm{T}}\{P\}$

（2）体力的移置

令单元所受的均匀分布体力为 $\{p\} = \begin{Bmatrix} \rho_x \\ \rho_y \end{Bmatrix}$

由虚功相等可得,

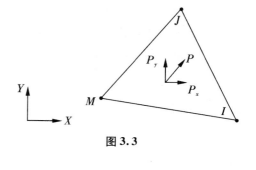

图 3.3

$$({\{\delta^*\}}^e)^{\mathrm{T}}\{R\}^e = \iint ({\{\delta^*\}})^{\mathrm{T}}[N]^{\mathrm{T}}\{p\}t\mathrm{d}x\mathrm{d}y$$

$$\{R\}^e = \iint [N]^{\mathrm{T}}\{p\}t\mathrm{d}x\mathrm{d}y$$

（3）分布面力的移置

设在单元的边上分布有面力 $\{\overline{P}\} = [\overline{X}, \overline{Y}]^{\mathrm{T}}$,同样可以得到结点载荷,

$$\{R\}^e = \int_s [N]^{\mathrm{T}}\{\overline{P}\}t\mathrm{d}s$$

3.4 整体分析

得到了单元刚度矩阵后,要将单元组成一个整体结构,根据结点载荷平衡的原则进行分析,即整体分析。

整体分析包括以下 4 个步骤：

（1）建立整体刚度矩阵;

（2）根据支承条件修改整体刚度矩阵;

（3）解方程组,求出结点的位移;

（4）根据结点位移,求出单元的应变和应力。

在这里把结点位移作为基本未知量求解。

如何得到整体刚度矩阵？ 基本方法是刚度集成法,即整体刚度矩阵是单元刚度矩阵的集成。

如图 3.4 所示,一个划分为 6 个结点、4 个单元的结构。得到了每个单元的单元刚度矩阵后,要集成为整体刚度矩阵。

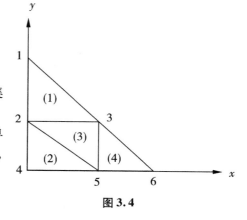

图 3.4

3.4.1 刚度集成法的物理意义

由单元刚度矩阵的物理意义可知,单元刚度矩阵的系数是由单元结点产生单位位移时引起的单元结点力。

在如图 3.4 所示的结构中,使结点 3 产生单位位移时,在单元（1）中的结点 2 上引起结点力。由于结点 2、3 同时属于单元（1）、（3）,在单元（2）中的结点 2 上同样也引起结点力,因此,在整体结构中当结点 3 产生位移时,结点 2 上的结点力应该是单元（1）、（2）在

结点 2 上的结点力的叠加。

刚体集成法即结构中的结点力是相关单元结点力的叠加，整体刚度矩阵的系数是相关单元的单元刚度矩阵系数的集成。结点 3 在整体刚度矩阵的对应系数，应该是单元（1）、（3）、（4）中对应系数的集成。

3.4.2　刚度矩阵集成的规则

（1）将单元刚度矩阵中的每个分块放到在整体刚度矩阵中的对应位置上，得到单元的扩大刚度矩阵。

单元刚度矩阵系数取决于单元结点的局部编号顺序，必须知道单元结点的局部编号与该结点在整体结构中的总体编号之间的关系，才能得到单元刚度矩阵中的每个分块在整体刚度矩阵中的位置。将单元刚度矩阵中的每个分块按总体编码顺序重新排列后，可以得到单元的扩大矩阵。

假定单元结点的局部编号与整体的对应关系如表 3.1：

表 3.1

单元编号	单元结点局部编号	单元结点整体编号
1	i	3
1	j	1
1	m	2
2	i	5
2	j	2
2	m	4
3	i	5
3	j	3
3	m	2
4	i	3
4	j	5
4	m	6

单元（2）的单元扩大矩阵 $[K]^{(2)}$ 的分块矩阵形式如下，只列出非零的分块，如表 3.2 所示：

表 3.2

局部编号		j_1	m_1	i_1			
	整体编号	1	2	3	4	5	6
j_1	1						
m_1	2		$[K_{jj}]^{(2)}$		$[K_{jm}]^{(2)}$	$[K_{ji}]^{(2)}$	
i_1	3						
	4		$[K_{mj}]^{(2)}$		$[K_{mm}]^{(2)}$	$[K_{mi}]^{(2)}$	
	5		$[K_{ij}]^{(2)}$		$[K_{im}]^{(2)}$	$[K_{ii}]^{(2)}$	
	6						

（2）将全部单元的扩大矩阵相加得到整体刚度矩阵。

$$[K] = [K]^{(1)} + [K]^{(2)} + [K]^{(3)} + [K]^{(4)}$$

整体刚度矩阵如表 3.3 所示：

表 3.3

整体编号	1	2	3	4	5	6
1	$[K_{jj}]^{(1)}$	$[K_{jm}]^{(1)}$	$[K_{ji}]^{(1)}$			
2	$[K_{mj}]^{(1)}$	$[K_{mm}]^{(1)}+[K_{jj}]^{(2)}+[K_{mm}]^{(3)}$	$[K_{mi}]^{(1)}+[K_{mj}]^{(3)}$	$[K_{jm}]^{(2)}$	$[K_{ji}]^{(2)}+[K_{mi}]^{(3)}$	
3	$[K_{ij}]^{(1)}$	$[K_{im}]^{(1)}+[K_{jm}]^{(3)}$	$[K_{ii}]^{(1)}+[K_{jj}]^{(3)}+[K_{ii}]^{(4)}$		$[K_{ji}]^{(3)}+[K_{ij}]^{(4)}$	$[K_{im}]^{(4)}$
4		$[K_{mj}]^{(2)}$		$[K_{mm}]^{(2)}$	$[K_{mi}]^{(2)}$	
5		$[K_{ij}]^{(2)}+[K_{im}]^{(3)}$	$[K_{ij}]^{(3)}+[K_{ji}]^{(4)}$	$[K_{im}]^{(2)}$	$[K_{ii}]^{(2)}+[K_{ii}]^{(3)}+[K_{jj}]^{(4)}$	$[K_{jm}]^{(4)}$
6		$[K_{mi}]^{(4)}$			$[K_{mj}]^{(4)}$	$[K_{mm}]^{(4)}$

3.4.3 整体刚度矩阵的特点

用有限元方法分析复杂工程问题时，结点的数目比较多，整体刚度矩阵的阶数通常也是很高的。那么，是否在进行计算时要保存整体刚度矩阵的全部元素？能否根据整体刚

度矩阵的特点提高计算效率?

整体刚度矩阵具有以下几个显著的特点:对称性、稀疏性、非零系数带形分布。

(1)对称性

由单元刚度矩阵的对称性和整体刚度矩阵的集成规则,可知整体刚度矩阵必为对称矩阵。利用对称性,只保存整体矩阵上三角部分的系数即可。

(2)稀疏性

单元刚度矩阵的多数元素为零,非零元素的个数只占较小的部分。如图 3.5 所示的结构,结点 2 只和通过单元连接的 1、3、4、5 结点相关,结点 5 只和通过单元连接的 2、3、4、6、8、9 结点相关。由单元刚度矩阵的物理意义和整体刚度矩阵的形成方式可知,相关结点 2、3、4、6、8、9 及结点 5 本身产生位移时,才使结点 5 产生结点力,其余结点产生位移时不在该结点处引起结点力。在用分块形式表示的整体矩阵中,与相关结点对应的分块矩阵具有非零的元素,其他位置上的分块矩阵的元素为零,如图 3.6 所示。

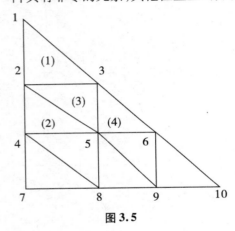

图 3.5

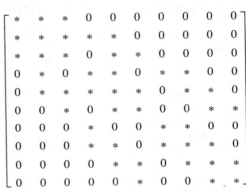

图 3.6   整体刚度矩阵的分块矩阵示意

(3)非零元素带形分布

在图 3.6 中,明显可以看出,整体刚度矩阵的非零元素分布在以对角线为中心的带形区域内,这种矩阵称为带形矩阵。

3.5   约束条件的处理

由于总刚度矩阵是奇异矩阵,不存在逆阵。因此要求得唯一解,必须利用给定的边界条件对总刚度方程进行处理,消除总刚度矩阵的奇异性。边界约束条件的处理实质就是消除结构的刚体位移,是能够求得节点位移。有限元法中通常采用两种方法,即划行划列法和乘大数法来引入位移约束条件。前者适用于简单问题的手算练习,后者适合于实际问题的计算机处理。

3.5.1   乘大数法处理边界条件

图 3.4 所示结构的约束和载荷情况,如图 3.7 所示。结点 1、4 上有水平方向的位移

约束,结点 4、6 上有垂直方向的约束,结点 3 上作用有集中力 (P_x, P_y)。

整体刚度矩阵 $[K]$ 求出后,结构上的结点力可以表示为:

$$\{F\} = [K]\{\delta\}$$

根据力的平衡,结点上的结点力与结点载荷或约束反力平衡。用 $\{P\}$ 表示结点载荷和支杆反力,则可以得到结点的平衡方程:

$$[K]\{\delta\} = \{P\} \tag{3.4}$$

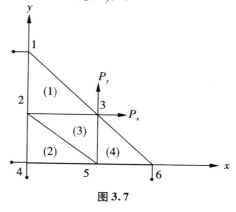

图 3.7

这样构成的结点平衡方程组,在右边向量 $\{P\}$ 中存在未知量,因此在求解平衡方程之前,要根据结点的位移约束情况修改方程(3.4)。先考虑结点 n 有水平方向位移约束,与 n 结点水平方向对应的平衡方程为:

$$K_{2n-1,1}u_1 + K_{2n-1,2}v_1 + \ldots + K_{2n-1,2n-1}u_n + K_{2n-1,2n}v_n + \ldots = P_{2n-1} \tag{3.5}$$

根据支承情况,方程(3.5)应该换成下面的方程:

$$u_n = 0 \tag{3.6}$$

对比公式(3.5)和(3.6),在式(3.4)中应该做如下修正:

在 $[K]$ 矩阵中,第 $2n-1$ 行的对角线元素 $K_{2n-1,2n-1}$ 改为 1,该行中全部非对角线元素改为 0;在 $\{P\}$ 中,第 $2n-1$ 个元素改为 0。为了保持 $[K]$ 矩阵的对称性,将第 $2n-1$ 列的全部非对角元素也改为 0。

同理,如果结点 n 在垂直方向有位移约束,则(3.4)中的第 $2n$ 个方程修改为,

$$v_n = 0$$

在 $[K]$ 矩阵中,第 $2n$ 行的对角线元素改为 1,该行中全部非对角线元素改为 0;在 $\{P\}$ 中,第 $2n$ 个元素改为 0。为了保持 $[K]$ 矩阵的对称性,将第 $2n$ 列的全部非对角元素也改为 0。

$$
\begin{bmatrix}
 & & & & & & 0 & 0 & & & & \\
 & & & & & & 0 & 0 & & & & \\
 & & & & & & 0 & 0 & & & & \\
 & & & & & & 0 & 0 & & & & \\
 & & & & & & 0 & 0 & & & & \\
0 & 0 & 0 & 0 & 0 & 0 & 1 & 0 & 0 & 0 & 0 & 0 \\
0 & 0 & 0 & 0 & 0 & 0 & 0 & 1 & 0 & 0 & 0 & 0 \\
 & & & & & & 0 & 0 & & & & \\
 & & & & & & 0 & 0 & & & & \\
 & & & & & & 0 & 0 & & & & \\
 & & & & & & 0 & 0 & & & & \\
\end{bmatrix}
\begin{Bmatrix}
u_1 \\ v_1 \\ u_2 \\ v_2 \\ \\ u_n \\ v_n \\ \\ \\ \\
\end{Bmatrix}
=
\begin{Bmatrix}
P_1 \\ P_2 \\ P_3 \\ P_4 \\ \\ P_{2n-1} \\ P_{2n} \\ \\ \\ \\
\end{Bmatrix}
$$

对图 3.4 所示结构的整体刚度在修改后可以得到以下的形式,

$$
\begin{bmatrix}
1 & 0 & 0 & 0 & 0 & 0 & 0 & 0 & 0 & 0 & 0 & 0 \\
  & * & * & * & * & * & 0 & 0 & * & * & * & 0 \\
  &   & * & * & * & * & 0 & 0 & * & * & * & 0 \\
  &   &   & * & * & * & 0 & 0 & * & * & * & 0 \\
  &   &   &   & * & * & 0 & 0 & * & * & * & 0 \\
  &   &   &   &   & * & 0 & 0 & * & * & * & 0 \\
  &   &   &   &   &   & 1 & 0 & 0 & 0 & 0 & 0 \\
  &   &   &   &   &   &   & 1 & 0 & 0 & 0 & 0 \\
  & \text{对} & \quad & \text{称} &   &   &   &   & * & * & * & 0 \\
  &   &   &   &   &   &   &   &   & * & * & 0 \\
  &   &   &   &   &   &   &   &   &   & * & 0 \\
  &   &   &   &   &   &   &   &   &   &   & 1
\end{bmatrix}\frac{Et}{2}
$$

如果结点 n 处存在一个已知非零的水平方向位移 u_n^*,这时的约束条件为,

$$u_n = u \tag{3.7}$$

在 $[K]$ 矩阵中,第 $2n-1$ 行的对角线元素 $K_{2n-1,2n-1}$ 乘上一个大数 A,向量 $\{P\}$ 中的对应换成 $AK_{2n-1,2n-1}u_n^*$,其余的系数保持不变。

方程改为,

$$K_{2n-1,1}u_1 + K_{2n-1,2}v_1 + \ldots + AK_{2n-1,2n-1}u_n + K_{2n-1,2n}v_n + \ldots \approx AK_{2n-1,2n-1} \tag{3.8}$$

A 的取值要足够大,例如取 10^{10}。只有这样,方程(3.8)才能与方程(3.7)等价。

3.5.2　划行划列法

划行划列法是将刚度矩阵中与零位移对应的行和列上的元素划去,这种方法明显降低了矩阵的阶数,对于单元较少的结构,采用手算时是比较适用的。

3.6　有限元一般分析过程算例

例:如图 3.8 所示为一厚度 $t = 1$ cm 的均质正方形薄板,上下受三角形分布(均匀分布)的拉力 $q = 10^6$ N/m,材料弹性模量为 E,泊松比 $v = 1/3$,不记自重,试用有限元法求其应力分量。(取 1/4 块)

解:

(1)力学模型的确定

由于此结构长、宽远大于厚度,而载荷作用于板平面内,且沿板厚均匀分布,故可按平面应力问题处理,考虑到结构和载荷的对称性,可取结构的 1/4 来研究。

(2)结构离散

该 1/4 结构被离散为两个三角形单元,节点编号,单元划分及取坐标如图 3.9 所示,其各节点的坐标值见表 3.4。

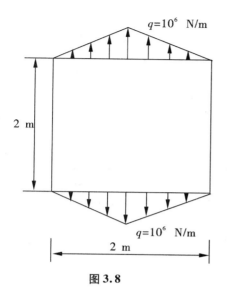

图 3.8

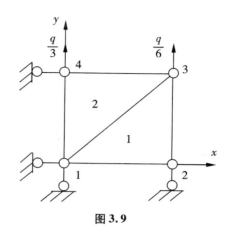

图 3.9

表 3.4

坐标	节点			
	1	2	3	4
x	0	1	1	0
y	0	0	1	1

（3）求单元的刚度矩阵

单元 1 的刚度矩阵为：

$$\left[K_{11}\right]^1 = \frac{0.09E}{16}\begin{bmatrix} 1 & 0 \\ 0 & \dfrac{1}{3} \end{bmatrix}$$

$$\left[K_{12}\right]^1 = \frac{0.09E}{16}\begin{bmatrix} -1 & \dfrac{1}{3} \\ \dfrac{1}{3} & -\dfrac{1}{3} \end{bmatrix} ; \left[K_{13}\right]^1 = \frac{0.09E}{16}\begin{bmatrix} 0 & -\dfrac{1}{3} \\ -\dfrac{1}{3} & 0 \end{bmatrix} ; \left[K_{22}\right]^1 = \frac{0.09E}{16}\begin{bmatrix} \dfrac{4}{3} & -\dfrac{2}{3} \\ -\dfrac{2}{3} & \dfrac{4}{3} \end{bmatrix}$$

$$\left[K_{23}\right]^1 = \frac{0.09E}{16}\begin{bmatrix} -\dfrac{1}{3} & \dfrac{1}{3} \\ \dfrac{1}{3} & -1 \end{bmatrix} ; \left[K_{33}\right]^1 = \frac{0.09E}{16}\begin{bmatrix} \dfrac{1}{3} & 0 \\ 0 & 1 \end{bmatrix}$$

同理单元 2 的刚度矩阵为：

$$[K]^2_{6\times6} = \frac{0.09E}{16}\begin{bmatrix} 1 & 0 & -1 & \frac{1}{3} & 0 & -\frac{1}{3} \\ & \frac{1}{3} & \frac{1}{3} & -\frac{1}{3} & -\frac{1}{3} & 0 \\ & & \frac{4}{3} & -\frac{2}{3} & -\frac{1}{3} & \frac{1}{3} \\ & 对 & & \frac{4}{3} & \frac{1}{3} & -1 \\ & & 称 & & \frac{1}{3} & 0 \\ & & & & & 1 \end{bmatrix}$$

整体刚度矩阵为:

$$[K]_{8\times8} = \frac{0.03E}{16}\begin{bmatrix} 4 & & & & & & & \\ 0 & 4 & & & & 对 & & \\ -3 & 1 & 4 & & & & 称 & \\ 1 & -1 & -2 & 4 & & & & \\ 0 & -2 & -1 & 1 & 4 & & & \\ -2 & 0 & 1 & -3 & 0 & 4 & & \\ -1 & 1 & 0 & 0 & -3 & 1 & 4 & \\ 1 & -3 & 0 & 0 & 1 & -1 & -2 & 4 \end{bmatrix}$$

(4)引入约束条件,修改刚度方程并求解

根据约束条件:$u_1 = v_1 = 0$;$v_2 = 0$;$u_4 = 0$ 和等效节点力列阵:

$\{F\} = \{0 \quad 0 \quad 0 \quad 0 \quad 0 \quad q/6 \quad 0 \quad q/3\}^T$,并代入刚度方程:$[K]\{\delta\} = \{F\}$,划去 $[K]$ 中与 0 位移相对应的 1,2,4,7 的行和列,则刚度方程变为:

$$\frac{0.03E}{16}\begin{bmatrix} 4 & & & \\ -1 & 4 & & \\ 1 & 0 & 4 & \\ 0 & 1 & -1 & 4 \end{bmatrix}\begin{Bmatrix} u_2 \\ u_3 \\ v_3 \\ v_4 \end{Bmatrix} = \begin{Bmatrix} 0 \\ 0 \\ q/6 \\ q/3 \end{Bmatrix}$$

求解上面方程组可得出节点位移为:

$\{u_2 \quad u_3 \quad v_3 \quad v_4\}^T = \{-400q/27E \quad -500q/27E \quad 1100q/27E \quad 1600q/27E\}^T$

所以 $\{\delta\} = q/E [0 \quad 0 \quad -400/27 \quad 0 \quad -500/27 \quad 1100/27 \quad 0 \quad 1600/27]^T$

(5)计算各单元应力矩阵,求出各单元应力

先求出各单元的应力矩阵$[S]^1$、$[S]^2$,然后再求得各单元的应力分量:

$$\{\sigma\}^1 = [S]^1 \{\delta\}^1 = \frac{3E}{8}\begin{bmatrix} -3 & 0 & 3 & -1 & 0 & 1 \\ -1 & 0 & 1 & -3 & 0 & 3 \\ 0 & -1 & -1 & 1 & 1 & 0 \end{bmatrix}\begin{Bmatrix} 0 \\ 0 \\ -400q/27E \\ 0 \\ -500q/27E \\ 1100q/27E \end{Bmatrix} = \begin{Bmatrix} -1.39 \\ 40.28 \\ -1.39 \end{Bmatrix} \text{ MPa}$$

$$\{\sigma\}^2 = [S]^2 \{\delta\}^2 = \frac{3E}{8}\begin{bmatrix} 3 & 0 & -3 & 1 & 0 & -1 \\ 1 & 0 & -1 & 3 & 0 & -3 \\ 0 & 1 & 1 & -1 & 1 & 0 \end{bmatrix}\begin{Bmatrix} -500q/27E \\ 1100q/27E \\ 0 \\ 1600q/27E \\ 0 \\ 0 \end{Bmatrix} = \begin{Bmatrix} -1.39 \\ -59.72 \\ 6.94 \end{Bmatrix} \text{ MPa}$$

3.7　几种典型单元及位移模式

　　有限元离散过程中有一个重要环节是单元类型的选择,这应根据被分析结构的几何形状特点,综合载荷,约束等全面考虑。表3.5给出了常用单元的情况。

表 3.5　几种典型单元及位移模式

单元名称及适用情况	单元图形	位移模式

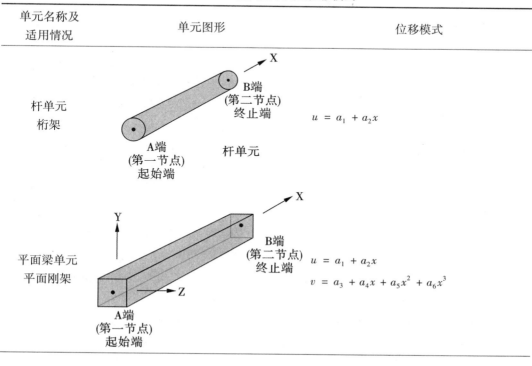

续表3.5

单元名称及 适用情况	单元图形	位移模式
平面三角形单元 平面应力或应变	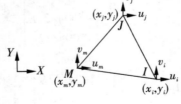	$u = a_1 + a_2x + a_3y$ $v = a_4 + a_5x + a_6y$
平面四边形单元 平面应力或应变	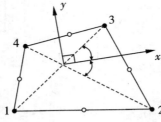	$u = a_1 + a_2\xi + a_3\eta + a_4\xi\eta$ $v = a_5 + a_6\xi + a_7\eta + a_8\xi\eta$
矩形板单元 薄板弯曲问题		$w = a_1 + a_2x + a_3y$ $\quad + a_4x^2 + a_5xy$ $\quad + a_6y^2 + a_7x^3$ $\quad + a_8x^2y + a_9xy^2$ $\quad + a_{10}y^3 + a_{11}x^3y$ $\quad + a_{12}xy^3$
三角形板单元 薄板弯曲问题	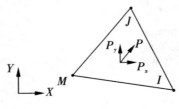	$w = a_1L_1 + a_2L_2 + a_3L_3 + a_4L_2L_3$ $\quad + a_5L_3L_1 + a_6L_1L_2$ $\quad + a_7(L_2L_3^2 - L_3L_2^2)$ $\quad + a_8(L_3L_1^2 - L_1L_3^2)$ $\quad + a_9(L_1L_2^2 - L_2L_1^2)$
四面体单元 三维应力		$u = a_1 + a_2\varepsilon + a_3\eta + a_4\zeta$ $v = a_5 + a_6\varepsilon + a_7\eta + a_8\zeta$ $w = a_9 + a_{10}\varepsilon + a_{11}\eta + a_{12}\zeta$
六面体单元 三维应力	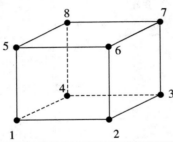	$u = a_1 + a_2\varepsilon + a_3\eta + a_4\zeta$ $\quad + a_5\varepsilon\eta + a_6\eta\zeta + a_7\zeta\varepsilon + a_8\varepsilon\eta\zeta$ $v = a_9 + a_{10}\varepsilon + a_{11}\eta + a_{12}\zeta$ $\quad + a_{13}\varepsilon\eta + a_{14}\eta\zeta + a_{15}\zeta\varepsilon + a_{16}\varepsilon\eta\zeta$ $w = a_{17} + a_{18}\varepsilon + a_{19}\eta + a_{20}\zeta$ $\quad + a_{21}\varepsilon\eta + a_{22}\eta\zeta + a_{23}\zeta\varepsilon + a_{24}\varepsilon\eta\zeta$

第 4 章 ANSYS 概述

4.1 ANSYS 简介

1970 年成立的美国 ANSYS 公司是世界 CAE 行业最著名的公司之一,长期以来一直致力于设计分析软件的开发、研制,其先进的技术及高质量的产品赢得了业界的广泛认可。ANSYS 软件是融结构、热、流体、电磁、声学于一体的大型通用商业套装工程分析有限元软件。所谓工程分析软件,主要是在机械结构系统受到外力负载所出现的反应,例如应力、位移、温度等,根据该反应可知道机械结构系统受到外力负载后的状态,进而判断是否符合设计要求。目前,ANSYS 软件广泛应用于铁道、石油化工、航空航天、机械制造、能源、汽车交通、国防军工、电子、土木工程、生物医学、水利、日用家电等一般工业及科学研究。例如三峡工程、二滩电站、黄河下游特大型公路斜拉桥、国家大剧院、浦东国际机场、上海科技城太空城、深圳南湖路花园大厦等在结构设计时都采用了 ANSYS 作为分析工具。它包含了前置处理、解题程序以及后置处理,将有限元分析、计算机图形学和优化技术相结合,已成为现代工程学问题必不可少的有力工具。

目前,ANSYS 软件已形成完善、成熟、完整的 FEA(有限元分析)软件包,其三大核心体系:以结构、热力学为核心的 MCAE 体系,以计算流体动力学为核心的 CFD 体系,以计算电磁学为核心的 CEM 体系。这三大体系不仅提供 MCAE/CFD/CEM 领域的单场分析技术,各单场分析技术之间还可以形成多物理场耦合分析机制。

4.1.1 ANSYS 的产品

ANSYS 软件包含了多个模块,其中 ANSYS Multiphysics 是 ANSYS 产品的"旗舰",它包括工程学科的所有功能。ANSYS/Multiphysics 由三个主要产品组成:ANSYS/Mechanical(结构及热);ANSYS/Emag(电磁);ANSYS/FLOTRAN(计算流体动力学)。

ANSYS 其他产品有:①ANSYS Workbench(与 CAD 结合的开发环境);②ANSYS LS-DYNA(用于高度非线性问题);③ANSYS Professional(用于线性结构和热分析),是 ANSYS Mechanical 的子集;④ANSYS DesignSpace(用于线性结构和稳态热分析)是 Workbench 环境下的 ANSYS Mechanical 的子集。

ANSYS 的 Workbench 模块有:

①DesignModeler——建模工具,采用流行的 CAD 建模方式:直观迅速地画 2D 草图,在此基础上创建 3D 模型。还可以修补和组装各种 CAD 文件,建立 CAD 和 CAE 之间的传递通道。

②DesignXplorer——设计和理解局部分析响应并用响应面组装的强有力工具.设计与开发模块以实验方案(DOE)优化方法为基础,并以参数作为其基本语言.

③DesignXplorer VT——使用多种技术提供比(DOE)更多更有效的方法生成一个仅仅基于有限元的响应面,该有限元方案和网格有关,也和泰勒级数展开式的近似值有关。

④Fatigue Module——增加模拟在预循环荷载下预测产品寿命的功能.等值线显示疲劳寿命,损坏,安全系数,二轴应力和疲劳敏感性。

⑤FE Modeler——和 ANSYS 工作台上使用的标准有限元表示法共同起作用,FE 模块支持从 NASTRAN 或 Design Simulation 向 ANSYS 大量传递数据。

⑥其他产品:

·ICEM CFD　CFD 和结构分析的三维网格预处理软件,该产品由 ANSYS 公司的子公司 ICEM CFD 提供。

·ANSYS EMAX　高频电磁场分析产品,集成了 ANSYS 公司的 ICEM CFD 前处理器和后处理器的功能、高频电磁求解器。

·CFX　流体动力学分析专用软件,由 ANSYS 的子公司 CFX 提供。

·AI * Nastran　新一代 NASTRAN 求解器,由 SAS LLC 提供。

·ANSYS Workbench SDK　是由 ANSYS 开发的新一代开放、灵活的 CAE 软件开发平台,组件技术能够为大公司创造适用市场的产品和用户 CAE 解决方案,包括整个产品链。

·ANSYS ProFEA　Pro/ENGINEER 的 ANSYS 分析和设计优化。

·ParaMesh　直接作用于有限元模型的工具,可以对网格进行参数化,并可以移动,这使得有限元模型的效用大大加强。

4.1.2　ANSYS 可进行的分析

(1)结构静力分析

用来求解外载荷引起的位移、应力和力。静力分析很适合求解惯性和阻尼对结构的影响并不显著的问题。ANSYS 程序中的静力分析不仅可以进行线性分析,而且也可以进行非线性分析,如塑性、蠕变、膨胀、大变形、大应变及接触分析。例如:大变形大应变分析和模态分析分别如图 4.1 和 4.2 所示。

图 4.1　大变形大应变分析

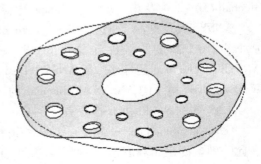

图 4.2　模态分析

（2）结构动力学分析

结构动力学分析用来求解随时间变化的载荷对结构或部件的影响。与静力分析不同,动力分析要考虑随时间变化的力载荷以及它对阻尼和惯性的影响。ANSYS 可进行的结构动力学分析类型包括:瞬态动力学分析、模态分析、谐波响应分析及随机振动响应分析。

（3）结构非线性分析

结构非线性导致结构或部件的响应随外载荷不成比例变化。ANSYS 程序可求解静态和瞬态非线性问题,包括材料非线性、几何非线性和单元非线性三种。

（4）动力学分析

ANSYS 程序可以分析大型三维柔体运动。当运动的积累影响起主要作用时,可使用这些功能分析复杂结构在空间中的运动特性,并确定结构中由此产生的应力、应变和变形。用 ANSYS/LS-DYNA 进行显式动力分析,模拟以惯性力为主的大变形分析及用于模拟碰撞、挤压和快速成形等。例如:碰撞分析如图 4.3 所示。

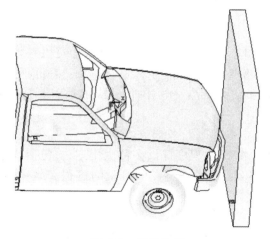

图 4.3　碰撞分析

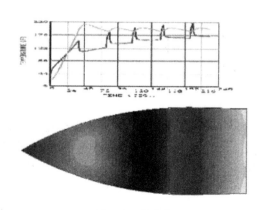

图 4.4　热分析

（5）热分析

程序可处理热传递的三种基本类型:传导、对流和辐射。热传递的三种类型均可进行稳态和瞬态、线性和非线性分析。热分析还具有可以模拟材料固化和熔解过程的相变分析能力以及模拟热与结构应力之间的热–结构耦合分析能力。例如:热分析如图 4.4 所示。

（6）电磁场分析

电磁分析用于计算电磁设备中的磁场。其静态和低频电磁场分析模拟由直流电源,低频交流电或低频瞬时信号引起的磁场。例如:电磁铁、电动机、变压器。磁场分析中考虑的物理量是:磁通量、磁场密度、磁力和磁力矩、阻抗、电感、涡流、能耗及磁通量泄漏等。

（7）流体动力学分析

计算流体动力分析（CFD）用于确定流体中的流动状态和温度;ANSYS/FLOTRAN 能

模拟层流和湍流,可压缩和不可压缩流体,以及多组分流;应用:航空航天、电子元件封装、汽车设计。典型的物理量是:速度、压力、温度和对流换热系数。流体分析如图 4.5 所示。

图 4.5　流体分析

(8)声场分析

用来研究在含有流体的介质中声波的传播,或分析浸在流体中的固体结构的动态特性。这些功能可用来确定音响话筒的频率响应,研究音乐大厅的声场强度分布,或预测水对振动船体的阻尼效应。

(9)压电分析

用于分析二维或三维结构对 AC(交流)、DC(直流)或任意随时间变化的电流或机械载荷的响应。这种分析类型可用于换热器、振荡器、谐振器、麦克风等部件及其他电子设备的结构动态性能分析。可进行四种类型的分析:静态分析、模态分析、谐波响应分析、瞬态响应分析。

(10)耦合场分析

耦合场分析考虑两个或多个物理场之间的相互作用。因为两个物理场之间相互影响,所以不能单独求解一个物理场。需要将两个物理场结合到一起求解。例如:热—应力分析;压电分析(电场和结构);声学分析(流体和结构);热—电分析;感应加热(磁场和热);静电—结构分析。

(11)优化设计

优化设计是一种寻找最优设计方案的技术。ANSYS 程序提供多种优化方法,包括零阶方法和一阶方法等。对此,ANSYS 提供了一系列的分析—评估—修正的过程。此外,ANSYS 程序还提供一系列的优化工具以提高优化过程的效率。

(12)用户编程扩展功能

用户可编辑特性(UPFS)是指,ANSYS 程序的开放结构允许用户连接自己编写的FORTRAN 程序和子过程。UPFS 允许用户根据需要定制 ANSYS 程序,如用户自定义的材料性质、单元类型、失效准则等。通过连接自己的 FORTRAN 程序,用户可以生成一个针对自己特定计算机的 ANSYS 程序版本。

(13)其他功能

ANSYS 程序支持的其他一些高级功能包括拓扑优化设计、自适应网格划分、子模型、子结构、单元的生和死。

4.2　ANSYS 安装与启动

4.2.1　安装 ANSYS 对系统的要求

以目前大多数台式计算机或者笔记本电脑的硬件和系统软件配置,基本上都能满足

ANSYS 安装程序所需求。

4.2.2　安装 ANSYS

由于 ANSYS 软件不断出现新的版本,其安装方法和步骤随着版本的不同略有不同。可以根据计算机的配置选择合适的 ANSYS 软件版本进行安装。值得注意的是,安装 ANSYS Product 产品时,应根据需要选择合适的产品。

4.2.3　配置启动 ANSYS 产品程序

一般第一次使用 ANSYS 要进入 ANSYS 总控制启动,进行运行环境的综合设置与选择,而下一次如果默认前一次设置就可以直接启动 ANSYS 了。例如,选择所有程序> ANSYS 15.0>ANSYS Product Launcher,弹出 ANSYS 总控制启动对话框,进行 ANSYS 运行环境的综合设置与选择。

（1）选择产品类型

ANSYS 总控制启动对话框中,如图 4.6 所示,在 Simulation Environment 中定义产品类型,一般选 ANSYS 即经典的 ANSYS 产品;在 License 选择列表中的授权产品类型,用户根据授权产品进行选择,例如,选择 ANSYS Multiphysics。

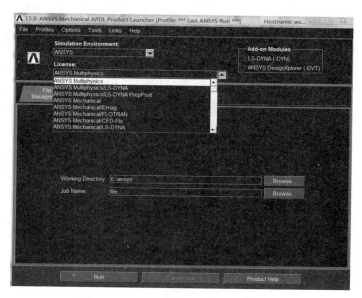

图 4.6　设置产品类型及进行文件管理

（2）文件管理

ANSYS 总控制启动对话框中选择 File Management 选项卡,如图 4.7 所示,在 Working Directory 中设置工作路径（必须事先建立好）, ANSYS 程序生成的所有文件读写存储均发生在文件夹下;在 Job Name 指定默认的工作文件名,ANSYS 在分析求解进程中所有文件都将使用该文件名（扩展名可不同）。该文件名最多可包含 64 个字符。

（3）定制 ANSYS

ANSYS 总控制启动对话框中选择 Customization/Preference 选项卡，如图 4.7 所示，设置如下：

· Total Workspace(MB)：分配总内存空间。一般情况下，应尽量使用较大的内存，以减少计算机读写硬盘的次数，提高求解速度。ANSYS 一般可管理不超过 2000 MB 的内存。

· Database(MB)：分配给 ANSYS 数据库的内存，它是将分配给 ANSYS 的总内存划分出一部分分配给数据库使用，可根据总内存大小进行设置。

· Custum ANSYS Exe：执行用户定义的 ANSYS 程序。

· Additional Parameters：设置启动参数或进行参数赋值。

· ANSYS Language：选择环境语言。目前仅为英文环境 en-us。

· Graphics Device Name：选择计算机支持的图形设备，默认 Win32。

· Read START. ANS file at start-up：选择是否在启动之前读取 start. ans 文件，该文件是 ANSYS 的启动文件，其中包含大量的启动设置命令，完成对 ANSYS 启动时的运行环境设置。

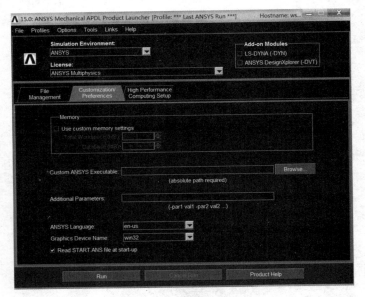

图 4.7　定制图 ANSYS

Distributed Solver Setup 为求解方式设置选项卡，对于采用本地单机进行求解，不需要进行任何设置。

设置完毕后，按 Run 按钮完成设置，进入 ANSYS 环境。

4.2.4　启动和退出 ANSYS

（1）启动 ANSYS

ANSYS 有 3 种启动方式：最为常用的是从计算机开始菜单，选择所有程序→ANSYS

15.0→Mechanical APDL 15.0,其设置均默认前一次启动 ANSYS 的设置;一种为交互式启动方式;第三种启动 ANSYS 的方法为命令行运行方式,目前使用较少。

（2）ANSYS 的使用

典型的 ANSYS 界面布局如图4.8 所示。用户也可以设置界面布局,界面布局的系统字体和颜色也可由用户设定。见图4.9。整个窗口系统称为 GUI(Graphical User Interface）。

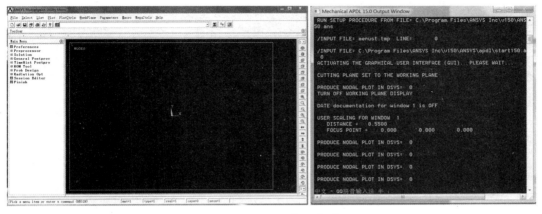

图 4.8　ANSYS 界面布局

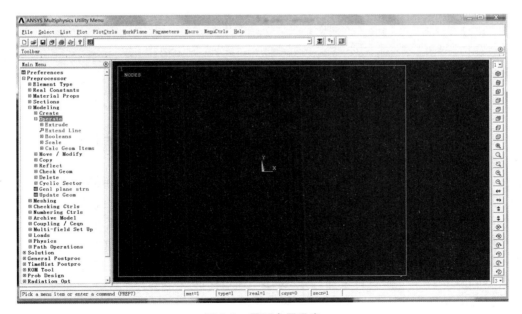

图 4.9　界面布局设定

（3）退出 ANSYS

有三种退出 ANSYS 的方法:

1）从 ANSYS 工具条 Toolbar>QUIT。

2）从公用菜单中推出，选择菜单路径为 Utility Menu>File>Exit。

3）在命令输入窗口键入"/Exit"命令。

执行上述操作后，将弹出退出对话框如图 4.10 所示，各选项意义如下：

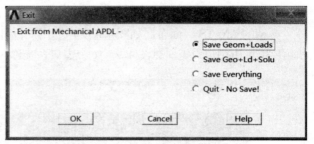

◆ Save Geom+Load：存储几何图形与载荷数据。

◆ Save Geom+Ld+Solu：存储几何图形、载荷与求解数据。

◆ Save Everything：存储所有数据。

图 4.10　退出 ANSYS

◆ Quit-No Save：不存储任何数据。

选择完成后按 OK 按钮退出。

4.3　菜单介绍

4.3.1　实用菜单介绍

ANSYS Utility Menu（实用菜单）如图 4.11 所示。

File　Select　List　Plot　PlotCtrls　WorkPlane　Parameters　Macro　MenuCtrls　Help

图 4.11　实用菜单

①File（文件）：包括与创作文件和数据库的命令

②Select（选择）：包括允许用户选择数据的某一部分，并生成组件的命令

③List（列表）：包括列出保存在数据库中的数据命令

④Plot（显示）：包括显示关键点、线、面、体、节点、单元和以图形显示其他数据的命令

⑤PlotCtrls（显示控制）：包括控制视图、样式和其他图形显示特性的命令

⑥WorkPlane（工作平面）：包括打开/关闭、移动、旋转和其他操作工作片面的命令

⑦Parameters（参数化）：包括定义、编辑和删除标量或矢量参数的命令

⑧Macro（宏）：执行宏文件和数据程序

⑨MenuCtrls（菜单控制）：包括打开/关闭主窗口的命令

⑩Help（帮助）：进入帮助系统

其中：

文件菜单（File），打开后如图 4.12 所示。

选择菜单（Select），打开后如图 4.13 所示。

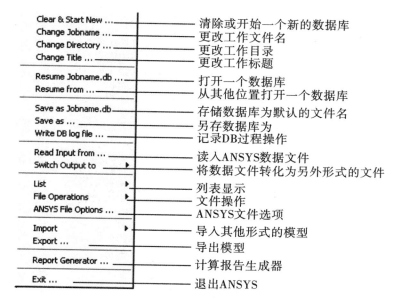

图 4.12　文件菜单

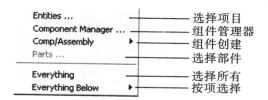

图 4.13　选择菜单

列表显示菜单(List),打开后如图 4.14 所示。

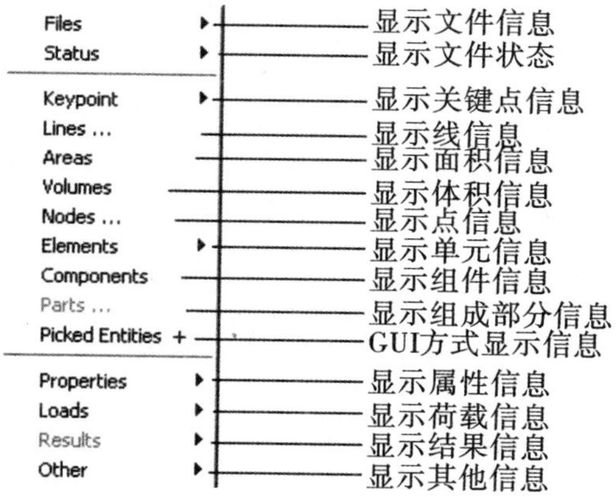

图 4.14　列表显示菜单

图形显示菜单(Plot),打开后如图 4.15 所示。

Replot	——重新显示
Keypoints ▶	——显示关键点
Lines	——显示线
Areas	——显示面积
Volumes	——显示体积
Specified Entities ▶	——显示特殊项
Nodes	——显示节点
Elements	——显示单元
Layered Elements …	——显示层单元
Materials …	——显示材料
Data Tables …	——显示数据表
Array Parameters …	——显示矩阵参数
Results ▶	——显示结果
Multi-Plots	——多种显示
Components ▶	——显示组件
Parts	——显示部分

图 4.15　图形显示菜单

图形显示控制菜单(PlotCtrls),打开后如图 4.16 所示。

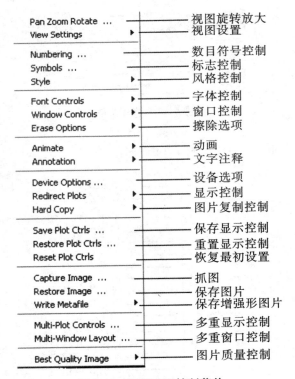

Pan Zoom Rotate …	——视图旋转放大
View Settings ▶	——视图设置
Numbering …	——数目符号控制
Symbols …	——标志控制
Style ▶	——风格控制
Font Controls ▶	——字体控制
Window Controls ▶	——窗口控制
Erase Options ▶	——擦除选项
Animate ▶	——动画
Annotation ▶	——文字注释
Device Options …	——设备选项
Redirect Plots ▶	——显示控制
Hard Copy ▶	——图片复制控制
Save Plot Ctrls …	——保存显示控制
Restore Plot Ctrls …	——重置显示控制
Reset Plot Ctrls	——恢复最初设置
Capture Image …	——抓图
Restore Image …	——保存图片
Write Metafile ▶	——保存增强形图片
Multi-Plot Controls …	——多重显示控制
Multi-Window Layout …	——多重窗口控制
Best Quality Image ▶	——图片质量控制

图 4.16　图形显示控制菜单

工作平面菜单（WorkPlane），打开后如图 4.17 所示。

图 4.17　工作平面菜单

参数菜单（Parameters），打开后如图 4.18 所示。

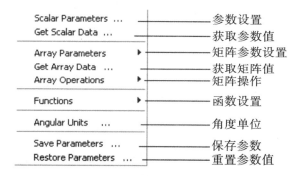

图 4.18　参数菜单

宏命令菜单（Macro），打开后如图 4.19 所示。

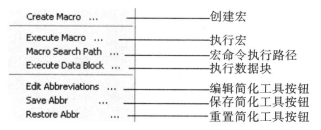

图 4.19　宏命令菜单

菜单控制菜单(MenuCtrls),打开后如图4.20所示。

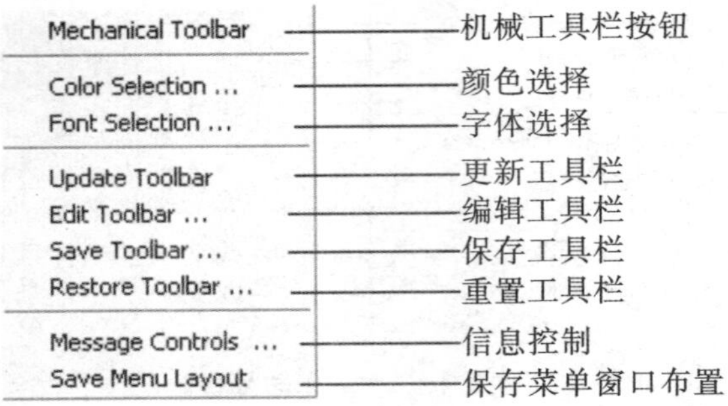

Mechanical Toolbar
机械工具栏按钮
Color Selection ...
颜色选择
Font Selection ...
字体选择
Update Toolbar
更新工具栏
Edit Toolbar ...
编辑工具栏
Save Toolbar ...
保存工具栏
Restore Toolbar ...
重置工具栏
Message Controls ...
信息控制
Save Menu Layout
保存菜单窗口布置

图4.20 菜单控制菜单

ANSYS的主菜单按照树形结构分类组织,它包含分析所需的主要功能,单击菜单名前的⊞,可展开此类菜单树,见图4.21。通过树形结构特性可预置下级分支,见图4.22。在主菜单上,可以展开所有选项。

关闭前处理分支之前
ANSYS Main Menu
Preferences
Preprocessor
Element Type
Add/Edit/Delete
Switch Elem Type
Add DOF
Remove DOFs
Real Constants
Material Props
Sections
Modeling
Meshing
Checking Ctrls
Numbering Ctrls
Archive Model
Coupling / Ceqn
FLOTRAN Set Up
FSI Set Up
Loads
Physics
Path Operations
Solution
General Postproc
TimeHist Postpro
Topological Opt
ROM Tool
Design Opt
Prob Design
Radiation Opt
Run-Time Stats
Session Editor
Finish
ANSYS Main Menu
Preferences
Preprocessor
选择关闭前处理分支
ROM Tool
Design Opt
Prob Design
Radiation Opt
Run-Time Stats
Session Editor
Finish

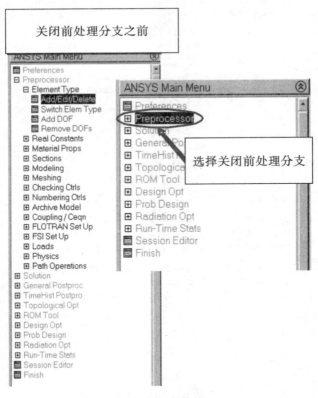

图4.21 主菜单

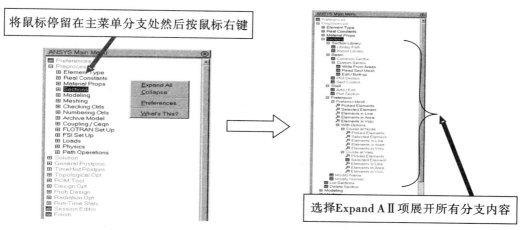

将鼠标停留在主菜单分支处然后按鼠标右键

选择Expand A Ⅱ项展开所有分支内容

图 4.22　主菜单展开

主菜单能够完成如建立模型、施加荷载、求解控制和结果后处理等操作。

4.3.2　图形窗口

图形窗口(Graphic Window)用于显示所建立的模型,以及查看分析结果。

4.3.3　图形显示控制按钮

在 ANSYS 的操作界面中,当用户需要对图形输出窗口的模型进行放大、缩小或平移时可以来用下列两种方法。

第一种是 GUI:Utility Menu>PlotCtrls>Pan, Zoom, Rotate,图 4.23。

平移、缩放和旋转对话框中各部分的功能如下所示:

(1)选择活动窗口

在 ANSYS 的操作界面上,一次最多可激活 5 个活动窗口。该项操作是确定对话框与活动窗口之间的一致性,即确定对话框对哪个活动窗门进行控制。

(2)视线方向

即用户从不同的角度去观察模型。

①Top:从模型的顶端向下观察,即 Y 轴的正向。

②Bot:从模型的底端向上观察,即 Y 轴的负向。

③Front:从模型的前面向里观察,即 Z 轴的正向。

④Left:从模型的左面向右观察,即 X 轴的负向。

⑤Right:从模型的右面向左观察,即 X 轴的正向。

⑥Iso:等轴测方向观察,即 X=1,Y=1,Z=1 方向。

⑦OBliq:斜轴测方向观察,即 X=1,Y=2,Z=3 方向。

⑧WP:观察在工作平面上的模型。

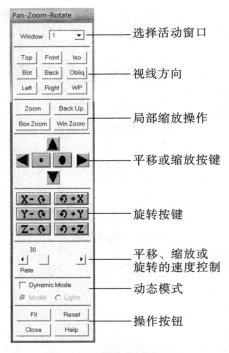

图 4.23   图形显示控制按钮

（3）局部缩放操作

可以改变缩放的方式。

①Zoom：确定定义矩形窗口的中心和一条边来生成一个正方形窗口，落在正方形窗口里的模型将会显示在图形输出窗口中。

②Box Zoom：通过设定矩形窗口的两个角点来定义一个可显示区域。

③Win Zoom：通过定义矩形窗口的一个角点和一个边来确定一个定纵横比的矩形窗口。

④Backup：缩小或恢复到 Zoom 命令以前的状态，最多可以恢复 5 步 Zoom 命令操作。

（4）平移和缩放按钮

按"箭头键"可以左、右、上、下移动模型，按"点键"可以放大、缩小模型，移动和缩放的量由"旋转按键"下面的速度来控制。

（5）旋转按钮

可分别按 X-Y-Z 轴进行转动，旋转量是由其下面的速度来控制的。

（6）速度控制

它控制着平移、缩放和旋转量的速度，其速度可以是 1—100 中的任何一个数值。

（7）动态模式

当该项被选中后，鼠标的形状在绘图区变成了""，按住鼠标的左键不放可以平移模型，按住鼠标的右键不放可以旋转模型。

（8）操作按钮

①Fit 键：可以自动调整模型在图形窗口中的大小，使整个模型均以最大的方式出现在图形中。

②Reset 键：取消所有的平移、缩放和旋转操作，回到模型的默认显示方式，并以最大的方式出现在图形窗口中。

③Close 键：关闭该对话框。

④Help：提供对该对话框的在线帮助。

第二种方法是在 ANSYS 主窗口右侧图形显示控制按钮由若干快捷键组成，提供快速的图形显示控制，可以方便地实现图形的平移、旋转和缩放等操作，如图 4.24 和图 4.25 所示。

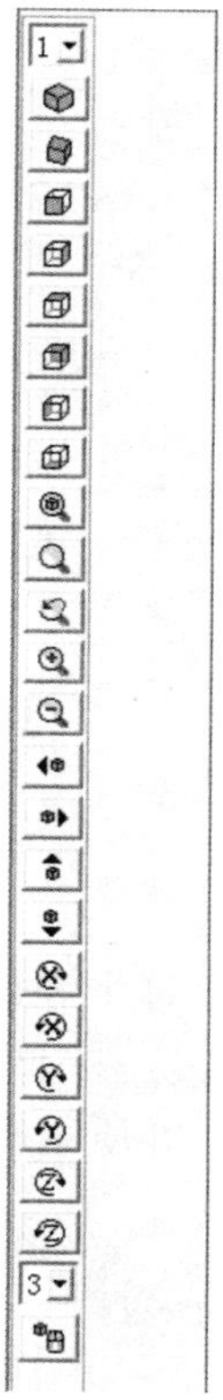

按钮	作用	按钮	作用
1▾	选择图形显示窗口	⊖	全局缩小
⬢	查看模型的正等轴视图	⬅	左移
⬢	查看模型的斜视图	➡	右移
⬜	查看模型的前视图	⬆	上移
⬜	查看模型的右视图	⬇	下移
⬜	查看模型的俯视图	⊗	绕 X 轴顺时针旋转
⬜	查看模型的后视图	⊗	绕 X 轴逆时针旋转
⬜	查看模型的左视图	⊗	绕 Y 轴顺时针旋转
⬜	查看模型的仰视图	⊗	绕 Y 轴逆时针旋转
⊕	缩放至合适大小	⊘	绕 Z 轴顺时针旋转
⊕	局部放大	⊘	绕 Z 轴逆时针旋转
⊕	恢复到局部放大前的大小	3▾	模型改变量控制
⊕	全局放大	⬛	动态控制按钮

图 4.24　图形显示
控制按钮

图 4.25　图形显示控制按钮说明

4.3.4　提示栏

提示栏用来显示当前系统的基本信息，包括与当前操作相关的提示信息，显示当前材料号、单元类型号、实常数号、坐标系号和截面号。如图 4.26 所示。

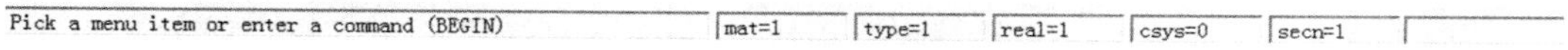

Pick a menu item or enter a command (BEGIN)	mat=1	type=1	real=1	csys=0	secn=1	

图 4.26　信息提示栏

4.3.5 隐藏的输出窗口

主要作用是显示 ANSYS 软件对已输入命令或使用功能的响应信息,包括使用命令的出错信息和警告信息。如图 4.27 所示。

图 4.27 隐藏的信息窗口

4.3.6 缩写工具条菜单

在 ANSYS 中,可以对命令缩写,这是使用常用命令和功能的捷径。只有少许预先定义好的缩写可直接使用,但用户可在缩写工具条内添加自己的缩写。这需要用户了解 ANSYS 命令。强大的功能允许用户建立自己的"按钮菜单"体系。如图 4.28 所示。

图 4.28 缩写工具条菜单

4.3.7 工具栏菜单图标

在工具栏菜单上包含有常用的工具图标。用户也可以设置工具图标内容(如:添加项目,辅助工具条)。如图 4.29 所示。

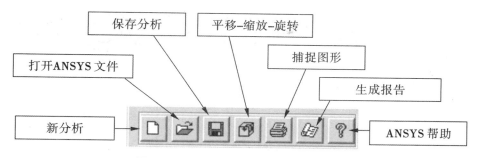

图 4.29　工具栏菜单上常用的工具图标

当使用打开 ANSYS 文件图标时,工作名会被重定义,ANSYS 工作名将被改为恢复的数据文件的文件名(数据文件的前缀)。如图 4.30 所示。

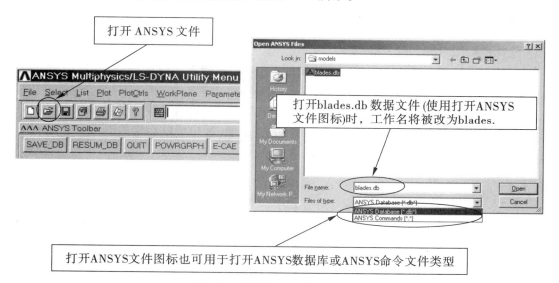

图 4.30　使用打开文件工具图标

4.3.8　输入窗口

ANSYS 不仅可以通过菜单来操作,还允许用户输入命令。(大多数 GUI 功能都能通过输入命令来实现)。如果用户采用命令方式操作,可以通过输入窗口键入。命令格式动态显示见图 4.31。

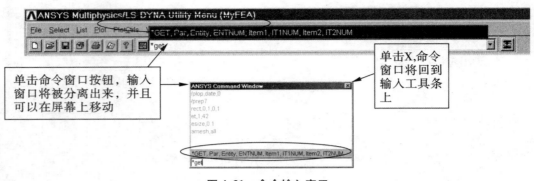

图 4.31　命令输入窗口

4.3.9　图形用户界面

使用图形用户界面时,须注意:

一些对话框中有 Apply 和 OK 两种按钮。Apply 完成对话框的设置,不退出对话框(不关闭)。而 OK 完成对话框的设置,退出对话框。

不要局限于使用菜单,如果熟悉命令,在输入窗口键入命令会更方便!

输出窗口不受 Raise/Hidden 按钮影响。为了方便,用户可以调整图形用户界面的尺寸,可以只显示部分输出窗口,以便查看。

4.3.10　数据库与文件

在 ANSYS 运行过程中,将产生很多文件。应对这些文件了解。这些文件有:

ANSYS 数据库包括了建模,求解,后处理所产生的保存在内存中的数据。数据库存贮了用户输入的数据以及 ANSYS 的结果数据。输入数据为用户必须输入的信息,诸如模型尺寸,材料特性以及荷载数据。结果数据为 ANSYS 的计算结果,诸如位移、应力、应变和反力。

ANSYS 的数据库文件保存了 ANSYS 运行过程中的信息,它可存储和恢复这些信息。对其操作应不时地把数据库存储在计算机的内存(RAM),这是一个很好的习惯,这样可以在计算机损坏或断电的情况下重新恢复数据库内的有关信息。注意,ANSYS 没有 Undo 功能。SAVE 操作把数据库从内存拷贝到名为 database file 的文件(or db file for short)。最简单的存储操作的点击 Toolbar > SAVE_DB 或使用 Utility Menu > File > Save as Jobname.db、Utility Menu > File > Save as⋯、SAVE 命令。

将数据库恢复到内存,使用 RESUME 操作。Toolbar > RESUME_DB 或使用 Utility Menu > File > Resume Jobname.db、Utility Menu > File > Resume from⋯、RESUME 命令。如图 4.33 所示。

缺省的保存和恢复的文件名为 jobname.db,当然你可以使用 Save as 或 Resume from 选择不同的文件名。

保存和恢复时选择"Save as"或"Resume from"不改变当前工作名。如果使用缺省文件名,此前已有一个同名数据库文件, ANSYS 先将旧文件拷贝到 jobname. db 作为备份。db 文件是保存时刻内存数据库的"快照"。

分析过程中定期保存数据库。ANSYS 不能自动保存。在尝试一个不熟悉的操作时(如布尔操作或剖分网格)或一个操作将导致较大改变时(如删除操作),应先保存数据库。如果不满意这次的结果,可以用恢复重做。在求解之前应该保存数据库。如图 4.33 所示。

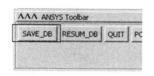

图 4.32　保存数据库
文件命令

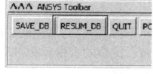

图 4.33　恢复数据库到
ANSYS 环境

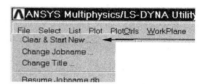

图 4.34　清除数据库

清除数据库:清除数据库允许对数据库清零,并重新开始。相当于退出 ANSYS。使用 Utility Menu > File > Clear & Start New 或使用 /CLEAR 命令。如图 4.34 所示。

ANSYS 在一个分析中要读写几个文件。文件名的格式为 jobname. ext。

工作名是在启动 ANSYS 之前选择一个不超过 32 个字符的作业名。缺省为 file。在 ANSYS 中,可使用/FILNAME 命令来修改文件名。(Utility Menu > File > Change Jobname)。

扩展名用以区别文件的内容,例如. db 是数据库文件。通常扩展名由 ANSYS 自己指定,但也可以由用户指定(/ASSIGN)。

几个典型文件:

jobname. log:日志文件,是 ASCII 码文件。它包括了运行过程中的每一个命令。如果您用同样的作业名在同一目录中开始另一轮操作, ANSYS 将增添原先的日志文件(作一个时间标记)。

jobname. err:错误信息文件,是 ASCII 码文件。包括了运行过程中的所有错误和警告。ANSYS 将在已存在的错误文件后添加新信息。

jobname. db,. dbb:数据库文件,是二进制文件。与所有支持平台兼容。

jobname. rst,. rth,. rmg,. rfl:结果文件,是二进制文件。与所有支持平台兼容。包括了 ANSYS 运算过程中所有结果数据。

文件管理技巧:在一个单独的工作目录中运行一个分析作业;用不同的作业名,区分不同的分析运行。在任何 ANSYS 分析后,应保存以下的文件:日志文件(. log);数据库文件(. db);结果文件(. rst,. rth,…);荷载步文件,如有多步(. s01,. s02,...);物理文件(. ph1,. ph2,...)。

使用 /FDELETE 命令 或 Utility Menu > File > ANSYS File Options 自动删除 ANSYS 分析不再需要的文件。

4.4 ANSYS 基本操作

主要介绍在 GUI 方式下如何显示和操作几何实体(包括体、面、线,关键点)以及有限元实体(包括节点、单元),主要有:绘图、拾取、选择、组件。

4.4.1 绘图

用 ANSYS 作有限元分析时,常常要查看分析对象的几何和有限元模型。这些工作需要在 ANSYS 绘图界面上进行。实际上在 ANSYS 中显示实体是非常方便。在主菜单 Utility Menu > Plot,能够查看几何实体,有限单元以及其他实体。用 Multi-Plots,可以查看实体组合。图 4.35 给出了 ANSYS 查看模型的命令及相对应的菜单。

PlotCtrls 菜单是用于控制图形显示:图形的方位、缩放、颜色、符号,注释和动画等功能。这些功能中,变换图形的显示方位(/VIEW)和缩放是最常用的。PlotCtrls 菜单见图 4.36。

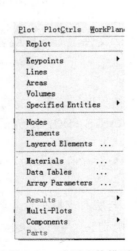

图 4.35　查看实体模型　　　　图 4.36　图形控制菜单

缺省的视图方向是主视图方向:是从 +Z 轴观察模型。用动态模式(拖动模式)是用 Control 键和鼠标键调整观察方向的途径。

Ctrl + Left(鼠标左键)可以平移模型。

Ctrl + Middle(鼠标中键):Zooms(缩放)模型

Ctrl + Right(鼠标右键)旋转模型:旋转模型(绕屏幕 Z 轴方向)、绕屏幕 X 轴方向、绕屏幕 Y 轴方向。

注意,两键鼠标上 Shift+鼠标右键的功能完全等同于三键鼠标上中键的功能。

使用模型控制工具按钮来改变视图。模型控制工具按钮包括动态旋转选项。如图 4.37 所示。

点击 PlotCtrls>Pan Zoom Rotate,弹出 Pan-Zoom-Rotate 对话框(图 4.38),其功能为:

图 4.37　鼠标键控制视图

I 区功能为预先设置观察方向功能,其中

Front+Z 视图 (0 , 0 , 1)

Back-Z 视图 (0 , 0 , -1)

Top+Y 视图 (0 , 1 , 0)

Bot　　-Y 视图 (0 , -1 , 0)

Right+X 视图 (1 , 0 , 0)

Left-X 视图 (-1 , 0 , 0)

Iso　等轴视图 (1 , 1 , 1)

Obliq 斜视图 (1 , 2 , 3)

WP 工作平面视图

II 区功能为缩放模型上选定的区域功能

Zoom　　通过拾取一个矩形区域的中心

Box Zoom 通过拾取一个框子的两个角

Win Zoom 与 Box Zoom 类似,只是框子的长宽比例与窗口相同

Back Up　　缩放回前一大小状态

III 区功能为对模型进行增量式的平移拖动,缩放以及旋转(根据滚动条上设定的比例)功能。分别绕屏幕的 X,Y,Z 轴旋转。

Fit 缩放图形至适合窗口大小

Reset 返回图形的缺省设置

4.4.2　拾取

允许用户在图形窗口点击模型位置或指明模型实体来拾取。典型拾取操作通过鼠标或拾取菜单完成。例如,用户可以在图形窗口拾取关键点位置,然后按 OK 按钮建立关键点。

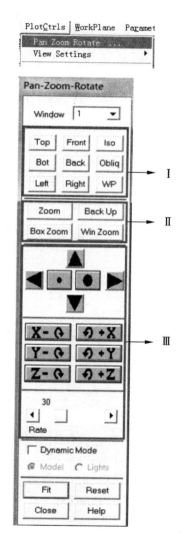

图 4.38　Pan-Zoom-Rotate 对话框

鼠标左键拾取（或取消）距离鼠标光点最近的实体或位置。按住左键拖拉，可以预览被拾取（或取消）项。

鼠标右键在拾取、取消之间切换。光标显示：↑拾取↓不拾取，如图4.39所示。

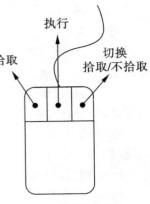

图4.39　鼠标键功能

4.4.3　选择

选择实体对话框的工具：Utility Menu > Select > Entities。

选择所用的准则，图4.40：

By Num/Pick：通过键入实体号码或用拾取操作进行选择。

Attached to：通过相关实体选择. 例如，选择与面相关的线。

By Location：根据 X，Y，Z 坐标位置选择. 如，选择所有 X＝2.5 的节点. X，Y，Z 是激活坐标系的坐标。

By Attributes：根据材料号，实常数号等选择. 不同实体的属性不尽相同。

Exterior：选择模型外边界。

By Results：根据结果数据选择，例如，按节点位移。

选择方式，图4.41：

图4.40　选择准则

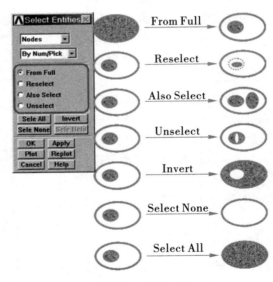

图4.41　选择方式

From Full：从整个实体集选择子集。

Reselect：从当前子集中再选择子集。

Also Select：在当前子集中再添加另一个子集。

Unselect：从当前子集中去掉一部分。

Invert：选择当前子集的补集。

Select None：选择空集。

Select All：选择所有实体。

重新激活整个集合：完成子集的操作之后，应重新激活整个实体集。如果求解时不激活所有节点和单元，求解器会发出警告。激活整个实体的最简单操作是选择"everything"：用 Utility Menu > Select > Everything 或用命令 ALLSEL。也可以在选择实体对话框中选择［Sele All］按钮分别激活不同实体（或用命令 KSEL，ALL，LSEL，ALL，等。）

4.5　ANSYS 程序结构

目前在工程领域内常用的有限单元法。它的基本思想是将问题的求解域划分为一系列的单元，单元之间仅靠节点相连。单元内部的待求量可由单元节点量通过选定的函数关系插值得到。由于单元形状简单，易于平衡关系和能量关系建立节点量的方程式，然后将各单元方程集组成总体代数方程组，计入边界条件后可对方程求解。

ANSYS 有限元的基本构成：

节点（Node）：就是考虑工程系统中的一个点的坐标位置，构成有限元系统的基本对象。具有其物理意义的自由度，该自由度为结构系统受到外力后，系统的反应。

单元（Element）：单元是节点与节点相连而成，单元的组合由各节点相互连接。不同特性的工程系统，可选用不同种类的单元，ANSYS 提供了一百多种单元，故使用时必须慎重选则单元型号。

自由度（Degree Of Freedom）：上面提到节点具有某种程度的自由度，以表示工程系统受到外力后的反应结果。要知道节点的自由度数，请查看 ANSYS 自带的帮助文档（Help/Element Refrence），那里有每种单元类型的详尽介绍。

4.5.1　ANSYS 架构及命令

ANSYS 构架分为两层，一是起始层（Begin Level），二是处理层（Processor Level）。这两个层的关系主要是使用命令输入时，要通过起始层进入不同的处理器。处理器可视为解决问题步骤中的组合命令，它解决问题的基本流程叙述如下：

对应分析过程的前处理、求解和后处理三个阶段，ANSYS 由 3 个模块组成。

（1）前处理模块（General Preprocessor，PREP7）

该模块定义求解所需要的数据，用户可以选择坐标系统、单元类型、定义实常数和材料特性、建立实体模型并对其进行网络剖分、控制节点和单元，以及定义耦合和约束方程等，并可预测求解过程所需文件大小及内存。

ANSYS 提供了 3 种不同的建模方法——模型导入、实体建模和直接生成。

（2）求解模块（Solution Processor，SOLU）

用户在求解阶段通过求解器获得分析结果。在该阶段用户可以定义分析类型、分析选项、载荷数据和载荷步选项，然后开始有限元求解

ANSYS 提供直接求解器（求解精确解）和迭代求解器（得到近似解，可节省计算机资

源和大量计算时间）

（3）后处理模块（General Postprocessor, POST1 或 Time Domain Postprocessor, POST26）

POST1 用于静态结构分析、屈曲分析及模态分析,将解题部分所得的解答如:位移、应力、反力等资料,通过图形接口以各种不同表示方式把等位移图、等应力图等显示出来。POST26 仅用于动态结构分析,用于与时间相关的时域处理。

【例4.1】　考虑悬臂梁如图 4.42,求 x＝L 时的变形量。已知条件:弹性模量 E＝200E9;截面参数:t=0.01m, w=0.03m, A=3E-4, I=2.5E-9;几何参数:L=4m, a=2m, b=2m;边界外力 F=2N, q=0.05N/m。

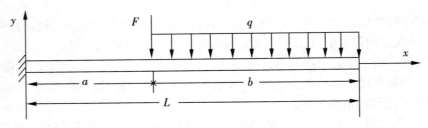

图 4.42　悬臂梁

（1）ANSYS 求解

```
/FILNAM,EX2-1  ! 定义文件名
/TITLE,CANTILEVER BEAM DEFLECTION  ! 定义分析的标题
/UNITS,SI ! 定义单位制(注意观察输出窗口的单位)
/PREP7 ! 进入前置处理
ET,1,3 ! 定义元素类型为 beam3
MP,EX,1,200E9
! 定义弹性模量
R,1,3E-4,2.5E-9,0.01
! 定义实常数
N,1,0,0 ! 定义第 1 号节点 X 坐标为 0,Y 坐标为 0
N,2,1,0 ! 定义第 2 号节点 X 坐标为 1,Y 坐标为 0
N,3,2,0 ! 定义第 3 号节点 X 坐标为 2,Y 坐标为 0
N,4,3,0 ! 定义第 4 号节点 X 坐标为 3,Y 坐标为 0
N,5,4,0 ! 定义第 5 号节点 X 坐标为 4,Y 坐标为 0
E,1,2 ! 把 1、2 号节点相连构成单元,系统将自定义为 1 号单元
E,2,3 ! 把 2、3 号节点相连构成单元,系统将自定义为 2 号单元
E,3,4 ! 把 3、4 号节点相连构成单元,系统将自定义为 3 号单元
E,4,5 ! 把 4、5 号节点相连构成单元,系统将自定义为 4 号单元
FINISH ! 退出该处理层
```

/SOLU！进入求解处理器

D,1,ALL,0！对 1 节点施加约束使它 X,Y 向位移都为 0

F,3,FY,-2！在 3 节点加集中外力向下 2N

SFBEAM,3,1,PRES,0.05

！在 3 号单元的第 1 个面上施加压力（beam3 有四个面可通过命令 help,beam3 查看,任何一个命令都可以通过 help 命令查看帮助文档）

SFBEAM,4,1,PRES,0.05

！同上在 4 号单元的第 1 个面加压力

SOLVE！计算求解

FINISH！完成该处理层

/POST1！进入后处理

SET,1,1！查看子步 1,在有限元中复杂的载荷可以看做简单的载荷相互叠加,在 ANSYS 中每施加一类载荷都可以进行一次求解,可以查看它对结构的影响,称为子步。

PLDISP！显示变形后的形状

FINISH！完成

在静态结构分析中,由 Begin Level 进入处理器,可通过斜杠加处理器的名称,如/prep7、/solu、/post1。处理器间的转换通过 finish 命令先回到 Begin Level,然后进入想到达的处理器位置,如图 4.43 所示。

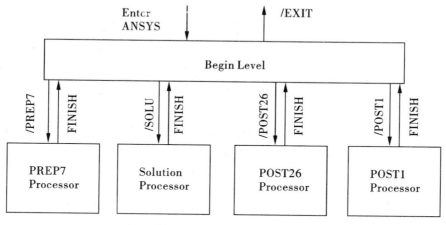

图 4.43　处理器间的转化

4.5.2　ANSYS 典型分析过程

4.5.2.1　ANSYS 分析前的准备工作

（1）清空数据库并开始一个新的分析。

（2）指定新的工作名(/filename,)

（3）指定新的工作标题(/title,)

（4）指定新的工作目录（Working Directory）

4.5.2.2　通过前处理器 Preprocessor 建立模型

（1）定义单元类型（ET，）
（2）定义单元实常数（R，）
（3）定义材料属性数据（MAT，）
（4）创建或读入几何模型（CREATE）
（5）划分单元网格模型（MESH，）
（6）检查模型
（7）存储模型

4.5.2.3　通过求解器 Solution 加载求解

（1）选择分析类型并设置分析选项
（2）施加荷载及约束
（3）设置荷载步选项
（4）进行求解

4.5.2.4　通过后处理器 General Postproc 或 TimeHist Postproc 查看分析结果

（1）从计算结果中读取数据
（2）通过图形化或列表的方式查看分析结果
（3）分析处理并评估结果

4.5.3　ANSYS 分析的基本过程

以阶梯杆件轴向拉伸为例，比较应用有限元理论计算与 ANSYS 软件计算的差异性。

一个台阶式杆件上方固定后，在下方以一个 Y 轴方向集中力，试以有限元法手算和用 ANSYS 软件求 B 点与 C 点的位移，见图 4.44。已知：弹性模量 $E_1 = E_2 = 3.0 \times 10^7$ Pa，截面积 $A_1 = 5.25$ m^2 和 $A_2 = 3.75$ m^2，长度 $L_1 = L_2 = 12$ m，$P = 100$ N。

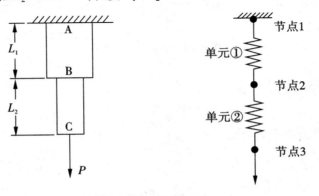

图 4.44　台阶式杆件

4.5.3.1　有限元理论求解计算步骤

（1）分解为两单元

可将台阶式杆件先分成单元①与单元②，如图（2）所示。

（2）求单元①的刚度矩阵

<单元①>　节点 $i=1, j=2$。该单元的刚度系数为：

$$K_1 = \frac{A_1 E_1}{L_1} \tag{1}$$

说明：由材料力学可知：伸长量与作用力的关系为 $\Delta L = \frac{FL}{AE} \Rightarrow F = \frac{AE}{L}\Delta L \Rightarrow F = Kx$。

该单元的力平衡方程式为：

$$\begin{Bmatrix} F_1 \\ F_2 \end{Bmatrix} = \begin{bmatrix} K_1 & -K_1 \\ -K_1 & K_1 \end{bmatrix} \begin{Bmatrix} u_1 \\ u_2 \end{Bmatrix} \tag{2}$$

（3）求单元②的刚度矩阵

<单元②>　节点 $i=2, j=3$。该单元的刚度系数为：

$$K_2 = \frac{A_2 E_2}{L_2} \tag{3}$$

该单元的力平衡方程式为：

$$\begin{Bmatrix} F_2 \\ F_3 \end{Bmatrix} = \begin{bmatrix} K_2 & -K_2 \\ -K_2 & K_2 \end{bmatrix} \begin{Bmatrix} u_2 \\ u_3 \end{Bmatrix} \tag{4}$$

（4）合并两单元

之后将两单元的力平衡方程式合并在一起，得到：

$$\begin{Bmatrix} F_1 \\ F_2 \\ F_3 \end{Bmatrix} = \begin{bmatrix} K_1 & -K_1 & 0 \\ -K_1 & K_1+K_2 & -K_2 \\ 0 & -K_2 & K_2 \end{bmatrix} \begin{Bmatrix} u_1 \\ u_2 \\ u_3 \end{Bmatrix} \tag{5}$$

接着将各条件代入力平衡方程式中，可得：

$$\begin{Bmatrix} R \\ 0 \\ 100 \end{Bmatrix} = \begin{bmatrix} K_1 & -K_1 & 0 \\ -K_1 & K_1+K_2 & -K_2 \\ 0 & -K_2 & K_2 \end{bmatrix} \begin{Bmatrix} 0 \\ u_2 \\ u_3 \end{Bmatrix} \tag{6}$$

（5）加入边界条件

其中 F_2 外力作用。故 $F_2 = 0$；F_1 为固定端，故为反作用力 R，位移为 0；又因其为固定端，所以可将其忽略，而得到新的力平衡方程式：

$$\begin{Bmatrix} R \\ 0 \\ 100 \end{Bmatrix} = \begin{bmatrix} K_1 & -K_1 & 0 \\ -K_1 & K_1+K_2 & -K_2 \\ 0 & -K_2 & K_2 \end{bmatrix} \begin{Bmatrix} 0 \\ u_2 \\ u_3 \end{Bmatrix}$$

⇩

$$\left\{\begin{matrix} 0 \\ 100 \end{matrix}\right\} = \begin{bmatrix} K_1 + K_2 & -K_2 \\ -K_2 & K_2 \end{bmatrix} \left\{\begin{matrix} u_2 \\ u_3 \end{matrix}\right\} \qquad (7)$$

也就是：

$$\left\{\begin{matrix} u_2 \\ u_3 \end{matrix}\right\} = \begin{bmatrix} K_1 + K_2 & -K_2 \\ -K_2 & K_2 \end{bmatrix}^{-1} \left\{\begin{matrix} 0 \\ 100 \end{matrix}\right\} \qquad (8)$$

（6）计算刚度系数

接着求出两单元的刚度系数为：

$$K_1 = \frac{5.25 \times 3.0 \times 10^7}{12} = 13.125 \times 10^6$$

$$K_2 = \frac{3.75 \times 3.0 \times 10^7}{12} = 9.375 \times 10^6$$

将上式代入（8），可得：

$$\left\{\begin{matrix} u_2 \\ u_3 \end{matrix}\right\} = 10^{-6} \times \begin{bmatrix} 0.0762 & 0.0762 \\ 0.0762 & 0.18295 \end{bmatrix} \left\{\begin{matrix} 0 \\ 100 \end{matrix}\right\}$$

（7）解出节点位移

最后求出各节点的位移：

$$\begin{cases} u_1 = 0 \\ u_2 = 0.0762 \times 10^{-6} \times 100 = 0.762 \times 10^{-5} \\ u_3 = 0.18295 \times 10^{-6} \times 100 = 0.18295 \times 10^{-4} \end{cases}$$

4.5.3.2   ANSYS 软件分析计算步骤

第一种方法是 GUI 操作方法。

第一步是定义工作文件名。具体如下，Utility Menu＞File＞Change Jobname→Change Jobname→输入文件名 truss0→OK。如图 4.45 所示。

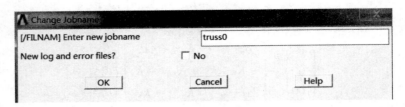

图 4.45   定义文件名

第二步是定义单元类型和材料属性，具体如下：

（1）定义单元类型：Main Menu ＞Preprocessor ＞Element Type ＞Add/Edit/Delete→Add →在左列表框中选择 LINK，在右列表框中选择 3D finit stn 180→OK，图 4.46，图 4.47。

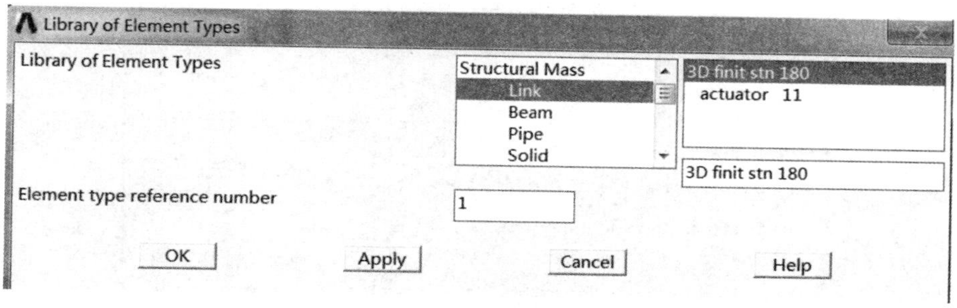

图 4.46 单元类型选择对话框

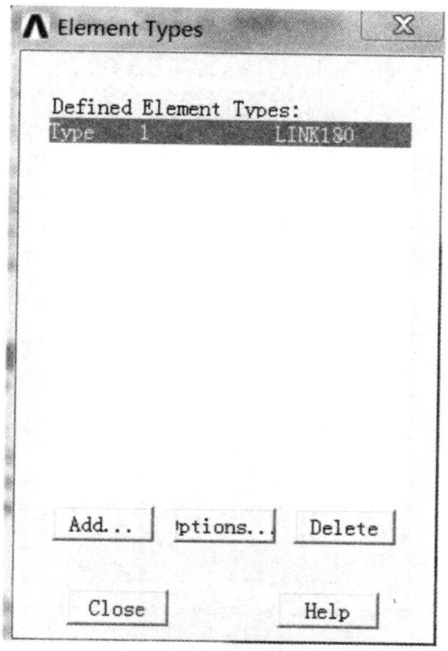

图 4.47 单元类型对话框

（2）定义实常数：Main Menu>Preprocessor>Real Constants>Add→Type 1→OK→Real Constant Set No.：1，AREA：5.25→Apply，图 4.48，Real Constant Set No.：2，AREA：3.75→OK→Close，图 4.49，图 4.50。

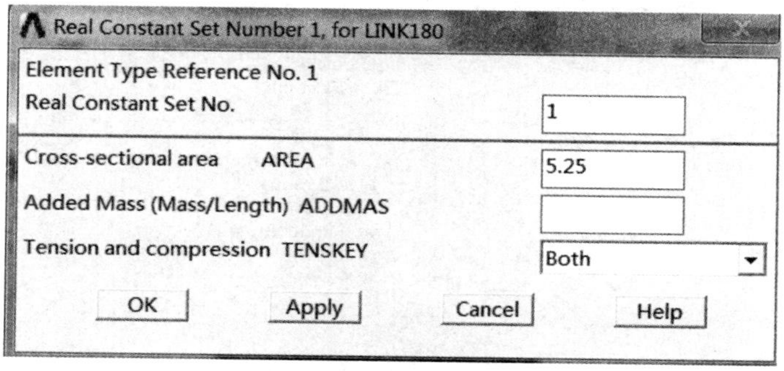

图 4.48 实常数 1 设置对话框

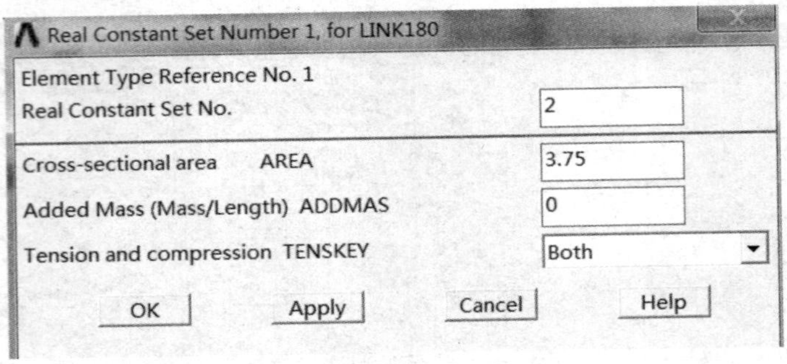

图 4.49　实常数 2 设置对话框

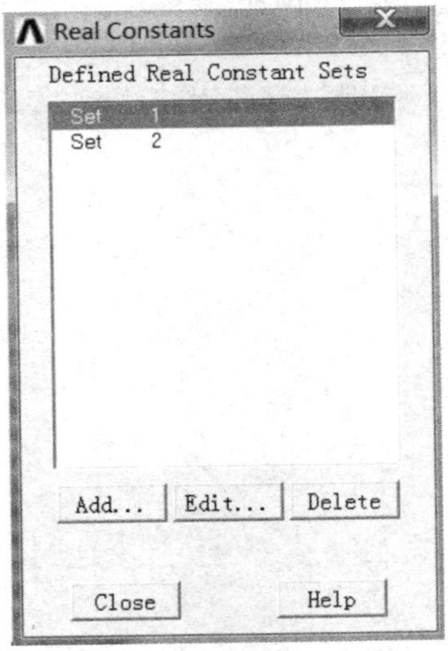

图 4.50　实常数对话框

（3）设置材料属性：Main　Menu > Preprocessor > Material　Props > Material　Models →
Structural→ Linear→ Elastic→Isotropic→EX：3.0e7,PRXY：0.3→OK。图 4.51,图 4.52。

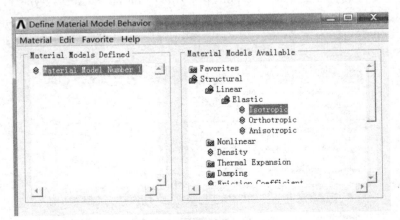

图 4.51　材料特性对话框

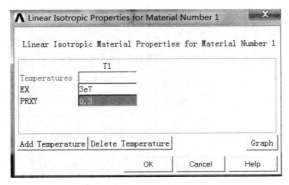

图 4.52　材料特性设置对话框

第三步是建立模型,具体如下:

(1)定义节点:Main Menu >Preprocessor >Create >Nodes> In Active CS→依次输入 1 ~ 3 个节点坐标 1(0,0,0),2(12,0,0),3(24,0,0)→OK,图 4.53,图 4.54,图 4.55。

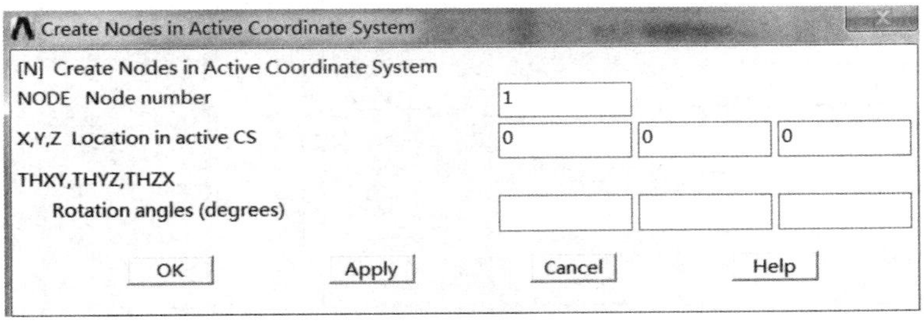

图 4.53　节点 1 生成对话框

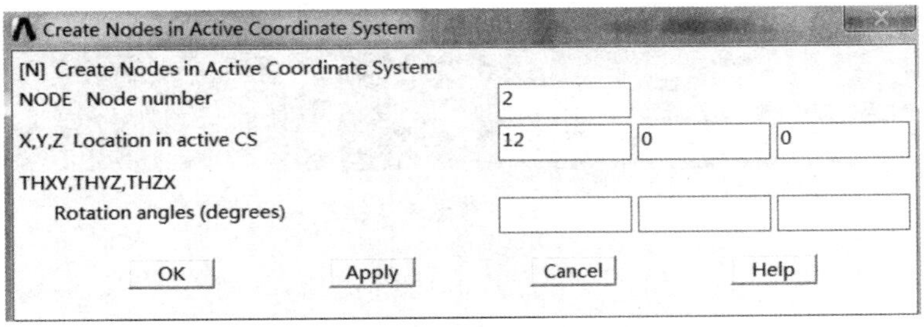

图 4.54　节点 2 生成对话框

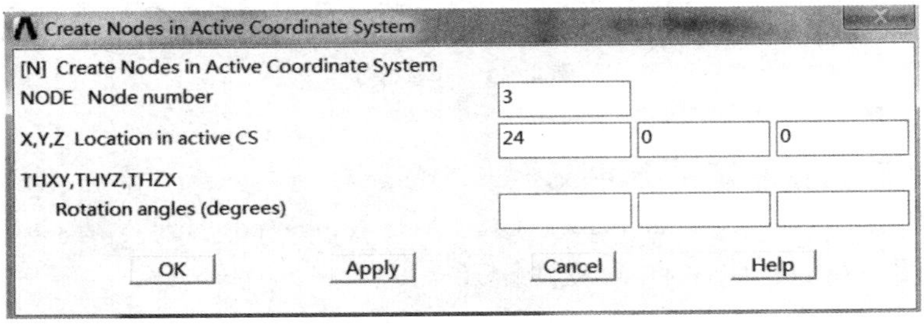

图 4.55　节点 3 生成对话框

（2）定义单元：

①定义截面积为 $5.25m^2$ 的单元：Main Menu > Preprocessor > Create > Elements > Auto Numbered>Thru Nodes→拾取节点 1 和 2→OK，图 4.56，图 4.57，图 4.58，图 4.59。

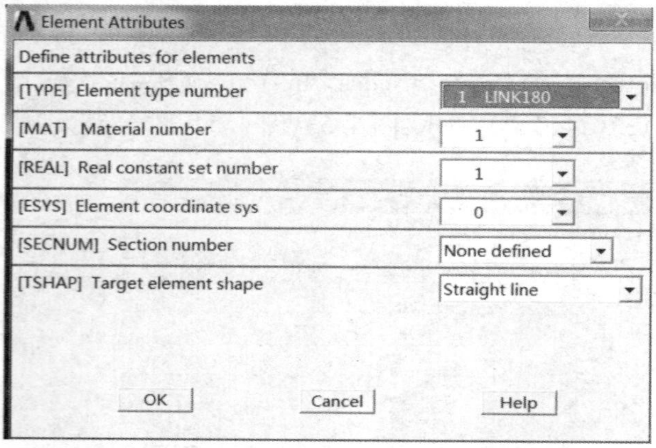

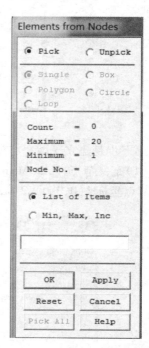

图 4.56　单元属性对话框（实常数 1）　　　　图 4.57　节点拾取对话框

图 4.58　节点 1,2 拾取

图 4.59　生成单元

②定义截面积为 $3.75m^2$ 的单元：Main Menu > Preprocessor > Create > Elements > Elem Attributes→ Real constant set number 2→OK。Auto Numbered>Thru Nodes→依次拾取节点 2 和 3→OK，图 4.60，图 4.61，图 4.62，图 4.63。

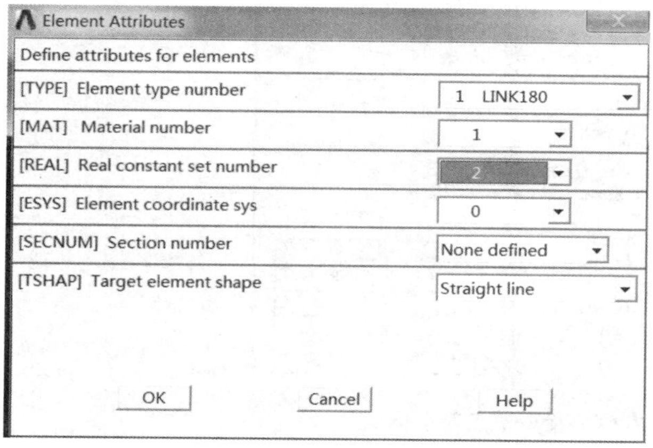

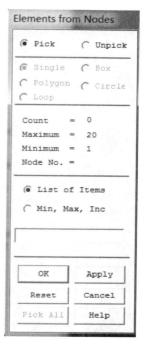

图 4.60　单元属性对话框(实常数 2)　　　图 4.61　节点拾取对话框

图 4.62　节点 2,3 拾取

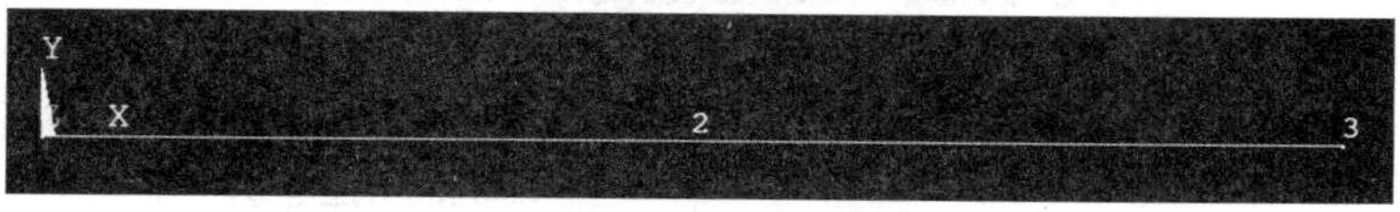

图 4.63　生成单元

第四步是施加边界条件并求解。

(1)施加约束:Main Menu> Solution> Define loads> Apply> Structural> Displacement> On Nodes→拾取节点 1→OK→Lab2:All DOF→OK,图 4.64,图 4.65,图 4.66。

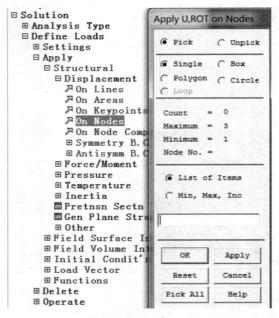

图 4.64　拾取节点对话框

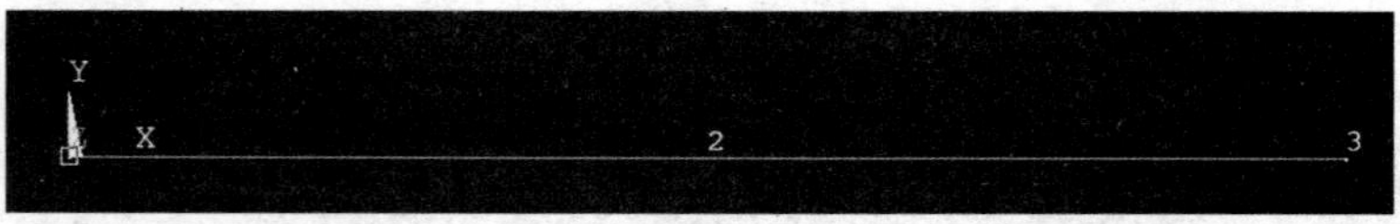

图 4.65　拾取节点 1

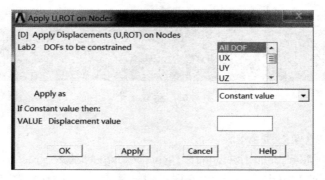

图 4.66　节点 1 施加全约束

（2）施加载荷：Main Menu> Solution> Define loads> Apply> Structural> Force/Moment> On Nodes→拾取节点 3→OK→Lab：FX，VALUE：100→OK，图 4.67，图 4.68，图 4.69，图 4.70。

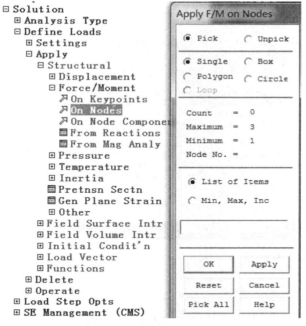

图 4.67 节点拾取对话框

图 4.68 拾取节点 3

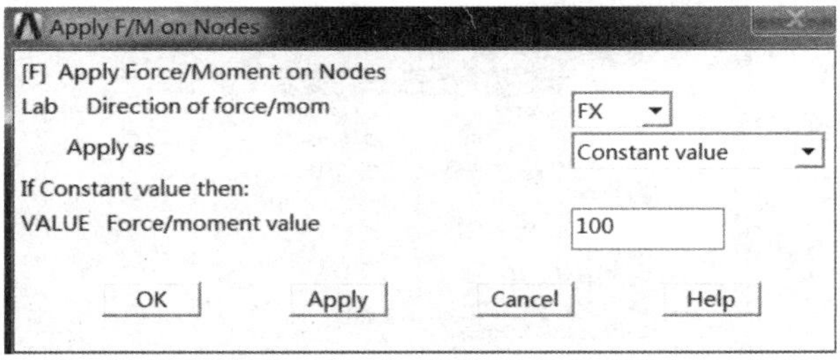

图 4.69 节点 3 施加 X 方向载荷

图 4.70 节点 3 施加 X 方向载荷效果

（2）求解：Main Menu> Solution >Solve >Current LS→OK→Solution is done→Close。图 4.71，图 4.72.

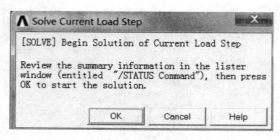

图 4.71　求解对话框

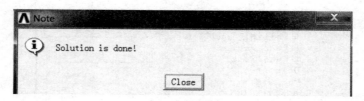

图 4.72　求解结束对话框

第五步是后处理。

查看各节点位移：

①云图显示：Main Menu >General Postproc >Plot Results>Contour Plot>Nodal Solu→选择 DOF solution 下的 X-Component of displacement →OK。如图 4.73 所示。

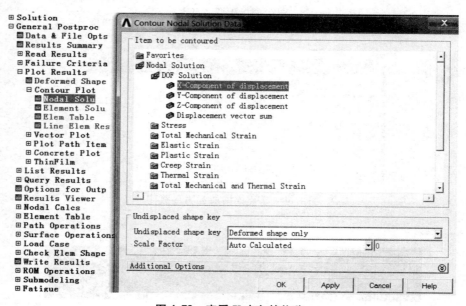

图 4.73　查看 X 方向的位移

②列表显示：Main Menu ＞General Postproc ＞List Results＞ Nodal solu→选择 DOF solution 下的 X-Component of displacement→OK，如图 4.74，图 4.75 所示。

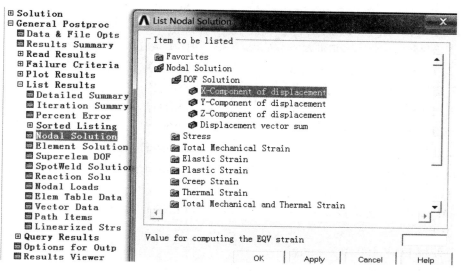

图 4.74　列表显示 X 方向的位移

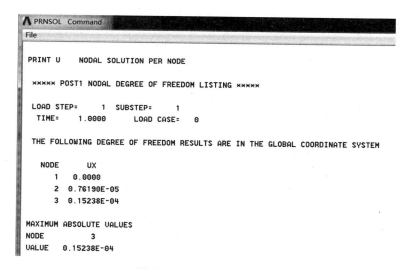

图 4.75　X 方向位移列表

结果分析：从图 4.75 可以看出，本例中 ANSYS15.0 采用 Link 180 单元，计算的结果为 0.15238E-4，与理论解 0.18295E-4 有误差，然而使用较早 ANSYS 版本，采用 Link 1 单元，其计算结果为 0.183E-4，与理论解一致，这是由于 Link 180 与 Link 1 单元的算法不同造成的。下面给出两种单元的 APDL 命令流，供大家参考。说明：在 ANSYS 15 版本中已经找不到 Link 1 单元，但应用 APDL 命令流仍然可以运行。

第二种方法是,APDL(命令流)其求解步骤是如下:

(1)使用 LINK 1 单元

```
/PREP7
ET,1,LINK1          ! 单元类型1
R,1,5.25            ! 实常数1
R,2,3.75            ! 实常数2
MP,EX,1,3.0e7       ! 材料1
MP,PRXY,1,0.3
N,1,0,0,0           ! 定义节点
N,2,12,0,0
N,3,24,0,0
E,1,2       ! 定义单元
REAL,2      ! 实常数2
E,2,3
```

(2)使用 LINK 180 单元

```
/FILNAME,truss0,0
/PREP7
ET,1,LINK180
R,1,5.25, ,0
R,2,3.75,0,0
MPTEMP,,,,,,,,
MPTEMP,1,0
MPDATA,EX,1,,3e7
MPDATA,PRXY,1,,0.3
N,1,0,0,0,,,
N,2,12,0,0,,,
N,3,24,0,0,,,
FLST,2,2,1
FITEM,2,1
FITEM,2,2
E,P51X
FLST,2,2,1
FITEM,2,2
FITEM,2,3
```

```
FINISH
/SOLU   ! 进入求解器
D,1,ALL   ! 施加约束
F,3,FX,100 ! 施加载荷
SOLVE          ! 求解
FINISH
/POST1
/POST1
PLNSOL, U, X, 0,1.0   ! 画位移
云图
PRNSOL,U,X      ! 列节点位移
```

```
E,P51X
FINISH
/SOL
FLST,2,1,1,ORDE,1
FITEM,2,1
/GO
D,P51X, , , , , ,ALL, , , , ,
FLST,2,1,1,ORDE,1
FITEM,2,3
/GO
F,P51X,FX,100
/STATUS,SOLU
SOLVE
FINISH
/POST1
/EFACET,1
PLNSOL, U, X, 0,1.0
PRNSOL,U,X
```

4.6 ANSYS 的单位制

ANSYS 软件并没有为分析指定系统单位,在结构分析中,可以使用任何一套自封闭的单位制(所谓自封闭是指这些单位量纲之间可以互相推导得出),只要保证输入的所有数据的单位都是正在使用的同一套单位制里的单位即可。

可以根据自己的需要由量纲关系自行修改单位系统,只要保证自封闭即可。

表 4.1 ANSYS 常用单位名称及其量纲列表

单位名称	量纲	单位名称	量纲
面积	长度^2	体积	长度^3
惯性矩	长度^4	应力	力/长度^2
弹性模量、剪切模量	力/长度^2	集中力	力
线分布力	力/长度	面分布力	力/长度^2
弯矩	力×长度	重量	力
容重	力/长度^3	质量	力×秒/长度^2
重力加速度	长度/秒^2	密度	力×秒^2/长度^4

4.7 ANSYS 的坐标系及切换

总体和局部坐标系用来定位几何体。默认地,当定义一个节点或关键点时,其坐标系为总体笛卡尔坐标系。可是对有些模型,利用其他坐标系更方便。ANSYS 允许使用预定义的包括笛卡尔坐标、柱坐标和球坐标在内的三种坐标系来输入几何数据,或在任何定义的坐标系中进行此项工作。

ANSYS 中坐标系的分类:

①整体坐标系和局部坐标系(Global and Local Coordinate Systems):用于定义几何形状参数,如节点、关键点等的空间位置。

②节点坐标系(Nodal Coordinate Systems):定义每个节点的自由度方向和节点结果数据的方向。

③单元坐标系(Element Coordinate Systems):确定材料特性主轴和单元结果数据的方向。

④显示坐标系(Display Coordinate System):用于几何形状参数的列表和显示。

⑤结果坐标系(The Results Coordinate System):用于列表、显示或在通用后处理操作中将节点或单元结果转化到一个特定的坐标系中。

默认状态下,建模操作使用的坐标系是总体笛卡尔坐标系。总体坐标系是一个绝对的参考系。ANSYS 程序提供了三种总体坐标系:笛卡尔坐标(0)【X,Y,Z】、柱坐标(1)

【R，θ,Z】、球坐标(2)【R，θ,φ】,这三种都是右手坐标系,具有共同的原点。如图 4.76 所示。

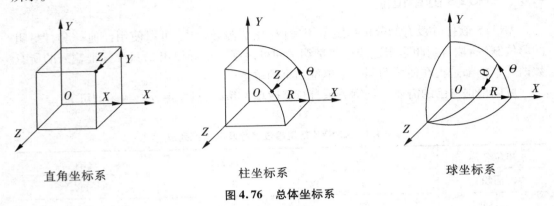

直角坐标系　　　　　　柱坐标系　　　　　　球坐标系

图 4.76　总体坐标系

(1)总体坐标系

在每开始进行一个新的 ANSYS 分析时,已经预先定义了四个坐标系。它们位于模型的总体原点。四种类型分别为:

CS,0: 总体笛卡尔坐标系

CS,1: 总体柱坐标系,以总体 z 轴为轴线

CS,2: 总体球坐标系

CS,5: 总体柱坐标系,以总体 y 轴为轴线

数据库中节点坐标总是以总体笛卡尔坐标系表示,无论节点是在什么坐标系中创建的。

这 4 个坐标系都是 ANSYS 预先定义的,它们的原点都在总体直角坐标系的原点,使用时只需选择,不要重新定义。参见 CSYS 命令。

(2)局部坐标系

局部坐标系是用户定义的坐标系。局部坐标系可以通过菜单路径:

Workplane > Local CS > Create LC

来创建,其编号从 11 开始。

(3)激活坐标系

激活坐标系或当前坐标系是分析中特定阶段的参考坐标系。缺省为总体笛卡尔坐标系。当创建一个新的坐标系时,新坐标系变为激活坐标系。这是随后的操作所使用的坐标系。也可以使用激活坐标系的命令（csys）来改变激活坐标系。菜单中激活坐标系的路径:

Workplane > Change active CS to > 选择一个已经定义的坐标系。

(4)工作平面坐标系

可以以工作平面作为参考的直角坐标系,其 x,y 轴在工作平面上,z 轴垂直工作平面,由右手定则确定。工作平面坐标系的初始状态与总体直角坐标系相同,即:初始的原点在总体坐标系的原点,三个坐标轴与总体直角坐标系一致;以后,随着工作平面的移动、旋转而改变。

注意:其他坐标系,在定义（ANSYS 预先定义或用户自己定义）后,其方向和原点就不再改变,除非重新定义,而工作平面坐标系也属于预先定义的坐标系,但是会随着工作平面的移动或旋转而改变,即它的原点和方向都不是固定的。

工作平面坐标系的编号为 4（或用 WP 表示）,参见 CSYS 命令。

（5）节点坐标系

每一个节点都有一个附着的坐标系。无论当前的激活坐标系是什么,节点坐标系缺省总是笛卡尔坐标系。节点力和节点位移边界条件(约束)指的是节点坐标系的方向。时间历程后处理器 /POST26 中的结果数据是在节点坐标系下表达的。而通用后处理器 /POST1 中的结果,默认是在总体笛卡尔坐标系中,但可以使用 RSYS 命令修改节点结果显示时所使用的坐标系。

例如: 模型中任意位置的一个圆,要施加径向约束。首先需要在圆的中心创建一个局部柱坐标系并分配一个坐标系号码（例如 CS,11）。这个局部坐标系现在成为激活的坐标系。然后选择圆上的所有节点。通过使用:

Prep7 > Move/Modify > Rotate Nodal CS to active CS,

使所选择节点的节点坐标系与激活坐标系的方向一致。未被选择的节点保持原来坐标系方向不变。

节点坐标系的显示可以使用菜单路径:

Pltctrls > Symbols > Nodal CS。

这些节点坐标系的 X 方向现在沿径向。约束这些选择节点的 X 方向,就是施加的径向约束。

注意:节点坐标系总是笛卡尔坐标系。可以将节点坐标系旋转到一个局部柱坐标下。这种情况下,节点坐标系的 X 方向指向径向,Y 方向是周向(theta)。可是当施加 theta 方向非零位移时,ANSYS 总是定义它为一个沿圆周方向的位移（长度单位）而不是一个转动(Y 位移不是转角)。

（6）单元坐标系

单元坐标系确定单元特征（如梁单元长度方向、截面中主轴方向,等）、材料属性的方向(例如,复合材料的铺层方向)。对后处理也是很有用的,诸如提取梁和壳单元的膜力、弯矩等。单元坐标系的朝向在帮助弯矩中对单元类型的描述中可以找到。

（7）结果坐标系

/Post1 通用后处理器中（位移,应力,支座反力）在结果坐标系中提供,缺省平行于总体笛卡尔坐标系。这意味着缺省情况的位移,应力和支座反力按照总体笛卡尔坐标系表达。无论节点和单元坐标系如何设定。要恢复径向和环向应力,结果坐标系必须旋转到适当的坐标系下。这可以通过菜单路径:

Post1 > Options for output

来实现。/POST26 时间历程后处理器中的结果总是以节点坐标系表达。

结果坐标系,可以是总体坐标系的 1、2、3、局部坐标系、lsys － 多层壳体的层坐标系、或 Solu － 求解时的坐标系,各节点可以使用不同的坐标系。

（8）显示坐标系

显示坐标系对列表圆柱和球节点坐标非常有用（例如，径向，周向坐标）。建议一般不要激活这个坐标系进行显示。显示坐标系默认是笛卡尔坐标系。如果将显示坐标系改为柱坐标系，圆弧将显示为直线，这可能引起混乱。因此在以非笛卡尔坐标系列表节点坐标之后应将显示坐标系恢复到总体笛卡尔坐标系。

4.8　工作平面(Working Plane)

工作平面是创建几何模型的参考(X,Y)平面,在前处理器中用来建模(几何和网格)

(1)什么是工作平面

尽管光标在屏幕上只表现为一个点,但它实际上代表的是空间中垂直于屏幕的一条线。为了能用光标拾取一个点,首先必须定义一个假想的平面,当该平面与光标所代表的垂线相交时,能唯一地确定空间中的一个点。这个假想的平面就是工作平面。从另一种角度想象光标与工作平面的关系,可以描述为光标就像一个点在工作平面上来回游荡。工作平面因此就如同在上面写字的平板一样。(工作平面可以不平行于显示屏)

工作平面是一个无限平面,有原点、二维坐标系,捕捉增量(下面讨论)和显示栅格。在同一时刻只能定义一个工作平面(当定义一个新的工作平面时就会删除已有的工作平面)。工作平面是与坐标系独立的。例如,工作平面与激活的坐标系可以有不同的原点和旋转方向。

(2)生成一个工作平面

进入 ANSYS 程序时,有一个缺省的工作平面,即总体笛卡尔坐标系的 X–Y 平面。工作平面的 X、Y 轴分别取为总体笛卡尔坐标系的 X 轴和 Y 轴。

1)生成一个新的工作平面。

用户可利用下列方法生成一个新的工作平面。

由三点生成一个工作平面或能过一指定点的垂直于视向量的平面定义为工作平面,用下列方法:

命令:WPLANE

GUI：Utility Menu>WorkPlane>Align WP with>XYZ Locations

由三节点定义一个工作平面或通过一指定节点的垂直于视向量的平面定义为工作平面,用下列方法:

命令:NWPLAN

GUI:Utility Menu>WorkPlane>Align WP with>Nodes

由三关键点定义一个工作平面或能过一指定关键点的垂直于视向量的平面定义为工作平面,用下列方法:

命令:KWPLAN

GUI:Utility Menu>WorkPlane>Align WP with>Keypoints

由过一指定线上的点的垂直于视向量的平面定义为工作平面,用下列方法:

命令:LWPLAN

GUI:Utility Menu>WorkPlane>Align WP with>Plane Normal to Line

还可以通过现有坐标系的 X—Y(或 R—θ)平面上定义工作平面。

命令：WPCSYS

GUI：Utility Menu>WorkPlane>Align WP with>Active Coord Sys

Utility Menu>WorkPlane>Align WP with>Global Cartesian

Utility Menu>WorkPlane>Align WP with>Specified Coord Sys

2)控制工作平面的显示和样式。

为获得工作平面的状态〔即位置、方向、增量〕可用下列方法：

命令：WPSTYL,STAT

GUI：Utility Menu>List>Status>Working Plane

将工作平面重置为缺省状态下的位置和样式,利用命令 WPSTYL,DEFA。

3)移动工作平面。

用户可将一个工作平面利用下列方法(都是将工作平面移到与原位置平行的新位置)移到新的位置(即新的原点)：

将工作平面的原点移动到关键点的中间位置,分别用下列命令：

命令：KWPAVE

GUI：Utility Menu>WorkPlane>Offset WP to>Keypoints

将工作平面的原点移动到节点的中间位置,分别用下列命令：

命令：NWPAVE

GUI：Utility Menu>WorkPlane>Offset WP to>Nodes

将工作平面的原点移动到指定点的中间位置,分别用下列命令：

命令：WPAVE

GUI：Utility Menu>WorkPlane>Offset WP to>Global Origin

Utility Menu>WorkPlane>Offset WP to>Origin of Active CS

Utility Menu>WorkPlane>Offset WP to>XYZ Locations

偏移工作平面,使用下列方法：

命令：WPOFFS

GUI：Utility Menu>WorkPlane>Offset WP by Increments

4)工作平面的旋转。

用户可用两种方式将工作平面转到一个新的方向:在工作平面内旋转工作平面的 X—Y 轴,或使整个工作平面都旋转到一个新的位置(如果不清楚旋转的角度,利用上述方法之一可以很容易在正确的方向上定义一个新的工作平面)。

要旋转工作平面,利用下列方法：

命令：WPROTA

GUI：Utility Menu>WorkPlane>Offset WP by Increments

4.9　ANSYS 通用操作

(1)在菜单命令后出现符号"▶",表示该命令后还有下一级子菜单。

（2）在菜单的前面出现符号"√"时，表示该选项或对话框已被激活，该对话框已出现在操作界面上。

（3）若在菜单命令后没有任何标记，则单击后仅执行某个功能。

（4）在大多数对话框中都有"Apply"和"OK"两个按钮，它们的区别是：Apply 按钮只完成对话框的设置而不退出对话框；而"OK"按钮在完成对话框的设置的同时，将退出对话框。

（5）GUI：图形用户界面（Graphics User Interactive —GUI）的英文缩写。用户进入 ANSYS 软件后，可以采用命令输入或 GUI 方式进行操作，但对于初级用户或者高级用户来说，GUI 方式是一种最简便的方式，也是一种推荐的方式。

（6）命令的灰色显示：在有些菜单或对话框中，有些命令会以灰色显示出来，其中灰色的命令一般表示该命令在当前状态是不能进行操作的。只有高亮度显示的命令，用户才能对其进行操作和使用。

第 5 章　ANSYS 基本操作基础

　　有限元分析的最终目的是要还原一个实际工程系统的数学行为特征,即是有限元分析必须是针对一个物理原型准确的数学模型。广义上讲,有限元模型包括所有的节点、单元、材料属性、实常数、边界条件,以及其他用来表现这个物理系统的特征。

　　本章介绍了 ANSYS 解决实际工程问题过程中的有限元模型建立、网格划分、载荷施加、求解及后处理过程中的常用操作及命令,为初步熟悉 ANSYS 软件菜单操作命令提供参考。

　　ANSYS 典型的实体模型是由关键点、线、面和体组成的。如图 5.1 所示。

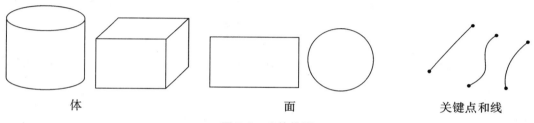

体　　　　　　　　　　　　　　　面　　　　　　　　　关键点和线

图 5.1　实体模型

　　(1)体由面围成,用来描述实体物体。

　　(2)面由线围成,用来描述物体的表面或者块、壳等。

　　(3)线由关键点组成,用来描述物体的边。

　　另外,一个只有面及面以下层次组成的实体,如壳或二维平面模型,在 ANSYS 软件中仍称为实体。在实体模型间有一个内在层次关系,如图 5.2 所示。实体的层次从低到高:关键点—线—面—体。关键点是实体的基础,线由点生成,面由线生成,体由面生成。这个层次的顺序与模型怎样建立无关。ANSYS 不允许直接删除或修改与高层次相连接的低层次实体。即如果高一级的实体存在,则低一级的与之依附的实体不能删除。

　　建立实体模型可以通过两个途径:自顶向下和自底向上。

　　自顶向下建模是直接建立较高单元对象,其所对应的较低单元对象一起产生,对象单元高低顺序依次为体积、面积、线段及点。如图 5.3 所示。

　　自底向上建模是由建立最低单元的点到最高单元的体积,即建立点,再由点连成线,然后由线组合成面积,最后由面积组合建立体积。如图 5.4 所示,混合使用前两种方法:可以根据模型形状选择最佳建模途径。

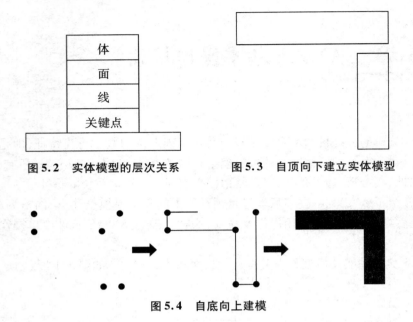

图 5.2　实体模型的层次关系　　　图 5.3　自顶向下建立实体模型

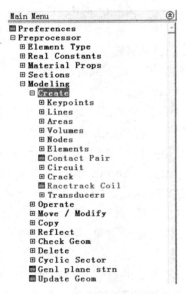

图 5.4　自底向上建模

ANSYS 软件有一组很方便的几何作图工具,如图 5.5 所示为建立几何模型的子菜单。

操作命令有:GUI:Main Menu>Preprocessor>Modeling>Create

图 5.5　建立几何模型子菜单

5.1　几何建模

　　ANSYS 几何建模可以采用直接在 ANSYS 绘图窗口中建立几何模型,也可以先在 CAD 系统中建立几何模型,然后导入 ANSYS 的方法。首先介绍 ANSYS 中直接建立模型方法。

5.1.1　ANSYS 直接建模法

5.1.1.1　Keypoints 创建关键点

　　用自底向上的方法构造模型时,首先定义最低级的图元——关键点,关键点是在当前激活的坐标系内定义的。用户不必总是按从低级到高级的办法定义所有图元,可以直接在它们的顶点由关键点来直接定义面和体,中间的图元需要时可自动生成。例如,定义个长方体可用八个角的关键点来定义,ANSYS 程序会自动地生成该长方体所有的面和线。ANSYS 提供了在多种条件下生成关键点的方法,图 5.6 所示为创建关键点的子菜单。

　　操作命令有:

　　GUI：Main Menu → Preprocessor → modeleing - create →Keypoint

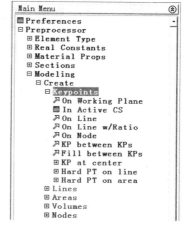

图 5.6　创建关键点子菜单

　　创建关键点的方法有以下几种:

　　(1)In Active CS

　　功能:按给定的坐标位置定义单个关键点。

　　操作命令有:

　　命令:K

　　GUI：Main Menu→preprocessor→modeleing-create→ Keypoint→In Active CS

　　操作说明:执行上述命令后,弹出如图 5.7 所示对话框。在对话框"Keypoint Number"右面输入栏中输入关键点的编号,如 8,在"Location in active CS"右面的输入框中按"X、Y、Z"的顺序输入关键点的坐标值如 3、4、0。单击对话框中的"OK"键或"Apply"键,则创建一个关键点。

[K] Create Keypoints in Active Coordinate System			
NPT　Keypoint number	8		
X,Y,Z Location in active CS	3	4	0
OK	Apply	Cancel	Help

图 5.7　创建关键点对话框

（2）KP between KPs

功能：在已有两个关键点之间生成关键点。

操作命令有：

命令：KBETW

GUI：Main Menu> Preprocessor>Modeling>Create>Keypoints> KP between KPs

操作说明：执行上述命令后，弹出一个拾取框，用鼠标在图形输出窗口中拾取要在两个关键点之间生成关键点的两点，或者在命令提示行中输入这两个关键点的编号并回车确定，单击拾取框中"OK"键，又弹出如图 5.8 所示对话框完成对话框设置后，单击对话框上的"OK"键。

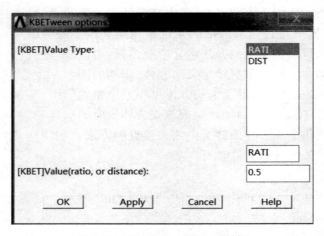

图 5.8　KP between KPs 对话框

完成该命令的操作。对话框中各项的意义如下：

1）Value Type：设置产生新关键点的方式，在右面的选择栏中有两个选项：

①RAT：新产生的关键点到第一个关键点之间的距离与两个选择的关键点之间的距离之比，即为$(K_1-K_{new})/(K_1-K_2)$；

②DIST：新产生的关键点到第一个关键点之间的绝对距离，该方式只能在直角坐标系中有效。

2）Value(ratio or distance)：新产生关键点的位置，默认值是 0.5；如果选择栏中选择了"RAT1"，而"Value"的值小于 0 或者大于 1，则新产生的关键点将在所选择的两关键点的延伸线上，同样若选择了"DIST"，当"value"的值小于 0 或者大于两个选择关键点之间的距离时，则新产生的关键点将在所选择的两关键点的延伸线上。

说明：新关键点的放置取决于当前所激活的坐标系，如果当前坐标系是直角坐标系，则新产生的关键点是在一条直线上，若为其他坐标系如柱坐标系，则新产生的关键点在由这两个节点所连的线上（也许不是一条直线）。在环形坐标系中的实体模型不推荐使用该命令。

（3）Fill between KPs

功能:在两个关键点之间生成多个关键点。

操作命令有:

命令:KFILL

GUI:Main Menu→Preprocessor Create→keypoint→Fill between KPs

操作说明:执行上述命令后,弹出拾取框,在图形输出窗口中单击鼠标左键拾取两关键点,或在命令提示行中输入两个关键点的编号并回车确定,单击拾取框中"OK"键,又弹出如图5.9所示关键点对话框。完成对话框的设置后,单击"OK"键,完成该命令的操作过程。

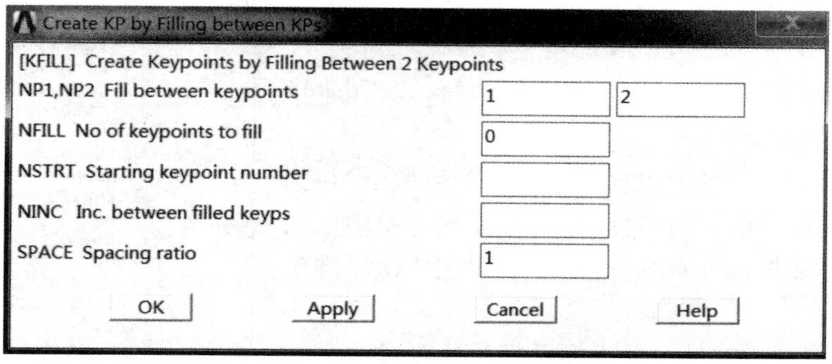

图 5.9 **Fill between KPs** 对话框

对话框中各项的意义如下:

1)Fill between keypoints:将要在其中生成关键点所选择的两个关键点编号,由系统自动给出。

2)No of keypoints to fill:在选择的两个关键点之间将要生成的关键点个数,该值必为正,默认值为|NP2-NP1|-1,由系统计算得出。

3)Starting keypoint number:设置新生成第一个关键点的编号,其他新生成的关键点号将在这个值的基础上再加1:默认值为第一个选择的关键点编号再加上其下设置的关键编号的增量。

4)Inc. between filled keyps:设置新生成关键点编号的增量,可以为正或负,默认值为(NP2-NP1)/(NFILL +1)。

5)Spacing ratio 设置间距比,它表示最后的间距与第一个间距之比,默认值为1,其值如果大于1,则关键点分布的最后间距将增大,若小于1则减小。

说明:选择关键点的编号 NP1、NP2 系统自动给出。因此这两个关键点必须存在,环形坐标系中的实体模型建议不要使用该命令,填充的关键点个数可以任意指定,关键点编号的顺序也可以指定。

5.1.1.2 Lines 生成线

线主要用于表示物体的边。像关键点一样,线是在当前激活的坐标系内定义的。并不总是需要明确地定义所有的线,因为 ANSYS 程序在定义面和体时,会自动地产生相关的线,只有在生成线单元(如梁)或想通过线来定义面时,才需要定义线。

ANSYS 提供了多种生成线包括直线和弧线的方法,操作命令有:

　　GUI：Main Menu > Preprocessor > Modeling > Create >Lines

　　其子菜单如图 5.10 所示,下面分别进行介绍:

（1）Straight line

功能:由两个关键点生成直线。

操作命令有:

命令:LSTR

GUI：Main Menu > Preprocessor > Modeleing > Create > Lines>Lines>Straight Line

操作说明:执行上述命令后,出现一个拾取框,在图形输出窗口中先后拾取两点,或在命令提示行中输入两关键点的编号并按回车确定,单击拾取框中"OK"键生成直线。

说明:不管激活的是何种坐标系都生成直线。

（2）Arcs 圆弧线

ANSYS 提供了多种生成圆弧线的方法,如图 5.11 所示为生成圆弧线的子菜单。

操作命令有

GUI：Main Menu > Preprocessor > Modeling > Create > Lines>Arcs

1）Through 3 KPS

功能:通过三个关键点生成一条弧线

操作命令有

命令:LARC

GUI：Main Menu > Preprocessor > Modeling > Create > Lines>Arcs>Through 3 KPs

操作说明:执行上述命令后,出现一个拾取框,在图形输出窗口中拾取三个关键点,单击"OK"键生成一条弧线.

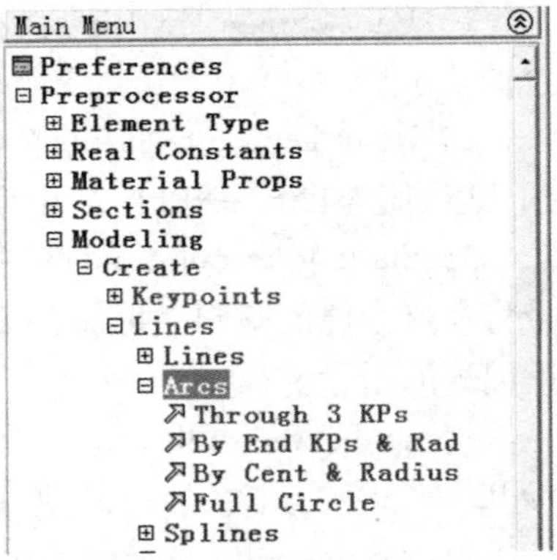

说明:选择的第 1、2 关键点为弧线的起始和终止点,第 3 个关键点为弧线通过的点,拾取关键点的方向为逆时针方向。

2）By End KPS rad

功能:通过两个关键点和半径生成一条弧线

操作命令有

命令:LARC

GUI：Main Menu>Preprocessor>Modeling>Create>Lines>Arcs>By End KPs& Rad

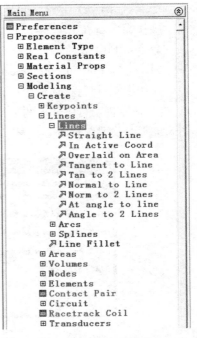

图 5.10　生成线子菜单

图 5.11　生成圆弧子菜单

操作说明:执行上述命令后,出现第一个拾取框,在图形输出窗口中拾取两个关键点作为弧的起始点和终止点,单击"OK"键出现第二个拾取框,在图形输出窗口中拾取一个关键点作为弧中心的参考方向,单击"OK"键弹出一个对话框,图 5.12 所示,完成对话框设置后,单击对话框中的"OK"键,完成该命令的操作。

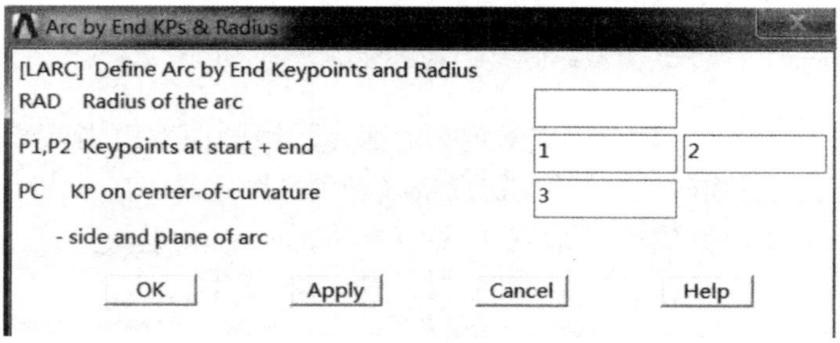

图 5.12 **By End KPs& Rad** 对话框

对话框中各项的意义如下:

①Radius of the arc:弧的半径值。

②Keypoints at start+end:弧的起始点和终止点的编号。系统自动给出已选择的弧的起始点和终止点的编号。

③KP on center-of- curvature-side and plane of arc:作为弧中心参考方向的关键点编号。系统自动给出已选择的关键点编号。

说明:弧的半径值输入为空时,结果同上;弧的半径值输入为正值时,则弧中心和弧中参考方向的关键点位于其弦的同侧;半径值输入为负值时,则结果刚好相反。若要以不同的两关键点作为弧的起始点和终止点,则输入弧的起始点和终止点的编号。若要以不同的关键点作为弧中心的参考方向则输入关键点的编号。

3)By Cent & Radius

功能:通过中心和半径生成圆弧线。

操作命令有:

命令:CIRCLE;

GUI:Main Menu>Preprocessor>Modeling>Create>Lines>Arcs>By Cent & Radius

操作说明:执行上述命令后,出现第一个拾取框,在图形输出窗口中拾取一点作为弧的中心,移动鼠标到某给定的位置,单击鼠标左键确定圆弧的半径,弹出图 5.13 所示对话框,完成对话框设置后,单击对话框中的"OK"键,完成该命令的操作生成一条弧线。

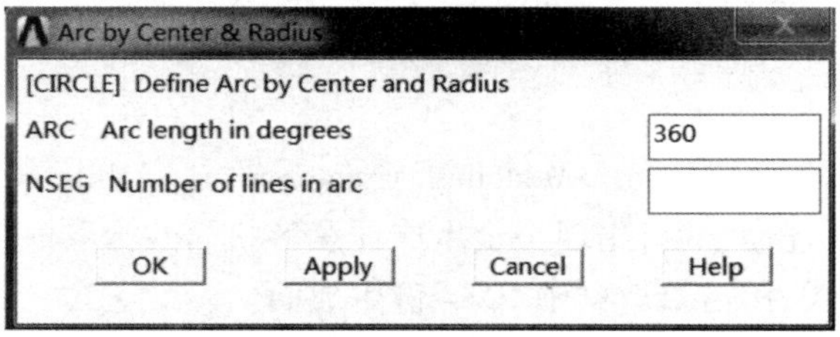

图 5.13 **By Cent &radius** 对话框

对话框中各项的意义如下：

①ARc length in degrees：弧的角度。

②Number of lines in arc：弧线分成线段的数目（默认值为 90°的圆弧）。

说明：圆弧的角度为 360°时，则生成一整个圆弧线。弧线分成线段的数目系统自动给出，若要分成不同数目的线段，则输入相应数字。

5.1.1.3　Areas 面

如果定义面，ANSYS 将自动生成未定义的面、线，线的曲率由当前激活坐标系确定。用自底向上的方法生成面时，需要的关键点或线必须已经定义。

ANSYS 提供了多种生成不同形状平面的方法，如图 5.14，操作命令有：

GUI：Main Menu > Preprocessor > Modeling > Create >Areas

（1）Arbitrary 任意形状的面

操作命令有：

GUI：Main menu > Preprocessor > Modeling > Create > Areas>Arbitrary

ANSYS 提供了多种生成任意形状面的方法：

1）Through Kps

功能：通过已存在的关键点定义一个面

操作命令有：

命令：A

GUL：Main Menu>Preprocessor > Modeling>Create > Areas>Arbitrary> Through KPS

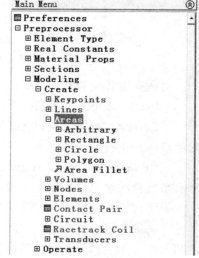

图 5.14　生成面子菜单

操作说明：执行上述命令后，出现一个生成任意形状面的拾取框。在图形输出窗口中拾取任意多个关键点，单击拾取框中"OK"键则生成由所选择关键点组成的面。

说明：需选择三个或三个以上不共线的多个关键点。关键点必须沿面的周围按照顺时针或逆时针的方向拾取，这个拾取的方向就决定了按右手法则所确定的面的正法线方向。如果组成面的关键点超过 4 个，则这些关键点必须要在激活坐标系中有一个共同的坐标值，只有没有依附于体的面才能重新定义，环形坐标系建议不要使用该命令。

2）By Lines

功能：通过拾取边界线定义一个面（即通过一系列线定义周边）。

操作命令有：

命令：AL

GUI：Main Menu>Preprocessor >Modeling>Create>Areas>Arbitrary>By Lines

操作说明：执行上述命令后，出现一个生成任意形状面的拾取框。在图形输出窗口中拾取几条首尾相接的线，单击拾取框中"OK"键生成面。

说明：至少要拾取三条线才能生成一个面，面的正法线方向按右手法则由第一条拾取线的方向确定。线的拾取顺序可以任意,但最后必须要做到首尾相接即形状必须是封闭的,当超过四条线时,必须要保证这四条线在同一平面内或在激活坐标系中有一个常量坐标值。环形坐标系建议不要使用该命令,只有那些没有依附于体的面才能进行修改。

（2）Rectangle 矩形面

操作命令有:

GUI：Main Menu> Preprocessor>Modeling>Create>Areas>Rectangle

操作说明：ANSYS 提供了 3 种生成长方形的方法。

1）By 2 Corners

功能:通过两个角点生成一个长方形

操作命令有:

命令:BLC5

GUI：Main Menu>Preprocessor>Modeling>Create>Areas>Rectangle> By 2 Corners

操作与示例:执行上述命令后,弹出图 5.15 拾取框。完成拾取框设置后,单击拾取框中的"OK"键生成长方形。

拾取框中各项的意义如下:

①WP X:长方形左下角(即起始角点)在作平的 X 方向坐标值。

②WP Y:长方形左下角(即起始角点)在上作平面的 Y 方向坐标值。

③ Width:长方形的宽。

④ Height:长方形的高。

也可以在图形输出窗口中首先单击鼠标左键确定长方形一个角的位置,移动鼠标到所需位置后单击鼠标左键确定长方形另一个角的位置生成长方形。

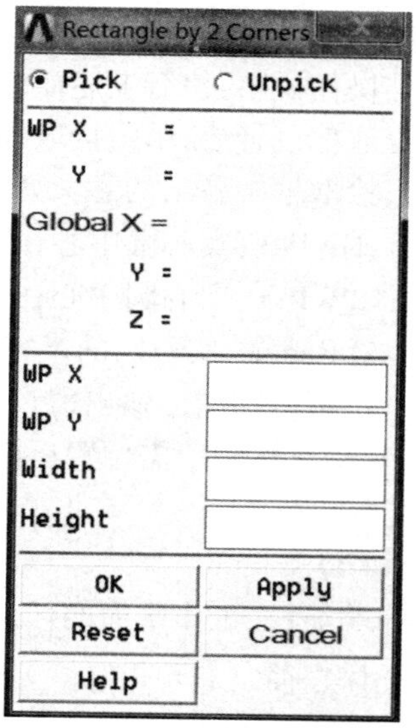

2）By Dimensions

功能:通过尺寸生成一个长方形区域。

操作命令有:

命令：RECTNO

图 5.15　By 2 Corners 对话框

GUI：Main Menu>Preprocessor>Modeling>Create>Areas>Rectangle>By Dimensions

操作说明:执行上述命令后,弹出图 5.16 长方形对话框。完成对话框设置后,单击对话框中的"OK"键生成长方形。

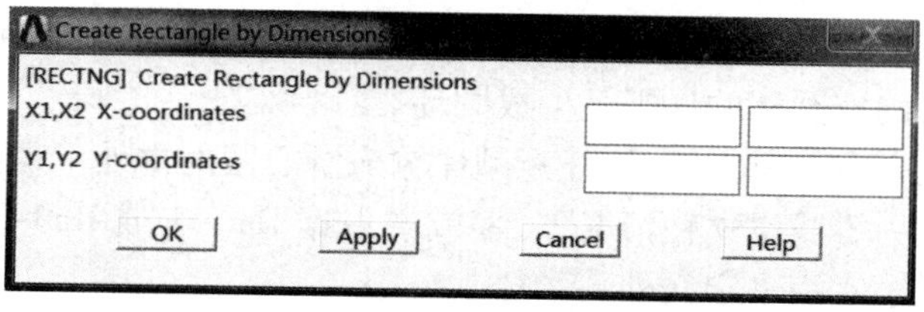

图 5.16　By Dimensions 对话框

对话柜中各项的意义如下：

①X-coordinates：长方形在 X 方向的坐标从 X1 变化到 X2 的值，默认值为 0；

②Y-coordinates：长方形在 Y 方向的坐标从 Y1 变化到 Y2 的值，默认值为 0。

5.1.1.4　Circle 生成圆

操作命令有

GUI：Main Menu>Preprocessor>Modeling>Create>Areas>Circle。

操作说明：ANSYS 提供了 5 种生成圆的方法。

（1）Solid circle

功能：以工作平面原点为圆心生成一个实心圆面。

操作命令有：

命令：CYL4

GUI：Main Menu>Preprocessor>Modeling>Create>Areas>Circle>Solid Circle

操作说明：执行上述命令后，弹出图 5.17 实心圆拾取框。完成拾取框设置后，单击拾取框中的"OK"键生成实心圆。

拾取框中各项的意义如下：

①WP X：实心圆中心在工作平面内的 X 方向坐标值。

②WP Y：实心圆中心在工作平面内的 Y 方向坐标值。

③Radius：实心圆的半径值。

也可以在图形输出窗口中首先由鼠标点击确定实心圆的圆心，移动鼠标到所需位置后由鼠标点击确定实心圆的半径以生成实心圆。

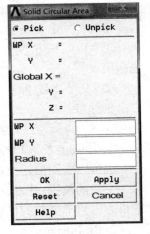

图 5.17　Solid Circle 对话框

（2）Annulus

功能：在工作平面的任意位置生成一个圆环。

操作命令有：

命令：CYL4

GUI：Main Menu>Preprocessor>Modeling>Create>Areas>Circle>Annulus

操作与示例：执行上述命令后，弹出一个圆环拾取框。输入空心圆中心的 X 方向坐标值和 Y 方向坐标值及空心圆的内外半径值。单击拾取框中的"OK"键生成圆环。

也可以直接在图形输出窗口中首先由鼠标点击确定空心圆的中心，移动鼠标到所需位置，然后由鼠标点击确定空心圆的内半径，再移动鼠标就可看到一个圆环会跟着鼠标移动，最后由鼠标点击确定圆环的外半径生成圆环。

说明：当采用输入方式时，可以以任意顺序输入空心圆的内外半径。如果想生成个实心圆，内部半径指定为零或空这种情况下，零或空占据 Rad-1 或 Rad-2 的位置。另外一个值必须指定为正值，它用来定义外部半径。

3）Partial Annulus

功能：在工作平面的任意位置生成一个部分圆环。

操作命令有：

命令：CYL4

GUI：Main Menu>Preprocessor>Modeling>Create>Areas>Circle>Partial Annulus

操作说明：执行上述命令后，弹出图 5.18 部分圆环拾取框。完成拾取框设置后，单击拾取框中的"OK"键生成实心圆。

拾取框中各项的意义如下：

①WP X：部分圆环中心在工作平面内的 X 方向坐标值。

②WP Y：部分圆环中心在工作平面内的 Y 方向坐标值。

③Theta-1、Thea-2：部分圆环的起始和终止角度。

④Rad-1、Rad-2：圆环的内外半径。

或在图形输出窗口中首先由鼠标点击确定部分圆环的中心，移动鼠标到给定位置，然后由鼠标点击确定部分圆环的内半径和起始角，最后拖动光标到希望的位置，由鼠标点击确定部分圆环的外半径和终止角以生成部分圆环。

说明：当采用拾取框输入时，部分圆环的两个半径值（Rad-1 和 Rad-2）可以以任意顺序指定，小的值是其内部半径，大值为外部半径。

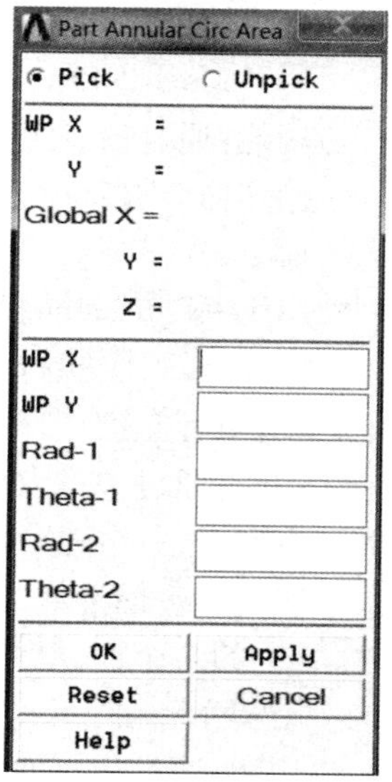

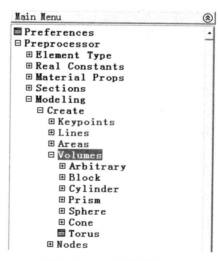

图 5.18　**Partial Annulus** 对话框

部分圆环的两个角度值（Theta-1 和 Theta-2）也可以以任意顺序指定，小的值是起始角度，大值为终止角度。

如果想生成一个实心圆，内部半径指定为零或空，这种情况下零或空占据 Rad-1 或 Rad-2 的位置。另外一个值必须指定为正值，它用来定义外部半径。开始角度、终止角度指定为零或空或360。

5.1.1.5　Volumes 体

体用于描述三维实体，仅当需要用体单元时才必须建立体。生成体的命令自动生成低级的图元。用由下向上的方法生成体时，需要的关键点或线或面必须已经定义。

操作命令有：

GUI：Main Menu>Preprocessor>Modeling>Create>Volumes。

ANSYS 软件可以生成多种不同的体如任意形状的体（Arbitrary）、长方体（Block）、圆柱体（Cylinder）、棱柱（Prism）、球（Sphere）、圆锥（Cone）、圆环（Torus）等实体，图 5.19 所示。

以下以任意形状的体（Arbitrary）和长方体（Block）为例进行介绍：

（1）Arbitrary（任意形状体）

图 5.19　生成体子菜单

操作命令有：

GUI：Main Menu>Preprocessor>Modeling>Create>Volumes>Arbitrary

Ansys 软件可以通过已存在的关键点和面来生成体，即可以采用自底向上的建模方式来生成体。主要方法有：

1）Through KPS

功能：通过顶点定义体（即关键点）。

操作命令有：

命令：V

GUI：Main Menu>Preprocessor>Modeling>Create>Volumes>Arbitrary> Through KPS

操作与示例：执行上述命令后，弹出一个生成任意形状体的拾取框。在图形输出窗口中，单击鼠标左键选择空间中的多个关键点，然后单击"OK"键以生成任意形状的体。

说明：通过关键点生成几何体时，其中关键点的个数必须是 4、6 或 8，在拾取或输入关键点时必须要按连续的顺序输入，首先沿体下部依次定义一圈连续的关键点，再沿体上部依次定义一圈连续的关键点，必需的线和面也跟着生成；当重复拾取或输某个关键点时，其中的某个面也许会被压缩成线或点，建议在环形坐标系中不要使用该命令。

2）By Areas

功能：通过边界面定义体（即用一系列表面定义体）。

操作命令有：

命令：VA

GUL：Main Menu>Preprocessor>Modeling>Create>Volumes>Arbitrary>By Areas

操作说明：执行上述命令后，出现个生成任意形状体的拾取框。首先在图形输出窗口中单击鼠标左键选择构成任意形状体的面，然后单击"OK"键以生成任意形状的体。

说明：至少要拾取 4 个面才能生成体，其中拾取面的顺序没有限制，体的外表面必须要连续，但允许一个孔能够完整地通过体，面必须是体的边界面。

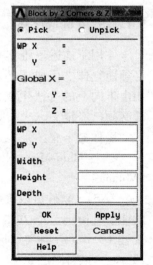

（2）Block（长方体）

操作命令有：

GUI：Main Menu > Preprocessor > Modeling > Create > Volumes >Block

1）By 2 Comers & Z

功能：通过 2 个角点和 Z 方向的尺寸生成长方体。

操作命令有：

命令：BLC4

GUI：Main Menu > Preprocessor > Modeling > Create > Volumes > Block>By 2 Corners & Z

操作与示例：执行上述命令后，弹出图 5.20 实心长方体拾取框。完成拾取框设置后，单击拾取框中的"OK"键生成实心长方体。

图 5.20 By 2 Corners & Z 对话框

拾取框中各项的意义如下：

①WP X:实心长方体左下角顶点在工作平面内的 X 方向坐标值。

②WP Y:实心长方体左下角顶点在工作平面内的 Y 方向坐标值。

③Width:实心长方体的宽,即 X 轴方向的距离。

④Height:实心长方体的高,即 Y 轴方向的距离。

⑤Depth:实心长方体的深(即 Z 方向的长度,输入的正负方向与坐标轴的正负相同),若输入为 0,则在工作平面上生成一个矩形。

或在图形输出窗口中先单击鼠标左键,确定实心长方体底面一个端点的位置,然后拖动光标单击鼠标左键确定底面另一个对角端点的位置,最后拖动光标单击鼠标左键确定实心长方体的深度以生成长方体。

说明:在工作平面的任何地方定义一个矩形或六面体,矩形必须要有 4 个顶点和 4 条线,六面体将有 8 个角点、12 条线和 6 个面,其中顶面和底面与工作平面平行。

2)By Dimensions

功能:在基于工作平面坐标上输入坐标值生成长方体

操作命令有:

命令:BLOCK

GUI:Main Menu>Preprocessor>Modeling>Create>Volumes>Block>By Dimensions

操作:执行上述命令后,弹出图 5.21 实心长方体对话框。完成对话框设置后,单击对话框中的"OK"键生成实心长方体区域。

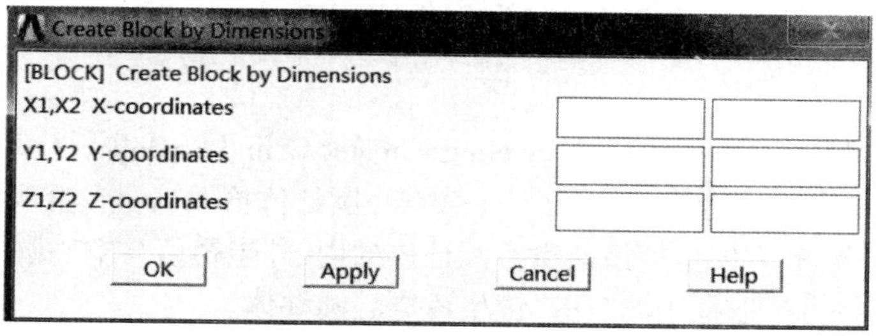

图 5.21　By Dimensions 对话框

对话框中各项的意义如下:

①X1,X2　X-coordinates:实心长方体在工作平面内 X 方向坐标值的范围。

②Y1,Y2　Y-coordinates:实心长方体在工作平面内 Y 方向坐标值的范围。

③Z1,Z2　Z-coordinates:实心长方体在工作平面内 Z 方向坐标值的范围。

说明:该命令在工作平面坐标内定义一个六面体:其中必须要定义一个在空间存在的体,即 Z 方向的坐标值不能全为 0,其中"X1,X2"、"Y1,Y2"和"Z1,Z2"输入栏中的值可以任意输入, ANSYS 总是把某方向的最小值作为在该轴的起点位置,默认为 0。

5.1.1.6　Cylinder 圆柱体或部分圆柱体

操作命令有：

GUI：Main Menu>Preprocessor>Modeling>Create>Cylinder

（1）Solid Cylinder(实心圆柱体)

功能：在工作平面的任意处生成实心圆柱体。

操作命令有：

命令：CYL4

GUI：Main Menu>Preprocessor>Modeling>Create>Cylinder>Solid Cylinder

操作与示例：执行上述命令后，弹出实心圆柱体拾取框。完成拾取框设置后，单击拾取框中的"OK"键生成实心圆柱体。拾取框中各项的意义如下：

①WP X：实心圆柱体底面圆心在工作平面上的 X 方向坐标值。

②WP Y：实心圆柱体底面圆心在工作平面上的 Y 方向坐标值。

③Radius：实心圆柱体底面圆的半径值。

④Depth：实心圆柱体的深度，即 Z 方向的距离，输入为正值，则沿 Z 轴正向延伸。如果该值为 0，则在 X-Y 平面内生成一个圆。或在图形输出窗口中单击鼠标左键两次依次确定实心圆柱体底面圆的圆心和半径，移动鼠标到圆柱体的高度值后单击鼠标左键，则生成一个实心圆柱体。

（2）Hollow Cylinder

功能：在工作平面的任意处生成空心圆柱体。

操作命令有：

命令：CYL4

GUI：Main Menu>Preprocessor>Modeling>Create>Cylinder>Hollow Cylinder

操作与示例：执行上述命令后，出现一个空心圆柱体拾取框。在拾取框中输入空心圆柱体底面圆心的 X、Y 方向坐标值及空心圆柱体的内、外半径值与空心圆柱体的深度即在 Z 方向的距离。单击拾取框中的"OK"键生成空心圆柱体。

也可以在图形输出窗口中单击鼠标左键首先确定空心圆柱体底面圆心，移动鼠标单击鼠标左键确定空心圆柱体内半径，移动鼠标单击鼠标左键确定中心圆柱体外半径，再沿 Z 方向移动鼠标单击鼠标左键确定空心圆柱体高度以生成空心圆柱体。

说明：若输入的 Z 坐标值为 0，则在 X—Y 平面内生成一个圆环，"Rad-1, Rad-2"表示内外半径，输入的顺序没有要求，但输入的值要大于 0，ANSYS 软件会将其中的最小值作为内径，最大值作为外径。底面圆和顶圆都由四条线构成，圆柱体的侧面被分成两块。

（3）Partial Cylinder

功能：在工作平面的任意处生成部分空心圆柱体。

操作命令有：

命令：CYL4

GUI：Main Menu>Preprocessor>Modeling>Create>Cylinder>Partial Cylinder

操作与示例：执行上述命令后，弹出空心圆柱体对话框。完成拾取框设置后，单击拾取框中的"OK"键生成部分空心圆柱体。拾取框中各项的意义如下：

①WP X：部分空心圆柱体底面圆心在工作平面上的 X 方向坐标值。

②WP Y：部分空心圆柱体底面圆心在工作平面上的 Y 方向坐标值。

③Rad-1,Rad-2：部分中心圆柱体的内外半径值,输入顺序没有要求,总是把最小的半径值作为内半径。

④Theta-1,Theta-2：部分空心圆柱体的起始和终点角度,输入顺序没有要求,总是把最小的角度作为起始角度。

⑤Depth：部分空心圆柱体的深度,即在 Z 方向的坐标值。

说明：如果想生成一个实心圆柱体,内部半径指定为零或空. 这种情况下零或空占据 Rad-1 或 Rad-2 的位置。另外一个值必须指定为正值,它用来定义外部半径。开始角度、终止角度指定为零或空或360。

（5）By Dimensions

功能：以工作平面原点为圆心生成圆柱体。

操作命令有：

命令：CYLIND

GUI：Main Menu>Preprocessor>Modeling>Create>Cylinder>By Dimensions

操作说明：执行上述命令后,弹出图 5.22 圆柱体对话框。在对话框中输入圆柱体半径和高度生成圆柱体。完成对话框设置后,单击对话框中的"OK"键生成圆柱体。

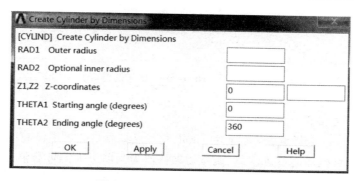

图 5.22　By Dimensions 对话框

对话框中各项的意义如下：

①Outer radius：圆柱体的外半径值。

②Optinal inner radius：圆柱体的内半径值。

③Z-coordinates：圆柱体在 Z 方向的变化范围值。

④Staring angle（degrees）：圆柱体的起始角。

⑤Ending angle（degrees）：圆柱体的终结角。

说明：空心圆柱体的两个半径值（RAD1 和 RAD2）可以以任意顺序指定半径,小的值是内部半径,大的值为外部半径。

如果想生成一个实心圆柱体,内部半径指定为零或空。这种情况下零或空占据

RAD1 或 RAD2 的位置。另外一个值必须指定为正值,它用来定义外部半径。

如果要生成部分圆柱体,则改变其起始角及终结角的大小。

5.1.1.7　Nodes 节点

操作命令有:

GUI:Main Menu>Preprocessor>Modeling>Create>Nodes

操作说明:ANSYS 提供了多种直接生成节点的方法。

(1)定义节点 In Active CS

功能:在激活的坐标系中生成节点。

操作命令有:

命令:N

GUI: Main Menu>Preprocessor>Modeling>Create>Nodes>In Active CS

操作说明:执行上述命令后,弹出如图 5.23 所示的对话框,完成对话框设置,单击"OK"键则在图形输出窗口上生成一个节点。

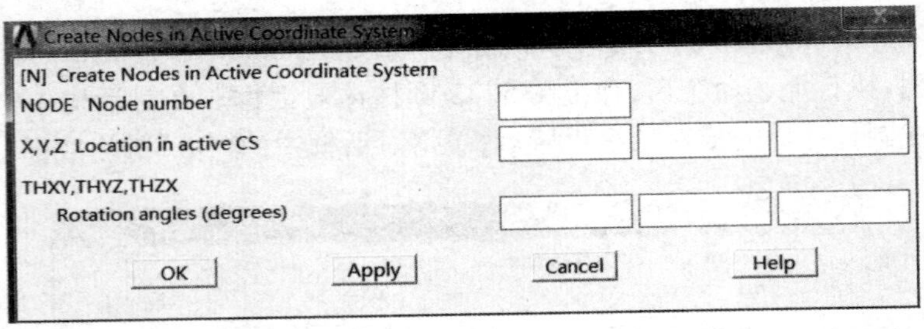

<figure>

[N] Create Nodes in Active Coordinate System

NODE　Node number

X,Y,Z Location in active CS

THXY,THYZ,THZX
　　Rotation angles (degrees)

OK　　Apply　　Cancel　　Help

</figure>

图 5.23　In Active CS 对话框

对话框的含义如下:

①Node number:给节点编号,当用户指定的节点编号与图形中已有编号数相同时,该命令将更新该节点编号的位置,节点编号的默认值为当前最大编号数再加 1。

②Location in active CS:节点在激活坐标系中的坐标值,按"X、Y、Z"的顺序输入。

③Rotation angles(degrees):节点的旋转角度(单位为度),THXY 为第一个旋转角度,它是绕 Z 轴由 X 正方向沿 Y 正方向所转动的角度。同理 THYZ、THZX 分别为第二、三个旋转角度。当为空或零时,节点的坐标系平行于总体坐标系。

(2)从已有节点生成另外的节点

系统一旦生成初始模式的节点,可用下列方法生成另外的节点:

1)Fill between Nds

功能:在已有两节点间的连线上生成节点。

操作命令有:

命令:fill

GUI:Main Menu>Preprocessor>Modeling>Create>Nodes>Fill between Nds

操作说明:执行上述命令后,出现一个拾取框,在图形输出窗口上拾取两个节点,单击

拾取框上的"OK"键,弹出图 5.24 对话框完成设置后,单击对话框上的"OK"键,则在所选择的两节点之间生成用户所设置的节点数。

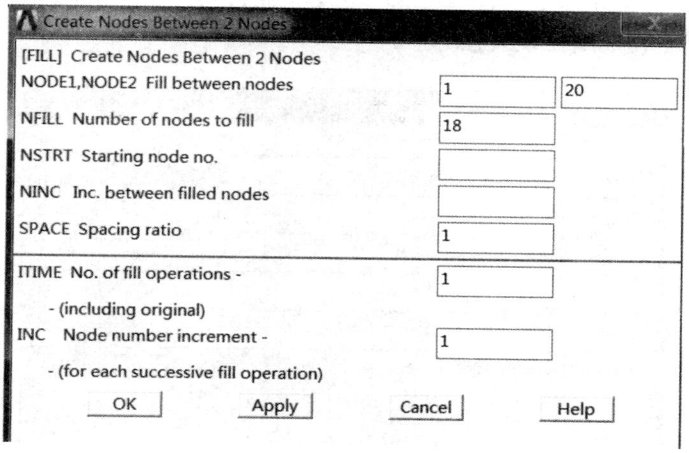

图 5.24 Fill between Nds 对话框

对话框中各项的意义如下:

①Fill between nodes:用户先后选择的两个节点编号,由系统自动给出,用户也可以对节点的编号进行设置。

②Number of nodes to fill:在两节点之间生成节点的个数,系统自动根据两节点的编号计算出所要填充的节点个数即由公式"|node2—node1|-1"算出,用户可以根据需要对这个值进行设置。

③starting node no:生成新节点的起始编号,由用户指定,默认值为第一个选择的节点编号再加上其下设置的节点编号之间的增量。

④inc between filled nodes:新生成节点编号之间的增量,该值可以为正也可以为负,默认值为 1。

⑤spacing ratio:间距率,即最后一个节点之间的间距与第一个节点之间的间距之比,如果大于 1,则最后一个间距的长度将大于其前面的间距,若小于 1,则小于其前面的间距。若为 1 则节点间距为均布。

⑥No. of fill operation:设置填充操作的次数。

⑦Node number increment:在多次填充操作中节点编号的增量。

5.1.1.8 Elements 单元

操作命令有:

GUI:Main Menu>Preprocessor>Modeling>Create>Elements。

(1)ElemAttributes 单元属性

功能:选择单元属性。

操作命令有:

命令：TYPE

GUI：Main Menu>Preprocessor>Modeling>Create>Elements>Elem Attributes

操作说明：执行上述命令后，出现图 5.25 单元属性对话柜，在各下拉列表中选择所需项后，单击"OK"键完成属性设置任务。

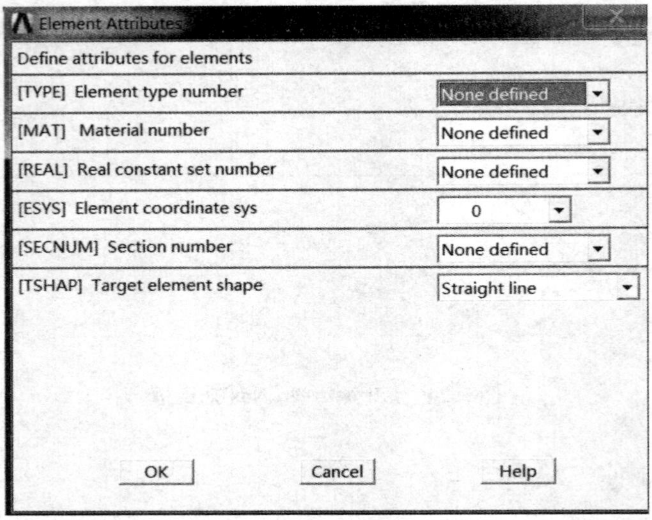

图 5.25　Elem Attributes 对话框

对话框中的各项含义：

①Element type number：设置随后划分网格的单元类型编号，其下拉列表框中所出现的单元编号必须是执行命令"Main Menu>Preprocessor>Element type >Add/Edit/Delete，然后在出现的对话框中进行设置后才会出现。

②Material number ：设置随后划分网格的材料属性编号：其下拉列表框中所出现的材料编号必须是执行命令"Main Menu>Preprocessor>Material Prop>Material Model"然后在出现的对话框中进行设置后才会出现。

③Real constant set number：设置随后划分网格时，对单元设置的实常数编号；其下拉列表中所出现的实常数编号必须是执行命令"Main Menu>Preprocessor>Real Constants>Add/Edit/Delete"，然后在出现的对话框中进行设置后才会出现。

④EIement coordinate：单元坐标系编号。

⑤Section number：预拉伸剖面的编号。

说明：下拉列表中的各项必须是已定义好的。单元类型参考号和材料类型号系统默认值为 1。

5.1.1.9　Operate 组合运算操作

任何复杂的图元都是由一些基本的图元通过各种组合运算而得到，这些运算主要包括拖拉、延伸、缩放和布尔运算，对于通过自底向上或自顶向下生成的图元均有效。限于篇幅,在本书中不再对基本图元如何组合运算进行介绍,请参考相关其他书籍。

5.1.1.10　Delete 删除操作

用户可用下面描述的图元删除命令来删除实体模型图元,包括点、线、面和体,删除有限元模型中的节点和单元。如果某个较低级的图元依附于某个较高的图元,那么它们就不能被单独地删除,必须采用逐层递减的顺序进行删除,即按体、面、线、关键点的顺序进行删除。如果激活"扫掠"选项,用户就可以指示程序自动地删除所有相联系的较低级的图元。

操作命令有:

GUI:Main Menu>Preprocessor>Modeling>Delete

执行上述命令,弹出子菜单如图 5.26 所示。

（1）Keypoints(关键点)

功能:删除没有划网格的关键点。

操作命令有:

命令:KDELE;

GUI:Main Menu>Preprocessor>Delete>Keypoints。

操作说明:执行上述命令后,出现一个拾取框,拾取将要删除的关键点,单击拾取框上的"OK"键,所选择的关键点被删除。

说明:删除所选择的关键点,附在线上的关键点是不能被删除,除非这条线在删除关键点之前被删除。

（2）Hard Points(硬点)

功能:删除所选择的硬点。

操作命令有

命令:HPTDELETE;

GUI:Main Menu>Preprocessor>Delete>Hard Points。

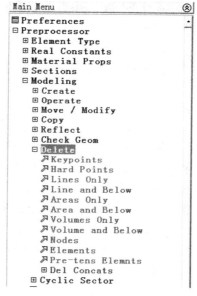

图 5.26　Delete 子菜单

操作说明:执行上述命令后,出现一个拾取框,用鼠标选择将要删除的硬点,或在命令提示行中输入硬点的编号并回车确定,单击拾取框上的"OK"键,所选择的硬点被删除。

说明:除了删除指定硬点本身外,还删除所有附在指定硬点上的属性。如果任何实体被附在指定硬点上,该命令将会把实体与硬点分开,这时会出现一个警告信息框。

（3）Lines(线)

1）Lines Only

功能:仅删除没有划分网格的线段。

操作命令有

命令:LDELE;

GUI:Main Menu>Preprocessor>Delete>Lines only。

操作说明:执行上述命令后,比现一个拾取框,用鼠标选择将要删除的线段,或在命令提示行中输入线的编号并回车确定,单击拾取框上刚"OK"键,完成所选择线的删除。

说明:该命令仅删除线段,其下的低级图元如附在所选择线上的关键点并没有删除。附加在面上的线段不能被删除,除非在删除线段之前先删除面。

2)Lines and Below

功能:删除没有划网格的线段及其下的低级图元。

操作命令有:

命令:LDELE;

GUI:Main Menu>Preprocessor>Delete>Lines and Below。

操作说明:执行上述命令后,出现一个拾取框,用鼠标选择将要删除的线段,或在命令提示行打中输入线的编号并回车确定,单击拾取框上的"OK"键,完成所选择线的删除。

说明:该命令除了删除线段本身以外,还删除线段以下的低级图元如关键点。其他与"Lines Only"命令相同,与其他实体共享的低级图元不会被删除。

(4)Areas(面)

1)Areas Only

功能:仅删除没有划网格的面。

操作命令有:

命令:ADELE;

GUI:Main Menu>Preprocessor>Delete>Areas Only。

操作说明:执行上述命令后,出现一个拾取框,用鼠标选择将要删除的面,或在命令提示行中输入面的编号并回车确定,单击拾取框上的"OK"键,完成所选择面的删除。

说明:该命令仅删除面,其下的低级图元如附在所选择面上的关键点、线等并没有删除。附加在实体上的面不能被删除,除非在删除面之前先删除体。

2)Areas and Below

功能:删除没有划网格的面及与该面相关的所有低级图元。

操作命令有:

命令:ADELE;

GUI:Main Menu>Preprocessor>Delete>Areas and Below。

操作说明:执行上述命令后,出现一个拾取框,用鼠标选择将要删除的面,或在命令提示行中输入面的编号并回车确定,单击拾取框上的"OK"键,完成所选择面的删除。

说明:该命令除删除面本身以外,还删除面下的所有低级图元如附在所选择面上的关键点、线等。附加在实体上的面不能被删除,除非在删除面之前先删除体。与其他实体共享的低级图元不会被删除。

(5)Volumes(体)

1)Volumes Only

操作命令有:

命令:VDELE;

GUI:Main Menu>Preprocessor>Delete>Volumes Only。

操作说明:执行上述命令后.出现一个拾取框,用鼠标选择将要删除的体,或在命令提示行中输入体的编号并回车确定,单击拾取框上的"OK"键,完成所选择体的删除。

说明:该命令仅删除体,其下的低级图元如附在所选择体上的关键点、线、面等并没有删除。

2)Volumes and Below

功能:删除没有划网格的体及与该体相关的所有低级图元。

操作命令有:

命令:VDELE;

GUI:Main Menu>Preprocessor>Delete>Volumes and Below。

操作说明:执行上述命令后,出现一个拾取框,用鼠标选择将要删除的体,或在命令提示行中输入体的编号并回车确定,单击拾取框上的"OK"键,完成所选择体的删除。

说明:该命令除删除体本身以外,还删除体下的所有低级图元如附在所选择体上的关键点、线、面等,与其他实体共享的低级图元不会被删除。

(6)节点与单元

1)Nodes

功能:删除所选择的节点。

操作命令有:

命令:NDELE;

GUI:Main Menu>Preprocessor>Delete>Nodes。

操作说明:执行上述命令后,出现一个拾取框,用鼠标选择将要删除的节点,或在命令提示行中输入节点的编号并回车确定,单击拾取框上的"OK"键,所选择的节点被删除。

说明:删除选择并没有附在单元上的节点,包含在删除节点上边界条件如位移、力以及耦合或约束方程也将会被删除。

2)Elements

功能:删除所选择的单元。

操作命令有:

命令:EDELE;

GUI:Main Menu>Preprocessor>Delete>Elements。

操作说明:执行上述命令后,出现一个拾取框,用鼠标拾取将要删除的单元,或在命令提示行中输入单元的编号并回车确定,单击拾取框上的"OK"键,所选择的单元被删除。

说明:被删除的单元可以用"空"单元来替代,"空"单元仅用来保留单元编号,这样模型中其他单元的编号顺序不会因为删除单元而发生改变,空单元也可以用命令"NUMCMP"移去。如果与单元相关的数据如面、力也要删除,在删除单元之前选删除这些相关数据,该命令仅删除纯单元。即所删除单元上没有附着任何相关联的要素。

(7)Pre-tens Elemnts(预拉伸单元)

功能:删除预拉伸单元。

操作命令有:

命令:EDELE;

GUI:Main Menu>Preprocessor>Delete>Pre-tens Elemnts。

操作说明:执行上述命令后,出现一个信息警告框,单击警告框上的"OK"键,完成预

拉伸单元的删除。

（8）Del Concats（删除链接）

1）Lines

功能：删除在网格划分前采用命令"LCCAT"连接的线段。

操作命令有：

GUI：Main Menu>Preprocessor>Delete>Del Concat>Lines。

操作说明：执行上述命令后，在网格划分之前，由" Main Menu > Preprocessor > Concatenate>Lines"命令所连接的线段被删除。

2）Areas

功能：删除在网格划分前采用命令"ACCAT"连接的面。

操作命令有：

GUI：Main Menu>Preprocessor>Delete>Delete>Del Concats>Areas。

操作说明：执行上述命令后，在网格划分之前，由 Main Menu > Preprocessor > Concatenate>Areas"命令所连接的面被删除。

5.1.2 从 IGES 文件中将几何模型导入 ANSYS 方法

用户可以在 ANSYS 中直接建立模型，然而，ANSYS 的建模功能有时无法满足现实需要，尤其是建立复杂的几何模型时，不如其他 CAD 软件方便和准确。我们可以在 CAD 软件中建立几何模型，然后把几何模型导入 ANSYS 进行分析。ANSYS 提供各种 CAD 软件的直接接口和中性几何文件接口，用于导入各种 CAD 软件建立的几何模型。

执行 Utility menu>File>Import，出现 ANSYS 导入 CAD 几何模型的子菜单，其中的各项意义为：

· IGES：初始文件交换标准，用于导入 IGES 格式的几何模型。

· CATIA：用于导入 CATIA V4 以及更低版本建立的几何模型。

· CATIA V5：用于导入 CATIA V5 版本建立的几何模型。

· PRO/E：用于导入 PRO/E 软件建立的几何模型。

· UG：用于导入 UG 软件建立的几何模型。

· SAT：用于导入 SAT 格式的几何模型。

· PARA：用于导入 PARA 格式的几何模型。

· CIF：用于导入 CIF 格式的几何模型。

当导入 CAD 软件建立的几何模型含有复杂曲面时，还需要对几何模型进行修复，以保证能够成功地进行网格划分。包括是否忽略细小的几何特性，消除模型的不连续特性，自动进行图元合并和创建几何体等。

导入模型后，还可以对模型进行简化工作。例如去除某些孔和凸台、消除小单元、合并临近的图元、通过分割和折叠移去小碎片等。

注意：ANSYS 接口产品的版本号要匹配，只有匹配的接口产品才能正确导入各种 CAD 文件。匹配遵循向下兼容原则，即 ANSYS 的版本要高于 CAD 软件的版本。另外，ANSYS 提供的各种 CAD 软件接口程序必须获得正式授权才能使用。

除上述导入各种 CAD 几何模型的接口之外,ANSYS 程序还可以输出 IGES 的几何模型文件。输出 IGES 几何模型文件选择的菜单路径是:Utility menu>File>Export。

常用的各种 CAD 软件、文件类型和 ANSYS 接口的对应关系见表 5.1。

表 5.1 CAD 软件、文件类型和 ANSYS 接口的对应关系

CAD 软件	文件类型	ANSYS 接口
CATIA 4.X 及低版本	.model 或.dlv	CATIA
CATIA 5.X	.CATPart 或.CATProduct	CATIA V5
Pro/ENGINEER	.prt	Pro/ENGINEER
Unigraphics	.prt	Unigraphics
Parasolid	.x_t 或.xmt_txt	Parasolid
Solid Edge	.x_t 或.xmt_txt	Parasolid
SolidWorks	.x_t	Parasolid
Unigraphics	.x_t 或.xmt_txt	Parasolid
AutoCAD	.sat	SAT
Mechanical Desktop	.sat	SAT
SAT	.sat	SAT
Solid Designer	.sat	SAT

5.1.2.1 中间格式 IGES 的 ANSYS 导入

IGES(Initial Graphics Exchange Specification)是一种被广泛接受的中间标准格式,用于在不同的 CAD 和 CAE 系统之间交换几何模型。该过滤器可以输入部分文件,所以用户至少可以通过它来输入模型的一部分从而减轻建模工作量。用户也可以输入多个文件至同一个模型,但必须设定相同的输入选项。

(1)设定输入 IGES 文件的选项

命令:IOPTN

GUI:Utility Menu > File>Import>IGES

执行以上命令后,弹出 Import IGES File 对话框,如图 5.27 所示,单击 OK 按钮。

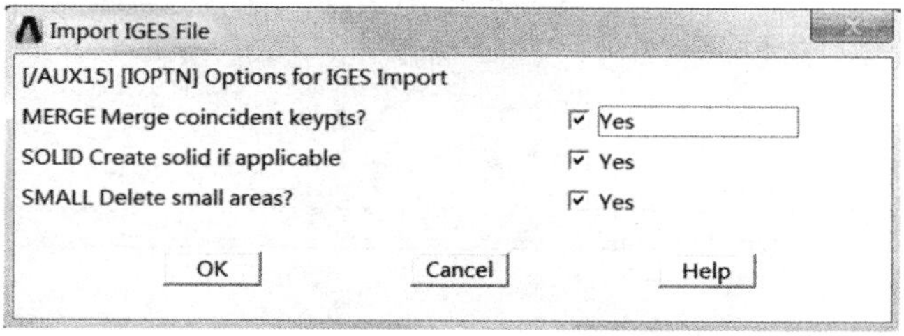

图 5.27 Import IGES File 对话框

(2)选择 IGES 文件

命令：IGESIN

在上述 GUI 操作之后，会弹出如图 5.28 所示的 Import IGES File 对话框，输入适当的文件名，单击 OK 按钮，在弹出的询问对话框中单击 Yes 按钮执行 IGES 文件输入操作。

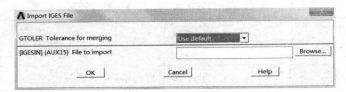

图 5.28　Import IGES File 对话框

5.1.2.2　SAT 文件导入 ANSYS

ANSYS 的 SAT 接口可以导入在 ACIS7.0 及其更低的版本上创建的模型。ACIS 是一个几何工具模块，它所创建的几何模型文件的扩展名为.SAT。基于 ACIS 创建的.SAT 文件的 CAD 软件有 AutoCAD、SolidWorks 等。

下面以 AutoCAD 软件为例介绍 SAT 文件导入 ANSYS 的具体方法。

(1)启动 AutoCAD。执行菜单文件＞打开命令，弹出选择文件对话框，例如，打开某磁盘文件夹下的 zhouchengzhizuo.dwg 文件，如图 5.29 所示。

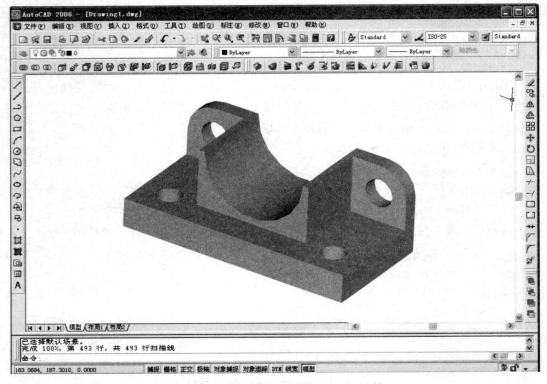

图 5.29　打开 zhouchengzhizuo.dwg 文件

（2）输出 SAT 格式文件。执行菜单文件>输出命令，弹出输出数据对话窗，如图 5.30 所示。文件类型选择 ACIS(＊. sat)，选择合适的文件名和路径保存，由 CAD 软件创建的实体必须存放在由英文命名的文件夹中，文件名也必须由英文命名。在文件名栏内输入 zhouchengzhizuo 后，单击保存按钮。提示选择实体，用鼠标选择模型实体，回车。

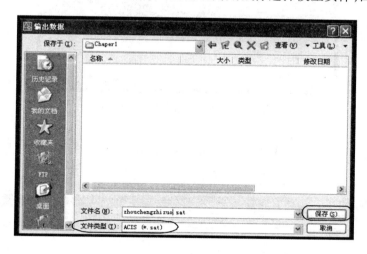

图 5.30　选择输出项

（3）导入 SAT 格式文件。运行菜单 Utility Menu>File>Import>SAT... 命令。弹出 ANSYS Connection for SAT 对话窗，在弹出的对话框中选择已保存的 zhouchengzhizuo. sat 文件，单击 OK 按钮导入实体，如图 5.31 所示。

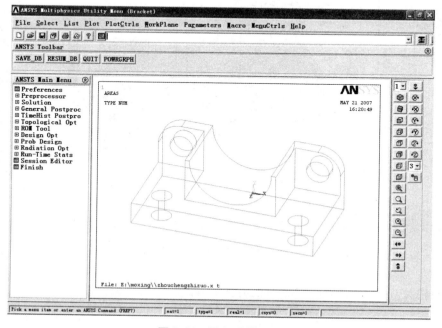

图 5.31　导入后的界面

（4）把线框模型变为实体模型。运行菜单 Utility Menu>PlotCtrls>Style>Solid Model Facets 命令，弹出 Solid Model Facets 对话框，在下拉菜单中选择 Normal Faceting，单击 OK 按钮，如图 5.32 所示。

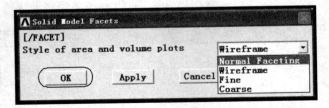

图 5.32　Solid Model Facets 对话框

（5）重新显示。运行菜单 Utility Menu>Plot>Replot 命令。生成完整轴承支座模型如图 5.33 所示。

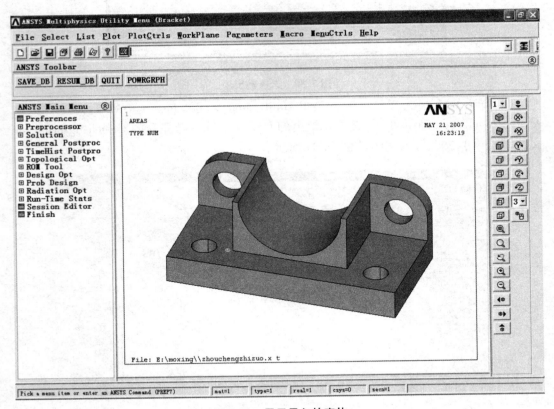

图 5.33　显示导入的实体

其他相关 CAD 模型导入 ANSYS 的方法请参阅相关书籍和资料。

5.2   材料设置与网格划分

实体模型建立之后,对其划分网络,从而建立有限元模型。对实体模型进行网格划分过程包括三个步骤:

(1)定义单元属性

单元属性包括单元类型(element type),定义实常数(real constants),定义材料特性(material props)。

(2)定义网格生成控制(即设定网格建立所需的参数)

主要用于定义对象边界(即线段)元素的大小与数目,这一步非常重要,它将直接影响分析时的正确性和经济性。一般来说,网格越细得到的结果越好,但网格太细会占用大量的分析时间,造成资源浪费,同时太细的网格在复杂的结构中,常会造成划分不同网格时的连接困难,这一点需要特别注意。

(3)生成网格

完成以上两个步骤就可以进行网格划分,产生网格,建立有限元模型。如果不满意网格划分的结果,可以清除已经生成的网格,并重新进行以上两个步骤,直到满意为止。

5.2.1   设置单元类型与实常数

进入设置单元类型的操作命令有:

GUI:Main Menu>Preprocesso>Element Type

执行上述命令后,得出如图 5.34 所示的子菜单。

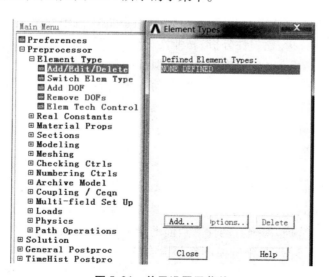

图 5.34   单元设置子菜单

(1)Add/Edit/Delede   编辑单元类型

功能：添加、编辑和删除单元类型。

操作命令有：

命令：ET

GUI：Main Menu>Preprocesso>Element Type>Add/Edit/Delede

操作说明：执行上述命令后，弹出如图 5.34 所示的对话框。单击"Add"，又弹出如图 5.35 所示的对话框。用户可在"Library of Element Types"左面框内选择分析类型如"Structural Solid"，在右面的框内选择单元类型如"Solid186"。单击"Apply"，用户可以选择多个单元，所选择的单元都将会出现在图 5.36 所示的对话框。在单元选择完后，单击"OK"键，关闭"Library of Element"对话框，回到图 5.34 对话框的状态，单击"Close"关闭"Element Types"对话框，结束单元类型的设置。

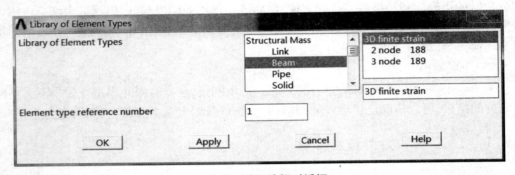

图 5.35　单元选择对话框

图 5.35 对话框中各选项的意义如下：

①Library of Element Types(单元模型库)在其右面的栏中列出了供用户选择的所有单元类别，包含结构分析、超弹性分析、黏弹性分析、接触分析、热分析、流体分析、耦合分析等多种单元类别。其中结构分析的单元类型有：

②Structural Mass：表示结构质量模型，仅有一个名为"3D Mass 21"的单元。

③Structural Link：表示结构杆模型。

④Structural Beam：表示结构梁模型。

⑤NStructural Pipe：表示结构管模型。

⑥Strctural Solid：表示结构实体模型。

⑦Structural shell：表示结构壳体模型。

⑧Element type reference number(单元类型参考号)：在其右面的输入栏中设置单元类型号，方便系统内部管理，系统自动计算当前的参考号，单元模型参考号与分析计算无关。

说明：一般情况下，每个分析模型都包含有许多个单元，所以，ANSYS 有近 200 个单元类型。其选择应根据分析模型，在图 5.35 单元模型库对话框右面选择栏内按需要确定。

图 5.36 对话框中各选项的意义如下：

①单元类型列表栏：列出当前所定义的所有单元，可对该栏内的单元进行单元选项的

设置和删除,被选中的单元将会高亮度显示。列表栏单元的编号按用户添加的顺序自动排列而成。

②Add:调用图 5.35 所示的"Library of Element Types"对话框,用户能够添加新的单元到这个列表栏中。

③ Option:调用图 5.36 所示"Element Type Options"对话框,用户能够在所在列表栏中选择的单元进行单元选项设置。不同的单元会有不同的选项设置,用户要想详细了解每个单元的选项属性可参考《ANSYS 单元手册》。

④Delete:删除用户在列表栏中选择的单元,若列表栏中没有单元,则该项显示为灰色。

另外,这里简要介绍常见单元类型选择与应用。从单元类别上讲,ANSYS 提供了许多不同类别的单元。经常采用的单元有:

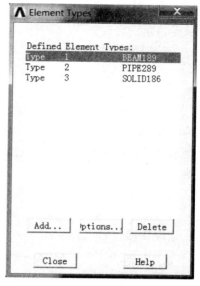

图 5.36　单元类型对话框

1)线单元。

①杆单元(Link):用于弹簧、螺杆、预内力螺杆和薄膜桁架等模型。

②梁单元(Beam):用于螺栓、薄壁管件、C 型截面构件、角钢或细长薄膜构件等模型。

③弹簧单元(Combination):用于弹簧、螺杆,或细长构件,或通过刚度等效替代复杂结构等模型。

2)壳单元(Shell)。

①壳单元用于薄板或曲面模型。

②壳单元分析应用的基本原则是每块面板的主尺寸不低于其厚度的 10 倍。

3)二维实体单元(Solid)。

二维实体单元必须在全局直角坐标 X-Y 平面内建模,用于模拟实体的截面,所有的荷载均作用在 X-Y 平面内,并且其响应(位移)也在 X-Y 平面内。单元的特性为:

①平面应力:平面应力假定沿 Z 方向的应力等于零(当 Z 方向上的尺寸远远小于 X 和 Y 方向上的尺寸才有效,沿 Z 方向的应变不等于零,沿 Z 方向允许选择厚度),平面应力分析是用来分析诸如承受面内载荷的平板,承受压力或离心载荷的薄盘等结构。

②平面应变:平面应变假定沿 Z 方向的应变等于零(当 Z 方向上的尺寸远远大于 X 和 Y 方向上的尺寸才有效,沿 Z 方向的应力不等于零),平面应变分析适用于分析等截面细长结构诸如结构梁。

③轴对称假定三维实体模型及其载荷是由二维横截面绕 Y 轴旋转 360°形成的(对称轴必须和整体 Y 轴重合,不允许有负的 X 坐标。Y 方向是轴向,X 方向是径向,Z 方向是周向。周向位移是零,周向应力和应变十分明显)。轴对称分析用于压力容器,直管道、杆等结构。

④谐单元:谐单元是一种特殊情形的轴对称,因为载荷不是轴对称的(将轴对称结构承受的非对称载荷分解成傅立叶级数,博立叶级数的每一部分独立进行求解,然后再合并

到一起。这种简化处理本身不具有任何近似）。谐单元分析用于非对称主载荷结构,如承受力矩的杆件。

4）三维实体单元（Solid）。

①用于那些由于几何形状、材料、载荷或分析要求考虑细节等原因造成无法采用更简单单元进行建模的结构。

②用于从三维 CAD 系统转化过来的几何模型,把它转化为二维或壳体需要花费大量的时间和精力。单元包含有阶数。单元的阶数是指元形函数的多项式阶数。形函数总是根据给定的单元特性来设定的。每一个单元形函数反映单元真实特性的程度,直接影响求解精度。

（2）Real Constants 实常数的设置

功能:为所定义的单元添加、编辑或删除实常数。

操作命令有:

GUI:main Menu>Preprocessor>Real constants>Add/Edit/delete。

操作说明:执行上述命令后,弹出一个如图 5.37 所示的对话框,单击"Add"弹出如图 5.38 所示的"Element Type for Real Constant"对话框,在选择栏中选择一个单元类型如 LINK180,单击"OK"键,又弹出如图 5.39 所示"Real Constant Set Number1,for LINK180"对话框。完成图 5.39 的设置后,单击"OK"键,则关闭该对话框,又回到了"RealConstants:"对话框,单击"OK"键,则结束实常数的设置。

说明:并不是每个单元都有实常数,当用户选择一个单元类型进行实常数设置时,必须要了解该单元是否具有实常数,若没有实常数.则会出现一个如图 5.40 所示信息提示框,对于每个单元的实常数的具体设置,用户可参考《ANSYS 单元手册》。

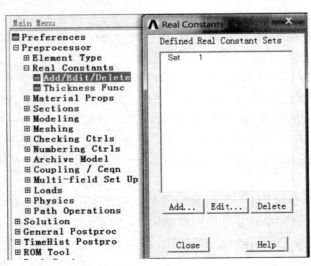

图 5.37　实常数设置对话框

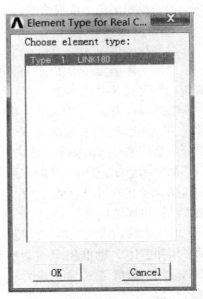

图 5.38　Element Type for Real Constant 对话框

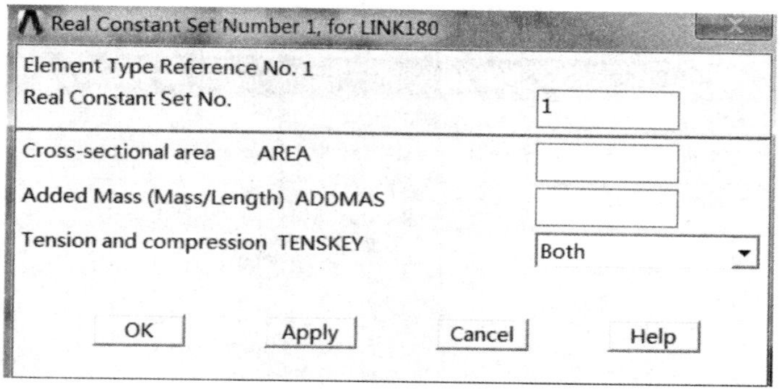

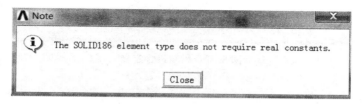

图 5.39　实常数输入对话框

图 5.40　信息提示框

5.2.2　材料属性设置

材料属性是与几何模型无关的本构关系如弹性模量、泊松比、密度等。虽然材料属性并不与单元类型联系在一起,但在计算单元矩阵时,绝大多数单元类型需要定义材料属性,ANSYS 软件根据应用的不同,可将材料属性分为:①线性或非线性;②各向异性、正交异性或非弹性;②不随温度变化或随温度变化。

在 ANSYS 中,每一组材料属性有一个材料参考号,与材料特性组对应的材料参考号称为材料表。在每一个分析中,可能有多个材料特性组即模型中可能要用到多种材料。ANSYS 用唯一的参考号来识别每个材料特性组。

材料属性设置的命令为:

GUI:Main Menu> Preprocessor>Material Props。

执行上述命令后,材料属性的子菜单如图 5.41 所示:

功能:定义材料模型、材料属性和模型组合。

操作命令有:

GUI:Main Menu > Preprocessor > Material Props > Material Models。

操作说明:执行上述命令后,弹出如图 5.42 所示的对话框,通过该对话框,用户能够定义在模型中所需要的所有材料的属性,设置完成后,单击"Material>Exit",

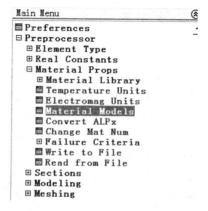

图 5.41　材料属性子菜单

结束材料属性的定义。

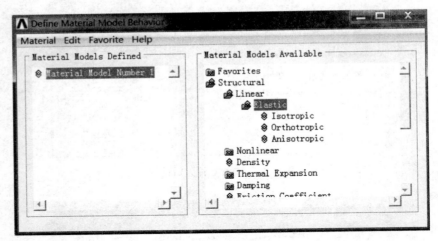

图 5.42   材料属性定义

图 5.42 对话框中有两个下拉菜单,两个交互波动的树结构窗口,其各选项的意义如下:

1)Material 下拉菜单:用户能够设置模型个唯一的材料模型号和退出该对话框,它有下列两个子菜单项:

①New Model:出现一个对话框,用户在对话栏中指定所要定义材料模型的唯一 ID 号。ANSYS 的默认是自动指定第 1 个材料模列的 ID 号,当用户是定义第 1 个材料模型时,没有必经选择该项。

②Exit:关闭对话框,用户在出现该对话框时所进行的设置都将被保留在数据库里。

2)Edit 下拉菜单:允许用户复制和删除材料模型,它有两个选项:

①Copy:选择该选项后,弹出一个对话柜,用户可在"From Material number"中选择一个将要复制的构料 ID 号,在"To Material number"指定一个新的材料编号,单击"OK"键后,复制 ID 号材料到新指定的材料编号中。

②Delete :在"Material Model define"窗口中选择将要删除的材料号,然后单击该命令,则系统将删除所选择的材料。

3)Material Model define:在该窗口中,列出用户在"Material Model Available"窗口中指定的每一个材料模型编号。当用户将与材料属性或模型相关的材料数据输入对话框中,单击"OK"键时,则相关的列表就会显示出来。当用户双击每个材料属性前向的小图标,则该材料的属性就会显示出来,用户可以对这些数据进行编辑或修改。

4)Material Models Available:在该窗口中列出材料的分类,如结构、热分析、电磁等。双击材料的分类,用户可以看该类型下的子类,再双击子类,直到出现该子类所包含的材料项,用户可以选择一种与分析类型相适应的材料类型,在确定好所选择项后,双击该项,将弹出一个要求输入相关数据的对话框。如图 5.43 所示。要求输入弹性模量和泊松比的对话框,在输入完所要求的数据后,单击对话框中的"OK",则材料类型号将出现在

"material Models Defined"的窗口中。

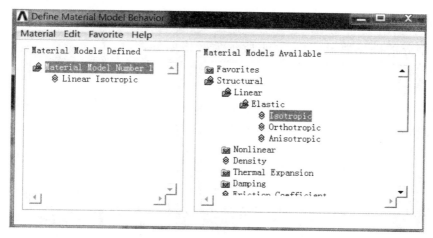

图 5.43　材料属性输入窗口

说明:对一个结构分析来说,某些非弹性材料模型除了要求输入为该模型指定的非弹性材料常数如屈服应力以外,还要求输入弹性材料属性如弹性模量和泊松比,并在输入非弹性属性之前,要求先输入弹性材料属性。在输入复合模型时,当输入完第 1 种材料模型的常数后,单击"OK"键,第 2 种材料模型的对话框将会出现,这时可以输入第 2 种材料的属性。

5.2.3　几何模型网格划分

5.2.3.1　网格划分的种类

网格可分为自由网格和映射网格。在对模型进行网格划分之前要确定采用自由网格还是映射网格进行分析。

自由网格对实体模型无特殊要求,对任何几何模型,规则的或不规则的,都可以进行网格划分,并且没有特定的准则。所用单元形状取决于对面还是对体进行网格划分,自由面网格可以只有四边形单元组成,也可以只有三角形单元组成,或由两者混合组成;自由体网格一般限定为四面体单元。

映射网格划分要求面或体是有规则的形状,而且必须遵循一定的准则。与自由网格相比,映射面网格只包含四边形或三角形单元;而映射体网格只包含六面体单元。映射网格具有规则形状,单元呈规则排列。

对平面 2D 结构而言,若为四边形结构,则用映射网格划分时,其对应边的线段分割数目一定相等,而用自由网格划分时,其对应边的线段分割数目不一定相等。若为三角形结构,则用映射网格划分时,其三边线段分割数目一定相等且为偶数,而用自由网格划分时其对应边线段分割数目一定不相等。对 3D 结构而言,映射网格划分时,其对应边的线段分割数目一定相等,而自由网格划分时则不一定。

5.2.3.2　MeshTool-网格划分工具

ANSYS 提供了最常用的网格划分控制工具"MeshTool"，它是网格划分的操作捷径。图 5.44 所示为网格划分控制"MeshTool"工具条。操作命令有：

GUI：Main Menu>Preprocessor>Mesh Tool。

这是一个交互的"工具箱"，一旦被打开，它就一直处于打开状态，直到被关闭或离开前处理器"/PREP7"。"MeshTool"对话框中包含有许多功能。现分别介绍如下：

（1）Element Attributes（单元属性）

功能：对将要划分的网格单元设置单元属性。

操作说明：在"Element Attribute"下面的下拉列表栏中有五个选项即"Global""volumes""Areas""Lines"和"Keypoints"，图 5.45 所示，选择其中需要设置单元属性的项，单击"Set"按钮弹出一个如图 5.46 所示的对话框，在对话框各选项框中相应地设置单元类型（TYPE）、材料参考号（MAT）、实常数（REAL）、单元坐标系（ESYS）（默认值为 0）、截面号（SECNUM）。

设置完毕之后，按"OK"键关闭对话框。

设置单元属性还可以通过以下两种方法实现，图 5.47 和图 5.48 所示。

命令：ET；

GUI：Main Menu>Preprocessor>Create>Elements>Elem Attributes。

命令：DT；

GUI：Main Menu>Preprocessor> Meshing>Mesh Attributes>Default Attribs。

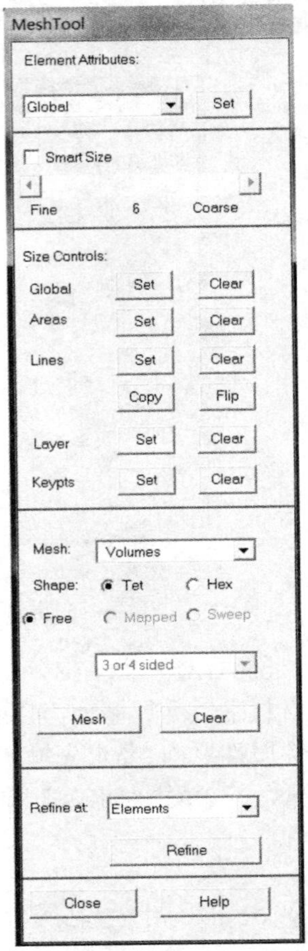

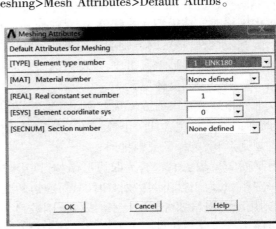

图 5.44　MeshTool 工具条

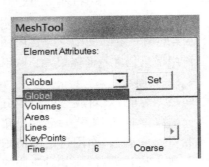

图 5.45　Element Attribute 对话框

图 5.46　Element Attribute 设置

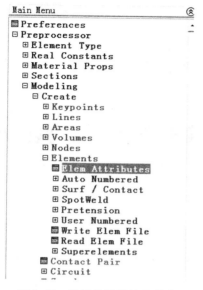

图 5.47　设置单元属性子菜单

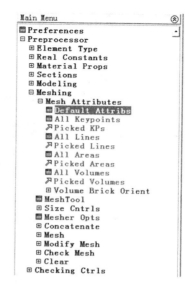

图 5.48　设置单元属性子菜单

（2）Smart size（智能化控制）

功能：对网格划分进行智能化控制。

操作说明：在"Smart size"前方框中点击（图 5.49 所示），出现√，激活"Smart size"命令，可在其下的滚动栏中出现一个滚动条，滚动条由细（Fine）到粗（Coarse）可以在 1 到 10 之间变化，以此决定网格划分密度，"Smart size"的默认值为 6。

说明："Smart size"命令建议在自由网格操作中使用，不能用于映射网格操作。

（3）Size Controls（单元划分大小控制）

功能：单元尺寸大小控制，可以对不同的网格单元进行尺寸控制。图 5.50 所示。

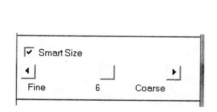

图 5.49　Smart size 对话框

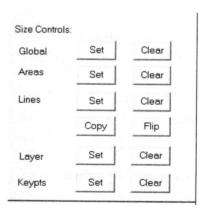

图 5.50　Size Controls 对话框

1）Global。

功能:设置或删除整体图元中没有指定划分大小的线的单元尺寸大小。

它有以下两个功能键:

①Set。

功能:对整体图元中没有指定划分大小的线进行单几尺寸大小的设置。

操作说明:执行上述命令后,会弹出一个如图 5.51 所示的对话框,尺寸设置完毕单击
"OK"键关闭对话框。完成该命令的操作过程。

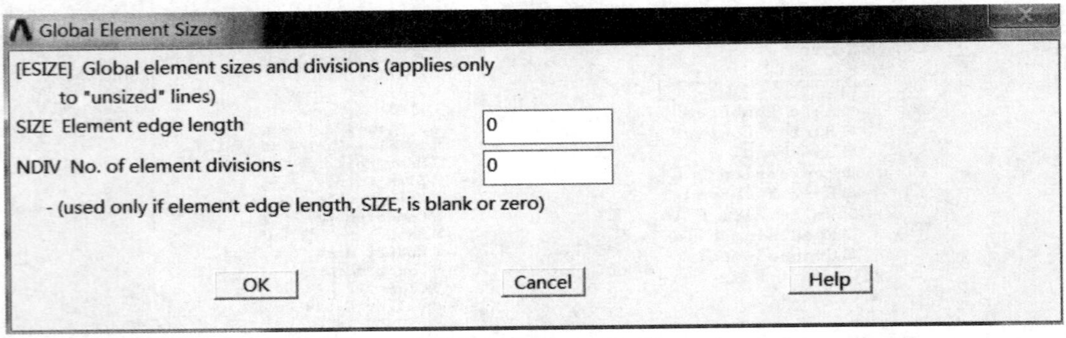

Global Element Sizes

[ESIZE] Global element sizes and divisions (applies only
　　to "unsized" lines)

SIZE　Element edge length　　　　　　　　　`0`

NDIV　No. of element divisions -　　　　　　`0`

　- (used only if element edge length, SIZE, is blank or zero)

　　OK　　　　　　　　Cancel　　　　　　Help

图 5.51　Global Element Size 对话框

网格单元尺寸设置有下列两种方式:Element edge length:设定单元边长 5,即划分网格中单元边的长度。单元边长值设定好之后,系统自动根据所设定的值沿着实体表面边界(如线)的长度进行分割。如果根据这个值不能将线段分割成整数份,则系统会自动对其进位取整,将线段分割成整数份。

No. of element divisions:设定分割单元个数。如果"SIZE"一栏中默认值为 0 或为空白,则可使用这种设置方式。在输入栏中输入要分割的等份数(必须为整数),则系统将根据这个设定值将边界线分割成整数份,即在边界线上的网格单元个数。

说明:建议这两种方式不要同时使用,若同时使用,则系统将默认"SLZE"方式。另外,在自由网格操作中,如果已经在"Smart Size"或"ESIZE"命令中设置了网格单元密度,那么单元尺寸已被指定,并将这个设置值作为初始值进行网格划分,但是为了适应单元曲率小的特征,需要用更小的值来替代初始值。

②Clear。

功能:删除整体图元上用"set"命令设置的网格单元尺寸大小。

操作说明:单击"Clear"键,则可以删除已经在整体图元上用"Set"命令设置的网格单元尺寸大小。

2)Areas。

功能:对所选择的面进行单元尺寸大小设置和删除。

它有下面两个功能键:

①Set。

功能:对所选择的面进行单元尺寸大小的设置。

操作说明:执行上述命令后,或单击"Set"弹出一个拾取框,拾取需要进行单元尺寸。

设置的面积,或在命令提示中输入将要设置单元划分大小的面积编号并回车确定。单击拾取框上的"OK"键或"Apply",会出现一个如图 5.52 所示对话框,在"Element edge length"后面的输入栏中输入用户所希望的单元边长值,单击"OK"键关闭对话框,系统将按设置的尺寸进行面网格划分。

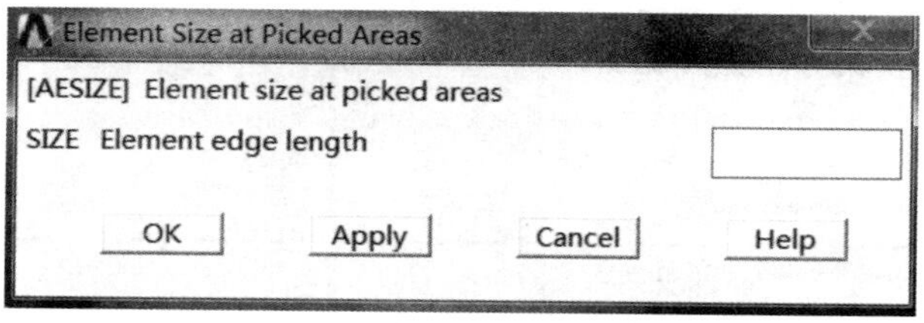

图 5.52　**Areas Element Size** 对话框

②Clear。

功能:删除用"Set"命令设置的面网格划分大小。

操作说明:单击"clear"键,将会弹出一个拾取框,拾取要删除已进行网格划分的面,然后单击"OK"键关闭对话框,则系统将删除被拾取的面上的网格划分大小的设置。

说明:"AESIZIE"命令可以对任何面或体的表面内部进行单元尺寸设置。面上的任意条线本身不能进行尺寸设置,也不受关键点尺寸设置的约束,因此,最好沿面上的线划分面单元尺寸,但如果与这个面相邻的面积内的网格单元尺寸要小一些,那么这个面设定的单元尺寸将会被那个小值替代,如果"ESIZE"也控制面的边界,同时"Smart size"是被激活的,那么由于边界曲率和精度的关系,边界网格单元尺寸可能会被细化。

3)line。

功能:对所选择线段进行划分单元大小的设置和删除。

它有下面四个功能键:

①Set。

功能:对所选择的线段进行将要划分网格单元大小的设置。

操作说明:执行上述命令后,或单击"Set",弹出一个拾取框,拾取要进行尺寸设置的线段,或在命令提示行中输入将要设置单元大小的线段编号并回车确定。单击"OK"键或"Apply",会弹出一个如图 5.53 所示的对话框,尺寸设置完毕后单击"OK"键关闭对话框。对话框中的"Element edgelength"和"No. of element divisions"后输入栏中的值,另外还有几个选项的意义如下:SIZE,NDIV can be changed:表示智能化大小("Smartsizing")设置能否优先于所指定的尺寸大小和间距率的设置;若选择"Yes",表示在曲率或者邻域附近智能化大小设置优先于尺寸和间距率的设置,映射网格能够克服尺寸设置并获得相匹配的尺寸大小。这种设置使得指定的尺寸大小是柔和的,若选择"No",则结果与上述相反,但如果指定尺寸大小不相匹配则映射网格过程将失败。

Spacing natio:表示分割线段的步长比率。如果设定值为正,则表示线段尾端对首端的步长比率(如果"SPACE>1.0",则从首端到尾端步长增加(线段生成的方向),如果 SPACE<1.0",则减小)。如果设定值为负,则它的绝对值表示线段中部对两端的步长比

率。"SPACE"的默认值为 1.0(表示线段各处步长相等)。对于层网格,通常取"SPACE = 1.0",如果"SPACE = FREE(自由网格)",则步长比率由其他因素决定。

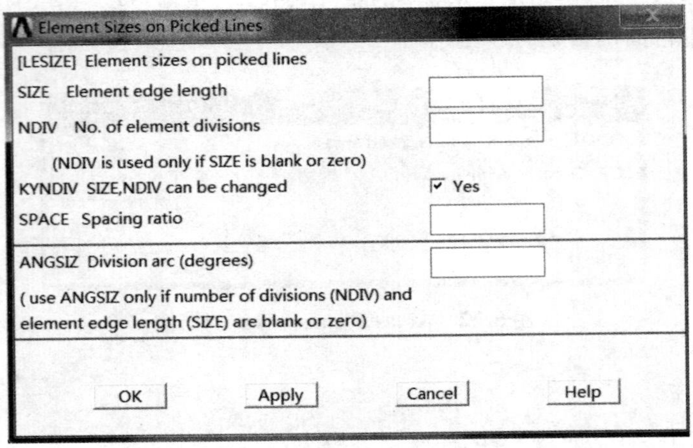

图5.53 Lines Element Size 对话框

Division arc< Degrees>:将曲线分割成许多角度,则角度在曲线上的跨度即是网格单元的边长(直线除外,因直线通常导致一次分割)。分割数是系统根据所设定的角度值自动沿着线长进行计算分割成整数份(如果不能分成整数份,系统将自动进位取整)。"ANGSIZ"选项只在出"SIZE"和"NDIV"选项框值为零或为空白时使用。

Clear attached areas and volumes:选择是否删除相连的面和体。若删除就选择"Yes",否则就选择"No"。

说明:该命令也可对已设置好的划分网格大小的线段进行重新定义。

②Clear。

功能:删除线段上已设置的单元划分尺寸。

操作说明:单击"Clear"键,会弹出一个拾取框,拾取需要删除已设置单元尺寸划分的线段,或在命令提示行中输入该线段的编号并回车确定。单击拾取框上的"OK"键,关闭拾取框,系统将删除所拾取线段上的单元划分尺寸设置。

③Copy。

功能:对线段进行网格划分尺寸的复制。

操作说明:单击"Copy"键,会弹出个拾取框,先选择被拷贝的源对象线段,单击"OK"键或"Apply"键,再选择要拷贝的目的对象(没有划分网格的线段),然后单出"OK"键,关闭对话框,则源对象的尺寸设置(网格划分密度)就被拷贝到目的对象上(即目的对象的网格密度与源对象的相同)。

说明:如果在复制之前目的对象已经进行了尺寸设置,则拷贝的尺寸大小将覆盖原有尺寸的设置。

④Flip。

功能:在线段上进行步长比率转换。

操作说明:单击"Flip"键,弹出一个拾取对话框,选中要进行步长比率转换的对象,然后单击"OK"键,关闭对话框,则被选中的线段上的步长比率在位置上进行了转换,线段首尾的比率或中间和两端的比率互调。

4)Layer

功能:对层进行单元尺寸设置。

以下分别介绍"Layer"的各功能键:

①Set。

功能:对层进行单元尺寸设置。

操作说明:单击"Set"键,弹出一个拾取框,拾取要设置的对象,然后单击"OK"键或"Apply"键,将出现一个对话框,图5.54所示。层网格参数设置完毕,单击"OK"键关闭对话框,则系统将根据设定值产生层网格。

对话框中"LESIZE"各选项参见前面的相关说明,以下分别对另外两个选项进行说明:

Inner layer thickness:设置内层网格厚度。这一层的单元尺寸均一,其边长等于已经在线上设置好的单元尺寸。如果"Layer1"的设定值为正,则表示绝对长度;如果其设定值为负,则表示对已经设置好的单元尺的增量("Size factor"≥1)。总之,内层网格的最终厚度大于或等于在线上设置好的单元的尺寸。"Layer1"的默认值为0。

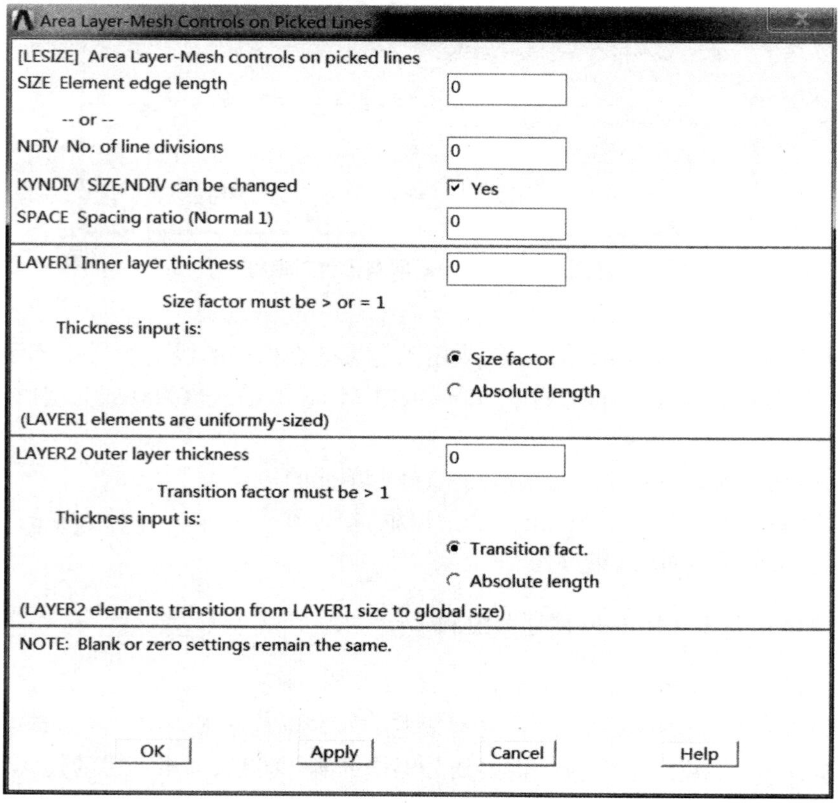

图 5.54　层网格设置对话框

Outer layer thickness：设置外层网格厚度。这一层的单元尺寸是内层单元尺小到整体单元尺寸的过渡。如果"Layer2"的设定值为正，则表示绝对长度；如果其设定值为负，则表示网格过渡因子（Transition factor>1），比如，"Layer2＝2"是表示外层网格厚度是内层的两倍。"Layer2"的默认值为0 说明：选项框中的"空白"或"0"设置意义相同。

②Clear。

功能：删除层网格尺寸的设置。

操作说明：单击"Clear"键，会弹出一个拾取框，拾取要删除网格的层，然后单击"OK"键关闭拾取框，则系统将删除所拾取层的网格大小的设置。

5）Keypts

功能：设定离关键点最近单元的边长大小，适用于智能化网格划分。

它有下面两个功能键：

①Set。

功能：设置离关键点最近单元的边长大小。

操作说明：执行上述命令后，或单击"Set"，弹出一个拾取框，拾取关键点，或在命令提示行中输入关键点的编号并回车确定，然后单击"OK"键或"Apply"，会出现一个对话框如图 5.55 所示。在"Element edge length"后面的输入栏中输入单元边长值，然后单击"OK"键关闭对话框。

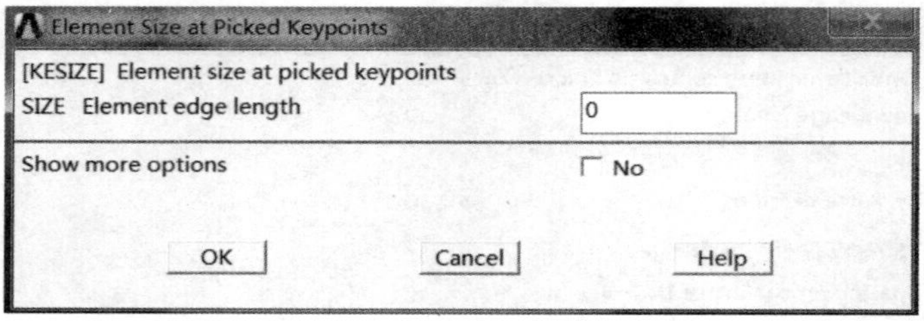

图 5.55　Keypts 网格设置对话框

Min division scale factor：比例因子，应用于与关键点相连的线上的最小单元等分的设置，将其放大或缩小。这个命令只在"SIZE"或"FACTl"的输入值为0 或为空白时使用。

②Clear。

功能：删除用命令"set"设置的离关键点最近单元的边长大小。

操作说明：单击"Clear"，会弹出一个拾取框，拾取要删除单元边长大小的关键点，后单击"OK"键关闭拾取框，结束操作。

5.2.3.3　Meshing Controls 网格划分控制

功能：对实体模型图元划分网格控制。如图 5.56 所示。

操作说明：选择"Mesh"后的下拉列表栏，在下拉列表栏中有"Volumes""Areas""Lines""Keypoints"四个选项，选中需要划分网格的实体类型，如果选中的是"Volumes"或"Areas"，再在"Shape"（图 5.57）一栏中选择适用实体模型的网格单元形状。选择不同的

实体模型,就会有不同的单元形状选项,再选择网格划分类型。下面分别讨论几种组合情况:

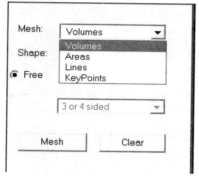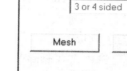

图 5.56　网格划分控制对话框　　　　图 5.57　网格划分形状控制

(1)网格划分的对象是:Volumes(体)

①在"shape"后面选择"Tet",则只能采用"Free",即自由网格划分形式。

②若在"shape"后面选择"Hex",网格的划分方式可以用"Mapped"(映射网格划分)和"sweep"(体扫掠网格划分)。

(2)网格划分的对象是:Area(面),则无论选择自由网格还是映射网格,都可以自由匹配三角形(Tri)或四边形(Quad)单元形状。具体情况具体分析选择。

(3)对线(Lines)和关键点(keypoints))进行网格划分,则单元形状和网格划分种类选项不响应。

另外,单击"Shape"下面的下拉列表栏中的移动按钮,在下拉列表栏中,将出现一些相关的选项。选项的内容取决于前面选择的是面映射网格还是体扫掠网格。

(4)如果选择的是面映射网格"Area→Mapped",则下拉列表栏中有"3 or 4 sided"和"Pick corners,,两个选项:

①3 or 4 sided:单击"Mesh"按钮,出现第一个拾取对话框,选中需要划分网格的面,然后单出"OK"键,关闭对话框。

②Pick corners:单击"Mesh"按钮,出现第一个拾取框,选中将要划分单元的面积对象,或在命令提示行中输入该面积的编号并回车确定,单出"OK"键或"Apply"键,出现第二个拾取框,选中所选面积的 3 或 4 个角点,这些角点将作为映射网格角点的关键点。系统内部将关键点用线连接起来,用四边形单元进行网格划分。

(5)如果选择的是体扫掠网格,则下拉菜单中有"Auto Src/Trg"和"Pick Src/Trg"两个选项:

①Auto Src/Trg:单击"Sweep"按钮,出现一个拾取框,选中需要扫掠的体(允许一次选择多个体),系统内部将确定体扫掠的方向,单击"OK"键,关闭对话框。

②Pick Src/Trg:系统内部不能自动确定源面和目标面,而且如果想在扫掠方向指定一条对角线或一个特定的单元层,就可以选择"Pick Src/Trg"。单击"Sweep"按钮,出现第

一个拾取框,选中要扫掠的体(一次只允许选择一个体),单击"OK"键或"Apply"键,又出现第二个拾取框,选中源面进行扫掠,再单击"OK"键或"Apply"键,这时出现第三个拾取框,选中目标面进行扫掠,然后单击"OK"键关闭拾取框,完成操作。

(6)Mesh:单击按钮,出现一个拾取框。用户可根据设置的情况选择将要划分的实体或图元,也可在命令提示行中输入实体或图元的编号并回车确定,然后单击拾取框上的"OK",则系统开始对所选择的实体进行网格划分操作。网格划分操作若正常结束,则划分好的网格将出现在图形输出窗口上。

(7)Sweep:当选择"Volumes,Hex,Sweep"组合时,"Mesh"按钮将被"Sweep"按钮替代。单击此按钮,开始进行体扫掠操作。

(8)Clear:删除选定的 Volumes、Areas、Lines、Keypoints 上生成的节点和网格。单击"Clear",出现一个拾取框,选中需要删除节点和网格的实体,然后单击"OK"键,则已选择实体上的网格单元和相关的节点都将被删除掉。

5.2.3.4　Refinement Controls 局部细化控制

功能:局部细化网格控制。如图 5.58 所示。

(1)Refine at:控制网格细化产生的大致区域。单击选项框,在下拉列表中有" Nodes"" Elements"" Keypoints"" Lines"" Areas"" ALL Elems"等六个选项,选中需要进行网格细化的对象。

(2)Refine:单击此按钮,出现一个拾取框。选中要进行网格细化的对象,再单击"OK"键或"Apply"键,出现一个如图 5.59 所示的对话框。有两个选项:

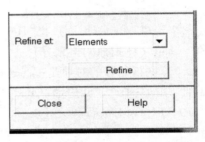

图 5.58　局部细化网格控制对话框

①Level of refinement:设定网格细化水平。单击选项框,有五个选项,在这五个值中。选定一个,其中 1 为网格细化最小值,5 为最大值,系统默认值为1。

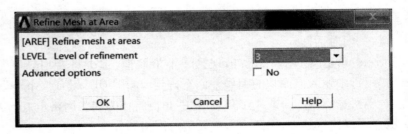

图 5.59　局部细化网格对话框

②Advanced options:如果想用其他方式设定网格细化数,可以激活此选项,单击"OK"键出现一个子对话框如图 5.60 所示。

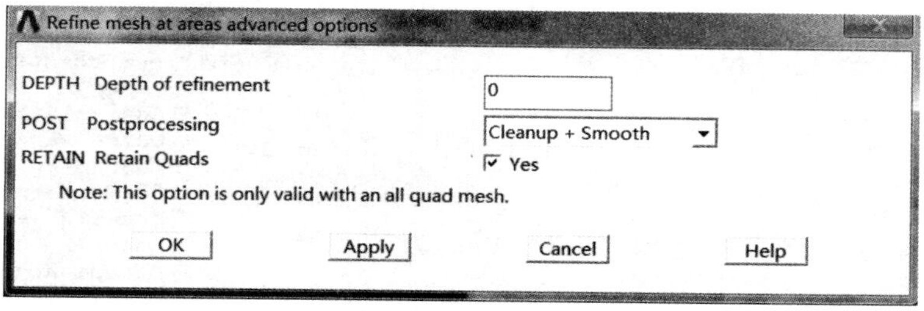

图 5.60　Advanced options 对话框

有三个选项:

Depth of refinement:根据指定的单元以外的单元数量设定网格细化深度。默认值为 0。

Postprocessing:为了改善单元质量,在单元细化后进行后加工处理,可以选择不同的方法。单击选项框,在下拉列表中有三个选项:

Off:不进行后加工处理。

Clean up+Smooth:进行精加工和清除操作。现有单元可能会被删除,同时,节点位置会发生变化。

Retain Quads:选样对全部为四边形单元的网格进行细化时是否必须保留四边形单元(ANSYS 在对不完全为四边形单元进行细化时,忽略"RETAIN"功能)。如果不激活(即为"No"),表示细化后的网格全部由四边形单元组成,而不考虑单元的质量:如果激活(即为"Yes"),表示为了保证最终的网格单元的质量和提供单元的过渡,细化后的网格可以包含一些三角形单元。

说明:

①"EREFINE"命令是对选定单元及其周围的单元进行网格细化、在默认条件下、即"LEVEL=1",周围的单元分裂生成新的单元,新单元的边长是原始单元的 1/2 倍。

②"EREFINE"命令是对选定单元及其临近的面单元和四面体单元进行网格细化,任何临近选定单元的体单元,如果不是四面体单元(例如锥体单元、金字塔单元),都不能被细化。

③不能在节点或单元上已经直接加载,或具有边界条件,或施加约束,或者包含了其他初始条件的实体模型上,使用网格细化功能。

5.2.4　GUI 方式划分网格

上面已经详细阐述了 ANSYS 最通用的网格划分工具 MeshTool 对话框中的各个控制功能,通过此对话框,基本上可以完成实体模型的网格划分操作。此外,ANSYS 还提供了 GUI 设置方式,对网格划分进行控制。详细请参考其他 ANSYS 相关书籍介绍。

5.3 施加加载与求解

加载和求解过程是 ANSYS 有限元分析中一个非常重要的部分,它主要包括确定分析类型和分析选项、施加载荷到几何模型、确定载荷步选项、选择求解的方式和开始求解分析运算。

在 ANSYS 中进入加载和求解过程,可采用下列命令:

命令:/SOLU

GUI:Main Menu>Solution

如图 5.61 显示了加载和求解的子菜单,其各部分的意义将在下面进行讨论。

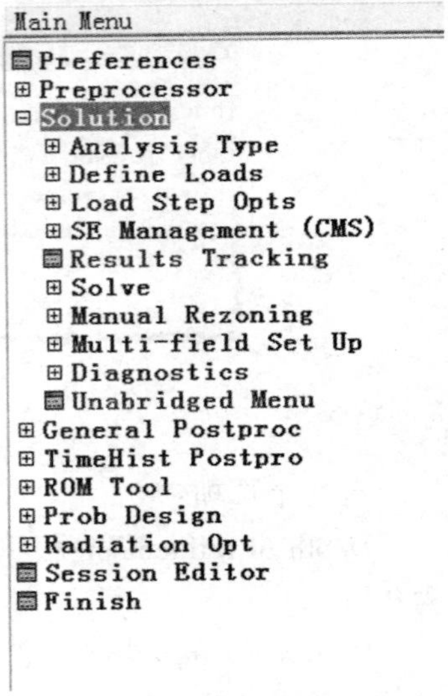

5.3.1 选择分析类型

图 5.61 加载和求解子菜单

5.3.1.1 指定分析类型

在开始进行求解分析之前,用户必须根据载荷条件和要计算的响应指定一种分析类型。

在 ANSYS 软件中,可以进行下列类型的分析:静态分析、瞬态分析、谐分析、模态分析、谱分析、屈曲分析和子结构分析等。进入分析类型的命令有:

命令:ANTYPE;

GUI:Main Menu>Solution>Analysis Type>New Analysis。

进入分析类型后,将会出现如图 5.62 所示的对话框。根据分析问题的性质在对话框中选择相应的分析类型,然后单击"OK"键,关闭对话框。

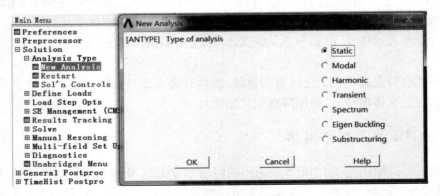

图 5.62 分析类型对话框

ANSYS 软件的默认分析类型是静态分析,或者是用户最近一次设定的分析类型

Static:静态分析,又可称为稳态分析,适合于所有自由度的分析。

Model：模态分析，仅对结构和流体自由度的分析有效。

Harmonic：谐分析，仅对结构、流体和电磁场的自由度分析有效。

Transient：瞬态分析，对所有自由度的分析有效。

Spectrum：谱分析，意味着在之前必须完成一个模态分析，仅对结构自由度分析有效。

Eigen buckling：屈曲分析，仅对结构自由度分析有效，且在此之前必须完成一个带有预应力效应的静态分析。

Substructuring：子结构分析，对所有结构自由度分析有效。

5.3.1.2　求解器的控制

如果用户正在完成一个静态或完全瞬态分析，用户可以使用求解控制对话框。它由 5 个"标签页面"组成。其中每一个都容纳着与求解控制相关的内容，这 5 个标签按从左到右的顺序依次是：基本设置、瞬态、求解选项、非线性和高级非线性。其中瞬态标签页面包含着瞬态分析控制，只有当用户选择了瞬态分析后，该项才显示，否则它是灰色的。即用户若选择的是静态分析，就不能对瞬态分析进行设置。

基本设置出现在该对话框的最前面，若用户已对该对话框完成了某些设置，并确认无误后，就没有必要再进一步打开其他标签内容，除非是用户还要进行其他的设置。一旦单击对话框上某个标签页面的"OK"键，则用户在一个或多个标签页面上进行的设置都将被保存到数据库，对话框也同时关闭。

进入求解器控制对话框的方法有：

GUI：Main Menu>Solution>Analysis Type>Sol'n Control

如图 5.63 所示为基本标签对话框，也是求解控制中最前面的一个对话框。它主要包括分析选项、对存入结果文件中的项目设置和时间控制等，出现在基本标签对话框中的选项为 ANSYS 软件的分析提供了一个最小容量的设置。

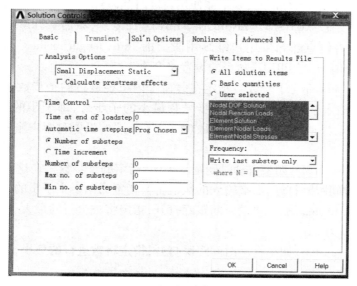

图 5.63　求解控制器设置对话框

（1）Analysis Option（分析选项）

功能：指定用户将要完成的分析类型。

它包含下列 5 个选项：

①small Displacement Static（静态小位移）：完成一个线性的静态分析，这意味着具有大变形效应的静态分析被忽略。

②Large Displacement Static（静态大位移）：完成一个非线性静态分析，其中也含着具有大变形效应静态分析。

③Small Displacement Transient（瞬态小位移）：完成一个线性完全瞬态分析，这意味着具有大变形效应的完全瞬态分析被忽略。

④ Large Displacement Transient（瞬态大位移）：完成一个非线性完全瞬态分析，其中也含着具有大变形效应的完全瞬态分析。

⑤Restart Current Analysls（重启动力前分析）：重新开始当前的分析过程。

（2）Time Control（时间控制）

功能：控制不同的时间设置。

主要包括下列时间的设置：

①Time at end of loadstep：为 ANSYS 软件指定一个与在载荷步末端的边界条件相一致的时间值；时间值必须是一个正值、非零值，是一个"跟踪"输入过程的单调递增量，比如，对第一个载荷步，时间的默认值是 1。另外，在模态分析、谐分析和子结构分析中，并不使用时间值，时间的单位必须与在其他地方（如特性、蠕变方程等）使用的单位相一致。

②Automatic time stepping（自动时间跟踪）：要用户指定是否采用自动时间跟踪还是自动载荷跟踪。在其下拉式列表框中，用户可以选择"On""Off""Prog Chosen"其中"On"是使用自动时间跟踪，"Off"是关闭自动时间跟踪。当"SOLCONTROL"命令为"On"时，ANSYS 软件选择时间跟踪，并在日志文件中，"Prog Chosen"被记录为"－1"，当"SOLCONTROL"，命令为"Off"时，就不能使用自动时间跟踪。

如果用户在设置"AUTOTS""LNSRCH""PRED"命令后，激活了"are－length method"，将会出现一个警告信息。如果用户继续用激活的"are－length method"命令进行下去，"AUTOTS"、"LNSRCH"、"PRED"命令的设置将会丢失。

③Number of substeps（子步数）：指定在载荷步内将要进行的子步数。用户可以在其下面的输入框内输入子步数、最大的子步号和最小的子步号，即子步的开始值和范围，ANSYS 软件会自动根据用户在"Automatic time stepping"的设置对用户输入的值命令进行解释。

●Number of substeps：如果自动时间跟踪关闭，指定的子步数将在这个载荷步中进行下去；如果自动时间跟踪打开，那么输入的数值将被指定为第 1 个子步的大小。

●Max no. of substeps 如果自动时间跟踪打开，指定将被进行的最大子步数，也就是指定最小时间步长大小。

●Min no. of substeps 如果自动时间跟踪打开，指定将被进行的最小子步数，也就是指定最大时间步长大小。

④Time increment：指出对这个载荷步用户想指定的时间步长大小。最小时间步长和

最大时间步长的输入框是用户要指定时间步长的开始值和范围,这些值将由 ANSYS 根据用户在"Automatic time stepping"中的设置进行解释。

●Time step size:如果自动时间跟踪关闭,将为这个载荷步指定了时间步长大小;如果自动时间跟踪打开,输入的数值将被指定为子步开始时间。

●Minimum time step:如果自动时间跟踪打开,指定最小时间步长大小。

●Maximum time step:如果自动时间跟踪打开,指定最大时间步长大小。

(3)Write Items to Results File(写入结果中的项目控制)

功能:指定用户要 ANSYS 软件写入结果文件中的求解数据。

它包括下面几个选项

① All solution items:将所有的求解结果写入数据库。

②Basic quantities:仅写入下面的求解结果进入数据库,它们是:节点自由度结果、节点反作用载荷、单元节点载荷和输入约束、力载荷、单元节点应力、单元节点梯度、单元节点的通量。

(4) User selected

写入用户选择的项目。用户可在其下面的列表项中选择所需要的数据文件,当需要多项选择时,用户若要选择连续项,则用手按住键盘上的"Shift"键用鼠标左键在列表框中移动即可,若选择断续的多项,则用手按住"Ctrl"键即可。

(5)Frequency

指出用户要 ANSYS 软件将所选的求解项写入数据库的频度。它包括写入每个子步的数据、任何子步的数据都不写、仅写入最后一个子步的数据、每隔 N 个子步写 1 次、写入第 N 个子步的数据。

另外,在材料力学(结构力学)中的动力学问题,在本书中基于基础知识的学习,仅仅介绍屈曲分析,应用到 ANSYS 的模态分析模块,在这里做简要的介绍。在模态和屈曲分析中,一般需要设置扩展模态。

功能:在模态和屈曲分析中,指定将要扩展和写入的模态数。

操作命令有:

命令:MXDAND;

GUI:Main Menu>Solution>Analysis Type>Analysis Options。

图 5.64 所示为模态设置对话框。

各项的意义如下:

1)Mode extraction method:模态提取方法。模态分析中模态的提取方法有多种,即分块兰索斯法(LANB)、子空间迭代法(SUBSP)、缩减法或凝聚法(REDUC)、非对称法(UNSYM)、阻尼法(DAMP)、QR 阻尼法(QRDAMP)和变换技术求解(SX),缺省时采用分块兰索斯法。

关于模态的各种提取方法,简单说明如下:

·分块兰索斯法:采用一组特征向量实现 Lanczos 迭代计算,其内部自动采用稀疏矩阵直接求解器(SPARSE)而不管是否指定了求解器。该方法的计算精度很高,速度很快。当已知系统的频率范围时,该法是理想的选择,此时程序求解高频部分的速度与求解低频

部分的速度几乎一样快。

·子空间迭代法：其缺省求解器是 JCG,该法采用完整的[K]和[M]矩阵,计算精度与分块兰索斯法相同,但速度要慢得多。该方法适用于无法选择主自由度时的情况,特别是对大型对称矩阵特征值求解。

·缩减法：用主自由度计算特征值和特征向量,该法可生成精确的[K]矩阵,但只能生成近似的[M]矩阵,从而导致一定的质量损失。因此这种方法速度很快,但精度不如上述两法的精度高,其精度受选择的主自由度数目和位置的影响。

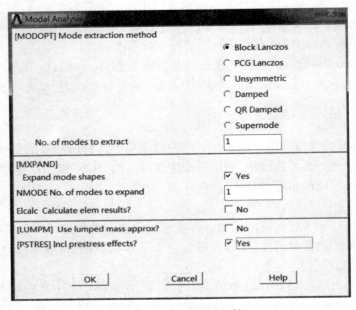

图5.64　模态设置对话框

·非对称法：该法也采用完整的[K]和[M]矩阵,且采用兰索斯算法。如果系统为非保守系统,该法可得到复特征值和复特征向量。主要在声学或流固耦合分析中使用。

·阻尼法：也采用兰索斯算法,并可得到复特征值和复特征向量。主要用于阻尼不能忽略的特征值和特征向量的求解问题,如转子动力学问题。该法计算速度慢,且可能遗漏高端频率。

·QR 阻尼法：同时采用兰索斯算法和 Hessenberg 算法。该法可很好地提取大阻尼系统的模态解,不管是比例阻尼还是非比例阻尼。使用该法时,应当提取足够多的基频模态,以保证计算结果的精度。对临界阻尼或过阻尼系统,不要使用该法。

·变换求解技术：是一种不同于传统有限元的分析计算,在 ANSYS 的其他产品中应用。

2) No. of modes to extract：模态提取阶数。所有的模态提取方法都必须设置具体的模态提取的阶数。具体阶数根据实际需要进行设置。

3) Expand mode shapes：扩展模态振型。选择 Yes,可以模态分析后查看结果的每阶振型情况。

4）Calculate elem results：计算单元结果。如果想得到单元的求解结果，不论采用何种模态提取方法都需要打开该选项。

5）No. of modes to expand：扩展模态的阶数。以便于查看。

6）Use lumped mass approx：该选项可以选定采用默认的质量矩阵形成方式或集中质量阵近似方式。建议大多数情况下采用默认形成方式。但对有些包含"薄膜"结构的问题，如细长梁或非常薄的壳，采用集中质量矩阵近似经常产生较好的效果。另外，采用集中质量矩阵求解时间短，需要内存少。

7）Incl prestress effects：计算预应力。默认的分析过程不包括预应力。

操作说明：选择 Block Lanczos 模态提取法，执行上述命令后，弹出一个弹出如图 5.65 所示的对话框。

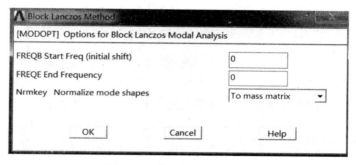

图 5.65　求解频率范围设置

完成对话框的设置后，单击"OK"键关闭对话框，退回到 ANSYS 的操作界面。对话框中各选项的意义如下：

①FREQB Start Freq：提取模态的最小频率值。

②FREQB end Frequency：提取模态的最大频率值。如果模态计算结果超过该最大设置，将不会被计算。

5.3.2　Apply 载荷施加

可将大多数载荷施加于实体模型（关键点、线或面）或有限元模型（节点和单元）上。

由于求解期望所有载荷应依据有限元模型，因此无论怎样指定载荷，在开始求解时，软件都自动将这些载荷转换到节点或单元上。

（1）当载荷施加在实体模型上时，它具有下列优缺点：

1）优点

①实体模型载荷独立于有限元网格。即：用户可以改变单元网格而不影响施加的载荷。这将允许用户更改网格并进行网格敏感性研究而不必每次重新施加载荷。

②与有限元模型相比，实体模型通常包括较少的实体。因此选择实体模型的实体并在这些实体上施加载荷要容易得多，尤其是通过图形拾取时。

2）缺点

①ANSYS网格划分命令生成的单元处于当前激活的单元坐标系中,网格划分命令生成的节点使用整体直角坐标系,因此实体模型和有限元模型可能具有不同的坐标系和加载方向。

②在简化分析中,实体模型不很方便。其中,载荷施加于主自由度。(用户只能在节点而不能在关键点定义主自由度。

③施加关键点约束很棘手,尤其是当约束扩展选项被使用时。(扩展选项允许用户将约束特性扩展到通过一条直线连接的两关键点之间的所有节点上)。

④不能显示所有实体模型载荷

（2）当载荷施加在有限元上时,它具有下列优缺点:

1）优点

①在简化分析中不会产生问题,因为可将载荷直接施加在主节点。

②不必担心约束扩展,可简单地选择所有所需节点,并指定适当的约束。

2）缺点

①任何有限元网格的修改都使载荷无效,需要删除先前的载荷并在新网格上重新施加载荷。

②不便使用图形拾取施加载荷。除非仅包含几个节点或单元。

5.3.3　Displacement 位移

功能:将约束定义在实体模型或有限元模型上。

操作命令有:

GUI:Main Menu>Solution>Apply>Structural>Displacement。

ANSYS 软件对不同学科的自由度来用了不同的标识,如在结构分析中平移有 UX、UY 和 UZ,旋转有 ROTX、ROTY 和 ROTZ,在热分析中温度有 TEMP 等,此标识符所包含的任何方向都在节点坐标系中,详细可参见 ANSYS 的相关参考手册。在本篇中,只介绍结构分析中自由度的施加情况,其他学科自由度的施加也与结构分析中的情况相类似,用户可根据相关学科的物理背景知识,参见本部分的介绍进行约束施加。施加位移的子菜单如图 5.66 所示。它能够将位移定义在实体模型的关键点、线、面和有限元节点上,同时也可以在线、面或有限元节点上施加对称或反对称边界条件,各选项的具体操作如下。

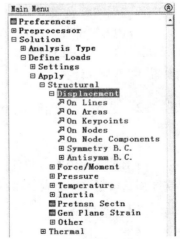

图 5.66　位移约束子菜单

（1）施加位移

位移可以施加在几何体模型的线、面和关键点或有限元模型的节点上,其具体操作如下:

1）On Lines

功能:在所选择的线上施加 DOF 的位移值。

操作命令有:

命令:DL;

GUI：Main Menu>Solution>Apply>Structural>Displacement>On Lines。

操作与示例:执行上述命令后,会出现一个拾取框,这时用户可用鼠标在图形输出窗口的几何模型上,拾取将要约束的线段,或者在输入窗口的输入行中输入线段的编号如 9,回车后编号为 9 的线段将被选中,在确定已选择具有相同约束性质的线段后,单击拾取框上的“OK”键或“Apply”,又会弹出一个如图 5.67 所示的对话框。在“DOFS to be Constrained”右面一栏中单击一个自由度方向如 UY,单击对话框上的“OK”键,则关闭该对话框,并将约束施加在所选择的所有线段上。若还要对其他的线段施加约束,可单击该对话框上的“Apply”键,则选择的约束将施加到所有已选择的线段上,又弹出拾取框,用户可以继续选择所要施加约束的线段。

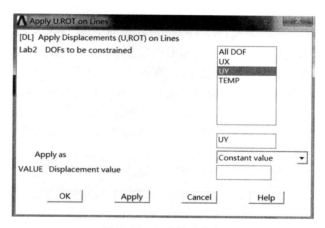

图 5.67　位移约束施加

该对话框中各选项的意义如下:

①DOFs to be constained:在其右面的栏中列出了用户选择单元所具有的所有自由度方向。其中“All DOF”表示该单元的所有自由度方向,“UX”表示 X 方向的自由度,“UY”表示 Y 方向的自由度。用户可以用鼠标单击的方法在该栏中单选或多选自由度;默认方式是所有自由度,或最后一次用户所选择的自由度方向。

②Apply as:确定约束的位移量。在下拉列表栏中有三个选项:

·Constant value:表示所施加的位移量是一个常量,常量值可在其下面的输入栏中输入,若为零,则可以不要输入。

·Existing table:表示所施加的位移量可以是一个变量,其值来自于用户已在该命令之前定义好的一个表格中。若选择该项,单击“OK”键或“Apply”键后,又会弹出一个对话框,要求用户在该对话框选择一个表格的名称。若用户没有定义表格,该对话框将是空的。

·New table:若用户没有定义表格,但又要输入不同的值,则用户可以选择这个设

置,单击"OK"键或"Apply"键后,又弹出一个对话框。它首先要求用户输入表格的名称,表格的行数,然后要求用户对表格中的数据选择是直接就在屏幕上输入进行编辑,还是从某个文件中得出。若选择在屏幕上编辑,再单击"OK"键则会弹出一个表格的编辑器,对表格编辑的说明可参考"Parameters"子菜单中的"Array parameters"的定义和编辑。若选择来自于文件"Read from file",单击"OK"键后则会弹出一个读取文件的对话框,用户可在其中选择所需要的文件,然后单击"OK"键,则关闭所有的对话框,并将位移值加到所选择的线段上。

Displacement value:位移值,要求用户在其右面的输入栏中输入一个数值,默认值是 0。

2)On areas

功能:在所选择的表面上施加 DOF 的位移值。

操作命令有:

命令:DA

GUI:Main Menu>Solution>Apply>Structural>Displacement>on Areas

操作说明:执行上述命令后,系统会弹出拾取框,用鼠标在图形输出窗口的几何模型上,拾取将要施加约束的一个或多个表面,或在输入窗口的输入行中输入所要选择表面的编号,有多个编号时,可在编号之间用逗号隔开,回车后该编号的表面将被选中,在确定所选择的表面无误后,单击拾取框上的"OK"键,会弹出一个选择约束方向的对话框。其后面的操作基本上与"On lines"命令相类似,用户可参考"On lines"命令的详细说明进行。

3)On keypoints

功能:在所选择的关键点施加 DOF 的位移值。

操作命令有:

命令:DK

GUI:Main Menu>Solution>Apply>Structural>Displacement>On Keypoints。

操作与示例:执行上述命令后,系统弹出一个拾取框,用鼠标在图形输出窗口的几何模型上,拾取将要施加约束的一个或多个关键点,或在输入窗口的输入行中输入所要选择关键点的编号,有多个编号时,可在编号之间用逗号隔开,回车后该编号的关键点将被选中,在确定所选择的关键点无误后单击拾取框上的"OK"键,会弹出一个选择约束方向的对话框。其后面的操作基本上与"On lines"命令相类似,用户可参考"On lines"命令的详细说明进行。

但施加在关键点上的约束有两种处理方式,一种是将关键点的约束仅转移到相同位置的节点上;另一种是将关键点上的约束扩展到已标记关键点的连线的所有节点上,如果一个面积或体积的所有关键点都进行了标记,并且约束值是相同的,那么约束将施加到该区域内的节点上。这两种应用方式的选择是通过对话框(图 5.68 所示)上的"Expand disp to nodes"后面的选择框来选择的,若选择为"No"则为前一种处理方式,若为"Yes"则为后一种方式。

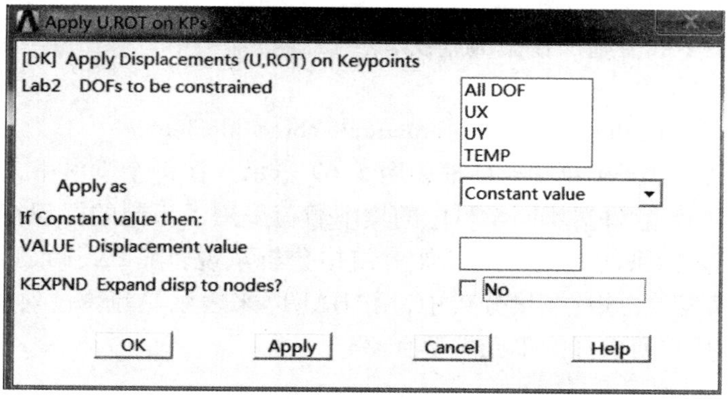

图 5.68　关键点位移约束对话框

4）On Nodes 节点

功能：在所选择的节点施加 DOF 的位移值。

操作命令有：

命令：D

GUI：Main Menu>Solution>Apply>Structural>Displacement>on Nodes

操作说明：执行上述命令后，系统会弹出一个拾取框，用鼠标在图形输出窗口的几何模型上，拾取将要施加约束的一个或多个节点，或在输入窗口的输入行中输入所要选择节点的编号，有多个编号时，可在编号之间用逗号隔开，回车后该编号的节点将被选中，在确定所选择的节点无误后，单击拾取框上的"OK"键，会弹出一个选择约束方向的对话框，其后面的操作基本上与"On lines"命令相类似，用户可参考"On lines"命令的详细说明进行。

5）施加对称边界条件

可以使用命令"DSYM"在节点上施加对称或反对称边界条件，该命令产生合适的 DOF 约束，生成约束的列表可参考 ANSYS 命令手册《ANSYS Commands Reference》。另一方面，对称和反对称边界约束的生成取决于模型上的有效自由度数，如自由度与所使用单元节相一致，表 5.1 显示对位移自由度的约束生成情况。在结构分析中，对称边界条件是指平面外的移动，平面内的旋转被设置为 0。

表 5.1　对称与反对称边界条件下位移的约束情况

法向	对称边界条件		反对称边界条件	
	二维	三维	二维	三维
X	UX,ROTZ	UX,ROTZ,ROTY	UY	UY,UZ,ROTX
Y	UY,ROTZ	UY,ROTZ,ROTX	UX	UX,UZ,ROTY
Z	—	UZ,ROTX,ROTY	—	UX,UY,ROTZ

（2）Force/Moment 力/力矩

功能：可将集中载荷施加在关键点或节点上。

操作命令有：

GUI：Main Menu>Solution>Apply>Structural>Force/Moment

执行该命令后，其子菜单的对话框如图 5.69 所示。在每个学科中，集中载荷的意义是不一样的，ANSYS 软件对不同学科中的集中载荷采用了不同的标识符，并且标识符所指的方向与节点坐标系的方向相同。如对结构分析来说，用"FX、FY、FZ"来表示力，用"MX、MY、MZ"来表示力矩；在热分析中，用"HAET"来表示热流率。对单元模型所施加的集中载荷还与用户所选择的单元类型有关。

（3）Pressure 面力

功能：将表面压力载荷施加到所选择的线或面上。

操作命令有：

GUI：Main Menu>Solution>Apply>Structural>Pressure

执行上述命令后，弹出如图 5.70 所示的子菜单。每个学科中都有不同的表面载荷，ANSYS 对图 5.70 施加压力的子菜单不同学科的面载荷也采用不同的标识，如结构分析有 PRES（压力载荷），热分析有 CONV（对流）、HFLUX（热流量）、INF（无限远面），所有学科都有 SELV（超单元载荷向量）等。

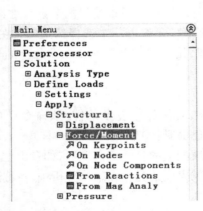

图 5.69　载荷施加子菜单

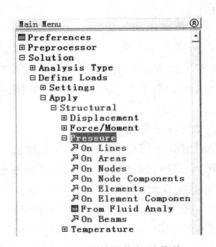

图 5.70　面载荷施加子菜单

（4）Delete 删除操作

功能：删除用户不需要或错误的设置。

操作命令有：

GUI：Main menu>Solution> Delete。

当用户在对有限元模型施加载荷时，发现所进行的操作是错误的，或者要对同一个有限元模型进行第二次分析且施加的载荷不相同时，用户可以使用删除命令来实现上述过程。删除操作可以一次性删除所有作用在几何模型或有限元模型上的载荷，也可以用鼠标拾取要删除的内容。

5.3.4　求解

（1）求解计算

在 ANSYS 软件中,计算机能够求解出由有限元方法建立的联立方程,求解的结果为:

1)节点的自由度值:ANSYS 的基本解;

2)导出值:ANSYS 的单元解;单元解经常是在单元的积分点上计算出来的, ANSYS 程序将结果写入数据库和结果文件(如后缀名为:RST,RTH,RMG,RFL 等文件)。

ANSYS 软件中有几种解联立方程的方法:波前法、稀疏矩阵直接解法、雅可比共轭梯度法(CG)、不完全乔类斯基共轭梯度法(ICCG)、预置条件共轭梯度法(PCG)、自动迭代法(NTER)等,其中波前法为默认解法,由于本书中讨论的分析例子限于静力分析,采用默认解法。其他相关解法根据不同的求解需要进行合理的选择,其不同求解方法的差异性请参考其他相关 ANSYS 书籍介绍。

（2）Current LS 求解当前载荷步

功能:开始求解运算。

操作命令有:

命令:SOLVE

GUI:Main Menu>Solution> Current LS

操作说明:执行上述命令后,弹出如图 5.71 所示的对话框和求解设置的信息框,用户对信息框中显示的信息确认无误后,单击"File>close",关闭信息框,然后再单击对话框中的"OK"键,则关闭对话框,软件开始进行有限元分析,具体分析时间的长短取决于问题的大小,问题大,时间相对要长一些。当在屏幕的左上角显示一个如图 5.72 所示的信息框并在信息框上显示"Solution is done"时,则表示有限元分析已结束,单击该框上的"Close"关闭该框。用户可以进行后处理,对计算结果进行评估检查。

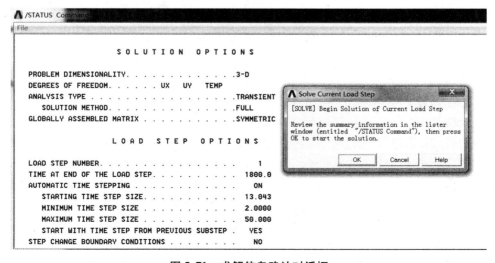

图 5.71　求解信息确认对话框

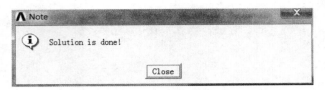

图 5.72　求解结束对话框

说明：根据当前的分析类型和选项设置，开始一个求解序列中的一个载荷步的求解运算过程。如果前面的设置有误，则有限元分析将不能够进行下去，系统将会给出相应的提示和警告信息，只有所有的设置都符合有限元的最低求解要求时，正常的分析才会完成。

5.3.5　通用后处理器（POST1）

有限元分析要经过建模、加载、求解和结果显示四个阶段，在有限元模型通过求解器求解以后，使用 POST1 通用后处理器，观察整个模型或模型的一部分在某时间（或频率）上针对特定载荷组合时的结果，以下较详细地介绍通用后处理器（POST1）的一些操作命令，要进入 ANSYS 通用后处理器，操作命令有：

GUI：Main Menu>General Postproc。

该命令的子菜单如图 5.66 所示。

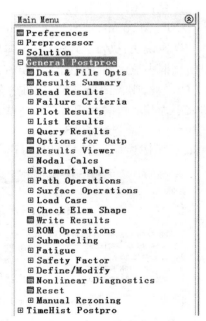

图 5.73　通用后处理器（Post1）子菜单

5.3.5.1　Results Summary 结果汇总读入

功能：定义一个从数据文件中要读入的数据集。

操作命令有：

命令：SET；

GUI：Main Menu> General Postproc>Results Summary。

操作说明：执行上述命令后，会出现如图 5.73 所示一个对话框，用户可在"Available data sets"下面的选择栏中确定一个数据集序号，单击"Read"，软件则将用户指定的结果数据集读入到数据库，然后用户可用显小或列表方式来查看分析结果。

先对载荷步和载荷子步的概念进行说明：

载荷步仅仅是为了获得解答的载荷配置。在线性静态或稳态分析中，可以使用不同的载荷步施加不同的载荷组合。在第一个载荷步中施加风载荷，在第二个载荷步中施加重力载荷，在第三个载荷步中施加以上两种载荷以及一个不同的支承条件，在瞬态分析中，多个载荷步可加到载荷历程曲线的不同区段。

子步是正在求解的载荷步的点，由于不同的原因而要使用子步。在非线性静态或稳态分析中，使用子步逐渐施加载荷以使能得到精确解。在线性或非线性瞬态分析中，使用子步满足瞬态时间积分法则(为获得精确解,通常规定一个最小积分时间步长)。在谐波分析中,使用子步获得谐波频率范围内多个频率处的解。

5.3.5.2　按顺序读入结果数据

数据结果归纳结果文件读取后,由于载荷是按照载荷步、载荷子步的广式加载,因此分析结果文件也将以分步方式进行保存,用户如果需要显示每步的分析结果,则需要进行下面的操作命令:

GUI:Main Menu>General Postproc>Read Results。

(1)按加载过程读取分析结果

功能:按照载荷加载过程读取分析结果到后数据库。

操作命令有:

GUI:Main Menu>General Postproc>Read Results>First Set。

图 5.74 读取结果方法:

Main Menu>General Postproc>Read Results>Last Set

Main Menu>General Postproc>Read Results>Next Set

Main Menu > General Postproc > Read Results > Previous Set

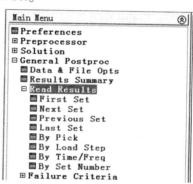

图 5.74　分步读取结果子菜单

操作说明:此四个操作命令较简单,都是相对当前载荷步分析结果而言。开始显示载荷步的分析结果,可选择第一步;为了显示所有的分析结果,可选用下一步,直到最后一步,也可采用从后至前的方法,先选择最后一步,接着选用前一步,直到第一步,分步显示分析结果。

说明:在有载荷步的操作过程中,用户若要看不同载荷步的作用结果,可用上述命令。在读入不同的载荷步结果后,用户可用其下面的显示(Plot results)或列表(List results)等方式来查看分析计算结果。若没有进行多载荷步设置,则可以不用这些命令,该命令也可用命令"Results Summary"来替代,前者只能按加载的顺序进行读取,而后者可以随意选择载荷步的分析结果数据。

(2)By Load Step 载荷步

功能:按照载荷步读取分析结果。

操作命令有:

命令:SET, SUBSET, APPEND;

GUI:Main Menu>General Postproc>Read Results>By Load Step。

操作说明:在有些情况下,由于载荷可能不是一次性完成加载,而是分步加载,每加载一步后求解,如起重机的空载、风载、起吊货物时的各种情况都要考虑,可以考虑采用载荷步的方法加载。为了得到每一步加载后模型的变化情况,通过读取每一步的求解结果对模型进行分析。执行上述命令后,弹出如图 5.75 所示的对话框,完成设置后单击"OK"键,则将用户设置的载荷步及子步的计算结果读到当前的数据库,以利于下面的显示或列

表操作。

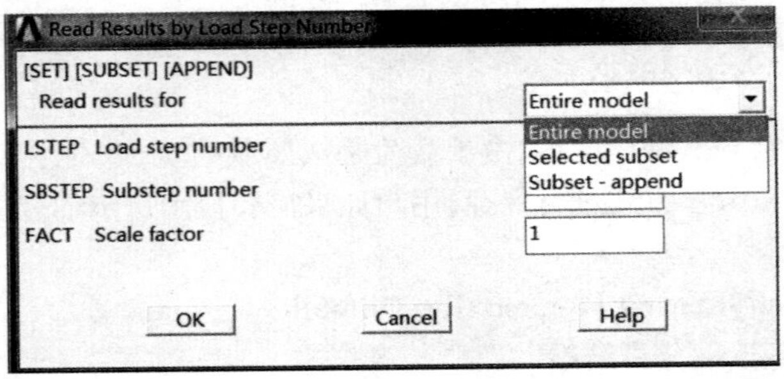

图 5.75　读取载荷步结果对话框

①Read result for：设置读入结果的来源，它有下列三个不同的选项：

a. Entire model：表示定义读取的数据来自于结果文件；

b. Selected subset：表示从模型的载荷子步中读取结果；

c. Subset append：表示从结果文件中读取数据并把数据附加于数据库中。

②Load step number：载荷步号。

③Subset number：子步号。

④Scale factor：缩放系数，它将施加到从文件中读出的数据，默认值为 1，如果其后的输入栏中为 0 或空，该值的结果还是为 1。该选项主要适用于谐分析过程中速度和加速度的计算。

（3）By Time/Freq 时间频率法

功能：按照时间频率读取分析结果。

操作命令有：

命令：SET，SURSET，APPEND；

GUI：Main Menu>General Postproc>Read Results>By Time/Freq。

操作说明：执行上述命令后，会出现图 5.76 所示对话框，完成设置后单击"OK"键则结束操作。

对话框中各选项的意义如下：

①Read result for：设置读入结果的来源，它有下列三个不同的选项：

a. Entire model：表示定义读取的数据来自于结果文件；

b. Selected subset：表示从模型的载荷子步中读取结果；

c. Subset append：表示从结果文件中读取数据并把数据附加于数据库中。

②Value of time or freq：输入时间频率值。

③Results at or near TIME：指定在某一时刻的结果，它有下列 2 个选项：

a. At time yalue：表示在某一个时刻的结果；

b. Near time value：表示读取最接近某一时刻时的结果，在谐响应分析中，时间用频率来表示，在屈曲分析中，时间相当于负载系数。

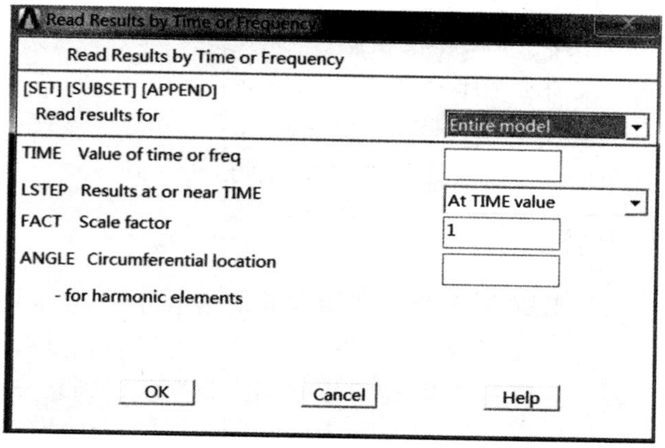

图 5.76 时间频率法读取结果对话框

④Scale factor:缩放系数。

⑤Circumferential location:圆周位置(角度值 0°～360°)。从结果文件读取圆周位置,为了进行谐响应计算,谐响应因子也应用于谐响应单元。

说明:所加载的约束和载荷经过缩放以后的数值会覆盖数据库中原来的值,如果 ANGLE 值为空。所有的谐响应因子为 1,后处理器会生成求解结果,如果 ANGLE 值为空,MODE 大于 0,混合应力和应变无效,ANGLE 默认值为 0。

(4)By Set Number 载荷步的顺序号

功能:按载荷步的顺序号读取分析结果。

操作命令有:

命令:SET, SUBSET, APPEND;

GUI:Main Menu>General Postproc>By Set Number。

操作说明:执行上述命令后,会出现图 5.77 所示对话框,完成设置后单击"OK"键则结束操作,

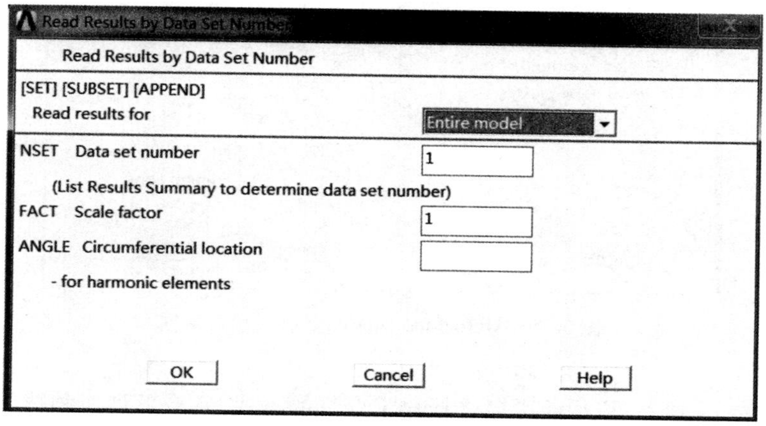

图 5.77 载荷步的顺序号读取结果对话框

对话框中各选项的意义如下。

①Read result for:参考图 5.76 中的说明;

②Data set number:载荷步顺序号;

③Scale factor:缩放系数;

④Circumferential location:参考图 5.76 中的说明。

5.3.5.3 显示或列表计算结果

用户通过建模、加载、求解后,已完成了有限元的基本分析,为了要显示或打印出有限元的分析结果,必须要进入后处理器。在这一部分用户可以看到以彩色云图方式、等值线方式或以列表的形式表示分析的结果,也可以将结果数据映射到某一路径上,显示沿用户设置的路径上的分析结果,甚至可以对路径上的映射数据进行线性化处理,以得到沿路径的线性应力和二次应力分布,如节点/单的应力、应变、位移等。

(1) Plot results 分析结果显示

操作命令有:

GUI:Main Menu> General Postproc> Plot results。

操作说明:执行上述命令后,会出现图 5.78 所示子菜单。

如 Deformed Shape 变形形状

功能:显示图形变形形状

操作命令有:

命令:PLDISP;

GUI:Main Menu> General Postproc> Plot Results> Deformed Shape。

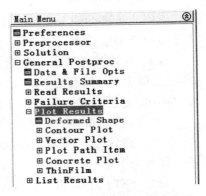

图 5.78 Plot results 分析结果显示子菜单

操作说明:执行上述命令后,会出现图 5.79 所示菜单,选择其中的一种显示方式后,单击"OK"键。

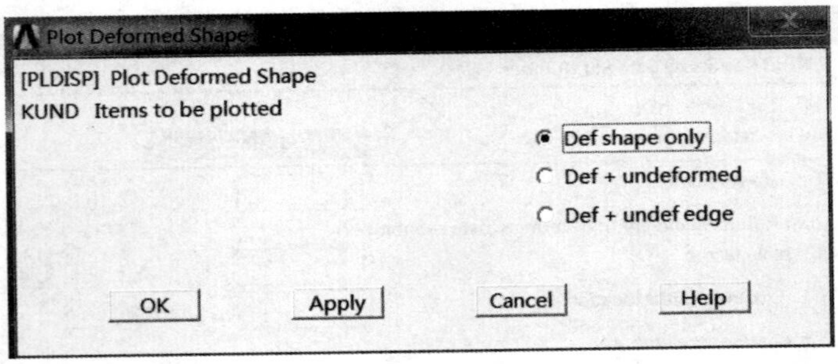

图 5.79 Deformed Shape 变形形状对话框

在"Item to be plotted"后面可以选择显示变形的方式,它有下列三种选项:

①Def shape only:仅显示变形后形状。

②Def+ undeformed:显示变形前后的形状。

③Def+ undef edge：显示变形后的形状及未变形的边界。

（2）彩色云图或等值线显示

1）Nodal Solu

功能：图形显示节点的计算结果。

操作命令有：

命令：PLNSOL，ASPRIN，EEACET；

GUI：Main Menu> General Postproc> Plot Results>Contour Plot>Nodal solu。

操作说明：执行上述命令后，会出现图 5.80 所示对话框。

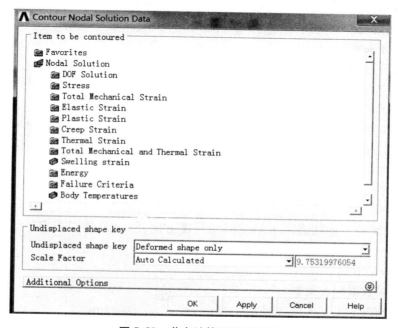

图 5.80　节点计算结果对话框

在此对话框中选择要显示的数据、显示形状、比例缩放因子，单元边界显小、节点结果插值的方式等，设置完后单击对话框上的"OK"键则出现节点结果的彩色云图。对话框中各参数的意义如下：

① Item to be contoured：选择节点要显示的结果例如要得到节点的等值线应力分布云图，提供了多种选项，可以根据需要选择需要显示的项目。

②Item to be plotted：节点显形状即在显示应力分布的同时，也显小模型在受力变形后的形状方式。

③ Optional scale factor：选项缩放系数，默认值为 1，仅适用于 2D 显示，负的系数可以转换显示。

④Interpolation Nodes：Power Graphics 打开时才有效，表示对于每一个单元的边界的面的数目的边界的面的数目为 1。

· Comer midside：表示每一个单元的边界的面的数目为 2。

· All applicable：表示每,个单元的边界的面的数目为 4。

说明：边界的面的数目越多,显示越平滑。

⑤Eff NU for EQU strain：选择主量和应力向量的计算方法,它有下列两个选项

·0：先平均单元公共节点上的分量值,再利用平均值来计算主量和应力向量的和(默认设置)。

·1：在每个单元基上计算主量和应力向量的和,再平均计算单元上公共节点的值。

说明：当两个或多个单元共用一个公共节点时,对某些引导节点结果"AVPRIN"选项可用于选择组合分量的方法。这些方法适用于对选择、排序和输出的引导节点主应力、主应变和向量和的计算,也可以定义一个适用于当量应变计算的有效泊松比,详细可参见《ANSY 的理论手册》。

2）Element Solu

功能：图形显示单元计算结果。

操作命令有：

命令：PLESOL, PVPRIN;

GUI：Main Menu> General Postproc> Plot Results>Contour Plot> Element solu。

操作说明：此命令与节点求解的操作方法一样,只不过是针对单元而不是节点,参考图 5.80 的解释。

说明：对于边界不连续的单元求解结果的显示,不同的单元的显示结果与计算方法和选择的位置有关,每条等值线由每个单元内部的线性插值所决定,不受单元边界的影响,相邻单元等值线的不连续表示了单元间的梯度方向,结果分量在当前的活动坐标系中显示。

（3）List results 列表显示

功能：结果数据列表菜单

操作命令有：

GUI：Main Menu> General Postproc>List Results。

操作说明：执行上述命令后,会出现图 5.81 所示菜单。

1）节点单元结果列表

①Nodal Solution

功能：列出节点的计算结果。

操作命令有：

命令：PRNSOL;

GUI：Main Menu> General Postproc>List Results> Nodal Solution。

操作与示例：执行上述命令后,出现如图 5.82 所示的对话框,在"Item to be listed"后面的第一下拉式选择栏中选择一个节点的结果项如"Stress",这时在其后面的第二个下拉式列表栏中将出现与节点应力

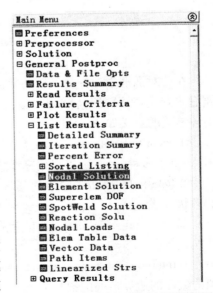

图 5.81　List results 列表显示子菜单

相关的项,选择需要的项,单击对话框上的"OK"键,则所得结果所有节点应力分量将按节点编号的大小排列输出。说明:对所选择的节点按某种排序的方式输出节点的结果。若用户已对节点进

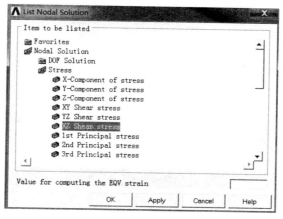

图5.82　节点单元结果列表显示

行了排序设置,执行该命令后,所列出的结果将按用户的排序设置进行,否则将按节点的编号方式,从小到大列出节点的结果(默认设置)。

2)列出节点的载荷

①Reaction Solution

功能:列出受约束节点的反作用力。

操作命令有:

命令: PROSOL;

GUI: Main Menu> General Postproc>list Results> Reaction Solu。

操作说明:执行上述命令后,弹出一个如图5.83所示的对话框,选择要列表的数据单击"OK"键,在该窗口显示出受约束节点的反作用力。

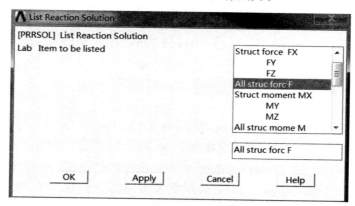

图5.83　节点载荷对话框

注意:按排序的方式对所选择节点列出受约束节点的反作用力结果。对于耦合节点,在耦合集中所有反作用力的和将出现在耦合集中最初的节点上,除非进行了坐标转换,否则结果位于整体直角坐标系上。如果在一个约束节点的约束方向施加了任意载荷,则该命令将不能使用。

②Nodal loads

功能:列出单元节点载荷

操作命令有:

命令:PRNLD;

GUI:Main Menu> General Post Proc>List Results> Nodal loads。

操作说明:执行上述命令后,弹出一个如图 5.84 所示的对话框,选择要列表的数据单击"OK"键,在该窗口中显示出选择节点所受载荷的值。

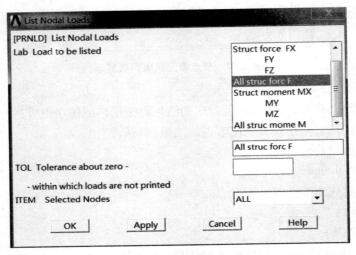

图 5.84　节点载荷对话框

(4)Element Table

操作如下:

GUI:Main Menu> General Postproc> Element Table,如图 5.85 所示。

1)Define Table

功能:单元表定义。

操作命令有:

GUI:Main Menu> General Postproc>Element Table>Define Table。

操作说明:执行上述命令后,弹出如图 5.86 所示的对话框,单击"Add"又弹出如图 5.87所示的对话框,在"User label for item"后面的输入栏中输入一个单元表的名称(最好与所选择内容相对称的名称如 x-stress 表示在 X 方向的分应力),在"Result data iten"后面的第一栏中选择一个数据项如"Stress",在第二栏中将出现与第一栏相对应的数据内容,在第二栏中选择将要存入单元表格的内容如"X- direction sx",单击对话框上的"OK"

键,则软件又回到如图 5.78 所示的对话框中,这时用户所定义的单元表格名称及内容也将出现在"Currently Defined Data and Status"下的状态栏,用户可对其中选择的内容进行更新和删除操作,在单元表格定义好后单击"Close"则完成整个单元表格的定义。

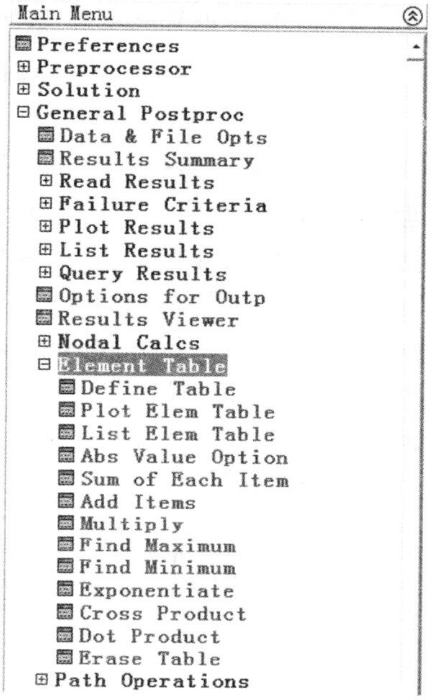

图 5.85　单元表子菜单

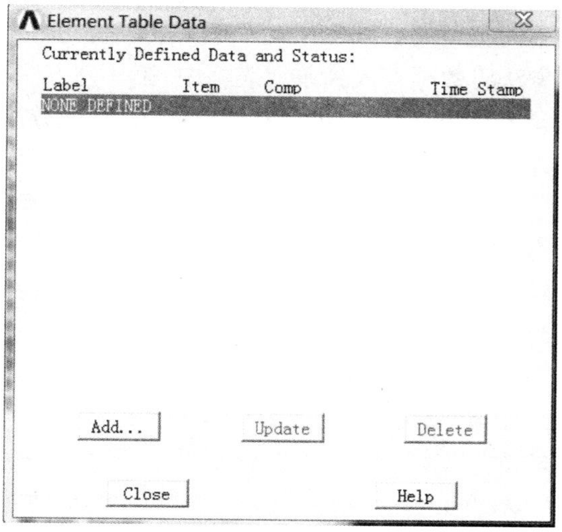

图 5.86　定义单元表

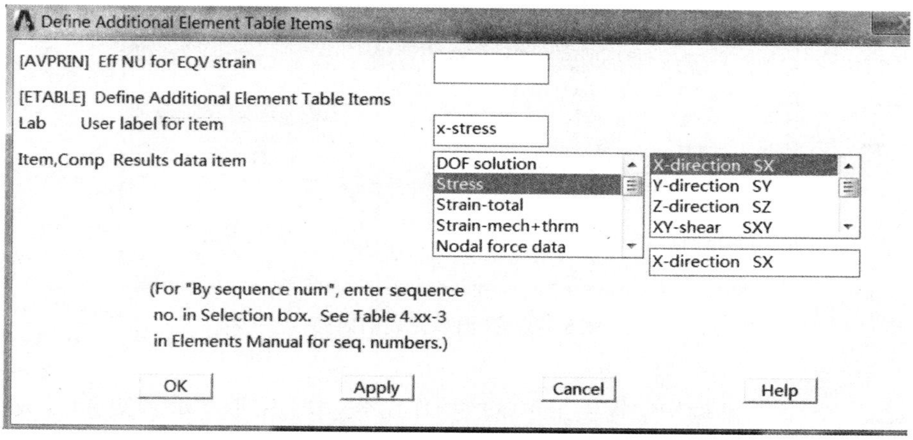

图 5.87　单元表项目设置

此对话框中各参数的意义如下:

①Eff NU for EQU strain:表示主应力和应力向量计算方式的选择,参考图 5.80 的解释。

②User label for item：输入一个由字符组成的标号。如 X- Stress。

③Results data item：选择单元表中包含的结果数据。如 Stress、x- direction sx。表示单元表中数据是 X 方向的应力。

说明：确定在将来处理中要使用到的单元表格内容。单元表格类似于一个工作表格，其中行表示所有已选择的单元，列则由用户填充的结果项组成，在列出和显示中，由用户所定义的标签来确定数据的每行。在定义好单元表后，用户不仅能对单元表的内容进行输出和显示，也可以对单元表的数据进行多种运算操作、如加、乘等，在单元表格中可储存许多不同类型的结果数据；在"ETABLE"命令中，根据用户所要存入的数据类型可以使用两种方法将数据存入到单元表格中，第一种方法是通过使用系统的因有标题将数据存入到单元表格中，用户也可以指定标题名，默认方式是利用软件的固有标题名、它称为分量名法，第二种方法要求用户输入一个标题和编号，它称为序号法。分量名法适用于所有的单值项和某些最通用的多值项数据；序号法可允许用户浏览没有进行平均的数据如节点的压力、积分点的温度等，或者是在固有模式下描述比较困难的数据如所有从结构线单元和接触单元上导出的数据、所有从热线单元上导出的数据等。

2）List Elem Table

功能：列出单元表的内容。

操作命令有：

命令：PRETAR；

GUI：Main Menu> General Postproc>Element Table>list Elem Table。

操作与示例：执行上述命令后，会出现如图 5.88 所示对话框，在"Items to be listed"后面选择一个单元表格的名称如"X- STRESS"，单击对话框上的"OK"键，则得到显示结果。

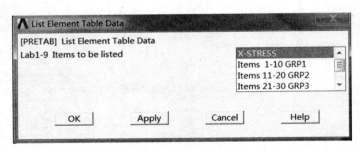

图 5.88　列出单元表的内容

总之，ANSYS 基础操作中提供了丰富的操作命令，本书根据初学者特点，简要介绍了常见的操作命令。

第6章 ANSYS 应用实例分析

6.1 ANSYS 分析规划方案

当开始建模时,用户将(有意地或无意地)做许多决定以确定如何来对物理系统进行数值模拟;分析的目标是什么? 模型是全部或仅是物理系统的部分? 模型将包含多少细节? 选用什么样的单元? 有限元网格用多大的密度? 总之,你将对要回答的问题的计算费用(CPU 时间等)及结果的精度进行平衡考虑。你在规划阶段做出的这些决定将大体上控制你分析的成功与否。

确定分析目标的工作与 ANSYS 程序的功能无关,完全取决于用户的知识、经验及职业技能,只有用户才能确定自己的分析目标,开始时建立的目标将影响用户生成模型时的其他选择。

一些小的细节对分析来说不重要,不必在模型中体现,因为它只会使你的模型过于复杂。可是对有些结构,小的细节如倒角或孔可能是最大应力位置之所在,可能非常重要,取决于用户的分析目的。必须对结构的预期行为有足够的理解以对模型应包含多少细节做出适当的决定。当然,有些情况下,仅有一点微不足道的细节破坏了结构的对称。那么,可以忽略这些细节(或相反的将它们视为对称的),以利于用更小的对称模型,必须权衡模型简化带来的好处与精度降低的代价来确定是否对一个非(拟)对称结构故意忽略其非对称细节。

有限元分析中经常碰到的重要问题是单元网格应划分得如何细致才能获得合理的好结果? 不幸的是,还没有人能给出确定的答案;你必须自己解决这个问题,关于这个问题的解决可求助于以下一些技术:

(1)利用自适应网格划分产生可满足能量误差估计准则的网格(此技术只适用于线性结构静力或稳态热问题,对什么样的误差水平是可接受的判断依据于你的分析要求)。自适应网格划分需要实体建模。

(2)与先前独立得出的实验分析结果或已知解析解进行对比。对已知和算得结果偏差过大的地方进行网格细化。

(3)执行一个你认为是合理的网格划分的初始分析,再在危险区域利用两倍多的网格重新分析并比较两者的结果。如果这两者给出的结果几乎相同,则网格是足够的。如果产生了显著不同的结果,应该继续细化你的网格直到随后的划分获得了近似相等的结果。

(4)如果细化网格测试显示只有模型的一部分需要更细的网格,可以对模型使用子

模型以放大危险区域。

网格划分密度很重要,如果网格过于粗糙,那么结果可能包含严重的错误,如果网格过于细致,将花费过多的计算时间,浪费计算机资源,而且模型可能过大以致于不能在你的计算机系统上运行,为避免这类问题的出现,在生成模型前应当考虑网格密度问题。

6.2　静力学结构分析概述

结构分析是有限元分析方法最常用的一个应用领域。结构这个术语是一个广义的概念,它包括土木工程结构如桥梁和建筑物,汽车结构如车身骨架,海洋结构如船舶结构,航空结构如飞机机身,还包括机械零部件如活塞、传动轴等。

在 ANSYS 产品家族中有七种结构分析的类型。结构分析中计算得出的基本未知量(节点自由度)是位移。其他的一些未知量,如应变、应力和反力可通过节点位移导出。ANSYS 提供以下几种常见的结构分析类型:

静力分析——用于求解静力载荷作用下结构的位移和应力等。静力分析包括线性和非线性分析。而非线性分析涉及塑性、应力刚化、大变形、大应变、超弹性、接触面和蠕变等。

模态分析——用于计算结构的固有频率和模态。

谐波分析——用于确定结构在随时间正弦变化的载荷作用下的响应。

瞬态动力分析——用于计算结构在随时间任意变化的载荷作用下的响应,并且可计及上述提到的静力分析中所有的非线性特性。

谱分析——是模态分析的应用推广,用于计算由于响应谱或 PSD 输入(随机振动)引起的应力和应变。

曲屈分析——用于计算曲屈载荷和确定曲屈模态。ANSYS 可进行线性(特征值)屈曲和非线性曲屈分析。

6.2.1　结构分析所应用的单元

ANSYS 大多数单元为结构单元,可根据分析目的选择不同的单元类型,表 6.1 提供了早期及目前 ANSYS 版本的结构分析单元概要,虽然一些单元在较新 ANSYS 版本中不再出现,但是应用命令还是可以定义的,对一些问题分析时可能还会用到这些单元,在这里作简要的介绍。

6.2.1.1　杆单元

杆单元适用于模拟桁架、缆索、链杆、弹簧等构件。该类单元只承受杆轴向的拉压,不承受弯矩,节点只有平动自由度。不同的单元具有弹性、塑性、蠕变、膨胀、大转动、大挠曲(也称大变形)、大应变(也称有限应变)、应力刚化(也称几何刚度、初始应力刚度等)等功能,表 6.2 是该类单元较详细的特性。

表 6.1　结构分析单元

类别	单元名称
杆单元	LINK1，LINK8，LINK10，LINK11，LINK180
梁单元	BEAM3，BEAM4，BEAM23，BEAM24，BEAM44，BEAM54，BEAM188，BEAM189
管单元	PIPE16，PIPE17，PIPE18，PIPE20，PIPE59，PIPE60
2D 实体单元	PLANE2，PLANE25，PLANE42，PLANE82，PLANE83，PLANE145，PLANE146，PLANE182，PLANE183
3D 实体单元	SOLID45，SOLID46，SOLID64，SOLID65，SOLID72，SOLID73，SOLID92，SOLID95，SOLID147，SOLID148，SOLID185，SOLID186，SOLID187，SOLID191
壳单元	SHELL28，SHELL41，SHELL43，SHELL51，SHELL61，SHELL63，SHELL91，SHELL93，SHELL99，SHELL143，SHELL150，SHELL181，SHELL208，SHELL209
弹簧单元	COMBIN7，COMBIN14，COMBIN37，COMBIN39，COMBIN40
质量单元	MASS21
接触单元	CONTAC12，CONTAC52，TARGE169，TARGE170，CONTAC171，CONTAC172，CONTAC173，CONTAC174，CONTAC175，CONTAC178
矩阵单元	MATRIX27，MATRIX50
表面效应单元	SUPF153，SUPF154
黏弹实体单元	VISCO88，VISCO89，VISCO106，VISCO107，VISCO108
超弹实体单元	HYPER56，HYPER58，HYPER74，HYPER84，HYPER86，HYPER158
耦合场单元	SOLID5，PLANE13，FLUID29，FLUID30，FLUID38，SOLID62，FLUID79，FLUID80，FLUID81，SOLID98，FLUID129，INFIN110，INFIN111，FLUID116，FLUID130
界面单元	INTER192，INTER193，INTER194，INTER195
显示动力分析单元	LINK160，BEAM161，PLANE162，SHELL163，SOLID164，COMBI165，MASS166，LINK167，SOLID168

表 6.2　杆单元特性

单元名称	简称	节点数	节点自由度	特性	备注
LINK1	2D 杆		U_X，U_Y	EPCSDGB	常用单元
LINK8	3D 杆			EPCSDGB	
LINK10	3D 仅受拉或仅受压杆	2	U_X，U_Y，U_Z	EDGB	模拟缆索的松弛及间隙
LINK11	3D 线性调节器			EGB	模拟液压缸和大转动
LINK180	3D 有限应变杆			EPCDFGB	另可考虑黏弹塑性

注：上表特性栏中的 EPCSDFGBA 为：E-弹性（Elasticity），P-塑性（Plasticity），C-蠕变（Creep），S-膨胀（Swelling），D-大变形或大挠度（Large deflection），F-大应变（Large strain）或有限应变（Finite strain），B-单元生死（Brith and dead），G-应力钢化（Stress stiffness）或几何刚度（Geometric stiffening），A-自适应下降（Adaptive descent）等。

单元使用应注意的问题：

（1）杆单元均为均质直杆，面积和长度不能为零（LINK11 无面积参数），仅承受杆端荷载，温度沿杆元长线性变化。杆元中的应力相同，可考虑初应变。

（2）LINK10 属于非线性单元，需迭代求解。LINK11 可作用线荷载，仅有集中质量方式。

（3）LINK180 无实常数型初应变，但可输入初应力文件，可考虑附加质量；大变形分析时，横截面面积可以是变化的，即可为轴向伸长的函数或刚性的。

（4）通常用 LINK1 和 LINK8 模拟桁架结构，如屋架、网架、网壳、桁架桥、桅杆、塔架等结构，以及吊桥的吊杆、拱桥的系杆等构件。必须注意，线性静力分析时，结构不能是几何可变的，否则会造成位移超限的提示错误。LINK10 可模拟绳索、地基弹簧、支座等，如斜拉桥的斜拉索、悬索、索网结构、缆风索、弹性地基、橡胶支座等。LINK180 除不具备双线性特性（LINK10）外，它均可应用于上述结构中，并且其可应用的非线性性质更加广泛，还增加了黏弹塑性材料。

（5）LINK1、LINK8 和 LINK180 单元还可用于普通钢筋和预应力钢筋的模拟，其初应变可作为施加预应力的方式之一。

6.2.1.2　梁单元

梁单元分为多种单元，分别具有不同的特性，是一类轴向拉压、弯曲、扭转的 3D 单元。该类单元有常用的 2D/3D 弹性梁元、塑性梁元、渐变不对称梁元、3D 薄壁梁元及有限应变梁元。此类单元除 BEAM189 实为 3 节点外，其余均为 2 节点，但有些辅以另外的节点决定单元的方向，该类单元特性如表 6.3 所示。

单元使用应注意的问题：

（1）梁单元的面积和长度不能为零，且 2D 梁元必须位于 XY 平面内。

（2）剪切变形的影响：剪切变形将引起梁的附加挠度，并使原来垂直于中面的截面变形后不再和中面垂直，且发生翘曲（变形后截面不再是平面）。当梁的高度远小于跨度时，可忽略剪切变形的影响，但梁高相对于跨度不太小时，则要考虑剪切变形的影响。经典梁元基于变形前后垂直于中面的截面变形后仍保持垂直的 kirchhoff 假定，如当剪切变形系数为零时的 BEAM3 或 BEAM4。但在考虑剪切变形的梁弯曲理论中，仍假定原来垂直于中面的截面变形后仍保持平面（但不一定垂直），ANSYS 的梁单元也均如此。考虑剪切变形影响可采用两种方法，即在经典梁元的基础上引入剪切变形系数（BEAM3/4/23/24/44/54）和 Timoshenko 梁元（BEAM188/189），前面的截面转角由挠度的一次导数导出，而后者则采用了挠度和截面转角各自独立的插值，这是两者的根本区别。

（3）自由度释放：梁元中能够利用自由度释放的单元是 BEAM44 单元，通过 keyopt（7）和 keyopt（8）设定释放 I 节点和 J 节点的各个自由度。但要注意模型中哪些单元使用自由度释放的 BEAM44，而哪些为普通的 BEAM44 单元，否则可能造成几何可变体系。高版本中的 BEAM188/189 也可通过 ENDRELEASE 命令对自由度进行释放，如将刚性节点设为球铰等。

表 6.3　梁单元特性

单元名称	简称	节点数	节点自由度	特性	备注
BEAM3	2D 弹性梁	2	U_X, U_Y, $Rotz$	EDGB	常用平面梁元
BEAM23	2D 塑性梁	2		EPCSDFGB	具有塑性等功能
BEAM54	2D 渐变不对称梁	2		EDGB	不对称截面,可偏移中心轴
BEAM4	3D 弹性梁	2	U_X, U_Y, U_Z $Rotx$, $Roty$, $Rotz$	EDGB	拉压弯扭,常用 3D 梁元
BEAM24	3D 薄壁梁	2+1		EPCSDGB	拉压弯及圣维南扭转,开口或闭口截面
BEAM44	3D 渐变不对称梁	2+1		EDGB	拉压弯扭,不对称截面,可偏移中心轴,可释放节点自由度,可采用梁截面
BEAM188	3D 线性有限应变梁	2+1	U_X, U_Y, U_Z $Rotx$, $Roty$, $Rotz$ 或增加 warp	EPCDFGB 黏弹性	Timoshenko 梁,计入剪切变形影响,可增加翘曲自由度,可采用梁截面
BEAM189	3D 二次有限应变梁	3+1			同 BEAM188,但属二次梁单元

（4）梁截面特性：梁元中能够采用梁截面特性的单元有 BEAM44 和 BEAM188/189 三个单元,并且低版本中单元截面均为不变时才能采用梁截面。BEAM44 在不使用梁截面而输入实常数时可以采用变截面,且单元两节点的面积比或惯性矩比有一定要求。BEAM188/189 在 V8.0 以上版本中可使用变截面的梁截面,可根据两个不同梁截面定义,且可以采用不同材料组成的梁截面,而 BEAM44 则不可。同时,BEAM188/189 支持约束扭转,通过激活第七个自由度使用。

（5）BEAM23/24 因具有多种特性,故实常数的输入比较复杂。BEAM23 可输入矩形截面、薄壁圆管、圆杆和一般截面的几何尺寸来定义截面。BEAM24 则通过一系列的矩形

段来定义截面。

(6)荷载特性:梁单元大多支持单元跨间分布荷载、集中荷载和节点荷载,但BEAM188/189 不支持跨间集中荷载和跨中部分分布荷载,仅支持在整个单元长度上分布的荷载。温度梯度可沿截面高度、单元长度线性变化。特别注意的是,梁单元的分布荷载是施加在单元上,而不是施加在几何线上,在求解时几何线上的分布荷载不能转化到有限元模型上。

(7)应力计算:对于输入实常数的梁元,其截面高度仅用于计算弯曲应力和热应力,并且假定其最外层纤维到中性轴的距离为梁高的一半。因此,关于水平轴不对称的截面,其应力计算是没有意义的。

6.2.1.3　管单元

管单元是一类轴向拉压、弯曲和扭转的 3D 单元,单元的每个节点均具有六个自由度,即三个平动自由度 U_X, U_Y, U_Z 和三个转动自由度 Rotx, Roty, Rotz,此类单元以 3D 梁元为基础,包括了对称性和标准管几何尺寸的简化特性。该类单元有直管、T 形管、弯管和沉管四种单元类型,详细特性如表 6.4 所示。

表 6.4　管单元特性

单元名称	简称	节点数	特性	备注
PIPE16	3D 弹性直管元	2	EDGB	可考虑两种温度梯度及内部和外部压力
PIPE17	3D 弹性 T 形管元	2~4	EDGB	可考虑绝热、内部流体、腐蚀及应力强化
PIPE18	3D 弹性弯管元	2+1	EDB	
PIPE20	3D 塑性直管元	2	EPCSDGB	同 PIPE16
PIPE59	3D 弹性沉管元	2	EDGB	可模拟海洋波,可考虑水动力和浮力等,其余同 PIPE16,且可模拟电缆
PIPE60	3D 塑性弯管元	2+1	EPCSDB	同 PIPE18

单元使用应注意的问题:

(1)管单元长度、直径及壁厚均不能为零;

(2)可计算薄壁管和厚壁管,但某些应力的计算基于薄壁管理论;

(3)管单元计入了剪切变形的影响,并可考虑应力增强系数和挠曲系数。

6.2.1.4　2D 实体单元

2D 实体单元是一类平面单元,可用于平面应力、平面应变和轴对称问题的分析,此类单元均位于 XY 平面内,且轴对称分析时 Y 轴为对称轴。单元由不同的节点组成,但每个节点的自由度均为 2 个(谐结构实体单元除外),即 U_X 和 U_Y。各种单元的具体特性如表 6.5 所示。

表 6.5　2D 实体单元特性

单元名称	简称	节点自由度	特性	备注
PLANE2	6 节点三角形单元	U_X, U_Y	EPCSD FGBA	适应于不规则的网格
PLANE42	4 节点四边形单元			具有协调和非协调元选项
PLANE82	8 节点四边形单元			是 PLANE42 的高阶单元，混合分网的结果精度高，适应于模拟曲线边界
PLANE145	8 节点四边形 P 单元		E	支持 2~8 阶多项式
PLANE146	6 节点三角形 P 单元			支持 2~8 阶多项式
PLANE182	4 节点四边形单元		EPCSD FGBA	具有更多的非线性材料模型
PLANE183	8 节点四边形单元			是 PLANE182 的高阶单元
PLANE25	4 节点谐结构单元	U_X, U_Y, U_Z	EGB	模拟非对称荷载的轴对称结构
PLANE83	8 节点谐结构单元			是 PLANE25 的高阶单元

单元使用应注意的问题：

（1）单元插值函数及说明：PLANE2 的插值函数取完全的二次多项式，是协调元。PLANE42 采用双线性位移模式，是协调元。当考虑内部无节点的位移项（即附加项）插值函数时则为非协调元；当退化时自动删除形函数的附加项变为常应变三角形单元。PLANE82 是 PLANE42 的高阶单元，采用三次插值函数，当退化时与 PLANE2 相同。PLANE182 与 PLANE42 具有相同的插值函数，但无附加位移函数项，也可退化为 3 节点三角形。PLANE183 是 PLANE182 的高阶单元，与 PLANE82 的插值函数相同，也可退化为 6 节点三角形。P 单元的差值函数为 2~8 次，其中，PLANE145 是 8 节点四边形单元，而 PLANE146 是 6 节点的三角形单元。

（2）荷载特性：大多支持单元边界的分布荷载及节点荷载，但 P 单元的节点荷载只能施加在角节点。可考虑温度荷载，支持初应力文件等。特别地，对平面应力输入单元厚度时，施加的分布荷载不是线荷载（力/长度），而是面荷载（力/面积）。如果不输入单元厚度，则为单位厚度。

（3）其他特点：

①除 6 节点三角形单元外，其余均可退化为三角形单元；

②除 P 单元和谐结构单元不支持读入初应力外，其余均支持；

③除 4 节点单元支持非协调选项外，其余都不支持；

④除 4 节点单元外，其余单元都适合曲边模型或不规则模型。

6.2.1.5　3D 实体单元

3D 实体单元用于模拟三维实体结构，此类单元每个节点均具有三个自由度，即 U_X, U_Y, U_Z 三个平动自由度，各种单元的特性如表 6.6 所示。

表 6.6 3D 实体单元特性

单元名称	简称/3D	节点数	特性	完全/减缩积分	初应力	备注
SOLID45	实体元	8	EPCSDFGBA	Y/Y	Y	正交各向异性材料
SOLID46	分层实体元	8	EDG	Y/N	N	层数达 250 或更多
SOLID64	各向异体实体元	8	EDGBA	Y/N	N	各向异性材料
SOLID65	钢筋混凝土实体元	8	EPCDFGBA	Y/N	N	开裂、压碎、应力释放
SOLID92	四面体实体元	10	EPCSDFGBA	Y/N	Y	正交各向异性材料
SOLID95	实体单元	20	EPCSDFGBA	Y/Y	Y	是 SOLID45 的高阶元
SOLID147	砖形实体 P 元	20	E	Y/N	N	P 可设置 2 ~ 8 阶
SOLID148	四面体实体 P 元	10	E	Y/N	N	P 可设置 2 ~ 8 阶
SOLID185	实体单元	8	EPCDFGBA	Y/Y 等	Y	可模拟几乎不可压缩的弹塑和完全不可压缩的超弹
SOLID186	实体单元	20	EPCDFGBA	Y/Y	Y	
SOLID187	四面体实体元	10	EPCDFGBA	Y/N	Y	
SOLID191	分层实体元	20	EGA	Y/N	N	层数 ≤ 100

单元使用应注意的其他问题:

(1)关于 SOLID72/73 单元:SOLID72 是四节点四面体实单元,SOLID73 是八节点六面体实体单元,这两个单元每个节点均具有 6 个自由度,即 U_X,U_Y,U_Z,Rotx,Roty,Rotz。在较高版本中,ANSYS 已不再推荐使用,帮助文件中也不再介绍,但命令流仍然可用。其原因为:

①新的求解器 PCG 和 SOLID92/95 可以较好地解决原有的求解问题;

②防止不同单元中"误用"转动自由度,如与 BEAM 或 SHELL 共同建模时误用转动自由度。

(2)其他特点:

①除 8 节点单元具有非协调单元选项外,其余均不支持。单元退化时均自动变为协调元。

②除 8 节点单元外,其余均适合曲边模型或不规则模型。

③除 10 节点单元不能退化外,其余单元皆可退化为棱柱体或四面体单元,且

SOLID95/186 又可退化为金字塔（也称宝塔）单元。

（3）SOLID185 积分方式可选择完全积分的 $\overline{B}$ 方法、减缩积分、增强应变模式和简化的增强应变模式，且 SOLID185/186/187 单元均具有位移插值模式和混合插值模式（u–P 插值），以模拟几乎不可压缩的弹塑材料和完全不可压缩的超弹材料。

6.2.1.6　壳单元

壳单元可以模拟平板和曲壳一类结构。壳元比梁元和实体元要复杂得多，因此，壳类单元中各种单元的选项很多，如节点与自由度、材料、特性、退化、协调与非协调、完全积分与减缩积分、面内刚度选择、剪切变形、节点偏置等，应详细了解各单元的使用说明。表 6.7 给出了板壳单元的特点。

表 6.7　板壳单元特性

单元名称	简称/3D	节点数	节点自由度	特性	备注
SHELL28	剪切/扭转板	4	U_{XYZ} 或 R_{XYZ}	EG	纯剪，无面荷载
SHELL41	膜壳	4	U_{XYZ}	EDGBA	有仅拉选项
SHELL43	塑性大应变壳	4	U_{XYZ} , R_{XYZ}	EPCDFGBA	计入剪切变形
SHELL51	轴对称结构壳	2	U_{XYZ}, R_{OTZ}	EPCSDG	有单元相交角度限制
SHELL61	轴对称谐波壳	2		EG	荷载可不对称
SHELL63	弹性壳	4		EDGB	刚度选项，未计入剪切变形
SHELL91	非线性层壳	8		EPSDFGA	计入剪切变形影响，节点可偏置设置（93 除外）
SHELL93	结构壳	8	U_{XYZ} , R_{XYZ}	EPSDFGBA	
SHELL99	线性层壳	8		EDG	
SHELL143	塑性小应变壳	4		EPCDGBA	计入剪切变形
SHELL150	结构壳 P 元	8		E	
SHELL181	有限应变壳	4			
SHELL208	有限应变轴对称结构壳	2	U_{XY}, R_{OTZ}	EPCDFGBA 超弹、黏弹、黏塑	计入剪切变形，可为分层结构壳
SHELL209		3			

注：上表节点自由度栏中 U_{XYZ} ，表示 U_X, U_Y, U_Z , R_{XYZ} 表示 $Rotx, Roty, Rotz$ 。

单元使用应注意的其他问题：

（1）通常不计剪切变形的壳元用于薄板壳结构，而计入剪切变形的壳元用于中厚度板壳结构。当计入剪切变形的壳元用于很薄的板壳结构时，会发生"剪切闭锁"（也称剪切自锁死，剪切自锁，Shear locking），在 Timoshenko 梁中，当梁高远远小于梁长时，也会出

现这种现象。为防止出现剪切闭锁，一般采用减缩积分（Reduced integration）或假设剪应变（Assumed shear strains）等方法，这两种方法对于 Timoshenko 梁效果是一样的，但对于板壳元是不同的。减缩积分比较常用，虽然有可能导致"零能模式"（zero energy mode），但一般是在板壳较厚且单元很少时发生，这在实际情况中出现的较少，且板壳较厚时可选择完全积分。

（2）其他特点

①除 8 节点壳元外均具有非协调元选项；

②除 SHELL28/51/61 外，均可退化为三角形形状的单元；

③仅 SHELL181 支持读入初应力且可仅选平动自由度（膜结构）；

④仅 SHELL93/181 支持缩减积分；

⑤仅 SHELL43/63/143 具有面内 Allman 刚度选项，SHELL181 具有 Drill 刚度选项；

⑥大多数平板壳单元适合不规则模型和直曲壳模型，但一般限制单元间的交角不大于 15°；

⑦除 SHELL28 外，均支持变厚度、面荷载及温度荷载。

6.2.1.7　弹簧单元

弹簧单元是一类专门模拟"弹簧"行为的单元，不同于用结构单元（如 LINK 等）的模拟。当用于一般弹簧时比较简单，而当具有控制作用时则比较复杂。此类单元主要用于模拟铰销、轴向弹簧、扭簧及其控制行为，但都不考虑弯曲作用，且此类单元均无面荷载和体荷载。每个单元的特性如表 6.8 所示，其详细使用方法参见相关资料。

表 6.8　弹簧单元特性

单元名称	简称	节点数	节点自由度	特性	备注
COMBIN7	3D 铰接连结单元	2+3	U_{XYZ}，R_{XYZ}	EDNA	具有转动控制功能
COMBIN14	弹簧阻尼器单元	2	1D：URPT 之一 2D：U_{XY} 3D：U_{xyz} 或 R_{XYZ}	EDGBN	无控制功能
COMBIN37	控制单元	2,3,4	URPT 之一	ENA	具有滑动控制功能
COMBIN39	非线性弹簧单元	2	1D：URPT 之一 2D：U_{XY} 3D：U_{xyz} 或 R_{XYZ}	EDGN	无控制功能
COMBIN40	组合单元	2	URPT 之一	ENA	具有滑动控制功能

注：1. 上表节点自由度中的 URPT 表示：U_{XYZ}（U_X,U_Y,U_Z），R_{XYZ}（$Rotx$,$Roty$,$Rotz$），Pres，Temp。

2. 上表特性栏中的 N 表示非线性（Nonlinear）。

6.2.1.8　质量单元

MASS21 为具有 6 个自由度的点单元，即只有一个节点。节点自由度可为 U_X,U_Y,U_Z，$Rotx$,$Roty$,$Rotz$，通过不同设置可仅考虑 2D 或 3D 内的平动自由度及其组合，每个坐标方向可以具有不同的质量和转动惯量,该单元无面荷载和体荷载,支持弹性、大变形和单元生死。

6.2.1.9　接触单元

ANSYS 支持三种接触方式,即点对点、点对面和面对面的接触,接触单元是覆盖在模型单元的接触面之上的一层单元。点点单元用来模拟点对点的接触行为,且预先知道接触位置;点面单元用来模拟点对面的接触行为,预先不要确定接触位置,接触面之间的网格不要求一致;面面单元用于模拟面对面的接触行为,支持低阶和高阶单元,支持大变形行为等。各种单元的特性如表 6.9 所示。

表 6.9　接触单元特性

单元名称	简称	节点数	节点自由度	特性	备注
CONTAC12	2D 点点元	2	U_X , U_Y	ENA	法向预加载或间隙。只受法向压力和切向剪力(库仑摩擦)
CONTAC52	3D 点点元	2	U_X , U_Y , U_Z	ENA	
TARGE169	2D 目标元	3	UTVAR	ENB	覆盖于实体元,可模拟复杂形状
CONTA171	2D2 节点面面元	2	UTVA	ENDB	覆于平面单元和梁单元,可处理库仑摩擦和剪应力摩擦
CONTA172	2D3 节点面面元	3	UTVA	ENDB	
TARGE170	3D 目标元	8	UTVMR	ENB	覆盖于实体元,可模拟复杂形状
CONTA173	3D4 节点面面元	4	UTVM	ENDB	覆于 3D 实体单元和壳单元,可处理库仑摩擦和剪应力摩擦
CONTA174	3D8 节点面面元	8	UTVM	ENDB	
CONTA175	2D/3D 点面元	1	UTVA	ENDB	点面/线面/面面,实体/梁/壳表面
CONTA178	3D 点点元	2	U_X , U_Y , U_Z	EN	任意单元上的节点

注:1. 节点自由度栏中 U－U_x , U_Y , U_Z (3D),T-Temp,V-Vol,A-Az,M-Mag,R-Rotz。

2. CONTAC26(点对地基元)、CONTAC48/49(2D/3D 点面元)在高版本中不再支持,故表中未列。

3. UTVAMR 中不是全部同时存在的自由度,可通过 Keyopt(1) 设置不同的自由度。

4. 此类单元均无面或体的结构荷载,但具有温度荷载。

5. TARGE169/170 可用于 MPCs 模拟装配接触分析,如壳—壳、壳—实体、实体—实体、梁—实体等。

6.2.1.10　表面效应单元

SURF153 和 SURF154 分别为 2D 和 3D 结构表面效应单元,可用于各种荷载(法向、切向、法向渐变、输入矢量方向等)及表面效应(基础刚度、表面张力及附加质量等)情况,可覆盖于任何二维(轴对称谐结构单元 PLANE25/83 除外)和三维结构实体单元表面。此类单元的主要特性如表 6.10 所示。

表 6.10　表面效应单元特性

单元名称	简称	节点数	节点自由度	特性	备注
SURF153	2D 结构表面效应单元	2 或 3	U_X, U_Y	EDGB	有中间节点时为 3 节点
SURF154	3D 结构表面效应单元	4 或 8	U_X, U_Y, U_Z	EDGB	有中间节点时为 8 节点

关于其他单元可参考 ANSYS 的相关资料,此不赘述。

6.2.2　ANSYS 结构分析材料模型

ANSYS 结构分析材料属性有线性(Linear)、非线性(Nonlinear)、密度(Density)、热膨胀(Thermal Expansion)、阻尼(Damping)、摩擦系数(Friction Coefficient)、特殊材料(Specialized Materials)等七种,可通过材料属性菜单分别定义。材料模型可分为线性、非线性及特殊材料三类,每类材料中又可分为多种材料类型,而每种材料类型则有不同的属性。材料模型的分类说明如图 6.1 所示。

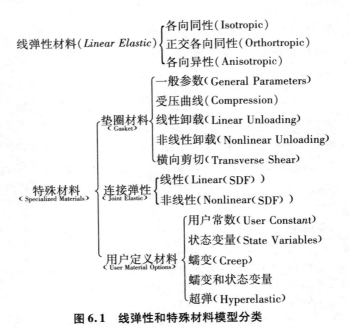

图 6.1　线弹性和特殊材料模型分类

为方便起见,在图 6.1 中使用了几个缩写符号,其中,SDF 分别表示刚度(Stiffness)、阻尼(Damping)和摩擦(Friction);BMNC 分别表示双线性(Bilinear)、多线性(Multilinear)、非线性(Nonlinear)及 Chaboche;EI 分别表示显示(Explicit)和隐式(Implicit),隐式均可选 13 项属性。需要说明的是,上述括号中均为可选项,例如,BMN 表示在该材料模型中可分别选择双线性、多线性、和非线性模型。因此,ANSYS 材料模型很多,可模拟各种材料的特性。

6.3　线性静力学结构分析的基本步骤

静力分析是计算在固定不变载荷作用下结构的响应,它不考虑惯性和阻尼影响,如结构受随时间变化载荷作用的情况。可是,静力分析可以计算那些固定不变的惯性载荷对结构的影响(如重力和离心力),以及那些可以近似为等价静力作用的随时间变化载荷(如通常在许多建筑规范中所定义的等价静力风载和地震载荷)的作用。

静力分析用于计算由那些不包括惯性和阻尼效应的载荷作用于结构或部件上引起的位移、应力、应变和力。固定不变的载荷和响应是一种假定,即假定载荷和结构响应随时间的变化非常缓慢。

静力分析既可以是线性的也可以是非线性的。非线性静力分析包括所有的非线性类型:大变形、塑性、蠕变、应力刚化、接触(间隙)单元、超弹性单元等。本节主要讨论线性静力分析,其基本分析步骤为:

6.3.1　建模

为了建模,用户首先应指定作业名和分析标题,然后应用 PREP7 前处理程序定义单元类型、实常数、材料特性、模型的几何元素。

在进行建模时,需要考虑以下事项:

(1)可以应用线性或非线性结构单元。

(2)材料特性可以是线性或非线性,各向同性或正交各向异性,常数或与温度相关的:

①必须按某种形式定义刚度(如弹性模量 EX,超弹性系数等)。

②对于惯性荷载(如重力等)必须定义质量计算所需的数据,如密度 DENS。

③对于温度荷载必须定义热膨胀系数 ALPX。

(3)对于网格密度,要记住:

①应力或应变急剧变化的区域(通常是用户感兴趣的区域),需要有比应力或应变近乎常数的区域更密的网格;

②在考虑非线性的影响时,需要用足够的网格来得到非线性效应。如塑性分析需要相当的积分点密度,因而在高塑性变形梯度区需要较密的网格。

6.3.2　设置求解控制

设置求解控制包括定义分析类型、设置一般分析选项、指定荷载步选项等。当进行结

构静力分析时,可以通过"求解控制对话框"来设置这些选项。该对话框对于大多数结构静力分析都已设置有合适的缺省,用户只需作很少的设置就可以了。我们推荐应用这个对话框。

6.3.3 施加荷载

用户在设置了求解选项以后,可以对模型施加荷载了。

所有下面的荷载类型,均可应用于静力分析中。

(1)位移(UX,UY,UZ,ROTX,ROTY,ROTZ)

这些自由度约束常施加到模型边界上,用以定义刚性支承点。它们也可以用于指定对称边界条件以及已知运动的点。由标号指定的方向是按照节点坐标系定义的。

(2)力(FX,FY,FZ)和力矩(MX,MY,MZ)

这些集中力通常在模型的外边界上指定。其方向是按节点坐标系定义的。

(3)压力(PRES)

这是表面荷载,通常作用于模型的外部。正压力为指向单元面。

(4)温度(TEMP)

温度用于研究热膨胀或热收缩(即温度应力)。如果要计算热应变的话,必须定义热膨胀系数。用户可以从热分析[LDREAD]中读入温度,或者直接指定温度(应用 BF 族命令)。

(5)流(FLUE)

用于研究膨胀(由于中子流或其他原因而引起的材料膨胀)或蠕变的效应。只在输入膨胀或蠕变方程时才能应用。

(6)重力、旋转等

这是整个结构的惯性荷载。如果要计算惯性效应,必须定义密度(或某种形式的质量)。

(7)定义荷载

除了与模型无关的惯性荷载以外,用户可以在几何实体模型(关键点、线、面)或在有限元模型(节点和单元)上定义荷载。用户还可以通过 TABLE 类型的数组参数施加边界条件或作为函数的边界条件。

6.3.4 求解

现在可以进行求解。

命令:SOLVE

GUI:Main Menu>Solution>-Solve-Current LS

6.3.5 退出求解

命令:FINISH

GUI:关闭求解菜单。

6.3.6　后处理

可以用一般后处理器 POST1 来进行后处理,查看结果。典型的后处理操作:
1)显示变形图。
2)列出反力和反力矩。
3)列出节点力和力矩。
也可以列出所选择的节点集的所有节点力和力矩。首先选择节点集,然后可用这一特点找出作用于这些节点上的所有力。
4)等值线显示。
5)其他后处理功能。
在 POST1 中,还可以应用许多其他后处理功能,如影射结果到路径上、荷载工况组合等。

6.4　桁架结构

桁架结构是指结构由许多细长杆件通过两两杆件杆端铰接构成的结构系统,桁架结构中的杆件由于都是二力杆,每个杆件的主要变形是轴向拉伸和压缩变形,杆单元只承受轴向力,单元的内力主要是轴力。即对于这一类问题,杆单元的两端的节点只有线位移自由度,有限元模型可以利用杆单元模型(LINK)来处理。在早期 ANSYS 版本中,二维杆单元是 LINK1,每个单元的两端有两个节点,每个节点有两个线位移。三维杆单元是 LINK8,每个单元也有两个节点,但每个节点有 3 个线位移自由度。计算结果可以得到节点位移以及各个杆件的内力和应力。

单元输入的几何参数只有杆件的截面面积 A,材料参数有弹性模量 EX,密度 DENS 和阻尼 DAMP。

对于空间几何复杂的桁架结构,一般利用节点和单元的定义指令 N(Node)和 E(Element)来定义。这种建立模型的方式叫作单元直接建模,它的主要优点是直观。杆件单元的定义通过用 E 指令定义两个端点的节点编号即可,当前单元的单元类型使用当前默认值,该默认值可以通过指令 TYPE 来改变。当前单元的材料参数使用当前的默认值,该默认值可以通过指令 MAT 来改变。当前单元的实常数使用当前的默认值,该默认值可以通过指令 REAL 来改变。对于边界条件:荷载由命令 F(Force)来定义,位移约束由命令 D(Displacement)来定义。

然后进入求解命令 SOLVE 开始求解。系统对每一个单元计算刚度矩阵后,叠加生成总体刚度矩阵,生成节点荷载向量,通过引入位移边界条件修正总体刚度矩阵和荷载向量后,开始求解位移方程而得到各个节点的位移值。再次调用单元刚度矩阵计算各个单元的内力、各个位移约束处的反力等。

得到这些计算结果后,进入后处理模块 Post1 可以显示结果和观察变形、应力分布等情况。变形图通常用 PLDISP(PLot DISPlacement)来显示。节点上的计算结果,如内力和应力可用 PLNSOL(Plot Node SOLution)来完成。不同类型的单元具有不同的内力和应力约定,单元内的计算结果通过 PLESOL(Plot Element SOLution)命令来实现。

以上是桁架结构静力分析的大体过程。

6.4.1 实例分析:铰接杆在外力作用下的变形计算

在两个相距 $a=10m$ 的刚性面之间,有两根等截面杆铰结在 2 号点,杆件与水平面的夹角 $\theta=30°$,在铰链处有一向下的集中力 $F=1000$ N,杆件材料的弹性模量 $E=210$ GPa,泊松比 $\mu=0.3$,$A=1000$ mm²(如图 6.2 所示),试分别通过材料力学(结构力学)理论解析方法与 ANSYS 数值方法进行分析确定两根杆件内力和集中力位置处的位移。杆件变形很小,可以按照小变形理论计算。

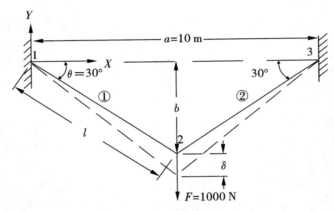

图 6.2 两杆桁架结构模型图

6.4.1.1 材料力学(结构力学)解析解

这是一个静定结构,两根杆的内力可以很容易地用材料力学(结构力学)知识求解出来。考虑杆件变形时,杆件伸长量和节点位移之间的关系也不复杂。由于结构几何形状和受力是左右对称的,结构的变形特征也是对称的,杆件伸长量与节点位移的关系就更加简单了。

根据 2 号节点处的平衡关系,应用理论力学受力平衡关系:

$$\sum F_y = 0, F_{N1}\sin30° + F_{N2}\sin30° = F$$

$$\sum F_x = 0, F_{N1}\cos30° = F_{N2}\cos30°$$

得到两个拉杆的拉力 $F_{N1} = F_{N2} = 1000$ N。

两杆件的长度为:

$$L_1 = L_2 = \frac{5}{cos\,30°} \text{ m}$$

根据材料力学(结构力学)几何协调方程和物理方程,可得到据 2 号节点竖向位移的理论值为:

$$\Delta l = \frac{\Delta l_1}{\sin 30°} = \frac{F_{N1}L_1}{EA\sin 30°} = 0.54987×10^{-4} \text{ m}$$

6.4.1.2　ANSYS 求解

（1）问题规划分析

该结构包含两根杆件，可以在 ANSYS 中划分为两个单元。在左侧的刚性墙壁上设置节点 1，中间两根杆件连接点设节点 2，右侧刚性墙壁上的固定点设为节点 3。它们的编号和坐标位置如图 6.1 所示，即 $1(0,0)$，$2(a/2,-b)$，$3(a,0)$。1 号节点和 3 号节点固定，2 号节点上有集中力 F 作用。

使用节点定义命令 N（Node）可以完成对这些节点的定义。用命令 ET（Element Type）选择该结构使用二维杆单元 LINK180，用实常数定义命令 R（Real constant）定义杆件的横截面面积，用材料参数定义命令 MP（Material Property）定义材料的弹性模量。用位移约束命令 D（Displacement）固定节点，用 F（Force）施加节点力。用 Solve 命令开始求解，得到节点位移结果后，可以用 PLDISP（Plot DISPlacement）绘制结构变形图，或者 PRDISP 列表显示节点位移结果。用定义单元表命令 ETABLE（Element TABLE），可以提取杆件轴向应力。

（2）ANSYS 求解过程

1）定义文件名，

GUI：File/Change Jobname

定义文件名为：shili1，见图 6.3。

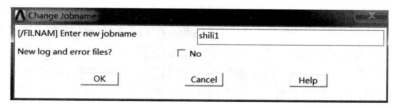

图 6.3　定义文件名

2）定义单元类型。点击主菜单中的"Preference>Element Type>Add/Edit/Delete"，弹出对话框，点击对话框中的"Add…"按钮，又弹出一对话框（图 6.4），选中该对话框中的"Link"和"3D finit stn 180"选项，点击"OK"，关闭图 6.4 对话框，返回至上一级对话框，此时，对话框中出现刚才选中的单元类型：LINK180，如图 6.5 所示。点击"Close"，关闭图6.5 所示对话框。

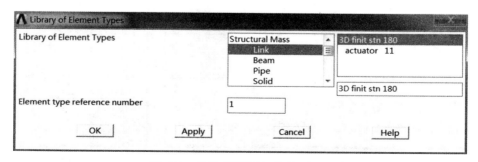

图 6.4　单元类型选择对话框（一）

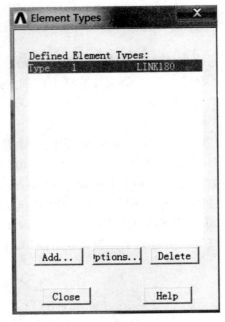

图 6.5　单元类型对话框(二)

3)定义几何特性。在 ANSYS 中主要是实常数的定义:点击主菜单中的"Preprocessor
>RealContants>Add/Edit/Delete",弹出对话框,点击"Add…"按钮,第 2)步定义的
LINK180 单元出现于该对话框中,点击"OK",弹出下一级对话框,如图 6.6 所示。在
AREA 一栏杆件的截面积 0.001,点击"OK",回到上一级对话框,如图 6.7 所示。点击
"Close",关闭图 6.7 所示对话框。

图 6.6　实常数设置对话框(一)　　**图 6.7　实常数对话框(二)**

4)定义材料特性。点击主菜单中的"Preprocessor>Material Props> Material Models",弹出对话框,如图6.8所示,逐级双击右框中"Structural, Linear, Elastic, Isotropic"前图标,弹出下一级对话框,在弹性模量文本框中输入:211e11,在泊松比文本框中输入:0.3,如图6.9所示,点击"OK"返回上一级对话框,并点击"关闭"按钮,关闭图6.8所示对话框。

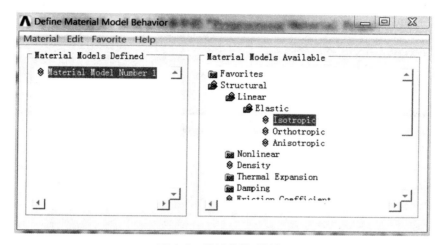

图6.8 材料特性对话框

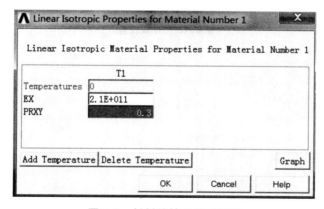

图6.9 材料特性设置对话框

5)建模。

GUI:Preprocessor>Modeling>Create>Nodes>In Active CS,生成节点。

弹出对话框,在"Node number"一栏中输入节点号1(0,0,0),2(a/2,−b,0),3(a,0,0)。在"XYZ Location"一栏中输入节点1的坐标(0,0,0),如图6.10所示,点击"Apply"按钮,在生成1节点的同时弹出与图6.10一样的对话框,同理将2、3点的坐标输入,以生成其余2个节点。此时,在显示窗口上显示所生成的3个节点的位置,如图6.11所示。

6)生成单元格。点击主菜单中"Preprocessor > Modeling > Create > Elements > AutoNumbered>Thru Nodes",弹出"节点选择"对话框,如图6.12所示。依次点选节点1、

2,点击 Apply 按钮,既可生成①单元。同理,点击 2、3 可生成②单元。生成后的单元如图
6.13 所示。

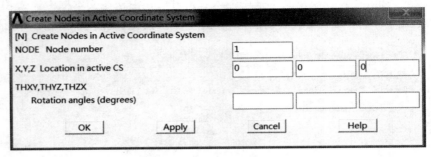

图 6.10　节点生成对话框

图 6.11　节点位置

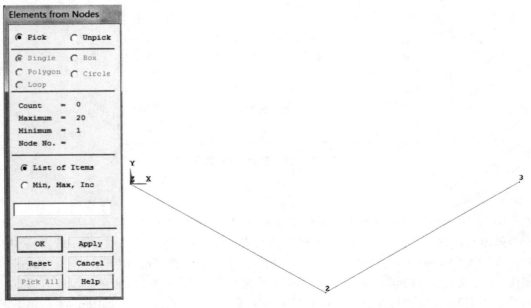

图 6.12　节点选择
　　　　对话框

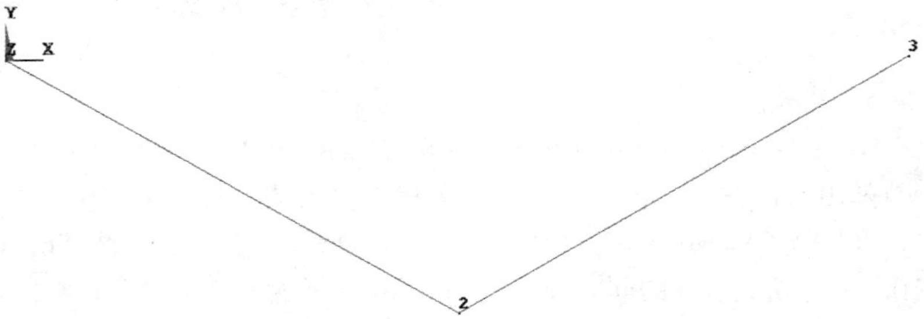

图 6.13　单元生成

7）施加位移约束。点击主菜单中的"Preprocessor > Loads > Apply > Structural > Displacement>On Nodes"，弹出与图 6.12 所示类似的"节点选择"对话框，点选 1,3 节点后，弹出对话框如图 6.14 所示，选择右上列表框中的"All DOF"，即可完成对节点 1,3 位移约束。

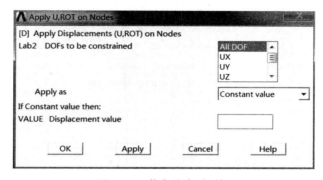

图 6.14　节点约束对话框

图 6.15　节点施加约束

8）施加集中力载荷。点击主菜单中的"Preprocessor > Loads > Define Loads > Apply > Structural > Force/Moment > On Nodes"，弹出对话框图 6.16 所示，点击节点 2，点击"OK"，出现图 6.17 对话框，在"Direction of force/mom"一项中选择："FY"，在"Force/Moment value"一项中输入：-1 000（注：负号表示力的方向与 Y 的正向相反），然后点击"OK"按钮关闭对话框，这样，就在节点 2 处给桁架结构施加了一个竖直向下的集中载荷（图 6.18 所示）。

9）点击主菜单中的"Solution>Solve>Current LS"，弹出对话框（图 6.19），点击"OK"按钮，开始进行分析求解。分析完成后，又弹出一信息窗口（图 6.20）提示用户已完成求解，点击"Close"按钮关闭对话框即可。至于在求解时产生的 STATUS Command 窗口，点击"File>Close"关闭即可。

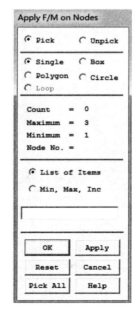

图 6.16　节点拾取对话框

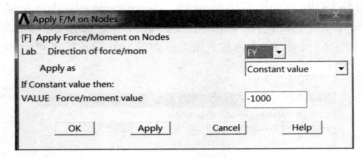

图 6.17　节点载荷施加对话框

图 6.18　有限元模型载荷施加效果

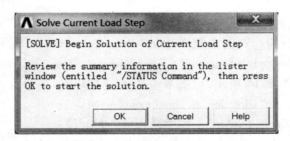

图 6.19　求解对话框

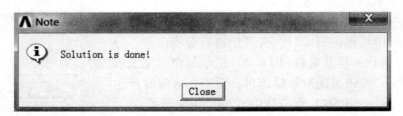

图 6.20　求解结束对话框

10）显示变形图。点击主菜单中的"General Postproc>Plot Results>Deformed Shape"，弹出对话框如图 6.21 所示。选中"Def + undeformed"选项，并点击"OK"按钮，即可显示本实例铰链杆结构变形前后的结果，如图 6.22 所示。要显示节点 2 位移计算结果，需要点击主菜单中的"General Postproc>List Result> Nodal Solution"，弹出对话框，在 DOF Solution 下拉选项中选择"Y–Component of displacement"，点击 OK，即得到节点 2 的 Y 方向位移，如图 6.23 所示。

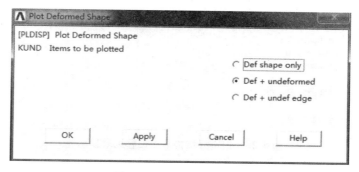

图 6.21　显示变形对话框

图 6.22　铰链杆结构变形前后效果

```
PRINT U     NODAL SOLUTION PER NODE

××××× POST1 NODAL DEGREE OF FREEDOM LISTING ×××××

LOAD STEP=    1  SUBSTEP=      1
 TIME=   1.0000     LOAD CASE=    0

THE FOLLOWING DEGREE OF FREEDOM RESULTS ARE IN THE GLOBAL COORDINATE SYSTEM

   NODE     UY
     1   0.0000
     2  -0.54987E-04
     3   0.0000

MAXIMUM ABSOLUTE VALUES
NODE       2
VALUE  -0.54987E-04
```

图 6.23　铰链杆结构节点位移列表显示

从图 6.23 可以看出 2 节点的 Y 方向的位移计算结果为 $0.54987 \times 10^{-4} m$，与材料力学(结构力学)计算得出的解析解一致。

11) 退出。点击应用菜单中的" File > Exit …"，弹出保存对话框，选中" Save Everything "，点击"OK"按扭，即可退出 ANSYS。

6.4.1.3　APDL 命令流

```
WPSTYLE,,,,,,,,0            FITEM,2,2
/FILNAME,shili1,0           FITEM,2,3
/PREP7                      E,P51X
ET,1,LINK180                FINISH
R,1,0.001,,                 /SOL
MPTEMP,,,,,,,,              FLST,2,2,1,ORDE,2
MPTEMP,1,0                  FITEM,2,1
MPDATA,EX,1,,206e9          FITEM,2,3
MPDATA,PRXY,1,,0.3          /GO
N,1,0,0,0,,,,               D,P51X,,,,,,ALL,,,,,
N,2,5,-2.887,0,,,,          FLST,2,1,1,ORDE,1
N,3,10,0,0,,,,              FITEM,2,2
FLST,2,2,1                  /GO
FITEM,2,1                   F,P51X,FY,-1000
FITEM,2,2                   /STATUS,SOLU
E,P51X                      SOLVE
FLST,2,2,1                  FINISH
```

/POST1	PLDISP,1
SET,LIST	PRNSOL,U,Y

6.4.2 实验一:桁架结构杆件轴力计算

图 6.24 所示为由 9 个杆件组成的桁架结构,两端分别在 1、4 点用铰链支承,3 点受到一个方向向下的力 F_y,桁架的尺寸已在图中标出,单位:m。试计算各杆件的受力。

其他已知参数如下:

弹性模量(也称扬式模量)$E = 206$ GPa;泊松比 $v = 0.3$;

作用力 $F_y = -1000$ N;杆件的横截面积 $A = 0.125$ m^2.

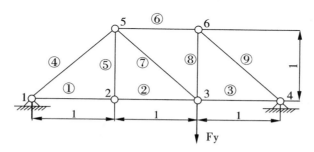

图 6.24 桁架结构简图

6.4.2.1 材料力学(结构力学)解析解

这是一个典型的桁架结构。可以应用材料力学(结构力学)的节点法求解各杆件的轴力。

以整体为研究对象,进行受力分析,求解支座 1 和支座 4 的支反力:

$$\sum M_1 = 0, F_y \times 2 = F_4 \times 3$$

$$\sum F_y = 0, F_1 + F_4 = F_y$$

代入数据,得:

$$F_1 = \frac{1000}{3} \text{ N} = 333.33 \text{ N}$$

$$F_4 = \frac{2000}{3} \text{ N} = 666.67 \text{ N}$$

以节点 1 为研究对象,受力分析如图 6.24 所示,列平衡方程:

$$\sum F_x = 0, F_{N1} = F_{N4} \times \cos 45°$$

$$\sum F_y = 0, F_1 = F_{N4} \times \sin 45°$$

图 6.24 节点 1 受力图

代入数据,得:

$$F_{N1} = 333.33 \text{ N}$$

$$F_{N4} = 471.40 \text{ N}$$

同理:分别再以节点 2、3、4、5、6 为研究对象,进行受力分析,列平衡方程,求解得到其他各杆的轴力:

$$F_{N2} = 333.33 \text{ N}$$

$$F_{N3} = 666.67 \text{ N}$$

$$F_{N5} = 0$$

$$F_{N6} = -666.67 \text{ N}$$

$$F_{N7} = 471.4 \text{ N}$$

$$F_{N8} = 666.67 \text{ N}$$

$$F_{N9} = -942.81 \text{ N}$$

6.4.2.2 ANSYS 求解

(1)定义文件名。

GUI:File/Change Jobname

定义文件名为:shiyan1,见图 6.25。

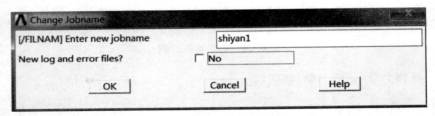

图 6.25 定义文件名

(2)定义单元类型。点击主菜单中的"Preference >Element Type>Add/Edit/Delete",弹出对话框,点击对话框中的"Add…"按钮,又弹出一对话框(图 6.26),选中该对话框中的"Link"和"3D finit stn 180"选项,点击"OK",关闭图 6.26 对话框,返回至上一级对话框,此时,对话框中出现刚才选中的单元类型:LINK180,如图 6.27 所示。点击"Close",关闭图 6.27 所示对话框。

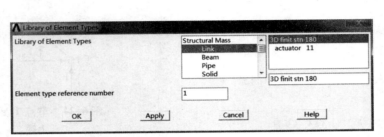

图 6.26 单元类型选择对话框

**图 6.27 单元类型
对话框**

（3）定义几何特性。在 ANSYS 中主要是实常数的定义：点击主菜单中的"Preprocessor>RealContants>Add/Edit/Delete"，弹出对话框，点击"Add…"按钮，第 2）步定义的 LINK180 单元出现在该对话框中，点击"OK"，弹出下一级对话框，如图 6.28 所示。在 AREA 一栏输入杆件的截面积 0.125，点击"OK"，回到上一级对话框，如图 6.29 所示。点击"Close"，关闭图 6.29 所示对话框。

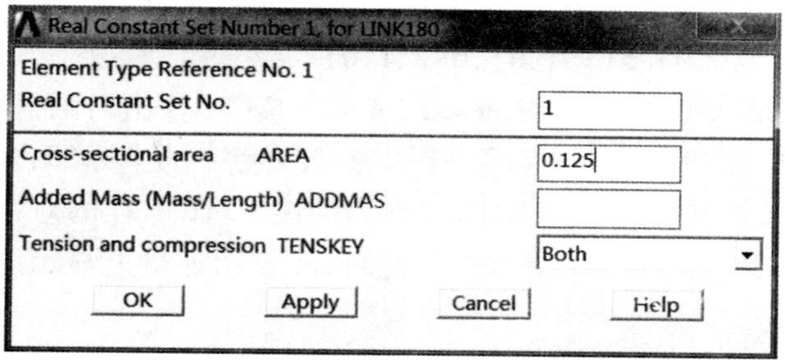

图 6.28 实常数设置对话框

图 6.29 实常数对话框

（4）定义材料特性。点击主菜单中的"Preprocessor>Material Props> Material Models"，弹出对话框，如图 6.30 所示，逐级双击右框中"Structural，Linear，Elastic，Isotropic"前图标，弹出下一级对话框，在弹性模量文本框中输入 206E9，在泊松比文本框中输入 0.3，如图 6.31 所示，点击"OK"返回上一级对话框，并点击"关闭"按钮，关闭图 6.30 所示对话框。

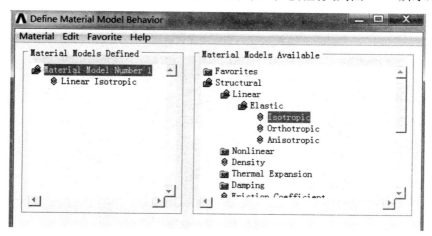

图 6.30 材料特性对话框

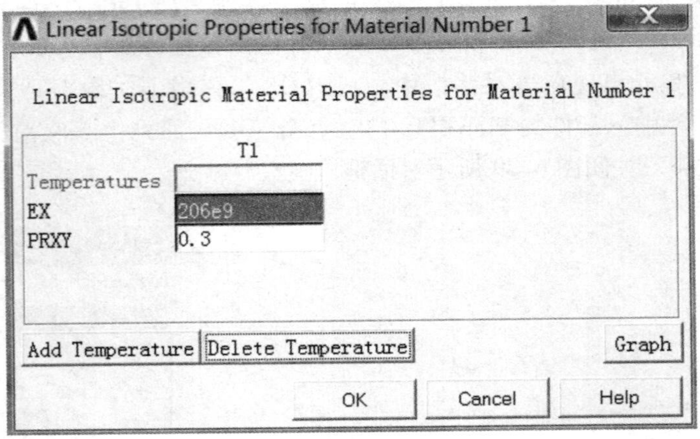

图 6.31　材料特性设置对话框

（5）生成节点。图 6.24 所示桁架中共有 6 个节点，其坐标根据已知条件容易求出如下：1(0,0,0),2(1,0,0),3(2,0,0),4(3,0,0),5(1,1,0),6(2,1,0)。

点击主菜单中的"Preprocessor>Modeling>Create>Nodes>In Active CS"，弹出对话框，在"Node number"一栏中输入节点号 1，在"XYZ Location"一栏中输入节点 1 的坐标(0,0,0)，如图 6.32 所示，点击"Apply"按钮，在生成 1 节点的同时弹出与图 6.32 一样的对话框，同理将 2、3、4、5、6 点的坐标输入，以生成其余 5 个节点。此时，在显示窗口上显示所生成的 6 个节点的位置，如图 6.33 所示。

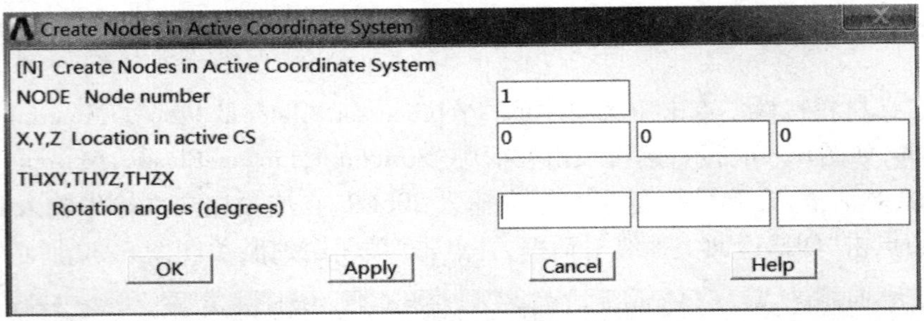

图 6.32　节点生成对话框

图 6.33　节点位置

（6）生成单元格。点击主菜单中"Preprocessor > Modeling > Create > Elements > AutoNumbered>Thru Nodes"，弹出"节点选择"对话框，如图 6.34 所示。依次点选节点 1、2，点击 Apply 按钮，即可生成①单元。同理，分别点击 2、3，3、4，1、5，2、5，5、6，3、5，3、6，4、6 可生成其余 8 个单元。生成后的单元如图 6.35 所示。

（7）施加位移约束。点击主菜单中的"Preprocessor > Loads > Apply > Structural > Displacement>On Nodes"，弹出与图 6.36 所示"节点选择"对话框，点选 1 节后，然后点击"OK"按钮，弹出对话框如图 6.37 所示，选择右上列表框中的"All DOF"，并点击"Apply"按钮，弹出对话框如图 6.36 所示，点选 4 节点，选择右上列表框中的 UY（图 6.38），并点击"OK"按钮，即可完成对节点 4 沿 y 方向的位移约束。约束施加效果见图 6.39。

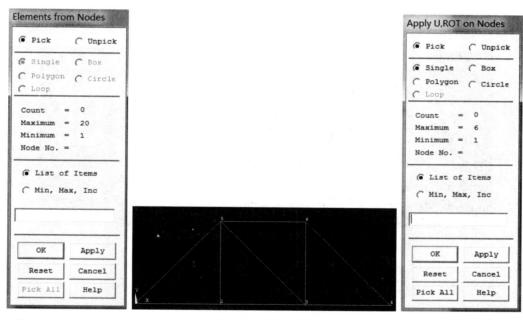

图 6.34　节点选择　　　　图 6.35　单元生成　　　　图 6.36　节点拾取
　　　　对话框　　　　　　　　　　　　　　　　　　　　　　　对话框

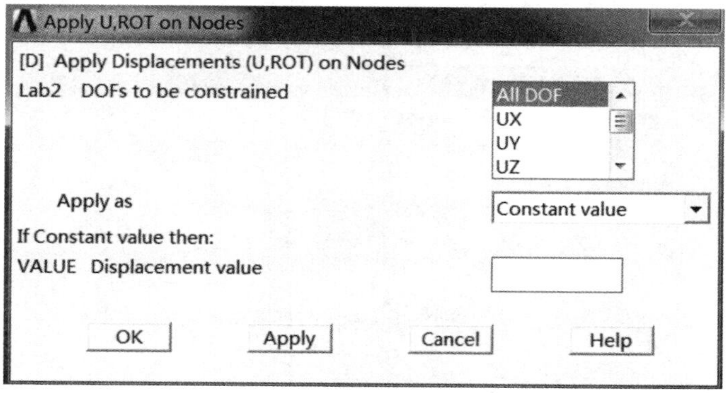

图 6.37　节点约束对话框

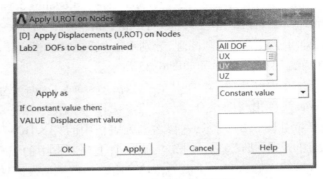

图 6.38　节点约束对话框

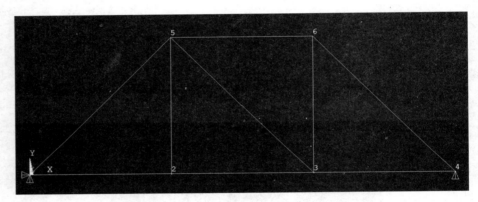

图 6.39　节点施加约束效果

（8）施加集中力载荷。点击主菜单中的"Preprocessor>Loads>Define Loads>Apply>Structural>Force/Moment>On Nodes"，点击节点 3 后，然后点击"OK"按钮，弹出对话框如图 6.40 所示，在"Direction of force/mom"一项中选择："FY"，在"Force/Moment value"一项中输入−1 000（注：负号表示力的方向与 Y 的正向相反），然后点击"OK"按钮关闭对话框，这样，就在节点 3 处给桁架结构施加了一个竖直向下的集中载荷（图 6.41）。

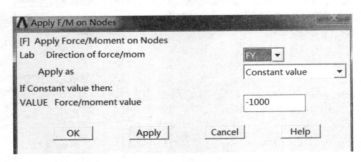

图 6.40　节点载荷施加对话框

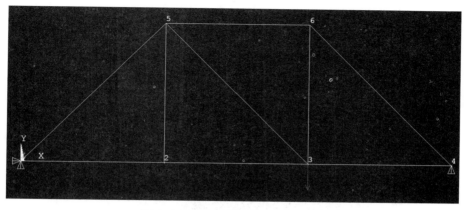

图 6.41　有限元模型载荷施加效果

（9）点击主菜单中的"Solution>Solve>Current LS"，弹出对话框（图 6.42），点击"OK"按钮，开始进行分析求解。分析完成后，又弹出一信息窗口（图 6.43）提示用户已完成求解，点击"Close"按钮关闭对话框即可。至于在求解时产生的 STATUS Command 窗口，点击"File>Close"关闭即可。

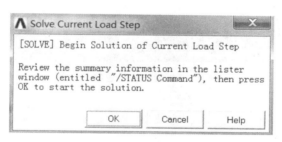

图 6.42　求解对话框

图 6.43　求解结束对话框

（10）显示变形图。点击主菜单中的"General Postproc>Plot Results>Deformed Shape"，弹出对话框如图 6.44 所示。选中"Def + undeformed"选项，并点击"OK"按钮，即可显示本实训桁架结构变形前后的结果，如图 6.45 所示。

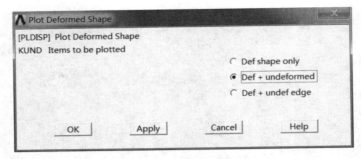

图 6.44　显示变形对话框

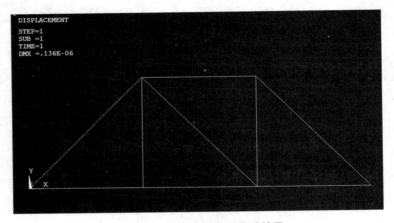

图 6.45　桁架结构变形前后效果

（11）列举支反力计算结果。点击主菜单中的"General Postproc>List Results> Reaction Solu"，弹出对话框如图 6.46 所示。接受缺省设置，点击"OK"按钮关闭对话框，并弹出一列表窗口，显示了两铰链点（1、4 节点）所受的支反力情况，如图 6.47 所示。

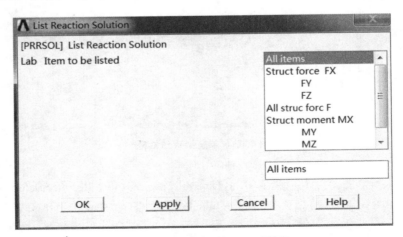

图 6.46　支反力列表显示对话框

```
PRINT REACTION SOLUTIONS PER NODE

***** POST1 TOTAL REACTION SOLUTION LISTING *****

LOAD STEP=     1  SUBSTEP=      1
 TIME=    1.0000    LOAD CASE=     0

THE FOLLOWING X,Y,Z SOLUTIONS ARE IN THE GLOBAL COORDINATE SYSTEM

   NODE     FX          FY          FZ
      1  0.62528E-12  333.33      0.0000
      4               666.67

TOTAL VALUES
VALUE  0.62528E-12  1000.0      0.0000
```

图 6.47　桁架结构节点位移列表显示

（12）列举各杆件的轴向力计算结果。点击主菜单中的"General Postproc>List Result>Element Solution"，弹出对话框如图 6.48 所示，在中间列表框中移动滚动条至最后，选择"Miscellaneous Items"选项，下拉菜单中选择"SMISC 1"选项，点击"OK"按钮关闭对话框，并弹出一列表窗口，显示了 9 个杆单元所受的轴向力，如图 6.49 所示，此外，还给出了最大、最小力及其发生位置。

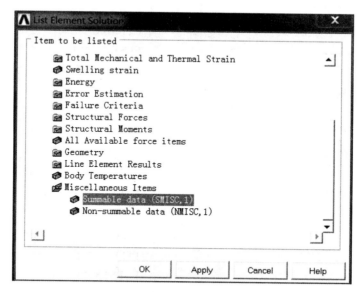

图 6.48　轴向力列表显示对话框

```
PRINT SUMMABLE MISCELLANEOUS ELEMENT SOLUTION PER ELEMENT

×××× POST1 ELEMENT SUMMABLE MISCELLANEOUS RECORD LISTING ××××

LOAD STEP=    1  SUBSTEP=     1
 TIME=  1.0000     LOAD CASE=    0

  ELEM   SMIS1
     1   333.33
     2   333.33
     3   666.67
     4  -471.40
     5   0.0000
     6  -666.67
     7   471.40
     8   666.67
     9  -942.81
```

图 6.49　桁架结构轴向力列表显示

从图 6.49 可以看出各节点轴力计算结果与材料力学(结构力学)计算得出的解析解是一致的。

(13)退出。点击应用菜单中的"File > Exit …",弹出保存对话框,选中"Save Everything",点击"OK"按扭,即可退出 ANSYS。

6.4.2.3　APDL 命令流

```
WPSTYLE,,,,,,,,0              E,P51X
/FILNAME,shiyan1,0           FLST,2,2,1
/PREP7                       FITEM,2,2
ET,1,LINK180                 FITEM,2,3
R,1,0.125,,                  E,P51X
MPTEMP,,,,,,,,               FLST,2,2,1
MPTEMP,1,0                   FITEM,2,3
MPDATA,EX,1,,206e9           FITEM,2,4
MPDATA,PRXY,1,,0.3           E,P51X
N,1,0,0,0,,,,                FLST,2,2,1
N,2,1,0,0,,,,                FITEM,2,1
N,3,2,0,0,,,,                FITEM,2,5
N,4,3,0,0,,,,                E,P51X
N,5,1,1,0,,,,                FLST,2,2,1
N,6,2,1,0,,,,                FITEM,2,5
FLST,2,2,1                   FITEM,2,6
FITEM,2,1                    E,P51X
FITEM,2,2                    FLST,2,2,1
```

```
FITEM,2,6                      /GO
FITEM,2,4                      D,P51X,,,,,,ALL,,,,,
E,P51X                         FLST,2,1,1,ORDE,1
FLST,2,2,1                     FITEM,2,4
FITEM,2,6                      ! *
FITEM,2,3                      /GO
E,P51X                         D,P51X,,,,,,UY,,,,,
FLST,2,2,1                     FLST,2,1,1,ORDE,1
FITEM,2,5                      FITEM,2,3
FITEM,2,2                      ! *
E,P51X                         /GO
FLST,2,2,1                     F,P51X,FY,-1000
FITEM,2,5                      /STATUS,SOLU
FITEM,2,3                      SOLVE
E,P51X                         FINISH
FINISH                         /POST1
/SOL                           PLDISP,1
FLST,2,1,1,ORDE,1              PRRSOL,F
FITEM,2,1                      ! *
! *                            PRESOL,SMISC,1
```

6.4.3　实验练习 1:超静定拉压杆的反力计算分析

在两个相距 $l=1$ m 刚性面之间有一根等截面杆,横截面面积为 0.01 m^2,杆件材料的弹性模量为 $E=210$ GPa,泊松比为 0.3。在 $a=0.3$ m 和 $b=0.3$ m 截面位置处分别为受到沿杆件轴向的两个集中 $F_1=1000$ N 和 $F_2=500$ N(如图 6.50 所示),试分别确定通过材料力学(结构力学)理论解析方法与 ANSYS 数值方法进行分析两个刚性面对杆件的支反力 R_1 和 R_2。

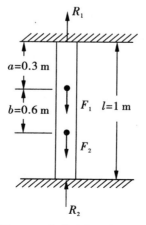
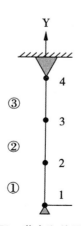

图 6.50　超静定拉压杆模型　　　　图 6.51　节点和单元划分

6.4.3.1 理论解

这是一个一次超静定结构,杆件在变形前和变形后的长度不变。按图 6.50 所示的反力作用情况,1 号单元的轴力为 $-R_2$,2 号单元的轴力为 R_2-F_2,3 号单元的轴力为 R_1,根据材料力学(结构力学)物理方程,则这 3 个单元的伸长量分别为:

$$\Delta l_1 = -\frac{R_2 \times 0.4}{EA}, \Delta l_2 = -\frac{(R_2 - F_2) \times 0.3}{EA}, \Delta l_3 = \frac{R_1 \times 0.3}{EA}$$

根据几何协调方程,满足:

$$\Delta l_1 + \Delta l_2 + \Delta l_3 = \frac{-R_2 \times 0.4 - (R_2 - F_2) \times 0.3 + R_1 \times 0.3}{EA} = 0$$

根据杆件受力平衡,满足方程:

$$\sum F_y = 0, R_1 + R_2 = F_1 + F_2$$

将数据代入,可得:

$$R_1 = 900 \text{ N}, R_2 = 600 \text{ N}$$

6.4.3.2 ANSYS 求解提示

在两个集中力位置和两个刚性固定位置设置 4 个节点,杆件划分为 3 个单元。坐标系,节点和单元的编号如图 6.51 所示。按下面步骤完成分析。

(1)分析类型是静力分析,单元类型采用杆单元 LINK180,定义横截面 A 和材料的弹性模量 EX 及泊松比。

(2)利用 N 命令定义这 4 个节点。

(3)用 E 命令定义中间的 3 个单元。

(4)定义上端 1 号点和下端 4 号点固定,并施加在 2 号点和 3 号点的集中力。

(5)开始求解。

(6)将计算结果输出到计算结果文件,获得两个固定点处的反力。

6.4.4 实验练习 2:人字形屋架的静力分析

跨度 8 m 的人字形屋架为桁架结构,左边端点是固定铰链支座,右端是滑动铰链支座。在上面的 3 个节点上作用有 3 个向下集中力 $P=1$ kN,结构的几何尺寸和边界条件如图 6.52 所示,弹性模量 $E=207E9$ Pa,泊松比为 0.3,横截面面积为 0.01 m²。试分别通过材料力学(结构力学)理论解析方法与 ANSYS 数值方法进行分析该屋架在 3 个集中力作用下的内力。并按照要求完成实验报告相关内容。

(1)材料力学(结构力学)理论解

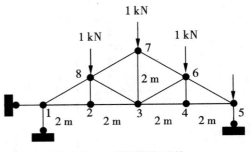

图 6.52 人字形屋架结构

应用节点法求解桁架结构轴力,先取整体为研究对象,进行受力平衡分析,得到左右两支座的反力,然后分别以节点 1,5,2,3,4,6,7,8 为研究对象,受力分析求得各杆件的受力。

（2）ANSYS 求解提示

可以参考 6.4.2 小节的分析步骤。

6.5　梁结构

6.5.1　实例 1：悬臂梁的变形分析

一方形截面梁（图 6.53），截面每边长为 5cm,长度为 10m 的悬臂梁。在左端为固定端约束,在右端施加一个 $F_Y = -100$ N 的集中力。试分别通过材料力学（结构力学）理论解析方法与 ANSYS 数值方法进行分析该梁的最大挠度。（弹性模量 $E = $ 3E11 N/m^2,泊松比 0.3）

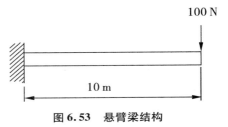

图 6.53　悬臂梁结构

6.5.1.1　材料力学（结构力学）理论解

当悬臂梁另一端有集中力作用时,挠度曲线公式为：

$$y(x) = -\frac{Fx^2}{6EI}(3l - x), 0 \leq x \leq l$$

由此可以确定该梁最大挠度出现在梁端（$x = l$）处,最大转角出现在梁端（$x = l$）处。

$$y_{max} = y(l) = -\frac{Fl^3}{3EI}, \theta_{max} = \theta(l) = -\frac{Fl^2}{2EI}$$

抗弯刚度为：

$$EI = \frac{Ebh^3}{12} = \frac{3 \times 10^{11} \times 0.05^4}{12} = 156250 \text{ N} \cdot \text{m}$$

代入数值,得到：

$$y_{max} = -\frac{100 \times 10^3}{3 \times 156250} = -0.2133 \text{ m}$$

$$\theta_{max} = -\frac{100 \times 10^2}{2 \times 156250} = -0.032$$

6.5.1.2　ANSYS 求解

（1）定义文件名。

GUI：File/Change Jobname

定义文件名为：shiyan3,见图 6.54。

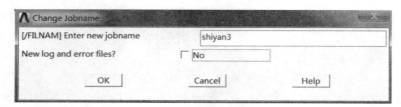

图 6.54　定义文件名

（2）定义单元类型。点击主菜单中的"Preference >Element Type>Add/Edit/Delete"，弹出对话框,点击对话框中的"Add…"按钮,又弹出一对话框（图 6.55）,选中该对话框中的"Beam"和"2 node 188"选项,点击"OK",关闭图 6.55 对话框,返回至上一级对话框,此时,对话框中出现刚才选中的单元类型:BEAM188,如图 6.56 所示。点击"Close",关闭图 6.56 所示对话框。

（3）定义几何特性。在 ANSYS 中主要是截面参数的定义:点击主菜单中的"Preprocessor>Sections>Beam/Common Sections",弹出对话框,图 6.57,在 B 一栏中输入宽度 0.05,在 H 一栏中输入高度 0.05,点击"OK"。

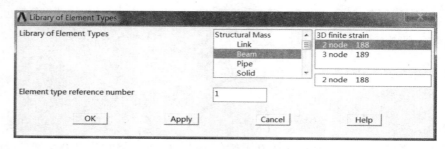

图 6.55　单元类型选择对话框

图 6.56　单元类型对话框

图 6.57　实常数对话框

（4）定义材料特性。点击主菜单中的"Preprocessor>Material Props> Material Models"，弹出对话框，如图 6.58 所示，逐级双击右框中"Structural，Linear，Elastic，Isotropic"前图标，弹出下一级对话框，在弹性模量文本框中输入：3E11，在泊松比文本框中输入：0.3，如图6.59 所示，点击"OK"返回上一级对话框，并点击"关闭"按钮，关闭图 6.58 所示对话框。

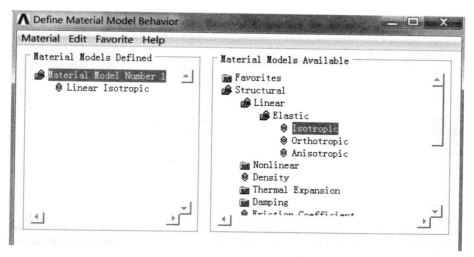

图 6.58 材料特性对话框

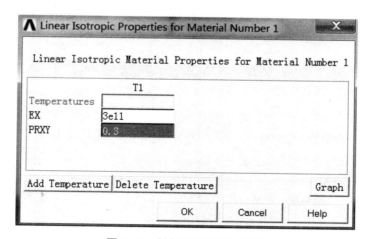

图 6.59 材料特性设置对话框

（5）创建关键点。点击主菜单中的"Preprocessor > Modeling > Create > Keypoints > In Active CS"，弹出对话框. 在"Keypoint number"一栏中输入关键点号 1，在"XYZ Location"一栏中输入关键点 1 的坐标(0,0,0)，如图 6.60 所示，点击"Apply"按钮，在生成 1 关键点的同时弹出与图 6.60 一样的对话框，同理将 2(10,0,0)节点的坐标输入，图 6.61，点击"OK"按钮。

（6）创建线。点击主菜单中"Preprocessor>Modeling>Create>Lines>Straight Line"，弹出

"关键点选择"对话框,如图 6.62 所示。拾取关键点 1、2,点击 OK 按钮,既可生成线。

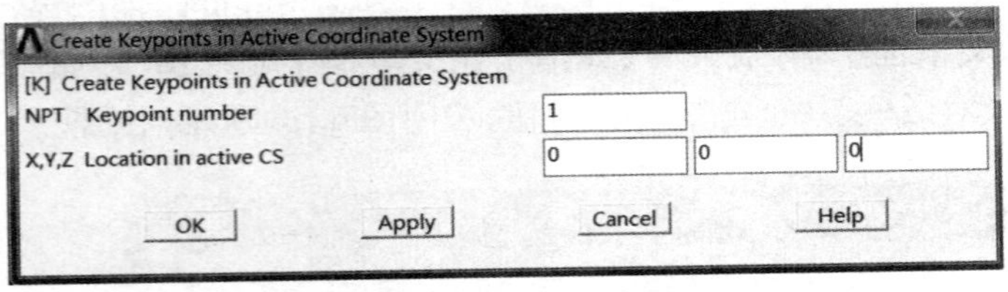

图 6.60 关键点 1 生成对话框

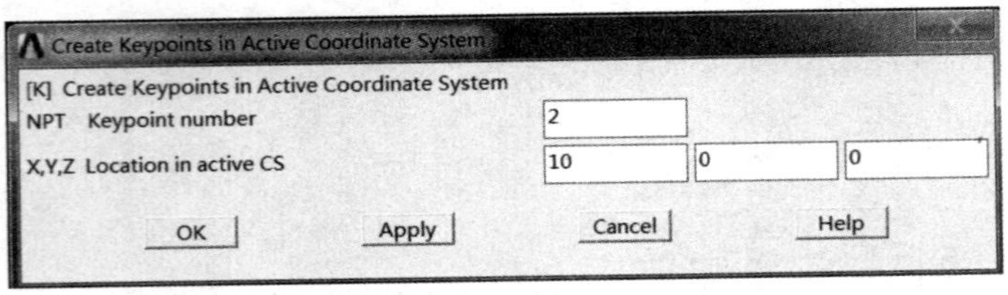

图 6.61 关键点 2 生成对话框

图 6.62 生成直线对话框

(7)生成单元。点击主菜单中"Preprocessor/Meshing/Size Cntrls/ManualSize/Global/Size",在 NDIV 栏中输入 20,如图 6.63,点击"OK"。

点击主菜单中"Preprocessor/Meshing/MeshTool",如图 6.64。

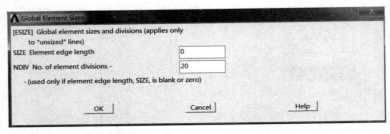

图 6.63 网格划分对话框

图 6.64 线网格划分对话框

点击 Mesh,出现对话框,如图 6.65,拾取线,点击 OK。

(8)施加位移约束。点击主菜单中的"Preprocessor > Loads > Apply > Structural > Displacement>On Keypoints",弹出"关键点选择"对话框,点选 1 关键点后,然后点击"OK"按钮,弹出对话框如图 6.66 所示,选择右上列表框中的"All DOF",并点击"OK"按钮。

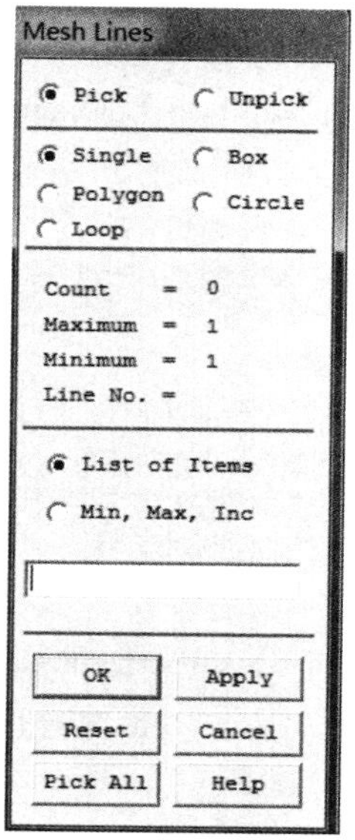

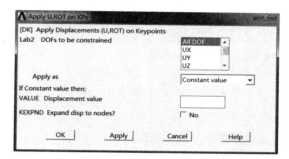

图 6.65　线网格划分时
拾取线对话框

图 6.66　关键点约束对话框

（9）施加集中载荷。点击主菜单中的"Preprocessor>Loads>Define Loads>Apply>Structural>Force/Moment>On Keypoints"，点击关键点 2 后，然后点击"OK"按钮，弹出对话框如图 6.67 所示，在"Direction of force/mom"一项中选择："FY"，在"Force/Moment value"一项中输入：-100（注：负号表示力的方向与 Y 的正向相反），然后点击"OK"按钮关闭对话框，这样，就在关键点 2 处给梁结构施加了一个竖直向下的集中载荷，如图 6.68 所示。

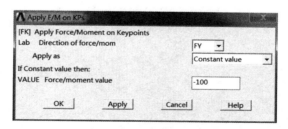

图 6.67　关键点约束对话框

图 6.68　有限元模型载荷施加效果

（10）点击主菜单中的"Solution>Solve>Current LS"，弹出对话框（图6.69），点击"OK"按钮，开始进行分析求解。分析完成后，会弹出一信息窗口（图6.70）提示用户已完成求解，点击"Close"按钮关闭对话框即可。至于在求解时产生的 STATUS Command 窗口，点击"File>Close"关闭即可。

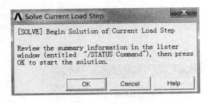

图 6.69　求解对话框

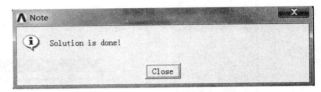

图 6.70　求解结束对话框

（11）显示变形图。点击主菜单中的"General Postproc>Plot Results>Deformed Shape"，弹出对话框如图6.71所示。选中"Def + undeformed"选项，并点击"OK"按钮，即可显示本实训悬臂梁结构变形前后的结果，如图6.72所示。

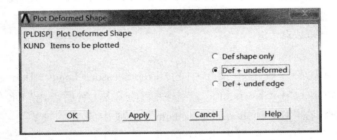

图 6.71　显示变形对话框

图 6.72　悬臂梁变形前后效果

（12）列举挠度计算结果。点击主菜单中的"General Postproc>List Results> Nodal Solu"，弹出对话框如图6.73所示。接受缺省设置，点击"OK"按钮关闭对话框，并弹出一列表窗口，显示了各节点位移情况，如图6.74所示。

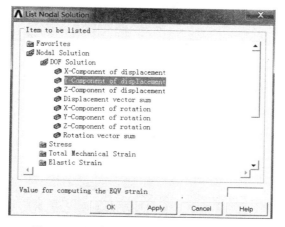

图 6.73　悬臂梁节点位移列表显示对话框

```
PRINT U    NODAL SOLUTION PER NODE

***** POST1 NODAL DEGREE OF FREEDOM LISTING *****

LOAD STEP=    1  SUBSTEP=    1
 TIME=    1.0000     LOAD CASE=    0

THE FOLLOWING DEGREE OF FREEDOM RESULTS ARE IN THE GLOBAL COORDINATE SYSTEM

   NODE     UY
     1   0.0000
     2  -0.21323
     3  -0.78149E-03
     4  -0.30830E-02
     5  -0.68245E-02
     6  -0.11926E-01
     7  -0.18307E-01
     8  -0.25889E-01
     9  -0.34590E-01
    10  -0.44332E-01
    11  -0.55033E-01
    12  -0.66615E-01
    13  -0.78996E-01
    14  -0.92098E-01
    15  -0.10584
    16  -0.12014
    17  -0.13492
    18  -0.15010
    19  -0.16561
    20  -0.18135
    21  -0.19725

MAXIMUM ABSOLUTE VALUES
NODE          2
VALUE  -0.21323
```

图 6.74　悬臂梁节点位移列表显示

从图 6.74 可以看出节点 2(最右端)挠度计算结果与材料力学(结构力学)计算得出的解析解是一致的(-0.213)。

(13) 列举各节点转角。点击主菜单中的"General Postproc > List Result > Nodal Solution",弹出对话框如图 6.75 所示,在"DOF Solution"下,选中"Rotation Vector Sum",点

击"OK"按钮关闭对话框,并弹出一列表窗口,显示了各节点的 X、Y、Z 方向上的转角,如图 6.76 所示。

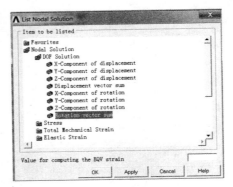

图 6.75 悬臂梁节点转角列表显示对话框

```
***** POST1 NODAL DEGREE OF FREEDOM LISTING *****

LOAD STEP=     1  SUBSTEP=     1
TIME=    1.0000      LOAD CASE=     0

THE FOLLOWING DEGREE OF FREEDOM RESULTS ARE IN THE GLOBAL COORDINATE SYSTEM

NODE    ROTX        ROTY        ROTZ        RSUM
  1   0.0000      0.0000       0.0000       0.0000
  2   0.0000      0.0000      -0.32000E-01  0.32000E-01
  3   0.0000      0.0000      -0.31200E-02  0.31200E-02
  4   0.0000      0.0000      -0.60800E-02  0.60800E-02
  5   0.0000      0.0000      -0.88800E-02  0.88800E-02
  6   0.0000      0.0000      -0.11520E-01  0.11520E-01
  7   0.0000      0.0000      -0.14000E-01  0.14000E-01
  8   0.0000      0.0000      -0.16320E-01  0.16320E-01
  9   0.0000      0.0000      -0.18480E-01  0.18480E-01
 10   0.0000      0.0000      -0.20480E-01  0.20480E-01
 11   0.0000      0.0000      -0.22320E-01  0.22320E-01
 12   0.0000      0.0000      -0.24000E-01  0.24000E-01
 13   0.0000      0.0000      -0.25520E-01  0.25520E-01
 14   0.0000      0.0000      -0.26880E-01  0.26880E-01
 15   0.0000      0.0000      -0.28080E-01  0.28080E-01
 16   0.0000      0.0000      -0.29120E-01  0.29120E-01
 17   0.0000      0.0000      -0.30000E-01  0.30000E-01
 18   0.0000      0.0000      -0.30720E-01  0.30720E-01
 19   0.0000      0.0000      -0.31280E-01  0.31280E-01
 20   0.0000      0.0000      -0.31680E-01  0.31680E-01
 21   0.0000      0.0000      -0.31920E-01  0.31920E-01

MAXIMUM ABSOLUTE VALUES
NODE       0           0           2           2
VALUE   0.0000      0.0000      -0.32000E-01  0.32000E-01
```

图 6.76 悬臂梁转角列表显示

从图 6.76 可以看出节点 2(最右端)转角计算结果与材料力学(结构力学)计算得出的解析解是一致的(−0.032)。

(14)退出。点击应用菜单中的"File > Exit …",弹出保存对话框,选中"Save Everything",点击"OK"按钮,即可退出 ANSYS。

6.5.2 实例 2 均布力作用下梁的变形分析

长度 $l = 5.08$ m 的正方形截面($h = b = 0.0635$ m)简支梁受到均布载荷 $q = 314$ m/N 的作用(如图 6.77 所示)。试分别确定通过材料力学(结构力学)理论解析方法与 ANSYS 数值方法进行分析该梁的挠度和转角。

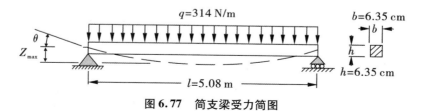

图 6.77 简支梁受力简图

(1)理论分析

当简支梁均布载荷作用时,挠度曲线公式为:

$$y(x) = -\frac{qx}{24EI}(l^3 - 2lx^2 + x^3), 0 \leqslant x \leqslant l$$

由此可以确定该梁最大挠度出现在跨中($x = \dfrac{l}{2}$)处,最大转角出现在梁端($x = l$)处。

$$y_{\max} = y\left(\frac{l}{2}\right) = -\frac{5ql^4}{384EI}, \theta_{\max} = \theta(l) = -\frac{ql^3}{24EI}$$

抗弯刚度为:

$$EI = \frac{Ebh^3}{12} = \frac{210 \times 10^9 \times 0.0635^4}{12} = 284533 \text{ N} \cdot \text{m}$$

代入数值,得到:

$$y_{\max} = -\frac{5 \times 314 \times 5.08^4}{384 \times 284533} = -9.57 \text{ mm}$$

$$\theta_{\max} = -\frac{314 \times 5.08^3}{24 \times 284533} = -0.006028$$

(2)ANSYS 分析

1)定义文件名。

GUI:File/Change Jobname

定义文件名为:shiyan4,见图 6.78。

Change Jobname	
[/FILNAM] Enter new jobname	shiyan4
New log and error files?	☐ No
OK	Cancel Help

图 6.78 定义文件名

2)定义单元类型。点击主菜单中的"Preference >Element Type>Add/Edit/Delete",弹出对话框,点击对话框中的"Add…"按钮,又弹出一对话框(图 6.79),选中该对话框中的"Beam"和"2 node 188"选项,点击"OK",关闭图 6.79 对话框,返回至上一级对话框,此时,对话框中出现刚才选中的单元类型:Beam 188,如图 6.80 所示。点击"Close",关闭图 6.80 所示对话框。

3)定义几何特性。在 ANSYS 中主要是截面参数的定义:点击主菜单中的"Preprocessor>Sections>Beam/Common Sections",弹出对话框,在 B 一栏中输入宽度 0.0635,在 H 一栏中输入高度 0.0635,点击"OK",如图 6.81 所示。

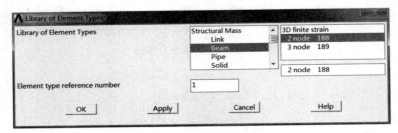

图 6.79　单元类型选择对话框

图 6.80　单元类型对话框

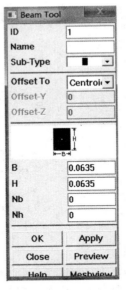

图 6.81　实常数对话框

4)定义材料特性。点击主菜单中的"Preprocessor>Material Props> Material Models",弹出对话框,如图 6.82 所示,逐级双击右框中"Structural,Linear,Elastic,Isotropic"图标,弹出下一级对话框,在弹性模量文本框中输入:210e9,在泊松比文本框中输入 0.3,如图 6.83 所示,点击"OK"返回上一级对话框,并点击"关闭"按钮,关闭图 6.82 所示对话框。

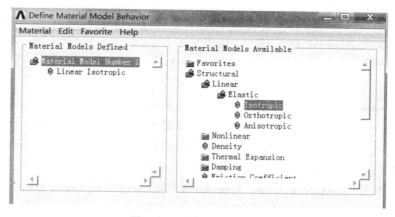

图 6.82 材料特性对话框

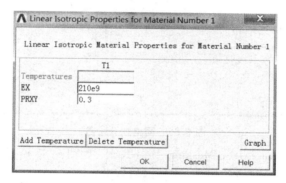

图 6.83 材料特性设置对话框

5）创建关键点。点击主菜单中的"Preprocessor>Modeling>Create>Keypoints>In Active CS"，弹出对话框. 在"Keypoint number"一栏中输入关键点号 1，在"XYZ Location"一栏中输入关键点 1 的坐标(0,0,0)，如图 6.84 所示，点击"Apply"按钮，在生成 1 关键点的同时弹出与图 6.84 一样的对话框，同理将 2(5.08,0,0)节点的坐标输入，点击"OK"按钮，图 6.85。

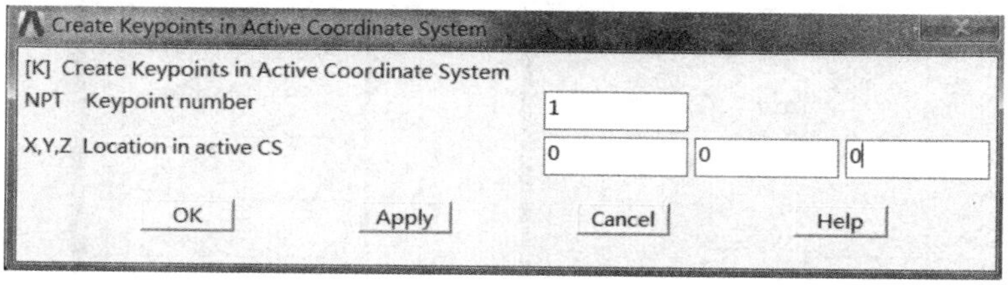

图 6.84 创建关键点 1

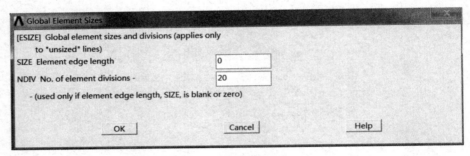

图 6.85　创建关键点 2

6)创建线。点击主菜单中"Preprocessor>Modeling>Create>Lines>Straight Line",弹出"关键点选择"对话框。拾取关键点 1、2,点击"OK"按钮,既可生成线。

7)生成单元。点击主菜单中"Preprocessor/Meshing/Size Cntrls/ManualSize/Global/Size",在 NDIV 栏中输入 20,如图 6.86 所示,点击"OK"按钮。

图 6.86　网格划分段数

点击主菜单中"Preprocessor/Meshing/MeshTool",如图 6.87 所示。点击 Mesh,出现图 6.88 对话框,拾取线,点击"OK"按钮,进行网格划分。

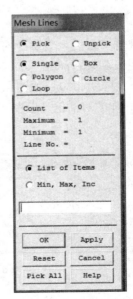

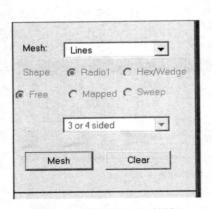

图 6.87　线网格划分对话框　　　　图 6.88　拾取线对话框

8）施加位移约束。点击主菜单中的" Preprocessor > Loads > Apply > Structural > Displacement>On Notes"，弹出与图 6.89 所示类似的"节点选择"对话框，点选 1 节点后（最左端设定为固定铰支座），在 ansys15 版本中，梁压力载荷方向为 Z 轴，因此，本例中节点 1 施加位移约束为：UX，UY，UZ，ROTX，ROTZ，保留绕 Y 转动的自由度 ROTY．然后点击"Apply"按钮，弹出对话框如图 6.90 所示，选择节点 2（最右端为滑动铰支座），本例中节点 2 施加位移约束为：UY，UZ，ROTX，ROTZ，保留 X 方向的位移自由度和绕 Y 转动的自由度 ROTY，并点击"OK"按钮。

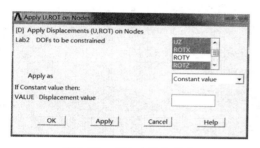

图 6.89　节点 1 施加约束　　　　　图 6.90　节点 2 施加约束

9）施加均布载荷。点击主菜单中的" Preprocessor > Loads > Define Loads > Apply > Structural>Pressure>On Beams"，点击"Pick All"，然后输入均布载荷值 314，如图 6.91，图 6.92所示。

图 6.91　施加均布力载荷

图 6.92　有限元模型载荷施加效果

10）点击主菜单中的"Solution>Solve>Current LS"，弹出对话框（图6.93），点击"OK"按钮，开始进行分析求解。分析完成后，又弹出一信息窗口（图6.94）提示用户已完成求解，点击"Close"按钮关闭对话框即可。至于在求解时产生的 STATUS Command 窗口，点击"File>Close"关闭即可。

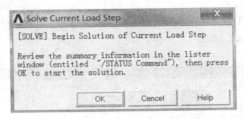

图6.93　求解对话框

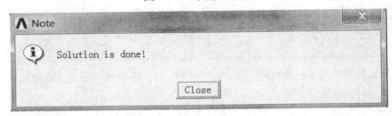

图6.94　求解结束对话框

11）显示变形图。点击主菜单中的"General Postproc>Plot Results>Deformed Shape"，弹出对话框如图6.95所示。选中"Def + undeformed"选项，并点击"OK"按钮，即可显示本实训简支梁结构变形前后的结果，如图6.96所示。

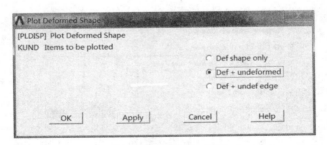

图6.95　显示变形对话框

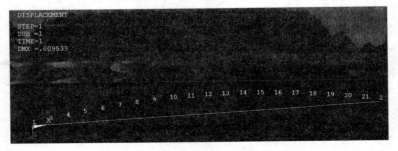

图6.96　简支梁结构变形前后效果

12)列举挠度计算结果。点击主菜单中的"General Postproc > List Results > Nodal Solu",弹出对话框如图 6.97 所示。接受缺省设置,点击"OK"按钮关闭对话框,并弹出一列表窗口,显示了该简支梁 Z 方向挠度位移值情况,如图 6.98 所示。

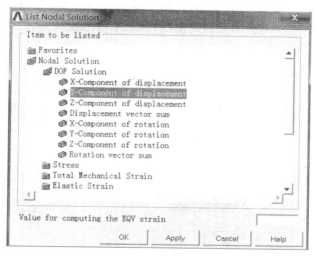

图 6.97 简支梁结构挠度设置对话框

```
PRINT U    NODAL SOLUTION PER NODE

***** POST1 NODAL DEGREE OF FREEDOM LISTING *****

LOAD STEP=    1  SUBSTEP=    1
  TIME=    1.0000    LOAD CASE=    0

THE FOLLOWING DEGREE OF FREEDOM RESULTS ARE IN THE GLOBAL COORDINATE SYSTEM

  NODE      UZ
    1    0.0000
    2    0.0000
    3  -0.15178E-02
    4  -0.29929E-02
    5  -0.43864E-02
    6  -0.56638E-02
    7  -0.67951E-02
    8  -0.77552E-02
    9  -0.85234E-02
   10  -0.90836E-02
   11  -0.94243E-02
   12  -0.95386E-02
   13  -0.94243E-02
   14  -0.90836E-02
   15  -0.85234E-02
   16  -0.77552E-02
   17  -0.67951E-02
   18  -0.56638E-02
   19  -0.43864E-02
   20  -0.29929E-02
   21  -0.15178E-02

MAXIMUM ABSOLUTE VALUES
NODE        12
VALUE  -0.95386E-02
```

图 6.98 简支梁结构挠度列表显示

从图 6.98 可以看出,在误差允许范围内,跨中节点挠度计算结果(−9.54mm)与材料力学(结构力学)计算得出的解析解(−9.57mm)是一致的。

13)列举各节点转角。点击主菜单中的"General Postproc > List Result > Nodal Solution",弹出对话框如图 6.99 所示,在"DOF Solution"下,选中"Rotation Vector Sum",点击"OK"按钮关闭对话框,并弹出一列表窗口,显示了各节点的 X、Y、Z 方向上的转角,如图 6.100 所示。

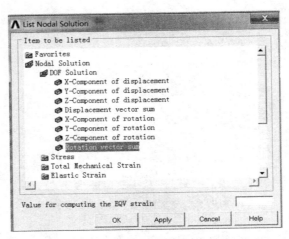

图 6.99   简支梁结构节点转角设置对话框

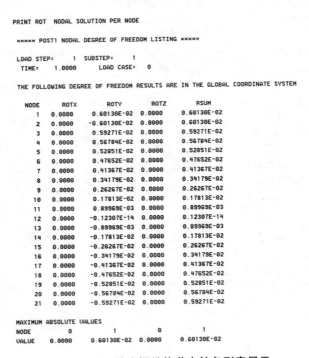

图 6.100   简支梁结构节点转角列表显示

从图 6.100 可以看出在误差允许范围内,节点 1(最左端)转角计算结果(−0.000613)与材料力学(结构力学)计算得出的解析解(−0.0006028)是一致的。

14).退出。点击应用菜单中的"File > Exit …",弹出保存对话框,选中"Save Everything",点击"OK"按钮,即可退出 ANSYS。

6.5.3　实验习题 1

假设一简支梁受分布力与集中载荷作用,图 6.101,梁截面为正方形,边长为 5 cm,泊松比 0.3。如图所示,试分别确定通过材料力学(结构力学)理论解析方法与 ANSYS 数值方法进行分析该梁的挠度和转角。

已知:$q=2$ kN/m,$L_1=L_2=4$ m,$P=8$ kN,$E=3\times10^{11}$ Pa,$I=5.2\times10^{-7}$ m^4

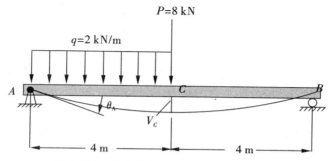

图 6.101　分布力与集中力作用时的简支梁

(1)理论分析

应用材料力学(结构力学)叠加法:

1)均布载荷引起梁跨中挠度理论解为:

$$y_{max1}=-\frac{5ql^4}{768EI}=-\frac{5\times2000\times8^4}{768\times3\times10^{11}\times5.2\times10^{-7}}=-0.341880$$

2)集中力引起梁跨中的挠度理论解为:

$$y_{max2}=-\frac{Fl^3}{48EI}=-\frac{8000\times8^3}{48\times3\times10^{11}\times5.2\times10^{-7}}=-0.547009$$

该梁总挠度理论解:

$$y=y_{max1}+y_{max2}=-0.341880-0.547009=-0.888889$$

(2)ANSYS 分析

这里给出了该练习的 APDL 命令流,作为操作过程的辅助参考。

```
WPSTYLE,,,,,,,,0                    ! *
/PREP7                              MPTEMP,,,,,,,,,
! *                                 MPTEMP,1,0
ET,1,BEAM188                        MPDATA,EX,1,,3e11
! *                                 MPDATA,PRXY,1,,0.3
```

```
SECTYPE,  1, BEAM, RECT, , 0
SECOFFSET, CENT
SECDATA,0.05,0.05,0,0,0,0,0,0,
0,0,0,0
 K, , , , ,
 K, ,4, , ,
 K, ,8, , ,
 LSTR,          1,          2
 LSTR,          2,          3
 FLST,5,2,4,ORDE,2
 FITEM,5,1
 FITEM,5,-2
 CM,_Y,LINE
 LSEL, , , ,P51X
 CM,_Y1,LINE
 CMSEL, ,_Y
 ! *
 LESIZE,_Y1, , ,10, , , , ,1
 ! *
 FLST,2,2,4,ORDE,2
 FITEM,2,1
 FITEM,2,-2
 LMESH,P51X
 /UI,MESH,OFF
 FINISH
 /SOL
 FLST,2,1,1,ORDE,1
```

```
 FITEM,2,1
 ! *
 /GO
 D, P51X, , , , , ,UX, UY, UZ,
ROTX,ROTZ,
 FLST,2,1,1,ORDE,1
 FITEM,2,12
 ! *
 /GO
 D, P51X, , , , , ,UY, UZ, ROTX,
ROTZ, ,
 FLST,2,10,2,ORDE,2
 FITEM,2,1
 FITEM,2,-10
 SFBEAM,P51X,1,PRES,2000,2000,
, , , ,0
 FLST,2,1,1,ORDE,1
 FITEM,2,2
 ! *
 /GO
 F,P51X,FZ,-8000
 /STATUS,SOLU
 SOLVE
 FINISH
 /POST1
 PLDISP,1
```

6.5.4   实验习题 2

　　一简支梁受分布力载荷作用(图 6.102 所示),梁截面为正方形 $b=h=5$ cm,$AB=BC=$ 5 m,弹性模量 $E=3\times10^{11}$ N/m,泊松比为 0.3。试分别通过材料力学(结构力学)理论解析方法与 ANSYS 数值方法进行分析该屋架在分布力作用下的挠度和转角。

　　(1)理论分析

　　从材料力学(结构力学)解得梁中点的挠度(位移)理论解为:

$$\omega = \frac{\omega L^4}{120EI} = \frac{1000 \times 10^4}{120 \times 3 \times 10^{11} \times 5.2 \times 10^{-7}} = 0.534188$$

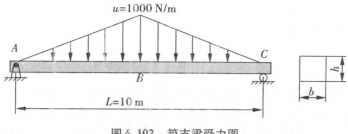

图 6.102　简支梁受力图

（2）ANSYS 求解

这里给出了练习的 APDL 命令流,作为操作过程的辅助参考,计算结果如图 6.103 所示。

```
/PREP7
! *
ET,1,BEAM189
! *
SECTYPE,  1, BEAM, RECT, , 0
SECOFFSET, CENT
SECDATA,0.05,0.05,0,0,0,0,0,0,
0,0
! *
MPTEMP,,,,,,,,
MPTEMP,1,0
MPDATA,EX,1,,3e11
MPDATA,PRXY,1,,0.3
K, ,,,,
K, ,5,,,
K, ,10,,,
LSTR,       1,       2
LSTR,       2,       3
FLST,5,2,4,ORDE,2
FITEM,5,1
FITEM,5,−2
CM,_Y,LINE
LSEL, , , ,P51X
CM,_Y1,LINE
CMSEL,,_Y
! *
LESIZE,_Y1, , ,1, , , , ,1
! *
FLST,2,2,4,ORDE,2
FITEM,2,1
FITEM,2,−2
LMESH,P51X
/UI,MESH,OFF
FINISH
/SOL
FLST,2,1,1,ORDE,1
FITEM,2,1
! *
/GO
D,P51X, , , , , , UX, UY, UZ,
ROTX,ROTZ,
FLST,2,1,1,ORDE,1
FITEM,2,4
! *
/GO
D,P51X, , , , , , UY, UZ, ROTX,
ROTZ, ,
FLST,2,1,2,ORDE,1
FITEM,2,1
SFBEAM,P51X,1,PRES,0,1000, , ,
, ,0
FLST,2,1,2,ORDE,1
```

FITEM,2,2
SFBEAM,P51X,1,PRES,1000,0, , ,
, ,0
/STATUS,SOLU

SOLVE
FINISH
/POST1
PLDISP,1

图 6.103　应用 Beam 189 单元计算结果

值得注意的是:

在 ANSYS 较为近期版本中,BEAM3 单元已经被相关单元所代替,在单元库中找不到 BEAM3 单元。当然,应用 APDL 命令流的方式,仍然可以应用 BEAM3 单元。例如本例中,将下面的命令流在 ANSYS15.0 版本中运行,计算结果如图 6.105、图 6.106 所示。

```
/PREP7
! *
ET,1,BEAM3
! *
R,1,0.0025,5.2E-7,,,,
SECTYPE,  1, BEAM, RECT, , 0
SECOFFSET, CENT
SECDATA,0.05,0.05,0,0,0,0,0,0,
0,0
! *
MPTEMP,,,,,,,,
MPTEMP,1,0
MPDATA,EX,1,,3e11
MPDATA,PRXY,1,,0.3
K, ,,,,
K, ,5,,,
K, ,10,,,
LSTR,        1,        2
```

```
LSTR,        2,        3
FLST,5,2,4,ORDE,2
FITEM,5,1
FITEM,5,-2
CM,_Y,LINE
LSEL, , , ,P51X
CM,_Y1,LINE
CMSEL,,_Y
! *
LESIZE,_Y1, , ,1, , , , ,1
! *
FLST,2,2,4,ORDE,2
FITEM,2,1
FITEM,2,-2
LMESH,P51X
/UI,MESH,OFF
FINISH
/SOL
```

```
FLST,2,1,2,ORDE,1
FITEM,2,1
SFBEAM,P51X,1,PRES,0,1000, , ,
, ,0
FLST,2,1,2,ORDE,1
FITEM,2,2
SFBEAM,P51X,1,PRES,1000,0, , ,
, ,0
FLST,2,1,1,ORDE,1
FITEM,2,1
! *
/GO
D,P51X, , , , , ,UX,UY, , , ,
FLST,2,1,1,ORDE,1
FITEM,2,3
! *
/GO
D,P51X, , , , , ,UY, , , , ,
/STATUS,SOLU
SOLVE
FINISH
/POST1
PLDISP,1
```

图 6.104　应用 Beam 3 单元计算结果

```
PRINT U    NODAL SOLUTION PER NODE

***** POST1 NODAL DEGREE OF FREEDOM LISTING *****

LOAD STEP=     1  SUBSTEP=      1
 TIME=    1.0000    LOAD CASE=   0

THE FOLLOWING DEGREE OF FREEDOM RESULTS ARE IN THE GLOBAL COORDINATE SYSTEM

   NODE     UY
    1    0.0000
    2   -0.53419
    3    0.0000

MAXIMUM ABSOLUTE VALUES
NODE          2
VALUE   -0.53419
```

图 6.105　应用 Beam 3 单元位移计算结果

从图 6.103,图 6.104,图 6.105 可以看出,采用 BEAM3 单元,与材料力学(结构力学)

计算结果一致。采用 BEAM 189 单元计算的结果与材料力学(结构力学)计算结果有误差,下面进行误差的相关分析。

在 ANSYS 的早期版本中,Beam3 是一种可用于承受拉、压、弯、扭的三维弹性梁单元。这种单元在每个节点上有六个自由度:x、y、z 三个方向的线位移和绕 x,y,z 三个轴的角位移。可用于计算应力硬化及大变形的问题。同时,Beam188 与 Beam189 相对 Beam3 的第一个突出点是具有更出色的截面数据定义功能和可视化特性,横截面定义指垂直于梁的轴向的截面形状。ANSYS 提供了多种常用梁截面形状,并支持用户自定义截面形状。当定义了一个横截面时,ANSYS 建立一个 9 结点的数值模型来确定梁的截面特性,并通过求解泊松方程得到弯曲特征。第二个突出点是 Beam188 与 Beam189 自动考虑了剪切变形。

采用 BEAM4 建模时,直接输入截面特性:两个主轴的惯性矩,高度,宽度,面积。ANSYS 处理时直接调入参数计算。对于所有截面型式模型中均显示为矩形,但对非矩形截面时并不是简单的等效为矩形,在双向受力时按等效矩形计算是错误的。

采用 Beam188、Beam189 建模时,均采用自定义截面。自定义截面均未考虑型钢截面的倒角,例如,由两根工字钢(250×118×8)组焊而成的柱,x-x,y-y 轴惯性矩分别比实际减少了 0.6%,19%。大梁由两根槽钢(250×78×7)组焊,x-x,y-y 轴惯性矩分别比实际减少 1.3%,17%。小梁采用 200×100×7 的工字钢 x-x,y-y 轴惯性矩分别比实际减少 0.8%,2%。可见,对于常见截面型式,直接采用 ANSYS 提供的截面误差较小。对于一些组合梁自定义截面时应计入型钢倒角。

Beam3 采用了主自由度的原理,是基于结构力学经典梁弯曲理论构造的梁单元,忽略了剪切变形的影响,应用了中线的法线在变形后仍保持和中面垂直的直法线假设。

beam188、Beam189 基于 Timoshenko 梁的理论。采用相对自由度原理,考虑了剪切变形的影响,挠度和截面转动各自独立插值,但仍假设中面的法线变形后仍保持直线(不一定仍与中面垂直),这类单元本质上就是实体单元。

Beam188、Beam189 单元适合分析从细长到中等粗细的梁结构。但当梁 $h/l \to 0$ 时,由于 2 结点 Timoshenko 单元 Beam188,不像经典梁单元在挠度 ω 的模式中精确地包含了三次函数,因此正应力误差较大。通过增加单元数提高精度,将使自由度相应成倍增加,因此对于剪切影响可以忽略的情形,可以采用经典梁单元。对于需要考虑剪切变形的影响时,改用高次单元 Beam189 可得到非常好的结果。

实际工程中常常碰到特殊截面型式,采用 Beam3 单元时显示为矩形截面,在此需要注意 ANSYS 并不是等效为矩形截面,在具体计算时 ANSYS 按需要调用输入参数,因此整个截面应力是不正确的。从实际的工程分析的目的考虑,常常最关心的是单元边缘和结点上的应力,截面高度与宽度按实际输入,得到截面边缘应力是可以满足工程需要的。当关心整个截面应力分布时,应考虑采用 Beam188 与 Beam189。

对于中粗梁,剪切变形对位移影响较大,故应考虑采用 beam188 或 beam189。在对剪切的影响不清楚,并且需要得到比较完善的结果时,可以直接使用 beam189 单元。

6.6　二维与三维实体结构分析

6.6.1　二维实体结构分析

简支梁如图 6.106 所示,截面为矩形,高度 $h=200$ mm,长度 $L=1000$ mm,厚度 $t=10$ mm。上边承受均布载荷,集度 $q=1$ N/mm^2,材料的 $E=206$ GPa,$v=0.29$。平面应力模型。

试分别通过材料力学(结构力学)理论解析方法与 ANSYS 数值方法进行分析该矩形梁的最大应力。并按照要求完成实验报告相关内容。

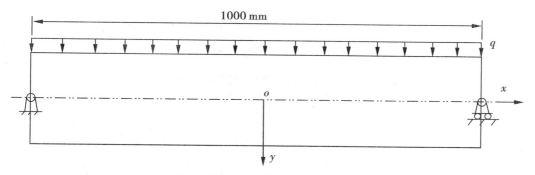

图 6.106　矩形截面简支梁受力图

(1)理论分析

根据材料力学(结构力学)梁的简化模型及弯曲正应力计算理论,首先将该梁结构上作用的压强转换为线载荷,其中作用在该梁结构上的合力 F_R 为:

$$F_R = q \times A = \frac{1\ \text{N}}{\text{mm}^2} \times 1000\text{mm} \times 10\text{mm} = 10^4\ \text{N}$$

该梁结构的均布线载荷 q_L 为:

$$q_L = \frac{F_R}{L} = 10^4\ \text{N/m}$$

该梁结构的最大弯矩出现在梁的跨中位置,其最大弯矩为:

$$M_{max} = \frac{q_L L^2}{8} = \frac{10^4}{8}\ \text{N} \cdot \text{m}$$

最大正应力为:

$$\sigma_{max} = \frac{M}{W} = \frac{\frac{10^4}{8}}{\frac{bh^2}{6}} = \frac{\frac{10^4}{8}}{\frac{0.01 \times 0.2^2}{6}} = 18.75\ \text{MPa}$$

(2)ANSYS 分析

1)定义文件名。

GUI:File/Change Jobname

定义文件名为：xiti1，见图 6.107。

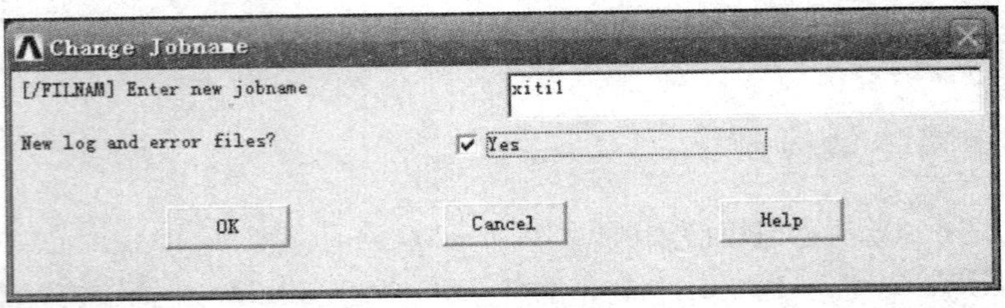

图 6.107 定义文件名

2）建模。

GUI：Preprocessor/Modeling/Create/Areas/Rectangle/By Dimensions

建立长度为 1 m，外径为 0.2 m，平面四边形区域，见图 6.108。

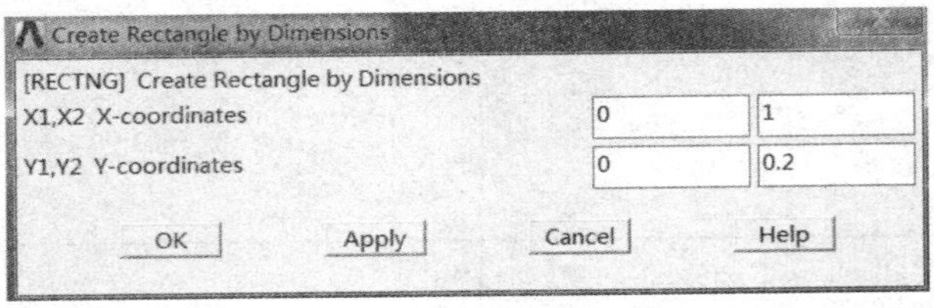

图 6.108 建立矩形面

3）选用单元类型。

GUI：Preprocessor/Element Type/（Add/Edit/Delet），见图 6.109。

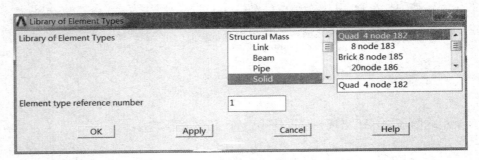

图 6.109 单元类型选择对话框

采用 solid182 平面单元，对 solid182 单元的属性进行设置，见图 6.110，点击 "Options"，出现对话框，定义它的 K3 关键字是 "Plane strs w/thk"，即可以定义它的厚度，见图 6.111。

图 6.110　关键字设置
对话框

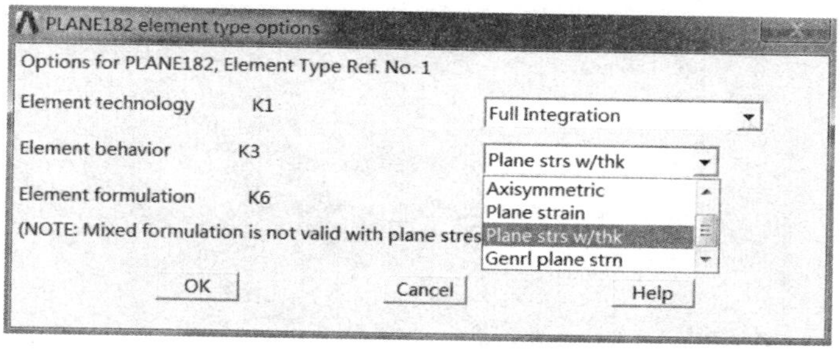

图 6.111　厚度设置

4）设定单元的厚度。

GUI：Preprocessor/Real Constants/（Add/Edit/Delet）

设置"Thickness"选项为 0.01，见图 6.112。点击"OK"，点击"Close"。

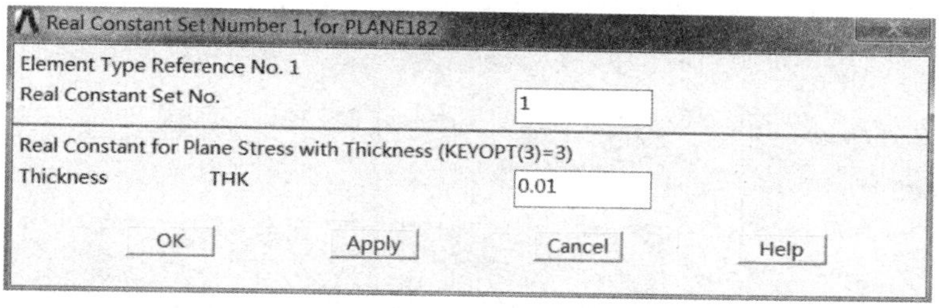

图 6.112　输入厚度值

5）设定材料属性。

GUI：Preprocessor/Material Props/Material Models/

逐级双击"Structural/Linear/Elastic/Isotropic"，

设定材料参数 E =206 GPa, v = 0.29，见图 6.113。

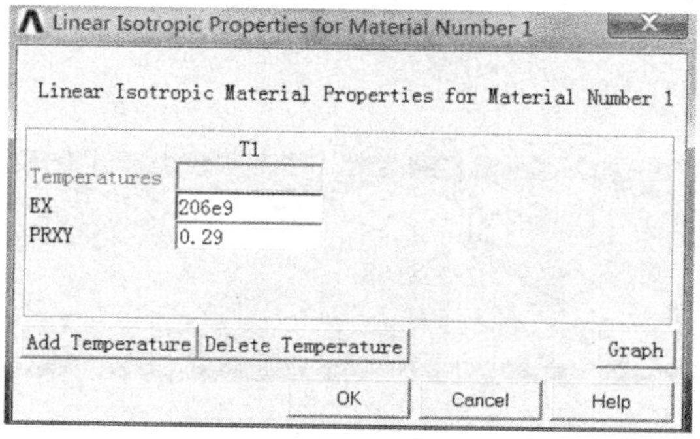

图 6.113　实常数设置对话框

6）离散几何模型。

GUI：Preprocessor/Meshing/Size Cntrls/ManualSize/Global/Size

设置 Size：Element edge length 为 0.05，见图 6.114。

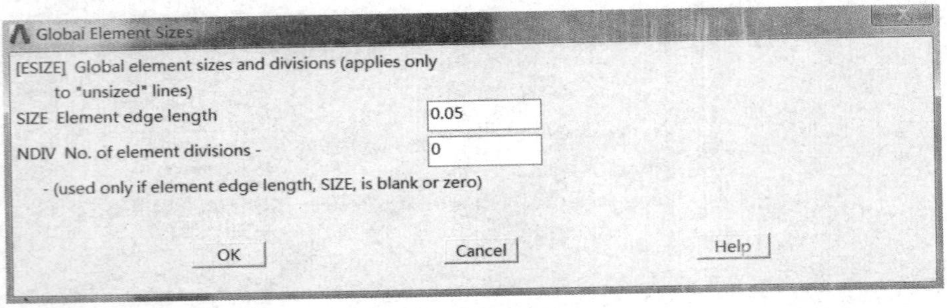

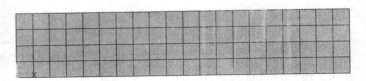

图 6.114　单元长度设置

GUI：Preprocessor/Meshing/MeshTool

选择其中的 Quad 和 Mapped，点击 Mesh 划分单元，见图 6.115，划分好单元后的有限元模型见图 6.116。

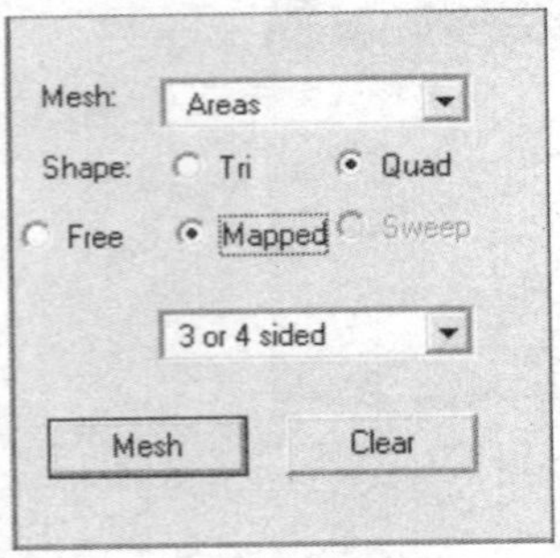

图 6.115　划分面单元

图 6.116　有限元模型

7）施加位移约束。

GUI：Solution/Define Loads/Apply/Structural/Displacement/On Nodes

选择左侧的中间点（图 6.117），单击 OK，弹出如下对话框，约束这个点 X，Y 两个方向上的自由度，见图 6.118。

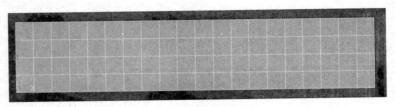

图 6.117　左侧中间点的位置选择

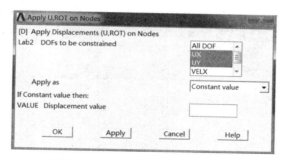

图 6.118　左侧中间点节点施加约束

点击 Apply,选择右侧的中点,如图 6.119,约束它 Y 方向上的自由度,如图 6.120 所示。

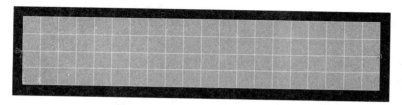

图 6.119　右侧中间点的位置选择

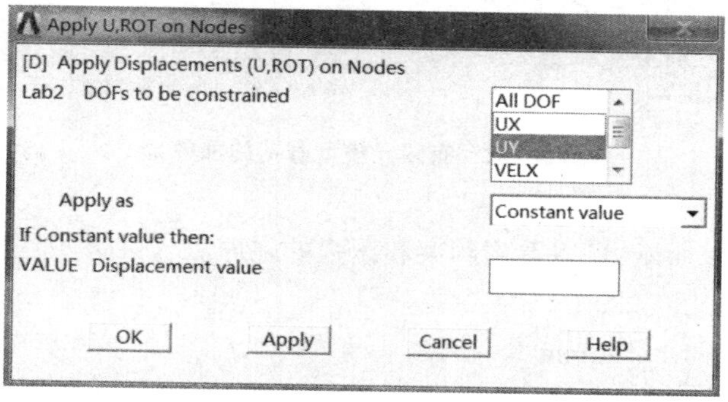

图 6.120　右侧中间点节点施加约束

点击"OK"按钮。

8）施加压强。

GUI：Solution/Define Loads/Apply/Structural/Pressure/On Lines

选择最上面的那条直线,单击 OK,弹出对话框,设定压强。此时的压强需要换算单位,$q = 1 \ \text{N/mm}^2 = 10^6 \ \text{N/m}^2$,输入压强 1000000,见图 6.121。

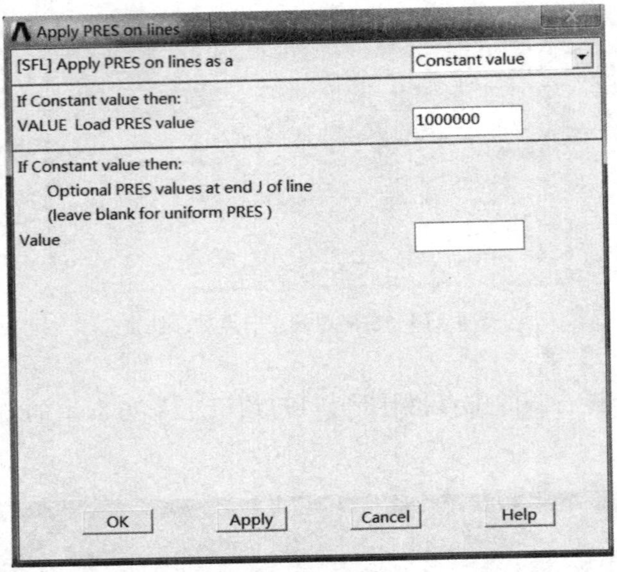

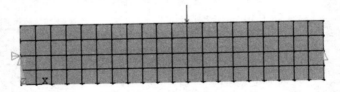

图 6.121   载荷施加对话框

9）查看最后的有限元模型。

GUI：Plot/Multi-Plots

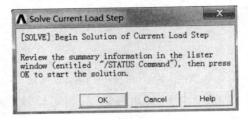

图 6.122   有限元模型载荷施加效果

模型如图 6.122 所示，可以看到约束和压强的施加。

10）提交计算。

GUI：Solution/Solve/Current LS

出现如下对话框，点击"OK"进行计算，见图 6.123。

图 6.123   求解对话框

当出现"solution is done"时表示计算已经结束。

11）查看位移。

GUI：General Postproc/Post Results/Contour Plot/Nodal Solu

出现如下对话框，选择如图 6.124 所示。

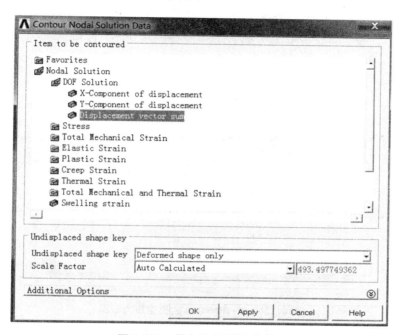

图 6.124　节点位移云图对话框

位移云图如图 6.125 所示。

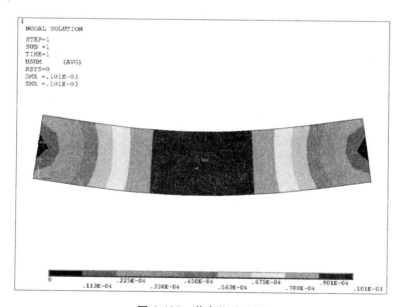

图 6.125　节点位移云图

12）查看模型 X 方向应力。

GUI：General Postproc/Post Results/Contour Plot/Nodal Solu

选择"Stress/X-direction"，模型的应力如图 6.126 所示。

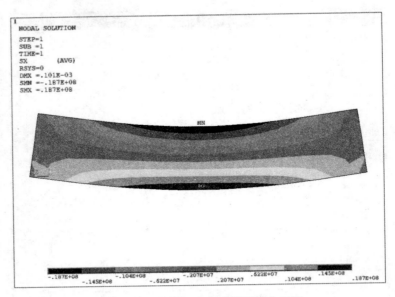

图 6.126　X-direction 的模型应力云图

从图 6.126 可以看出在误差允许范围内，杆件中间的正应力 ANSYS 计算结果
（18.7 MPa）与材料力学（结构力学）计算得出的解析解（18.75 MPa）是一致的。

（3）APDL 命令流

```
WPSTYLE,,,,,,,,,0              MPTEMP,1,0
/PREP7                        MPDATA,EX,1,,206E9
! *                          MPDATA,PRXY,1,,0.29
ET,1,PLANE182                 ESIZE,0.05,0,
! *                          MSHAPE,0,2D
RECTNG,0,1,0,0.2,             MSHKEY,1
! *                          ! *
KEYOPT,1,1,0                  CM,_Y,AREA
KEYOPT,1,3,3                  ASEL,,,,        1
KEYOPT,1,6,0                  CM,_Y1,AREA
! *                          CHKMSH,'AREA'
! *                          CMSEL,S,_Y
R,1,0.01,                     ! *
! *                          AMESH,_Y1
! *                          ! *
MPTEMP,,,,,,,,                CMDELE,_Y
```

```
CMDELE,_Y1
CMDELE,_Y2
! *
FINISH
/SOL
FLST,2,1,1,ORDE,1
FITEM,2,47
! *
/GO
D,P51X, , , , , ,UX,UY, , , ,
FLST,2,1,1,ORDE,1
FITEM,2,24
! *
/GO
D,P51X, , , , , ,UY, , , , ,
```

```
FLST,2,1,4,ORDE,1
FITEM,2,3
/GO
FLST,2,1,4,ORDE,1
FITEM,2,3
/GO
! *
SFL,P51X,PRES,1000000,
/STATUS,SOLU
SOLVE
FINISH
/POST1
! *
/EFACET,1
PLNSOL, S,X, 0,1.0
```

6.6.2　三维实体结构分析

长度 $l = 0.254\ m$ 的正方形截面的铝合金锥形杆件（如图 6.127 所示），上端为固定端约束，下端作用有集中力 F = 44483 N。其中上截面正方形边长为 0.0508 m，弹性模量 E =70.71 GPa，泊松比为 0.3。试分别通过材料力学（结构力学）理论解析方法与 ANSYS 数值方法进行分析最大轴向位移和中部位置（Y=L/2）截面上的轴向应力。

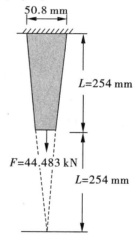

图 6.127　锥形变截面杆模型

（1）理论解

根据材料力学（结构力学）理论，应用截面法，该变截面杆的任意截面上的轴力值都等于 F。取固定端为坐标原点，向下为 Y 轴的正方向，则任意位置的截面积为：

$$A(y) = \left(1 - \frac{y}{2L}\right)^2 d^2$$

则任意位置截面上的正应力为：

$$\sigma(y) = \frac{F_N}{\left(1 - \dfrac{y}{2L}\right)^2 d^2}$$

杆件中部截面 $y = \dfrac{L}{2}$ 位置截面上的正应力为：

$$\sigma\left(\frac{L}{2}\right) = \frac{F_N}{\left(1 - \dfrac{y}{2L}\right)^2 d^2} = \frac{16 \times 44483}{9 \times 50.8^2} = 30.644\ \text{MPa}$$

整个杆件的伸长量为：

$$\delta = \int_0^L \frac{\sigma(y)}{E} dy = \int_0^L \frac{F}{E\left(1-\frac{y}{2L}\right)^2 d^2} dy = \frac{2FL}{Ed^2} = \frac{2 \times 44483 \times 254}{70710 \times 50.8^2} = 0.12384 \text{ mm}$$

（2）ANSYS 分析

本例使用三维结构固体单元 SOLID185。整个杆件沿长度方向等分为 7 个单元，在后处理模块中，就可以容易地提取到自由端的位移和中部的应力。

1）定义文件名。

GUI：File/Change Jobname

定义文件名为：shiyan5，见图 6.128。

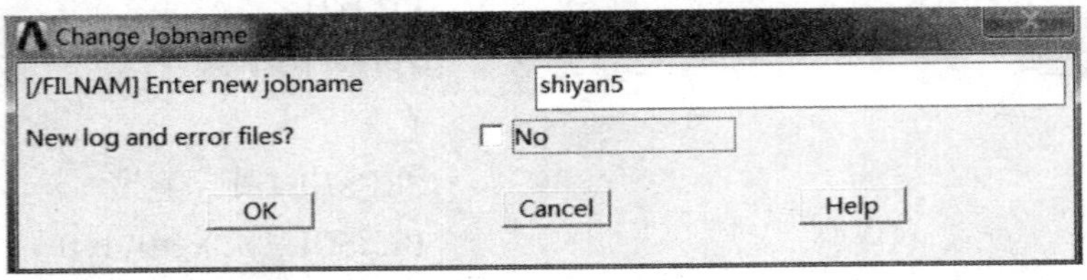

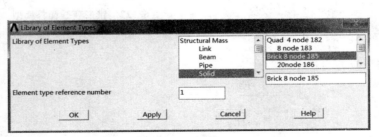

图 6.128　定义文件名

2）定义单元类型。点击主菜单中的"Preference >Element Type>Add/Edit/Delete"，弹出对话框，点击对话框中的"Add…"按钮，又弹出一对话框（图 6.129），选中该对话框中的"Solid"和"Brick 8 node 185"选项，点击"OK"，关闭图 6.129 对话框，返回至上一级对话框，此时，对话框中出现刚才选中的单元类型：SOLID185，如图 6.130 所示。点击"Close"，关闭图 6.130 所示对话框。

图 6.129　单元类型选择对话框

图 6.130　单元类型对话框

3）定义材料特性。点击主菜单中的"Preprocessor>Material Props> Material Models"，弹出对话框，如图 6.131 所示，逐级双击右框中"Structural，Linear，Elastic，Isotropic"前图

标,弹出下一级对话框,在弹性模量文本框中输入:70.71E9,在泊松比文本框中输入: 0.3,如图 6.132 所示,点击"OK"返回上一级对话框,并点击"关闭"按钮,关闭图 6.132 所示对话框。

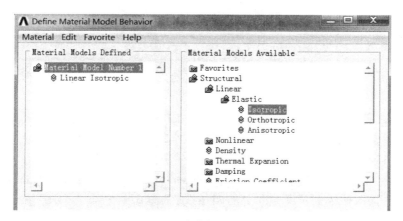

图 6.131　实常数设置对话框

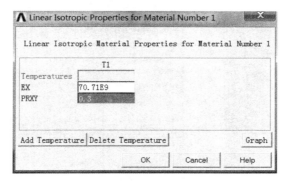

图 6.132　实常数对话框

4)创建关键点。点击主菜单中的"Preprocessor>Modeling>Create>Keypoints>In Active CS",弹出对话框,在"Keypoint number"一栏中输入关键点号 1,在"XYZ Location"一栏中输入关键点 1 的坐标(−0.0254,0,−0.0254),如图 6.133 所示,点击"Apply"按钮,在生成 1 关键点的同时弹出与图 6.133 一样的对话框,同理将 2(0.0254,0,−0.0254)、3(0.0254,0,0.0254)、4(−0.0254,0,0.0254)、5(−0.0127,−0.254,−0.0127)、6(0.0127,−0.254,−0.0127)、7(0.0127,−0.254,0.0127)、8(−0.0127,−0.254,0.0127)关键点的坐标输入,点击"OK"按钮。

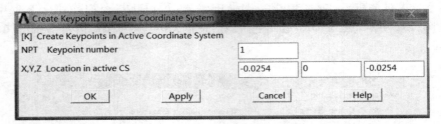

图 6.133　关键点 1 生成对话框

5）创建体。点击主菜单中"Preprocessor>Modeling>Create>Volumes>Arbitrary>Through KPs"，弹出"关键点选择"对话框。拾取关键点 1、2、3、4、5、6、7、8，点击 OK 按钮，既可生成体，如图 6.134 所示。

6）生成单元。点击主菜单中"Preprocessor/Meshing/Size Cntrls/ManualSize/Lines/Picked Lines"，拾取该体的长度方向上的四条线，见图 6.135，点击"OK"在 NDIV 栏中输入 7，图 6.136，点击"OK"。

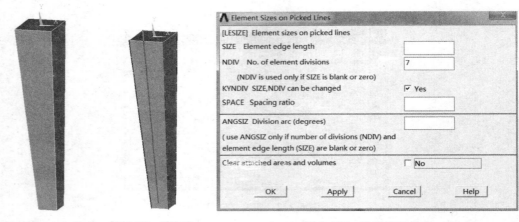

图 6.134　由关
键点生成体　　图 6.135　拾取线　　　　　图 6.136　设置单元长度

点击主菜单中"Preprocessor/Meshing/MeshTool"，如图 6.137 所示。

点击"Mesh"，出现对话框，如图 6.138 所示。

拾取体，点击"OK"。

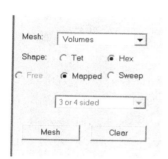

图 6.137　体网格划分

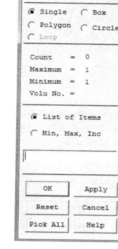

图 6.138　拾取体

7）施加位移约束。点击主菜单中的"Preprocessor > Loads > Apply > Structural > Displacement>On Areas"，弹出"面选择"对话框，点选坐标原点处的固定端截面，点击"OK"，施加位移约束为：All DOF，并点击"OK"按钮，如图 6.139 所示。

8）施加均布载荷。点击主菜单中的"Preprocessor > Loads > Define Loads > Apply > Structural > Pressure > On Areas"，点击最下面的正方形截面，然后输入均布载荷值 -68949000，计算式为 $44483 \mathrm{N}/0.0254^2 = 68949000 \ \mathrm{Pa}$，如图 6.140 所示。

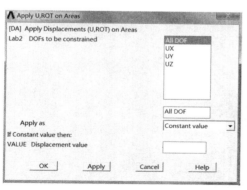

图 6.139　施加面约束

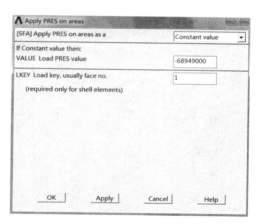

图 6.140　施加面载荷

9）点击主菜单中的"Solution>Solve>Current LS"，弹出对话框（图 6.141），点击"OK"按钮，开始进行分析求解。分析完成后，又弹出一信息窗口（图 6.142）提示用户已完成求解，点击"Close"按钮关闭对话框即可。至于在求解时产生的"STATUS Command"窗口，点击"File>Close"关闭即可。

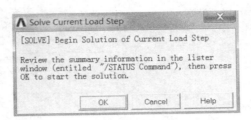

图 6.141　求解对话框

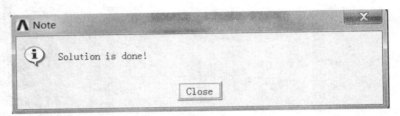

图 6.142　求解结束对话框

10）显示变形图。点击主菜单中的"General Postproc>Plot Results>Deformed Shape"，弹出对话框如图 6.143 所示。选中"Def + undeformed"选项，并点击"OK"按钮，即可显示本实训桁架结构变形前后的结果，如图 6.144 所示。

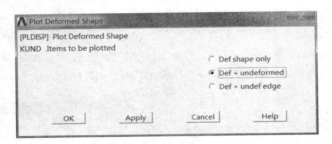

图 6.143　显示变形对话框

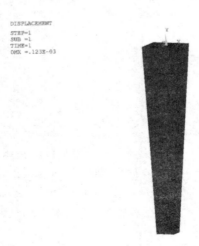

图 6.144　杆结构变形前后效果

从图 6.144 可以看出在误差允许范围内,杆件位移 ANSYS 计算结果(0.123 mm)与材料力学(结构力学)计算得出的解析解(0.12384 mm)是一致的。

11)列表显示中间单元应力。"General Postproc>Element Table>Define Table>"点击"Add",弹出图 6.145 对话框,在"Lab"中定义名称:4STRESS,在"Item,..."选项中,选择"Stress""Y-direction SY",点击"OK"按钮,再点击"Close"按钮。

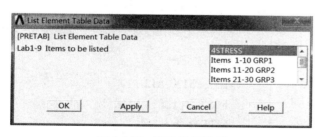

图 6.145　定义单元表数据

在"General Postproc>Element Table>List Elem Table>"中选中上步骤定义的名称:4STRESS,如图 6.146 所示。点击"OK"按钮。得到该杆件中间单元的应力计算值,如图 6.147 所示。

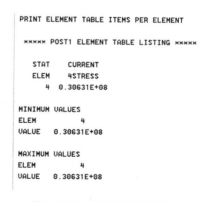

图 6.146　列表显示选项　　　　图 6.147　列表显示单元应力

从图 6.147 可以看出在误差允许范围内,杆件中间的正应力 ANSYS 计算结果(30.631 MPa)与材料力学(结构力学)计算得出的解析解(30.644 MPa)是一致的。

(3)APDL 命令流

/PREP7　　　　　　　　　　　　　　　ET,1,SOLID185

! *　　　　　　　　　　　　　　　　! *

```
! *
MPTEMP,,,,,,,
MPTEMP,1,0
MPDATA,EX,1,,70.71E9
MPDATA,PRXY,1,,0.3
K,1,-0.0254,0,-0.0254,
K,2,0.0254,0,-0.0254,
K,3,0.0254,0,0.0254,
K,4,-0.0254,0,0.0254,
K,5,-0.0127,-0.254,-0.0127,
K,6,0.0127,-0.254,-0.0127,
K,7,0.0127,-0.254,0.0127,
K,8,-0.0127,-0.254,0.0127,
V,      1,      2,      3,
4,      5,      6,      7,      8
FLST,5,8,4,ORDE,6
FITEM,5,1
FITEM,5,-4
FITEM,5,6
FITEM,5,8
FITEM,5,10
FITEM,5,12
CM,_Y,LINE
LSEL,,,,P51X
CM,_Y1,LINE
CMSEL,,_Y
! *
LESIZE,_Y1,,,1,,,,,1
! *
FLST,5,4,4,ORDE,4
FITEM,5,5
FITEM,5,7
FITEM,5,9
FITEM,5,11
CM,_Y,LINE
LSEL,,,,P51X
CM,_Y1,LINE
CMSEL,,_Y
```

```
! *
LESIZE,_Y1,,,7,,,,,1
! *
MSHAPE,0,3D
MSHKEY,1
! *
CM,_Y,VOLU
VSEL,,,,      1
CM,_Y1,VOLU
CHKMSH,'VOLU'
CMSEL,S,_Y
! *
VMESH,_Y1
! *
CMDELE,_Y
CMDELE,_Y1
CMDELE,_Y2
! *
/UI,MESH,OFF
FINISH
/SOL
FLST,2,4,1,ORDE,2
FITEM,2,1
FITEM,2,-4
FLST,2,1,5,ORDE,1
FITEM,2,1
! *
/GO
DA,P51X,ALL,
FLST,2,1,5,ORDE,1
FITEM,2,6
/GO
! *
SFA,P51X,1,PRES,-68949000
/STATUS,SOLU
SOLVE
FINISH
/POST1
```

PLDISP,1	! *
ETABLE,,ERASE,1	/REPLOT,RESIZE
AVPRIN,0,,	PRETAB,4STRESS
ETABLE,4stress,S,Y	! *

6.7 圆轴扭转分析

实例 1：设等直圆轴的圆截面直径 $D=50$ mm，长度 $L=120$ mm，作用在圆轴两端上的转矩 $M_n=1.5\times10^3$ N·m。试分别通过材料力学(结构力学)理论解析方法与 ANSYS 数值方法进行分析最大切应力。

（1）理论解

由材料力学(结构力学)知识可得：设等直圆截面对圆心的极惯性矩为：

$$I_p=\frac{pD^4}{32}=\frac{p\times0.05^4}{32}=6.136\times10^{-7}\ m^{-4}$$

圆截面的抗扭截面模量为：

$$W_n=\frac{pD^3}{16}=\frac{p\times0.05^3}{16}=2.454\times10^{-5}\ m^{-3}$$

圆截面上任意一点的剪应力与该点半径成正比，在圆截面的边缘上有最大值：

$$\tau_{max}=\frac{M_n}{W_n}=\frac{1.5\times10^3}{2.454\times10^{-5}}=61.1\ MPa$$

（2）ANSYS 求解

1）创建单元类型。

拾取菜单 Main Menu→Preprocessor→Element Type→Add/Edit/Delete。弹出对话框，单击"Add"按钮；弹出图 6.148 所示的对话框，在左侧列表中选"Structural Solid"，在右侧列表中选"Quad 8node 183"，单击"Apply"按钮；再在右侧列表中选"Brick 20node 186"，单击"OK"按钮，见图 6.149；单击图 6.150 对话框的"Close"按钮。

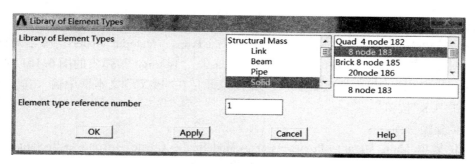

图 6.148 单元类型 1 选择对话框

图 6.149　单元类型 2 选择对话框

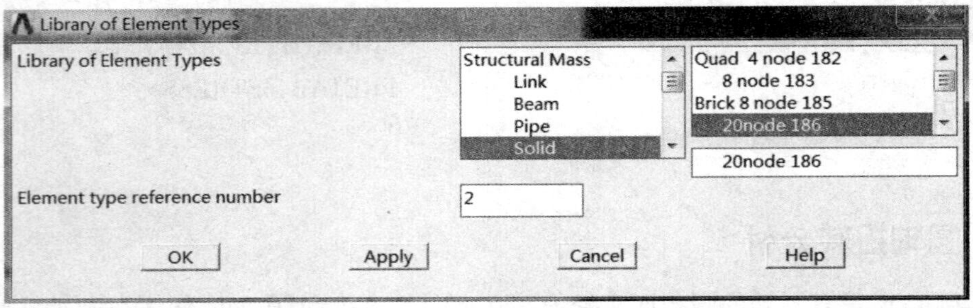

图 6.150　单元类型对话框

2）定义材料特性。

拾取菜单 Main Menu→Preprocessor→Material Props→Material Models。弹出对话框，在右侧列表中依次双击"Structural""Linear""Elastic""Isotropic"，弹出的图 6.151 所示的对话框，在"EX"文本框中输入 2.08e11（弹性模量），在"PRXY"文本框中输入 0.3（泊松比），单击"OK"按钮。

3）创建矩形面。

拾取菜单 Main Menu → Preprocessor → Modeling → Create → Areas → Rectangle → By Dimensions。在"X1,X2"文本框中输入 0,0.025，在"Y1,Y2"文本框中分别输入 0,0.12，单击"OK"按钮，如图 6.152 所示。

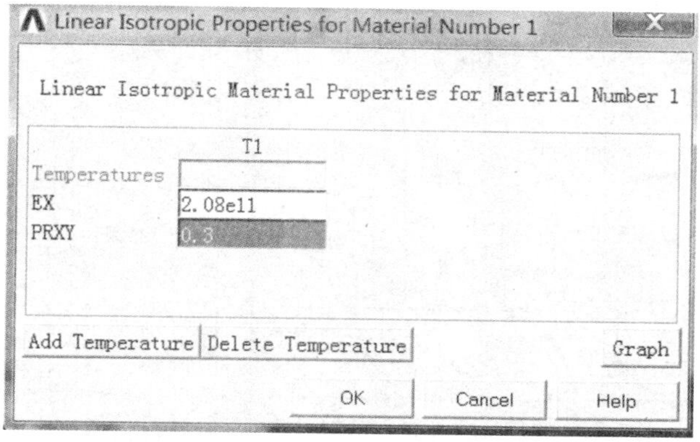

图 6.151　材料特性设置对话框

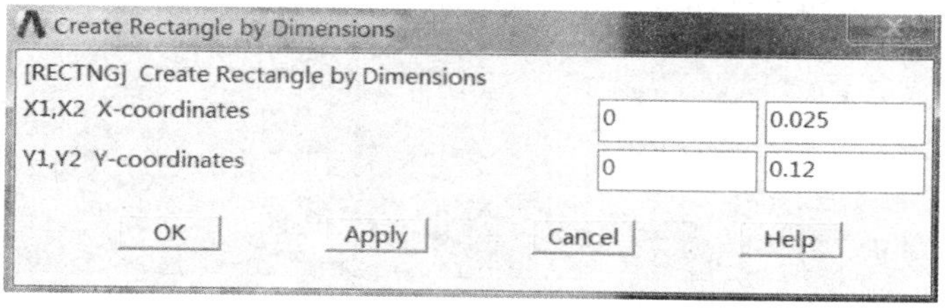

图 6.152　创建矩形面

4）划分单元。

拾取菜单 Main Menu→Preprocessor→Meshing→MeshTool。单击"Size Controls"区域中"Lines"后"Set"按钮,弹出拾取窗口,拾取矩形面的任一短边,单击"OK"按钮,在"NDIV"文本框中输入 5,如图 6.153 所示,单击"Apply"按钮,再次弹出拾取窗口,拾取矩形面的任一长边,单击"OK"按钮,在"NDIV"文本框中输入 8,如图 6.154 所示,单击"OK"按钮。在"Mesh"区域,选择单元形状为"Quad"(四边形),选择划分单元的方法为"Mapped"(映射)。单击图 6.155 中的"Mesh"按钮,弹出拾取窗口,拾取面,单击"OK"按钮。单击对话框的"Close"按钮。

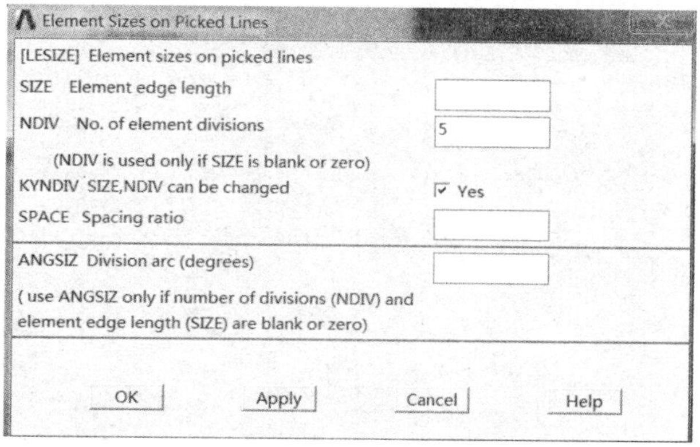

图 6.153　矩形短边网格划分

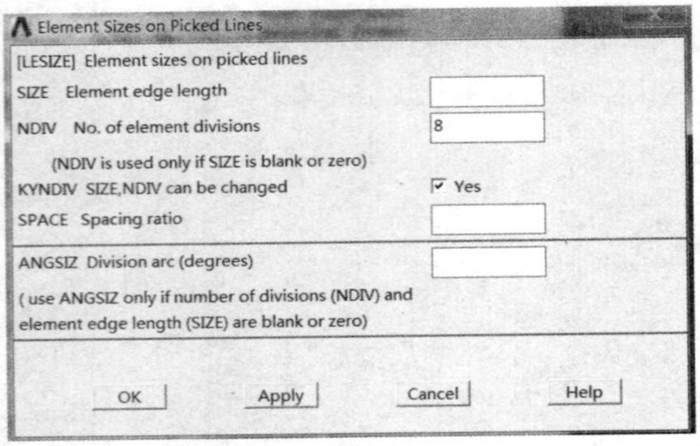

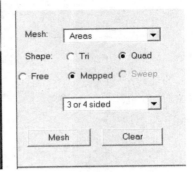

图 6.154 矩形长边网格划分　　　图 6.155 矩形面网格划分

获得如图 6.156 所示的网格。

图 6.156 矩形面网格划分后效果

5）设定挤出选项。

菜单 Main Menu→Preprocessor→Modeling→Operate→Extrude→Elem Ext Opts，如图 6.157所示。在"VAL1"文本框中输入 5（挤出段数），选定"ACLEAR"为"Yes"（清除矩形面上单元），单击"OK"按钮。

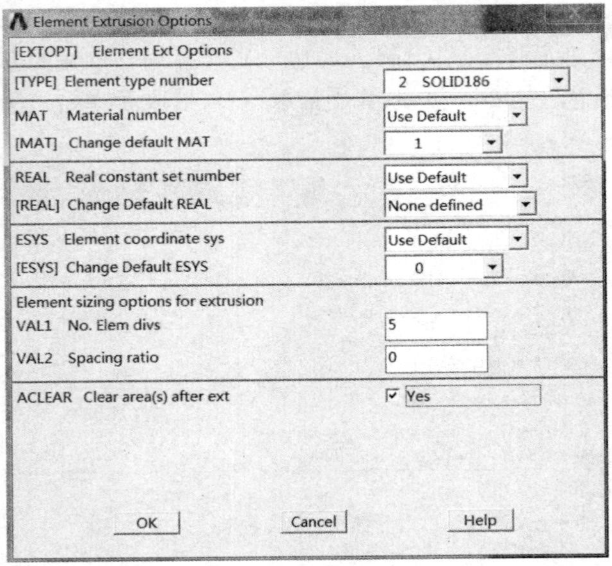

图 6.157 挤出项对话框

6）由面旋转挤出体。

拾取菜单 Main Menu→Preprocessor→Modeling→Operate→Extrude→Areas→About Axis。弹出拾取窗口，拾取矩形面，单击"OK"按钮；再次弹出拾取窗口，拾取矩形面在 Y 轴上的两个关键点，见图 6.158，单击"OK"按钮；在"ARC"文本框中输入 360，见图 6.159，单击"OK"按钮。

7）显示单元。拾取菜单 Utility Menu→Plot→Elements。

获得结果如图 6.160 所示。

8）旋转工作平面。拾取菜单 Utility Menu→WorkPlane→Offset WP by Increment。在"XY,YZ,ZX Angles"文本框中输入 0,−90，见图 6.161，单击"OK"按钮。

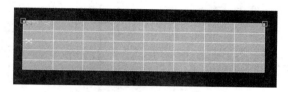

图 6.158　拾取矩形 Y 轴两端点

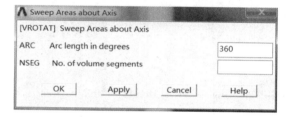

图 6.159　面旋转挤出体

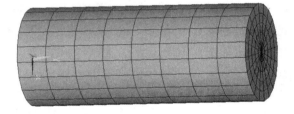

图 6.160　轴有限元模型

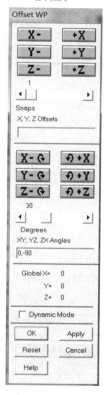

图 6.161　旋转工作平面对话框

9）创建局部坐标系。

拾取菜单 Utility Menu→WorkPlane→Local Coordinate System→Create Local CS→At WP Origin。在"KCN"文本框中输入 11，选择"KCS"为"Cylindrical 1"，单击"OK"按钮，如图 6.162 所示。即创建一个代号为 11、类型为圆柱坐标系的局部坐标系，并激活使其成为当前坐标系。

10）选中圆柱面上的所有节点。

拾取菜单 Utility Menu→Select→Entity。在各下拉列表框、文本框、单选按钮中依次选择或输入"Nodes""By Location""X coordinates""0.025""From Full",如图 6.163 所示,单击"OK"按钮。

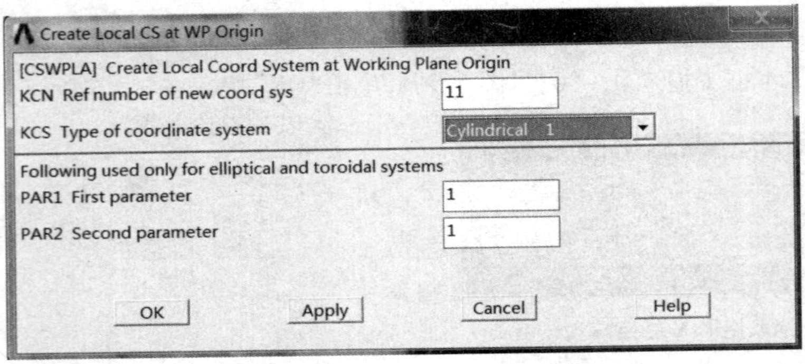

图 6.162 创建局部坐标系

图 6.163 节点选择对话框

11) 旋转节点坐标系到当前坐标系。

拾取菜单 Main Menu→Preprocessor→Modeling→Move/Modify→Rotate Node CS→To Active CS。弹出拾取窗口,单击"Pick All"按钮。

12) 施加约束。

拾取菜单 Main Menu→Solution→Define Loads→Apply→Structural→Displacement→On Nodes。弹出拾取窗口,单击"Pick All"按钮。弹出图 6.164 所示的对话框,在"Lab2"列表框中选择"UX",单击"OK"按钮,约束施加效果如图 6.165 所示。

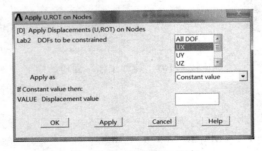

图 6.164 节点施加约束

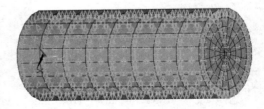

图 6.165 节点施加约束效果

13) 选中圆柱面最上端的所有节点。

拾取菜单 Utility Menu→Select→Entity。如图 6.166 所示,在各下拉列表框、文本框、单选按钮中依次选择或输入"Nodes""By Location""Z coordinates""0.12""Reselect",单

击"Apply"按钮。

14）施加载荷。

拾取菜单 Main Menu→Solution→Define Loads→Apply→Structural→Force/Moment→On Nodes。弹出拾取窗口，单击"Pick All"按钮。在"Lab"下拉列表框中选择"FY"，在"VALUE"文本框中输入 1500，单击"OK"按钮，如图 6.167 所示。这样，在结构上一共施加了 20 个大小为 1500 N 的集中力，它们对圆心的矩的和为 1500 N·m，如图 6.168 所示。

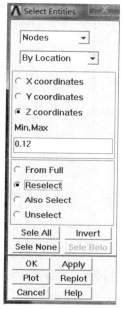

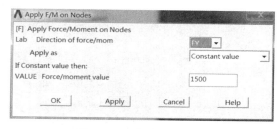

图 6.167　节点施加约束

图 6.166　节点选择对话框

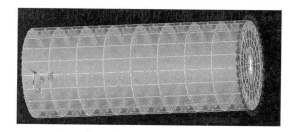

图 6.168　节点施加约束效果

15）选择所有。

拾取菜单 Utility Menu→Select→Everything。

16）施加约束。

拾取菜单 Main Menu→Solution→Define Loads→Apply→Structural→Displacement→On Areas。弹出拾取窗口，拾取圆柱体下侧底面（由 4 部分组成），如图 6.169，单击"OK"按钮。在"Lab2"列表框中选择"All DOF"，单击"OK"按钮，如图 6.170 所示。

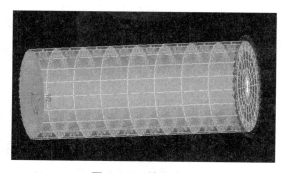

图 6.169　拾取底面

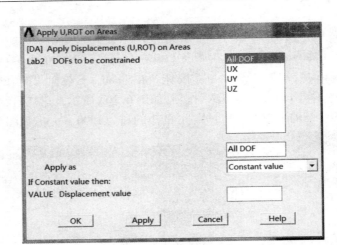

图 6.170　施加面约束

17）求解。

拾取菜单 Main Menu→Solution→Solve→Current LS。单击"Solve Current Load Step"对话框的"OK"按钮。在单击随后弹出的对话框的"Yes"按钮。出现"Solution is done!"提示时,求解结束,即可查看结果了。

18）改变结果坐标系为局部坐标系。

拾取菜单 Main Menu→General Postproc→Options for Outp。在"RSYS"下拉列表框中选择"Local system",在"Local system reference no"文本框中输入 11,单击"OK"按钮,如图 6.171 所示。

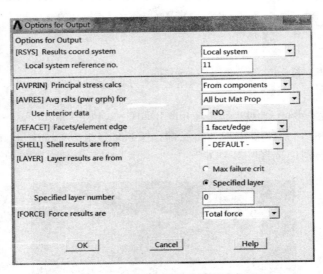

图 6.171　结果坐标系为局部坐标系

19）选择单元。

拾取菜单 Utility Menu→Select→Entity。在各下拉列表框、文本框、单选按钮中依次选择或输入"Nodes""By Location""Z coordinates""0,0.045""From Full",然后单击"Apply"

按钮,如图 6.172;再在各下拉列表框、单选按钮中依次选择"Elements"、"Attached to"、"Nodes all"、"Reselect",然后单击"Apply"按钮,如图 6.173 所示。这样做的目的是,在下一步显示应力时,不包含集中力作用点附近的单元,以得到更好的计算结果。

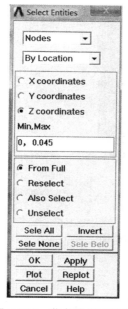

图 6.172　节点选择对话框　　　　　　图 6.173　单元选择对话框

20）显示应力计算结果。

GUI：General Postproc/Post Results/Contour Plot/Nodal Solu

选择 Stress/YZ–Shear stress,如图 6.174。模型的应力如图 6.175 所示。

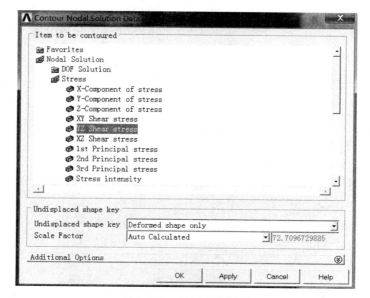

图 6.174　显示应力设置

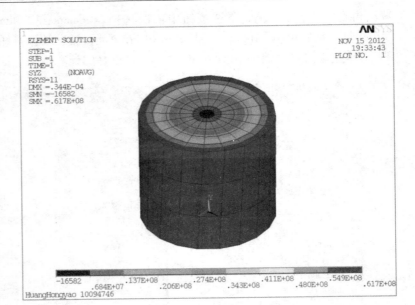

图 6.175　显示应力云图

21）结论。

从图 6.175 可以看出，剪应力的最大值为 61.7 MPa，与理论结果比较相符。

（3）APDL 命令流

```
WPSTYLE,,,,,,,,0
/PREP7
! *
ET,1,PLANE183
! *
ET,2,SOLID186
! *
! *
MPTEMP,,,,,,,,
MPTEMP,1,0
MPDATA,EX,1,,2.08e11
MPDATA,PRXY,1,,0.3
RECTNG,0,0.025,0,0.12,
FLST,5,1,4,ORDE,1
FITEM,5,3
CM,_Y,LINE
LSEL,,,,P51X
CM,_Y1,LINE
```

```
CMSEL,,_Y
! *
LESIZE,_Y1,,,5,,,,,1
! *
FLST,5,1,4,ORDE,1
FITEM,5,4
CM,_Y,LINE
LSEL,,,,P51X
CM,_Y1,LINE
CMSEL,,_Y
! *
LESIZE,_Y1,,,8,,,,,1
! *
MSHAPE,0,2D
MSHKEY,1
! *
CM,_Y,AREA
ASEL,,,,        1
```

```
CM,_Y1,AREA
CHKMSH,'AREA'
CMSEL,S,_Y
! *
AMESH,_Y1
! *
CMDELE,_Y
CMDELE,_Y1
CMDELE,_Y2
! *
/UI,MESH,OFF
TYPE,   1
EXTOPT,ESIZE,5,0,
EXTOPT,ACLEAR,1
! *
EXTOPT,ATTR,0,0,0
MAT,1
REAL,_Z4
ESYS,0
! *
FLST,2,1,5,ORDE,1
FITEM,2,1
FLST,8,2,3
FITEM,8,4
FITEM,8,1
VROTAT,P51X, , , , , ,P51X, ,
360, ,
wprot,0,-90
CSWPLA,11,1,1,1,
NSEL,S,LOC,X,0.025
NSEL,S,LOC,X,0.025
FLST,2,520,1,ORDE,28
FITEM,2,2
FITEM,2,12
FITEM,2,-27
FITEM,2,148
FITEM,2,158
FITEM,2,-173
FITEM,2,278
FITEM,2,-295
FITEM,2,352
FITEM,2,-446
FITEM,2,1023
FITEM,2,1033
FITEM,2,-1048
FITEM,2,1153
FITEM,2,-1170
FITEM,2,1227
FITEM,2,-1321
FITEM,2,1898
FITEM,2,1908
FITEM,2,-1923
FITEM,2,2028
FITEM,2,-2045
FITEM,2,2102
FITEM,2,-2196
FITEM,2,2773
FITEM,2,-2790
FITEM,2,2847
FITEM,2,-2941
NROTAT,P51X
FINISH
/SOL
FLST,2,520,1,ORDE,28
FITEM,2,2
FITEM,2,12
FITEM,2,-27
FITEM,2,148
FITEM,2,158
FITEM,2,-173
FITEM,2,278
FITEM,2,-295
FITEM,2,352
FITEM,2,-446
FITEM,2,1023
FITEM,2,1033
```

```
FITEM,2,-1048
FITEM,2,1153
FITEM,2,-1170
FITEM,2,1227
FITEM,2,-1321
FITEM,2,1898
FITEM,2,1908
FITEM,2,-1923
FITEM,2,2028
FITEM,2,-2045
FITEM,2,2102
FITEM,2,-2196
FITEM,2,2773
FITEM,2,-2790
FITEM,2,2847
FITEM,2,-2941
! *
/GO
D,P51X, , , , , ,UX, , , , ,
NSEL,R,LOC,Z,0.12
FLST,2,40,1,ORDE,12
FITEM,2,12
FITEM,2,158
FITEM,2,287
FITEM,2,-295
FITEM,2,1033
FITEM,2,1162
FITEM,2,-1170
FITEM,2,1908
FITEM,2,2037
FITEM,2,-2045
FITEM,2,2782
FITEM,2,-2790
! *
/GO
F,P51X,FY,1500
FLST,2,40,1,ORDE,12
FITEM,2,12
FITEM,2,158
FITEM,2,287
FITEM,2,-295
FITEM,2,1033
FITEM,2,1162
FITEM,2,-1170
FITEM,2,1908
FITEM,2,2037
FITEM,2,-2045
FITEM,2,2782
FITEM,2,-2790
ALLSEL,ALL
FLST,2,4,5,ORDE,4
FITEM,2,2
FITEM,2,6
FITEM,2,10
FITEM,2,14
! *
/GO
DA,P51X,ALL,
FINISH
/SOL
/STATUS,SOLU
SOLVE
FINISH
/POST1
! *
RSYS,11
AVPRIN,0
AVRES,2,
/EFACET,1
LAYER,0
FORCE,TOTAL
! *
/EFACET,1
PLNSOL, S,YZ, 0,1.0
NSEL,S,LOC,Z,0,0.045
ESLN,R,1
```

ESLN,R,1

! *

/EFACET,1

PLNSOL, S,YZ,0,1.0

注意：本例中的坐标系和工作平面的灵活运用

6.8 压杆屈曲分析

6.8.1 屈曲分析概述

从材料力学(结构力学)中得知,对于细长压杆来说,具有足够的强度和刚度,却不一定能安全可靠地工作。例:一长为 300 mm 的钢板尺,横截面尺寸为 20 mm×1 mm。钢的许用应力为 $[\sigma]=196$ MPa。按强度条件计算得钢板尺所能承受的轴向压力为 $F_N=A[\sigma]=39.2$ kN,而实际上,若将钢尺竖立在桌面上,用手压其上端,则不到 40 N 的压力,钢尺就会突然变弯而失去承载能力。这说明细长压杆丧失工作能力并不是由于其强度不够,而是由于其突然产生显著的弯曲变形、轴线不能维持原有直线形状的平衡状态所造成的,这种现象称为压杆稳定,也称为压杆屈曲。

压杆承受临界载荷或更大载荷时会发生弯曲,如图 6.176 所示。为了保证细长压杆能够安全地工作,应使压杆承受的压力或杆

图 6.176　临界载荷下压杆发生屈曲

的应力小于压杆的临界力 F_{cr}。材料力学(结构力学)使用 Euler 公式求取临界载荷:

$$F_{cr}=\frac{\pi^2 EI}{(\mu l)^2}$$

针对不同的细长压杆约束形式,长度因素 μ 取值如表 6.11 所示。

表 6.11　Euler 公式中参数 μ 的取值

约束情况	一端固定,一端自由	一端固定,一端铰支	两端铰支	两端固定	两端固定,一端可横向移动
μ	2	0.7	1	0.5	1

对于压杆屈曲问题,ANSYS 中一方面可以使用线性分析方法(也称为特征值法)求解 Euler 临界载荷,另一方面可以使用非线性方法求取更为安全的临界载荷。线性分析对结构临界失稳力的预测一般高于结构实际的临界失稳力。因此,在实际的工程结构分析时一般不用线性分析方法。但线性分析作为非线性屈曲分析的初步评估作用是非常有用的。非线性分析的第一步最好进行线性屈曲分析,线性屈曲分析能够预测临界失稳力的大致数值,为非线性屈曲分析时所加力的大小作为依据。

非线性屈曲分析要求结构是不"完善"的。比如一个细长杆,一端固定,一端施加轴向压力。若细长杆在初始时没有发生轻微的侧向弯曲,或者侧向没有施加一微小力使其发生轻微的侧向挠动,那么非线性屈曲分析是没有办法完成的。为了使结构变得不完善,

你可以在侧向施加一微小力。这里由于前面做了特征值屈曲分析,所以可以取第一阶振型的变形结果并作一下变形缩放,不使初始变形过于严重,这步可以在 Main menu > Preprocessor> Modeling> Update Geom 中完成。

上步完成后,加载计算所得的临界失稳力,打开大变形选项开关,采用弧长法计算,设置好子步数,计算。

后处理,主要是看节点位移和节点反作用力(力矩)的变化关系,找出节点位移突变时反作用力的大小,然后进行必要的分析处理。

第一类稳定问题:是指完善结构的分支点屈曲和极值点屈曲。

第二类稳定问题:有初始缺陷的发生极值点屈曲。

特征值分析得到的是第一类稳定问题的解,只能得到屈曲荷载和相应的失稳模态,它的优点就是分析简单,计算速度快。事实上在实际工程中应用还是比较多的,比如分析大型结果的温度荷载,而且钢结构设计手册中的很多结果都是基于特征值分析的结果,例如钢梁稳定计算的稳定系数,框架柱的计算长度等。它的缺点主要是:不能得到屈曲后路径,没有考虑初始缺陷如初始的变形和应力状态,以及材料的非线性。

非线性分析比较好的是能够得到结构和构件的屈曲后特性,考虑初始缺陷还有材料的非线性包括边界的非线性性能。但是在分析的时候最好是在线性特征值的基础上,因为这种方法的结果依赖所加的初始缺陷,如果所加的几何缺陷不是最低阶,可能得到高阶的失稳模态。

ANSYS 提供两种技术来分析屈曲问题,分别为非线性屈曲分析法和线性屈曲分析法(也称为特征值法)。因为这两种方法的结果可能截然不同(见图 6. 177),故需要理解它们的差异:

(1)非线性屈曲分析法通常较线性屈曲分析法更符合工程实际,使用载荷逐渐增大的非线性静力学分析,来求解破坏结构稳定的临界载荷。使用非线性屈曲分析法,甚至可以分析屈曲后的结构变化模式。

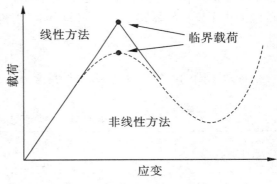

图 6.177　不同分析方法的屈曲分析结果

(2)线性屈曲分析法可以求解理想线性弹性理想结构的临界载荷,其结果与 Euler 方程求得的基本一致。

6.8.2　线性屈曲(特征值屈曲)分析步骤

由于线性屈曲分析基于线性弹性理想结构的假设进行分析,所以该方法的结果安全性不佳,那么在设计中不宜直接采用分析结果。线性屈曲分析包含以下步骤。

6.8.2.1　前处理

建立模型,包括:

(1)定义单元类型,截面结构、单元常数等。

在线性屈曲分析中,ANSYS 对单元采取线性化处理,故即使定义了非线性的高次单元,在运行中也将被线性化处理。

(2)定义材料,可以采用线性各向同性或线性正交各向异性材料,因求解刚性矩阵的需要,必须定义材料的杨氏模量。

(3)建立有限元模型,包括几何建模与网格化处理。在建模过程中,对于两点一线的杆件,尽量对其多划分几段网格,也就是说尽量不要把两点连线作为一个杆件单元,因为那样会使计算结果不准确。

6.8.2.2　求取静态解

求取静态解,包括:

(1)进入求解器,并设定求解类型为 Static。

(2)激活预应力效应(在求解过程中必须激活)。即使计算中不包含预应力效应,因为只有激活该选项才能使得几何刚度矩阵保存下来。

命令方式:PSTRES,ON。

GUI 方式:选择 Main Menu > Solution > Analysis Type > Analysis Options 命令,找到PSTRES 并选中,将其设置为打开状态。

(3)施加约束和载荷:可以施加一个单位载荷,也可取一个较大的载荷(特别在求解模型的临界载荷很大时)。

(4)求解并退出求解器。

6.8.2.3　求取屈曲解

求取临界载荷值和屈曲模态,包括:

(1)进入求解器,并设定求解类型为 Eigen Buckling。

命令方式:ANTYPE,BUCKLE。

GUI 方式:选择 Main Menu > Solution>Analysis Type- New Analysis 命令,在弹出的对话框中,将 Eigen Buckling 前的单选框选中。

(2)设置求解选项。

命令方式:BUCOPT, Method, NMODE, SHIFT, LDMULTE, RangeKey。

其中:

Method 指定临界载荷提取的方法,可为 LAMB 指定 Block Lanczos 方法,或 SUBSP 指定子空间迭代法;

NMODE 指定临界载荷提取的数目;

SHIFT 指定临界载荷计算起始点,默认为 0.0;

LDMULTE 指定临界载荷计算终止点,默认为正无穷;

RangeKey 控制特征值提取方法的计算模式,可为 CENTER 或 RANGE;默认为 CENTER,计算范围为(SHIFT LDMULTE,SHIFT+LDMULTE),采用 RANGE 的计算范围为(SHIFT, LDMULTE)。

GUI 方式:选择 Main Menu > Solution > Analysis Type > Analysis Options 命令,在弹出的对话框中,输入命令中的各项参数。

(3)设置载荷步骤、输出选项和需要扩展的模态。

扩展模态的方式如下。

命令方式:MXPAND, NMODE, FREQB, FREQE, Elcalc, SIGNIF, MSUkey。

其中:

NMODE 指定需要扩展的模态数目,默认为 ALL,扩展求解范围内的所有模态,如果为−1,不扩展模态,而且不将模态写入结果文件中;

FREQB 指定特征值模态扩展的下限,如果与 FREQE 均默认,则扩展并写出指定求解范围内的模态;

FREQE 指定特征值模态扩展的上限;

Elcalc 网格单元计算开关,如果为 NO,则不计算网格单元结果、相互作用力和能量等结果,如果为 YES,计算网格单元结果、相互作用力、能量等,默认为 NO;

SIGNIF 指定阈值,只有大于阈值的特征值模态才能被扩展;

MSUPkey 指定网格单元计算结果是否写入模态文件中。

GUI 方式:选择 Main Menu > Solution > Load Step Opts > ExpansionPass > Single Expand > Expand Modes 命令,在弹出的对话框中,输入命令中的各项参数。

6.8.2.4 后处理

查看结果。

(1)查看特征值。

(2)查看屈曲变形图。

6.8.3 非线性屈曲分析步骤

非线性屈曲分析属于大变形的静力学分析,在分析中将压力扩展到结构承受极限载荷。如果使用塑性材料,结构在承受载荷时可能会发生其他非线性效应,如塑性变形等。

从图 6.177 中可以看到,使用非线性屈曲分析方法得到的临界载荷一般较线性方法小,因此在非线性分析中通常使用线性分析中的临界载荷为加载起点,分析结果出现屈曲后的变化形态。

6.8.3.1 前处理

建立模型,包括:

(1)定义单元类型、截面结构、单元常数等。

(2)定义材料,可以采用线性各向同性或线性正交各向异性材料,因求解刚性矩阵的需要,必须定义材料的杨氏模量。

（3）建立有限元模型,包括几何建模与网格化处理。在建模过程中,对于两点一线的杆件,尽量对其多划分几段网格,也就是说尽量不要把两点连线作为一个杆件单元,因为那样会使计算结果不准确。

6.8.3.2　加载与求解

加载并求解,包括:

（1）进入求解器,并设定求解类型为 static。

（2）激活大变形效应。

命令方式:NLGEOM,ON。

GUI 方式:选择 Main Menu > Solution > Analysis Type > Sol′n Control 命令,弹出 Solution Controls 对话框,在对话框中的 Analysis Option 框下选择 Large Displacement Static 项。

（3）设置子载荷的时间步长。使用非线性屈服分析方法是逐渐增大载荷直到结果开始发散,如果载荷增量过大,得到的分析结果可能不准确。打开二分法选项和自动时间步长选项有利于避免这样的问题。

打开自动时间步长选项时,程序自动求出屈服载荷。在求解时,一旦时间步长设置过大导致结果不收敛,程序将自动二分载荷步长,在小的步长下继续求解,直到能获得收敛结果。在屈曲分析中,当载荷大于等于屈曲临界载荷时,结果将不收敛。一般而言,程序将收敛到临界载荷。

（4）施加约束和载荷,可从小到大依次逐步将载荷施加到模型上,不要一次施加过大的载荷,以免在求解过程中出现不收敛的现象。在施加载荷时,施加一个小的扰动,使结构屈曲发生。

（5）求解并退出求解器。

6.8.3.3　后处理

查看结果,包括:

（1）进入通用后处理器查看变形。

（2）进入时间历程后处理器查看参数随时间的变化等。

6.8.4　中间铰支增强稳定性线性分析

问题描述:两端铰支的细长杆在承受压力时容易发生失稳线性（屈曲效应）,工程上为了提高细长杆的稳定性,常在杆中间增加铰支提高杆的抗屈曲能力。图 6.178 所示为杆件在两端铰支和添加中间铰支情况下发生失稳现象的示意图。

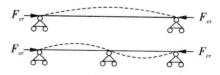

图 6.178　杆件受压失稳示意图

求解增加中间铰支后的压杆临界载荷,验证添加中间铰支后的稳定性增强效应。有关的几何参数与和材料参数如表 6.12 所示。

表 6.12　几何参数与和材料参数

几何参数	材料参数
杆长 200,杆截面正方形 0.5 ×0.5	杨氏模量 30000000

(注:本问题中没有给参数定义单位,但在 ANSYS 系统中不影响分析。)

6.8.4.1　理论解

没有增加中间铰支时,此时失稳分为一段,其长度 $l = 200$,其临界压力 F_{cr} 为:

$$F_{cr} = \frac{\pi^2 EI}{(\mu l)^2} = \frac{3.14^2 \times 3 \times 10^7 \times 0.5^4}{12 \times 1 \times 200^2} = 38.5$$

如果增加中间铰支时,此时失稳分为两段,其长度 $l = 100$,其临界压力 F_{cr} 为:

$$F_{cr} = \frac{\pi^2 EI}{(\mu l)^2} = \frac{3.14^2 \times 3 \times 10^7 \times 0.5^4}{12 \times 1 \times 100^2} = 154$$

6.8.4.2　ANSYS 求解

对细长杆,可采用二维分析,使用梁单元建模,简化有限元模型。杆的约束情况为,杆长垂直方向 3 个铰支点位移为 0,杆长方向一端固定,另一端承受压力载荷。

(1)前处理

1)设定工作目录、项目名称。可根据需要任意填写,但注意不要使用中文。

2)定义单元属性。

选择 Main Menu > Preprocessor > Element Type > Add/Edit/Delete 命令,在弹出的对话框中单击 Add 按钮,如图 6.179 所示。

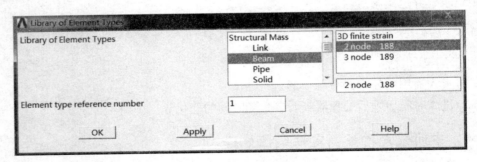

图 6.179　单元类型选择对话框

在 Library of Element Types 中选中"Beam","2 node 188",单击按钮 OK 确认,回到 Element Types 对话框,如图 6.180 所示。

选中前一步定义的单元 BEAM188 后,单击 Options 按钮;弹出 BEAM 188 element type options 对话框,将第三项 K3 改为 Cubic Form(三次型),使梁单元沿长度方向为三次曲线,如图 6.181 所示,单击按钮 OK 确认,关闭对话框。

图 6.180　单元类型对话框

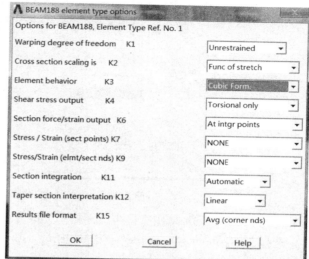

图 6.181　梁参数设置

选择 Main Menu > Preprocessor > Sections > Beam >Common Sections 命令,弹出 Beam Tool 对话框,在对话框中设置 ID 为 1,选择矩形截面,设置 B 和 H 为 0.5,如图 6.182 所示,单击按钮 OK 确认,关闭对话框。

3)定义材料属性。

选择 Main Menu > Preprocessor > Material Props > Material Models 命令,弹出 Define Material Model Behavior 对话框,如图 6.183 所示。

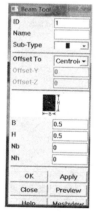

图 6.182　梁截面参
　　　　数设置

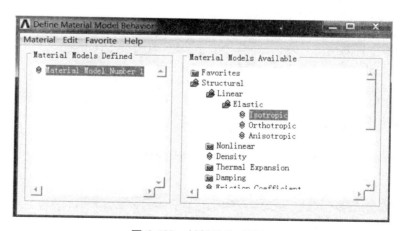

图 6.183　材料特性对话框

在对话框右栏中选择 Structural > Linear > Elastic > Isotropic 命令,弹出对话框,在对话框中设置 EX 为 3E+007,如图 6.184 所示,单击 OK 按钮确认。

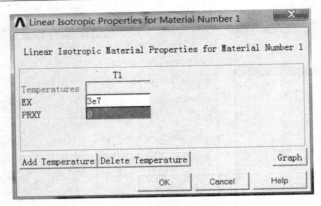

图6.184　材料特性设置对话框

4)建立有限元模型,采用直接生成网格单元的方法建立有限元模型。

①选择 Main Menu > Preprocessor > Modeling > Create > Nodes > In Active CS 命令,弹出 Create Nodes in Active Coordinate System 对话框。

②在对话框中,输入如图6.185(a)所示的数据,单击 Apply 按钮确认,建立节点1(0, 0,0)。

③继续在对话框中,输入如图6.185(b)所示的数据,单击 OK 按钮确认,建立节点21(0,200,0)。

④选择 Main Menu > Preprocessor > Modeling > Create >Nodes > Fill between Nds 命令,弹出实体选择对话框,如图6.185(c)所示,依次选择节点1、节点21,单击 OK 按钮确认,弹出 Create Nodes Between 2 Nodes 对话框。

⑤在弹出的对话框中设置参数如图6.185(d)所示,单击 OK 按钮,生成均匀分布的节点2~20,如图6.185(e)所示。

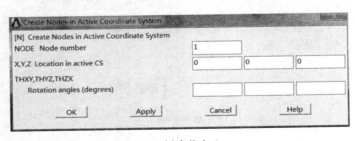

(a)创建节点1

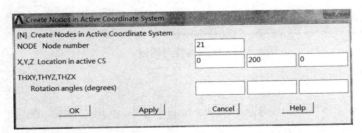

(b)创建节点21

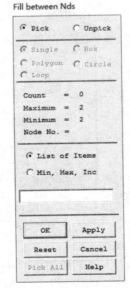

(c)选取节点

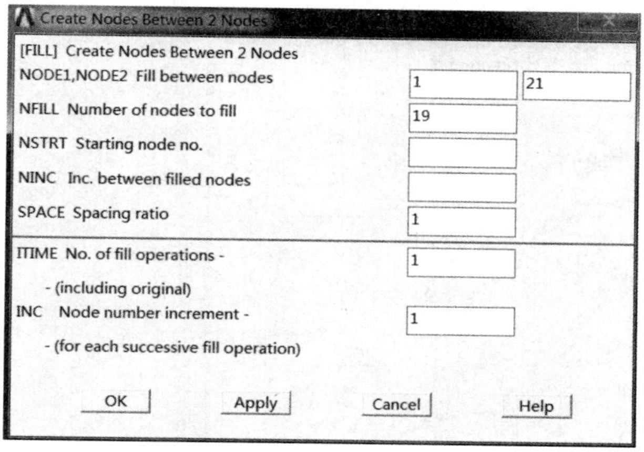

Create Nodes Between 2 Nodes

[FILL] Create Nodes Between 2 Nodes

NODE1,NODE2 Fill between nodes	1	21
NFILL Number of nodes to fill	19	
NSTRT Starting node no.		
NINC Inc. between filled nodes		
SPACE Spacing ratio	1	
ITIME No. of fill operations -	1	
- (including original)		
INC Node number increment -	1	
- (for each successive fill operation)		

OK	Apply	Cancel	Help

（d）填充节点 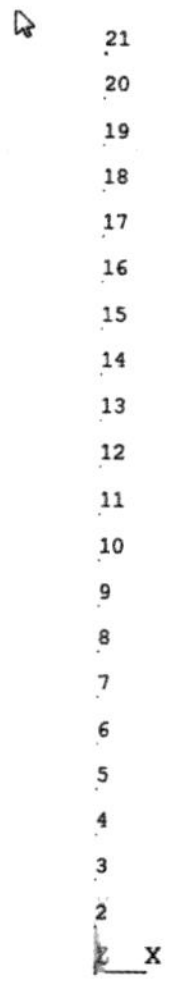　　　　　　　　　　　　　　（e）填充后的节点

图 6.185　直接生成节点

⑥选择 Main Menu > Preprocessor > Modeling > Create > Elements > Auto Numbered > Thru Nodes 命令,弹出实体选取对话框,如图 6.186 所示,选择节点 1 和节点 2,单击 OK 按钮确认,生成网格单元 1。

⑦选择 Main Menu > Preprocessor > Modeling > Copy > Elements > Auto Numbered 命令,弹出实体选取对话框,如图 6.187 所示,单击 Pick All 按钮,弹出对话框 Copy Elements (Automatically- Numbered)。

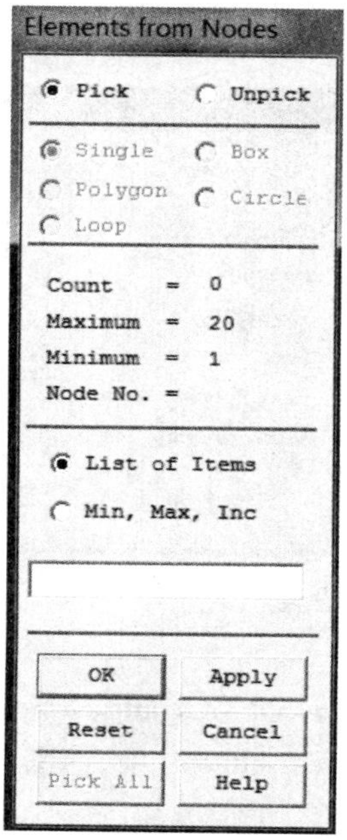

Elements from Nodes

- ⊙ Pick　○ Unpick
- ⊙ Single　○ Box
- ○ Polygon　○ Circle
- ○ Loop

Count　 = 0
Maximum = 20
Minimum = 1
Node No. =

- ⊙ List of Items
- ○ Min, Max, Inc

OK	Apply
Reset	Cancel
Pick All	Help

图 6.186　节点拾取对话框

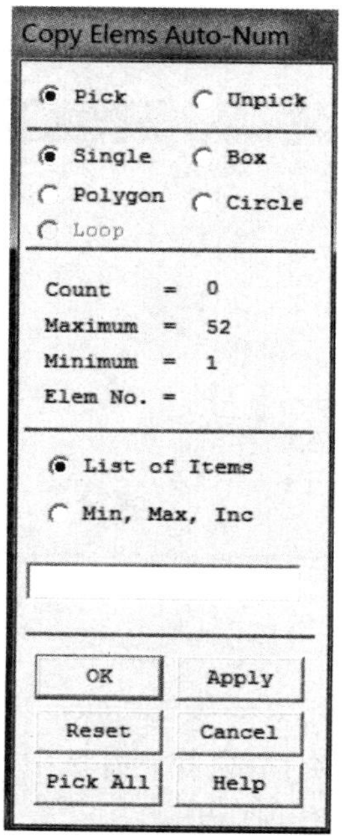

Copy Elems Auto-Num

- ⊙ Pick　○ Unpick
- ⊙ Single　○ Box
- ○ Polygon　○ Circle
- ○ Loop

Count　 = 0
Maximum = 52
Minimum = 1
Elem No. =

- ⊙ List of Items
- ○ Min, Max, Inc

OK	Apply
Reset	Cancel
Pick All	Help

图 6.187　节点拾取对话框

⑧在对话框中,按图 6.188 中所示,分别填入 20 和 1,代表包括原网格单元在内,复制生成 20 个网格单元,使用节点增量为 1,即在每两个连续的节点间生成网格单元。

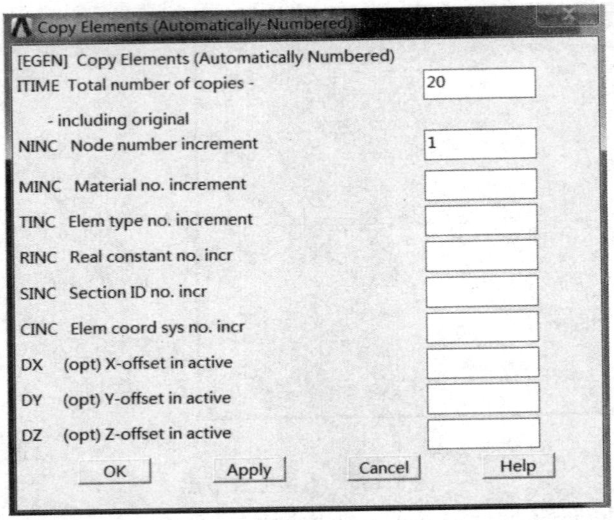

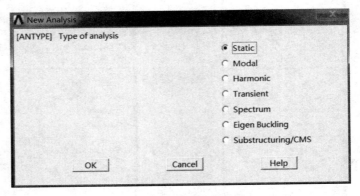

图 6.188　复制单元设置

(2)求取静态解

定义边界条件并求静态解,命令方式:

①选择 Main Menu > Solution > Unabridged Menu > Analysis Type > New Analysis 命令,弹出 New Analysis 对话框,在对话框中选择 Static 单选按钮,如图 6.189 所示,单击 OK按钮确认,关闭对话框。

图 6.189　静态分析设置

②选择 Main Menu > Solution > Analysis Type> Sol'n controls > Basic 命令,弹出Solution Controls 对话框,找到并选中"Calculate prestress effects"项,如图 6.190 所示,单击OK 按钮确认,打开预应力选项。

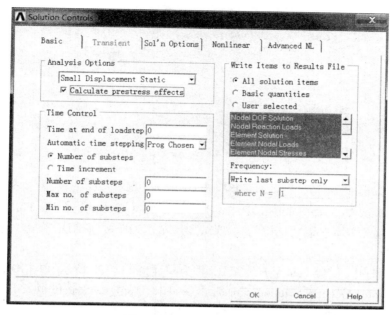

图 6.190　设置大应力选项

③选择 Main Menu > Solution >Define Loads > Apply >Structural> Displacement > On Nodes 命令,弹出实体选取对话框,选择节点 1,单击 OK 按钮确认,弹出"Apply U,ROT on Nodes"对话框。

④在"Apply U,ROT on Nodes"对话框中,找到 Lab2 项,在多选列表中选中 UX 和 UY,如图 6.191 所示,单击 OK 按钮确认。

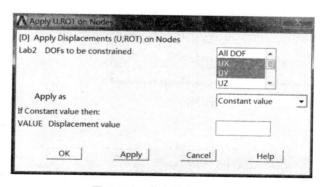

图 6.191　节点约束对话框

⑤选择 Main Menu > Solution > Define Loads > Apply >Structural> Displacement >On Nodes 命令,弹出实体选取对话框,选择节点 11 和节点 21,单击 OK 按钮确认,弹出"Apply U,ROT on Nodes"对话框。

⑥在"Apply U,ROT on Nodes"对话框中,找到 Lab2 项,在多选列表中选中 UX,如图 6.192所示,单击 OK 按钮确认。

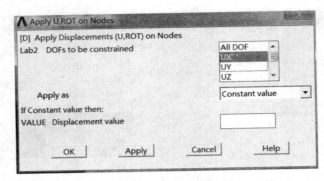

图6.192　节点约束对话框

⑦选择 Main Menu > Solution–Define Loads > Apply > Structural > Force/Moment On Nodes 命令,弹出实体选取对话框,选择节点21,单击 OK 按钮确认,弹出"Apply F/M on Nodes"对话框。

⑧在对话框中,设置 Lab 为 FY, VALUE 为–1,如图6.193所示,单击 OK 按钮确认。

⑨选择 Main Menu > Solution > Define Loads > Apply > Structural > Displacement > Symmetry B. C. > On Nodes 命令,弹出"Apply SYMM on Nodes"对话框。其作用是转化为平面问题。

⑩在"Norml symm surface is normal to"后选中 Z–axis,如图6.194所示,单击 OK 按钮确认。施加约束后的模型如图6.195所示。

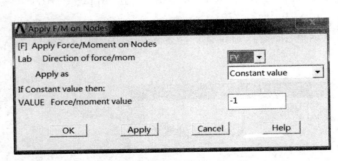

图6.193　节点载荷施加对话框

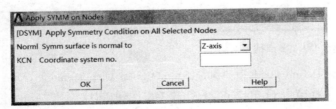

图6.194　施加对称边界条件

图6.195　施加载荷后的模型

⑪选择 Main Menu > Solution > Solve > Current LS 命令,弹出"Solve Current Load Step",对话框(见图 6.196)和一个信息窗口,仔细阅读,确认设置正确后关闭信息窗口,单击 OK 按钮,开始求解。

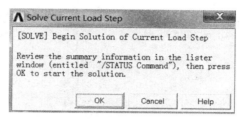

图 6.196 求解对话框

⑫弹出完成求解对话框,单击 Close 按钮即可。

(3)求取屈曲解

求解临界载荷,命令方式:

1)选择 Main Menu > Solution > Analysis Type > New Analysis 命令,弹出" New Analysis"对话框,选择"Eigen Buckling"选项,单击"OK"按钮确认并关闭对话框,如图 6.197 所示。

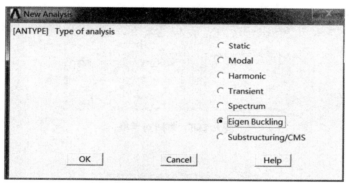

图 6.197 屈曲分析设置

2)选择 Main Menu > Solution > Analysis Type > Analysis Options 命令,弹出 "Eigenvalue Buckling Options"对话框,设定求取的模态数为1,如图 6.198 所示,单击 OK 按钮确认。

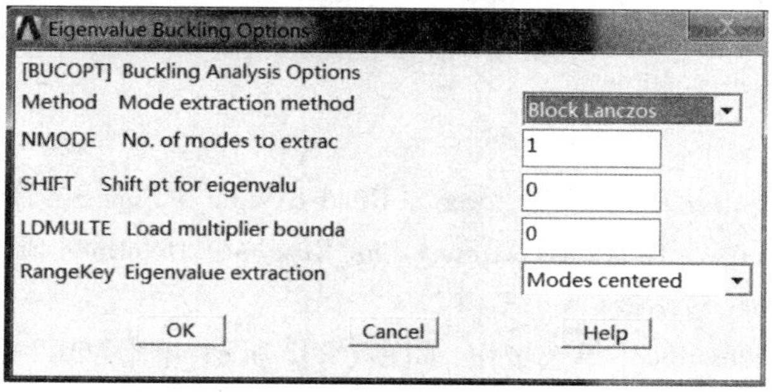

图 6.198 设置求解模态数

3）选择 Main Menu > Solution > Load Step Opts > ExpansionPass > Single Expand > Expand Modes 命令，弹出"Expand Modes"对话框，设置 NMODE 为 1，如图 6.199 所示，单击"OK"按钮确认。

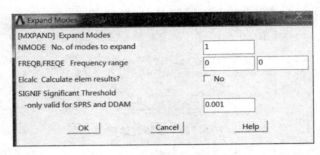

图 6.199 设置扩展模态数

4）选择 Main Menu > Solution > Solve > Current LS，弹出 Solve Current Load Step 对话框（图 6.200）和一个信息窗口，仔细阅读，确认设置正确后关闭信息窗口，在对话框中单击"OK"，开始求解，求解结束后弹出提示框，单击"Close"按钮即可，如图 6.201 所示。

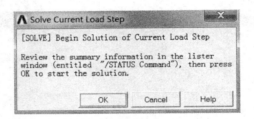

图 6.200 求解对话框

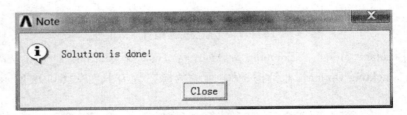

图 6.201 求解结束对话框

（4）后处理

1）选择 Main Menu > General Postproc > Read Results > First Set 命令，读取求解结果。

2）选择 Main Menu > General Postpro > Plot Results > Deformed Shape 命令，弹出"Plot Deformed Shape dialog"对话框。

3）选择"Def+undeformed"单选按钮，如图 6.202 所示，单击"OK"按钮，图形窗口中将显示变形前后细长杆的屈曲模态，如图 6.203 所示。

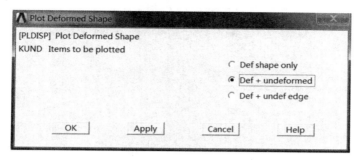

图 6.202　显示变形对话框

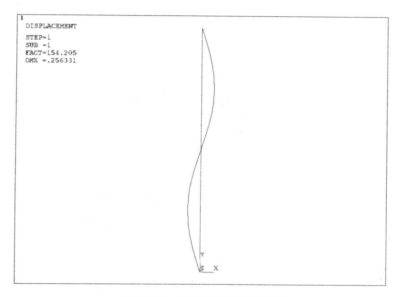

图 6.203　细长杆结构屈曲效果

从图 6.203 可以看出求取得到的临界载荷为 154.2,对这个问题稍加修改,删掉中间节点 11 的约束条件,可以求出临界载荷为 38.6(图 6.204),为前者的 1/4,可见中间铰支使细长杆的承载能力提高到了原来的 4 倍。其计算过程参见后面的 APDL 命令流。

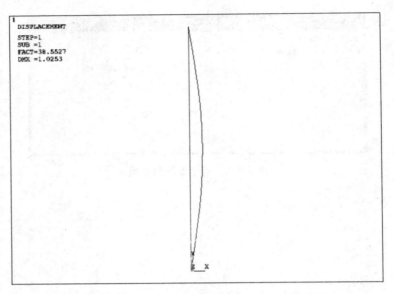

图 6.204　细长杆结构中间点约束去除后屈曲效果

（5）命令流

命令流：

```
WPSTYLE,,,,,,,,0
/PREP7
! *
ET,1,BEAM188
! *
KEYOPT,1,1,0
KEYOPT,1,2,0
KEYOPT,1,3,3
KEYOPT,1,4,0
KEYOPT,1,6,0
KEYOPT,1,7,0
KEYOPT,1,9,0
KEYOPT,1,11,0
KEYOPT,1,12,0
KEYOPT,1,15,0
! *
SECTYPE,  1, BEAM, RECT, , 0
SECOFFSET, CENT
SECDATA,0.5,0.5,0,0,0,0,0,0,0,
0,0,0
```

```
! *
MPTEMP,,,,,,,,
MPTEMP,1,0
MPDATA,EX,1,,3e7
MPDATA,PRXY,1,,0
N,1,0,0,0,,,,
N,21,0,200,0,,,,
! *
FILL,1,21,19, , ,1,1,1,
! *
FLST,2,2,1
FITEM,2,1
FITEM,2,2
E,P51X
FLST,4,1,2,ORDE,1
FITEM,4,1
EGEN,20,1,P51X, , , , , , , , , , ,
FINISH
/SOL
! *
```

```
ANTYPE,0
PSTRES,1
! *
FLST,2,1,1,ORDE,1
FITEM,2,1
! *
/GO
D,P51X, , , , , ,UX,UY, , , ,
FLST,2,1,1,ORDE,1
FITEM,2,11
! *
/GO
D,P51X, , , , , ,UX,, , , ,
FLST,2,2,1,ORDE,1
FITEM,2,21
! *
/GO
D,P51X, , , , , ,UX,, , , ,
FLST,2,1,1,ORDE,1
FITEM,2,21
! *
/GO
F,P51X,FY,-1
DSYM,SYMM,Z, ,
FLST,2,1,1,ORDE,1
FITEM,2,13
/REPLOT,RESIZE
FLST,2,1,1,ORDE,1
FITEM,2,15
/STATUS,SOLU
SOLVE
FINISH
/SOLUTION
ANTYPE,1
! *
! *
BUCOPT,LANB,1,0,0,CENTER
/STATUS,SOLU
```

```
SOLVE
/STATUS,SOLU
FINISH
/POST1
SET,FIRST
PLDISP,0
PLDISP,1
节点 11 约束去除后程序：
WPSTYLE, , , , , , , , ,0
/PREP7
! *
ET,1,BEAM188
! *
KEYOPT,1,1,0
KEYOPT,1,2,0
KEYOPT,1,3,3
KEYOPT,1,4,0
KEYOPT,1,6,0
KEYOPT,1,7,0
KEYOPT,1,9,0
KEYOPT,1,11,0
KEYOPT,1,12,0
KEYOPT,1,15,0
! *
SECTYPE,   1, BEAM, RECT, , 0
SECOFFSET, CENT
SECDATA,0.5,0.5,0,0,0,0,0,0,0,
0,0,0
! *
MPTEMP, , , , , , , ,
MPTEMP,1,0
MPDATA,EX,1, ,3e7
MPDATA,PRXY,1, ,0
N,1,0,0,0, , , ,
N,21,0,200,0, , , ,
! *
FILL,1,21,19, , ,1,1,1,
! *
```

```
FLST,2,2,1                               ! *
FITEM,2,1                                /GO
FITEM,2,2                                F,P51X,FY,-1
E,P51X                                   DSYM,SYMM,Z, ,
FLST,4,1,2,ORDE,1                        FLST,2,1,1,ORDE,1
FITEM,4,1                                FITEM,2,13
EGEN,20,1,P51X, , , , , , , , , , ,      /REPLOT,RESIZE
FINISH                                   FLST,2,1,1,ORDE,1
/SOL                                     FITEM,2,15
! *                                      /STATUS,SOLU
ANTYPE,0                                 SOLVE
PSTRES,1                                 FINISH
! *                                      /SOLUTION
FLST,2,1,1,ORDE,1                        ANTYPE,1
FITEM,2,1                                ! *
! *                                      ! *
/GO                                      BUCOPT,LANB,1,0,0,CENTER
D,P51X, , , , , ,UX,UY, , , ,            /STATUS,SOLU
FLST,2,2,1,ORDE,1                        SOLVE
FITEM,2,21                               /STATUS,SOLU
! *                                      FINISH
/GO                                      /POST1
D,P51X, , , , , ,UX, , , , ,             SET,FIRST
FLST,2,1,1,ORDE,1                        PLDISP,0
FITEM,2,21                               PLDISP,1
```

6.8.5 中间铰支增强稳定性非线性分析

采用非线性分析方法，可以在用线性分析求解 6.8.3 节所示结构发生屈曲后，求解出节点的位移情况和屈曲形态。

对细长杆进行非线性屈曲分析，本质上是结构的几何非线性分析的一种。在分析中，为了得到稳定的解，需要对细长杆施加 X 向的微小扰动。

6.8.5.1 前处理

（1）设定工作目录、项目名称，可根据需要任意输入，但注意不要使用中文。
（2）定义单元属性（同 6.8.3 节）。
（3）定义材料特性（同 6.8.3 节）。
（4）建立有限元模型（同 6.8.3 节）。

6.8.5.2　加载与求解

（1）选择 Main Menu > Solution > Unabridged Menu > Analysis Type > New Analysis 命令,弹出"New Analysis"对话框,选择"Static"单选按钮,单击"OK"按钮确认,关闭对话框,如图 6.205 所示。

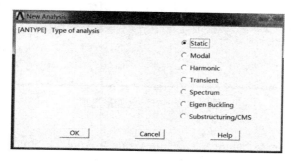

图 6.205　静态分析设置

（2）选择 Main Menu > Solution > Analysis Type > Sol´n Control 命令,弹出"Solution Controls"对话框。

（3）在"Analysis Options"框下选择"Large Displacement Static"项,并在"Number of substeps"等三项的文字输入域中输入 60,如图 6.206 所示,单击 OK 按钮确认,打开大变形选项。

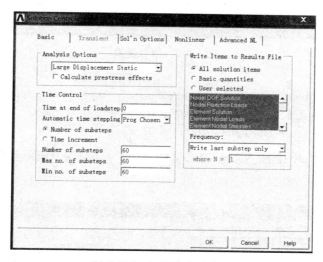

图 6.206　打开大变形选项

（4）选择 Main Menu > Solution > Define Loads > Apply > Structural > Displacement > On Nodes 命令,弹出实体选取对话框,选择节点 1,单击 OK 按钮确认,弹出"Apply U,ROT on Nodes"对话框。

（5）在"Apply U,ROT on Nodes"对话框中,找到 Lab2 项,在多选列表中选中 UX 和

UY,单击 OK 按钮确认,如图 6.207 所示。

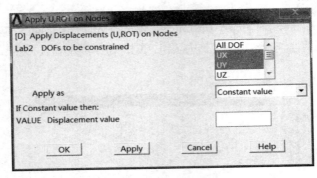

图 6.207 打开大变形选项

(6)选择 Main Menu > Solution > Define Loads > Apply > Structural > Displacement > Symmetry B. C. > − On Nodes 命令,弹出"Apply SYMM on Nodes"对话框。

(7)在"Norml symm surface is normal to"后选中"Z−axis",单击"OK"按钮确认,见图 6.208。

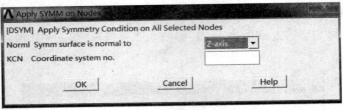

图 6.208 对称设置

(8)选择 Main Menu > Solution > Define Loads > Apply > Structural > Displacement > On Nodes 命令,弹出实体选取对话框,选择节点 11 和节点 21,单击"OK"按钮确认,弹出 "Apply U,ROT on Nodes"对话框。

(9)在"Apply U,ROT on Nodes"对话框中,找到"Lab2"项,在多选列表中选中 UX,单击"OK"按钮确认。

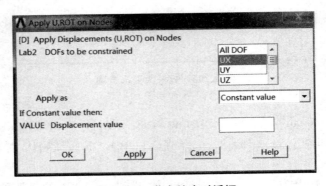

图 6.209 节点约束对话框

（10）选择 Main Menu > Solution> Define Loads> Apply> Structural> Force/Moment > On Nodes 命令，弹出实体选取对话框，选择节点 21，单击 OK 按钮确认，弹出"Apply F/M on Nodes"对话框。

（11）在"Apply F/M on Nodes"对话框中，设置 Lab 为 FY，VALUE 为−150，单击"OK"按钮确认，如图 6.210。

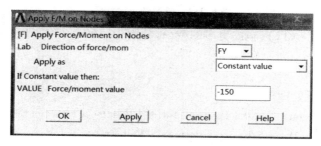

图 6.210　节点载荷施加对话框

（12）选择 Main Menu > Solution> Define Loads> Apply> Structural> Force/Moment > On Nodes 命令，弹出实体选取对话框，选择节点 8，单击"OK"按钮确认，弹出"Apply F/M on Nodes"对话框。

（13）在"Apply F/M on Nodes"对话框中，设置 Lab 为 FX，VALUE 为 0.01，单击"OK"按钮确认，如图 6.211。

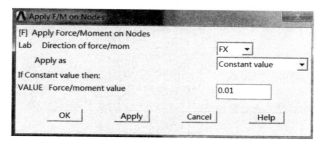

图 6.211　节点载荷施加对话框

（14）选择 Main Menu> Solution> Solve > Current LS 命令，弹出"Solve Current Load Step"对话框和一个信息窗口，仔细阅读，确认设置正确后关闭信息窗口，在对话框中单击"OK"，开始求解，如图 6.212，如 6.213。

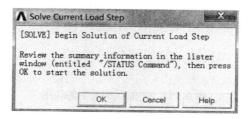

图 6.212　求解对话框

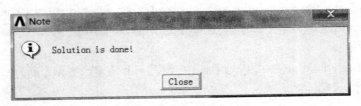

图6.213　求解结束对话框

（15）重复（10）～（11），施加更多的载荷，分别为-160、-170、-180，并进行求解。

6.8.5.3　后处理

（1）使用通用后处理器

1）选择 Main Menu> General Postproc > Read Results > First Set 命令，读取第1次加载结果，然后选择 Main Menu > General Postproc> Plot Results> Deformed Shape 命令，在弹出的对话框中选择第二项。在屏幕上绘制图形，如图6.214（a）所示。

2）其余绘图参见步骤（1），得到图形如图6.214所示。

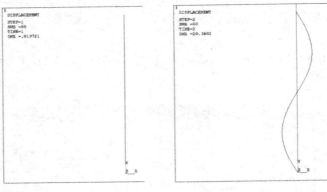

（a）第1次加载结果　　　　　　　（b）第2次加载结果

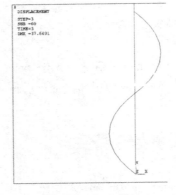
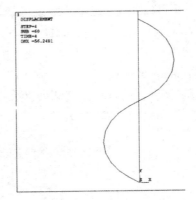

（c）第3次加载结果　　　　　（d）第4次加载结果

图6.214　不同载荷步下的结果

计算结果分析可以看出:使用非线性的方法,在载荷为−150 时,该杆尚未发生屈曲现象,载荷为−160 时,该杆发生了屈曲现象,随着载荷的不断增加,杆件的屈曲变形不断增加,而且可以得到不同载荷下的该杆件的变形量。相比线性分析,非线性分析的能力有了明显的提升。

6.8.5.4 命令流

```
WPSTYLE,,,,,,,,0
/PREP7
! *
ET,1,BEAM188
! *
KEYOPT,1,1,0
KEYOPT,1,2,0
KEYOPT,1,3,3
KEYOPT,1,4,0
KEYOPT,1,6,0
KEYOPT,1,7,0
KEYOPT,1,9,0
KEYOPT,1,11,0
KEYOPT,1,12,0
KEYOPT,1,15,0
! *
SECTYPE,   1, BEAM, RECT, , 0
SECOFFSET, CENT
SECDATA,0.5,0.5,0,0,0,0,0,0,0,
0,0,0
! *
MPTEMP,,,,,,,,
MPTEMP,1,0
MPDATA,EX,1,,3e7
MPDATA,PRXY,1,,0
N,1,0,0,0,,,,
N,21,0,200,0,,,,
! *
FILL,1,21,19, , ,1,1,1,
! *
FLST,2,2,1
FITEM,2,1
```

```
FITEM,2,2
E,P51X
FLST,4,1,2,ORDE,1
FITEM,4,1
EGEN,20,1,P51X, , , , , , , , , ,
FINISH
/SOLU
ANTYPE,0
ANTYPE,0
NLGEOM,1
NSUBST,60,60,60
FLST,2,1,1,ORDE,1
FITEM,2,1
! *
/GO
D,P51X, , , , , ,UX,UY, , , ,
FLST,2,1,1,ORDE,1
FITEM,2,21
! *
/GO
D,P51X, , , , , ,UX, , , , ,
FLST,2,1,1,ORDE,1
FITEM,2,11
! *
/GO
D,P51X, , , , , ,UX, , , , ,
DSYM,SYMM,Z, ,
FLST,2,1,1,ORDE,1
FITEM,2,21
! *
/GO
F,P51X,FY,−150
```

```
FLST,2,1,1,ORDE,1
FITEM,2,8
! *
/GO
F,P51X,FX,0.01
/STATUS,SOLU
SOLVE
FLST,2,1,1,ORDE,1
FITEM,2,21
FLST,2,1,1,ORDE,1
FITEM,2,21
! *
/GO
F,P51X,FY,-160
/STATUS,SOLU
```

```
SOLVE
FLST,2,1,1,ORDE,1
FITEM,2,21
! *
/GO
F,P51X,FY,-170
/STATUS,SOLU
SOLVE
FLST,2,1,1,ORDE,1
FITEM,2,21
! *
/GO
F,P51X,FY,-180
/STATUS,SOLU
SOLVE
```

6.8.6 实验练习

长度 l = 5.08 m 的压杆,方形截面尺寸 b = 0.0127 m,两端铰链支座约束,如图 6.215 所示,弹性模量 E = 207 GPa,试分别通过材料力学(结构力学)理论解析方法与 ANSYS 数值方法进行分析该压杆的临界失稳载荷 F_{cr}。

(1)理论分析

根据材料力学(结构力学)长度为 l 的两端铰支压杆的临界载荷为:

$$P_{cr} = \frac{\pi^2 EI}{l^2}$$

将压杆相关参数代入可得:

$$P_{cr} = \frac{3.14^2 \times 207 \times 10^9 \times 0.2168 \times 10^{-8}}{5.08^2} = 171.46 \text{ N}$$

其中:$I = \frac{bh^3}{12} = \frac{0.0127^4}{12} = 0.2168 \times 10^{-8} \text{ m}$

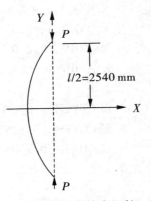

图 6.215　两端铰支细长压杆稳定性计算模型

(2)ANSYS 分析

命令流:
```
WPSTYLE,,,,,,,,0
/PREP7
! *
ET,1,BEAM188
! *
```

```
KEYOPT,1,1,0
KEYOPT,1,2,0
KEYOPT,1,3,3
KEYOPT,1,4,0
KEYOPT,1,6,0
```

```
KEYOPT,1,7,0
KEYOPT,1,9,0
KEYOPT,1,11,0
KEYOPT,1,12,0
KEYOPT,1,15,0
! *
SECTYPE,  1, BEAM, RECT, , 0
SECOFFSET, CENT
SECDATA,0.0127,0.0127,0,0,0,0,
0,0,0,0,0,0
! *
MPTEMP,,,,,,,,
MPTEMP,1,0
MPDATA,EX,1,,207e9
MPDATA,PRXY,1,,0
N,1,0,0,0,,,,
N,21,0,5.08,0,,,,
! *
FILL,1,21,19,, ,1,1,1,
! *
FLST,2,2,1
FITEM,2,1
FITEM,2,2
E,P51X
FLST,4,1,2,ORDE,1
FITEM,4,1
EGEN,20,1,P51X,, , , , , , , , , ,
FINISH
/SOL
! *
ANTYPE,0
```

```
PSTRES,1
FLST,2,1,1,ORDE,1
FITEM,2,1
! *
/GO
D,P51X,, , , , ,UX,UY,, , ,
FLST,2,1,1,ORDE,1
FITEM,2,21
! *
/GO
D,P51X,, , , , ,UX,, , , ,
DSYM,SYMM,Z,,
FLST,2,1,1,ORDE,1
FITEM,2,21
! *
/GO
F,P51X,FY,−1
/STATUS,SOLU
SOLVE
FINISH
/SOL
ANTYPE,1
! *
BUCOPT,LANB,1,0,0,CENTER
/STATUS,SOLU
SOLVE
FINISH
/POST1
SET,FIRST
PLDISP,1
```

6.9　简单振动模态分析

模态分析用于确定设计结构或机器部件的振动特性(固有频率和振型)，即结构的固有频率和振型，它们是承受动态载荷结构设计中的重要参数。同时，也可以作为其他动力学分析问题的起点，例如瞬态动力学分析、谐响应分析和谱分析，其中模态分析也是进行谱分析或模态叠加法谐响应分析或瞬态动力学分析所必需的前期分析过程。

ANSYS 的模态分析可以对有预应力的结构进行模态分析和循环对称结构模态分析。前者有旋转的涡轮叶片等的模态分析,后者则允许在建立一部分循环对称结构的模型来完成对整结构的模态分析。

ANSYS 提供的模态提取方法有:子空间法(Subspace)、分块法〔(Block Lances),缩减法(Reduced/householder)、动态提取法(Power Dynamics)、非对称法(Unsymmetric),阻尼法(Damped)、QR 阻尼法(QR damped)等,大多数分析都可使用子空间法、分块法、缩减法。

ANSYS 的模态分析是线形分析,任何非主线性特性,例如塑性、接触单元等,即使被定义了也将被忽略。

一个典型的模态分析过程主要包括建模、模态求解、扩展模态以及观察结果四个步骤

(1)建模

模态分析的建模过程与其他分析类型的建模过程是类似的,主要包括定义单元类型、单元实常数、材料性质、建立几何模型以及划分有限元网格等基本步骤。

(2)施加载荷和求解

包括指定分析类型、指定分析、施加约束、设置载荷选项,并进行固有频率的求解等。

①指定分析类型, Main menu- Solution- Analysis Type- New Analysis,选择 Moda。

②指定分析选项,solution-analysis type-anal。

③选择 MODOPT(模提取方法〕,设置模态提取数量 MXP AND,定义主自由度,仅缩减法使用。

④施加约束, Main menu- Solution- De fine loads- Apply- Struc tural- Displacement。

⑤求解, Main menu- Solution-Solve-Current LS。

(3)扩展模态

如果要在 POST1 中观察结果,必须先扩展模态,即将振型写入结果文件。过程包括重新进入求解器、激话扩展处理及其选项、指定载荷步选项、扩展处理等。

①激活扩展处理及其选项, Main menu-solution-Load Step opts-Expansionpass-Single Expand-Expand modes。

②指定载荷步选项。

③扩展处理, Main menu- solution- Solve- Current。

注意:扩展模态可以如前述办法单独进行,也可以在施加载荷和求解阶段同时进行。

(4)查看结果

模态分析的结果包括结构的频率、振型、相对应力和力等。

6.9.1 简支梁的振动模态分析

跨度 $L=10$ m 的等截面简支梁,截面为正方形,边长为 0.1 m,如图 6.216,材料密度为 $\rho=7800$ kg/m³,弹性模量 $E=210$ GPa。试分别通过材料力学(结构力学)理论解析方法与 ANSYS 数值方法进行分析该梁的自振频率。并按照要求完成实验报告相关内容。

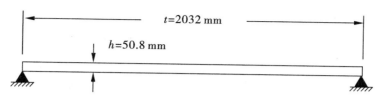

图 6.216　简支梁振动模型

6.9.1.1　理论解

根据材料力学(结构力学),对于等截面简支梁,自由振动的频率公式为:

$$f_i = \frac{p_i}{2\pi} = \frac{1}{2\pi}\left(\frac{i\pi}{l}\right)^2 \sqrt{\frac{EI}{\rho A}}$$

其中 i 是振动频率的阶次。该梁的前 3 阶频率分别为:

$$f_1 = \frac{\pi}{2}\sqrt{\frac{EI}{\rho A l^4}} = \frac{3.14159}{2}\sqrt{\frac{210\times10^9\times0.1^4}{12\times7800\times0.01\times10^4}} = 2.3528 \text{ Hz}$$

$$f_2 = 2\pi\sqrt{\frac{EI}{\rho A l^4}} = 2\times3.14159\times\sqrt{\frac{210\times10^9\times0.1^4}{12\times7800\times0.01\times10^4}} = 9.4113 \text{ Hz}$$

$$f_2 = \frac{9\pi}{2}\sqrt{\frac{EI}{\rho A l^4}} = \frac{9\times3.14159}{2}\sqrt{\frac{210\times10^9\times0.1^4}{12\times7800\times0.01\times10^4}} = 21.1755 \text{ Hz}$$

6.9.1.2　ANSYS 求解

(1)设定工作目录、项目名称。可根据需要任意填写,但注意不要使用中文。

(2)定义单元属性。

1)选择 Main Menu > Preprocessor > Element Type > Add/Edit/Delete 命令,在弹出的对话框中单击"Add"按钮。

2)弹出 Library of Element Types,在图 6.217 中选中 Beam, 2 node 188,单击按钮"OK"确认,回到"Element Types"对话框,如图 6.218 所示。

3)选择 Main Menu > Preprocessor > Sections > Beam >Common Sections 命令,弹出"Beam Tool"对话框,在对话框中设置 ID 为 1,选择矩形截面,设置 B 和 H 为 0.1,如图 6.219所示,单击按钮"OK"确认,关闭对话框。

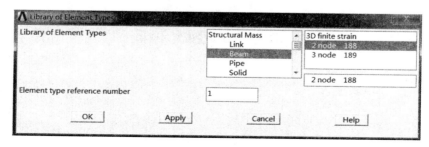

图 6.217　单元类型选择对话框

图 6.218　单元类型对话框

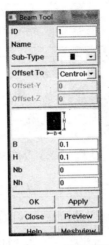

图 6.219　设置梁截面

（3）定义材料特性。

1）选择 Main Menu > Preprocessor > Material Props > Material Models 命令，弹出"Define Material Model Behavior"对话框。

2）在对话框右栏中选择 Structural > Linear > Elastic > Isotropic 命令，弹出对话框，在对话框中设置 EX 为 210E9，单击"OK"按钮确认，如图 6.220 所示，设置材料密度 7800 kg/m^3，图 6.221、图 6.222 所示。

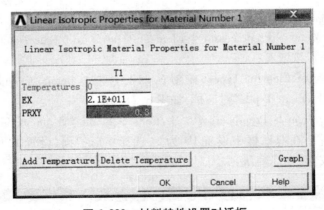

图 6.220　材料特性设置对话框

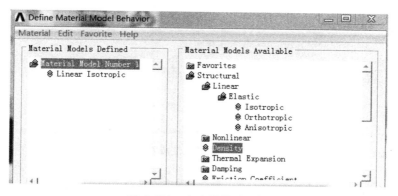

图 6.221　密度设置对话框

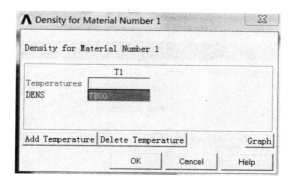

图 6.222　密度设置

（4）建立有限元模型。

1）选择 Main Menu > Preprocessor > Modeling > Create >Keypoints > In Active CS 命令，弹出"Create Keypoints in Active Coordinate System"对话框。在对话框中，输入如图6.223所示的数据，单击"Apply"按钮确认，建立关键点 1(0,0,0)。

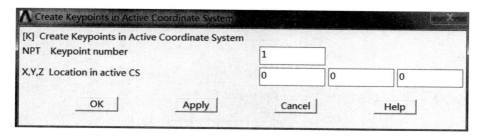

图 6.223　关键点生成对话框

2）继续在对话框中，输入如图 6.224 所示的数据，单击"OK"按钮确认，建立关键点 10(10,0,0)。

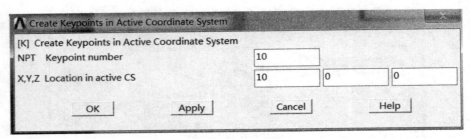

图 6.224　关键点生成对话框

3) 选择 Main Menu > Preprocessor > Modeling > Create > Lines > Straight Line 命令, 弹出实体选择对话框, 依次选择关键点 1、10, 单击"OK"按钮确认。

(5) 离散几何模型。

GUI: Preprocessor/Meshing/Size Cntrls/ManualSize/Global/Size

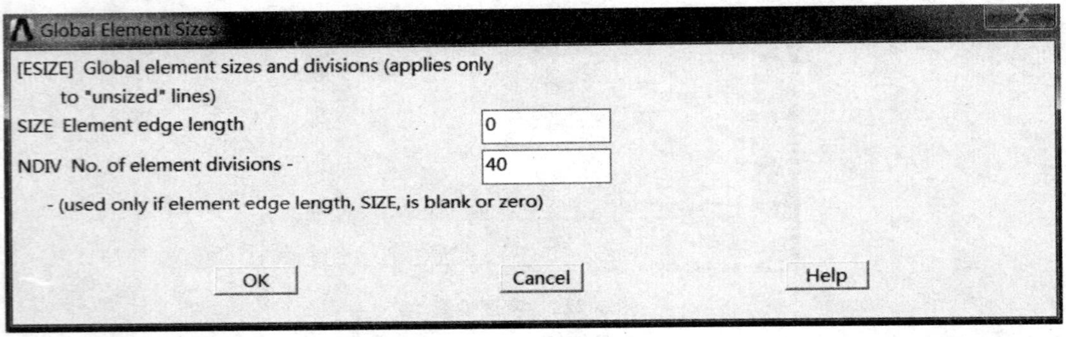

图 6.225　设置单元数

设置 NDIV: No. Of element divisions 为 40, 见图 6.225。

GUI: Preprocessor/Meshing/MeshTool, 划分线网格, 点击 Mesh, 图 6.226。出现拾取对话框, 点击线, 点击"OK"按钮。

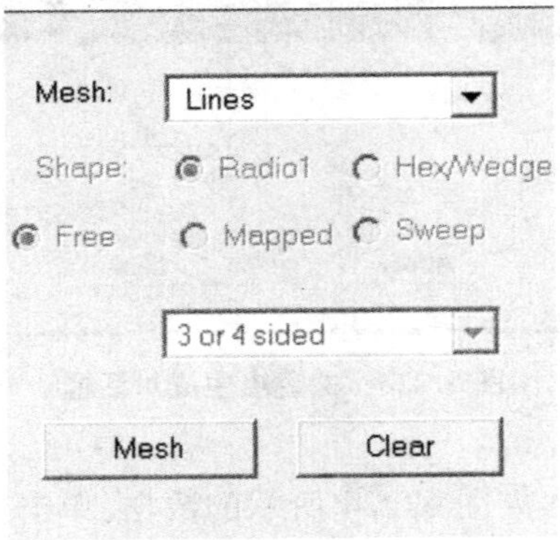

图 6.226　划分线单元

（6）求取模态解。

1）选择 Main Menu > Solution > Analysis Type > New Analysis 命令，弹出"New Analysis"对话框，在对话框中选择"Modal"单选按钮，如图 6.227 所示，单击"OK"按钮确认，关闭对话框。

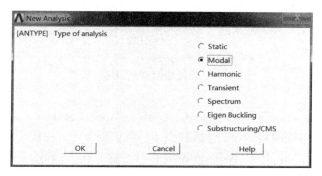

图 6.227 模态分析设置对话框

2）选择 Main Menu > Solution > Analysis Type>Analysis Options 命令，弹出"Modal Analysis"对话框，设置求解前 3 阶模态，如图 6.228 所示，单击"OK"按钮确认。弹出模态分析起始频率和终止频率设置，如图 6.229 所示进行设置。

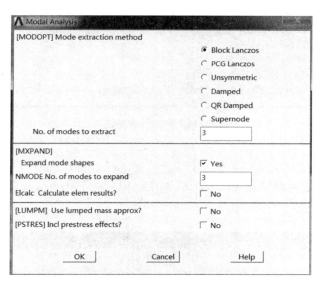

图 6.228 模态分析参数设置对话框

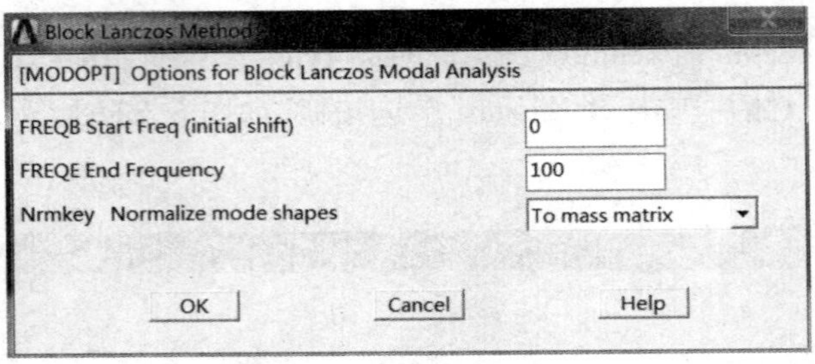

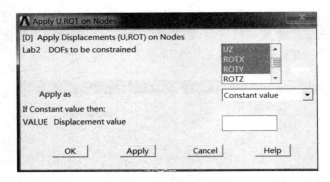

图 6.229　设置起始频率和终止频率

3）选择 Main Menu > Solution>Define Loads > Apply>Structural> Displacement > On Nodes 命令,弹出实体选取对话框,选择节点 1(认为该简支梁的固定铰支座一端),单击 "OK"按钮确认,弹出"Apply U,ROT on Nodes"对话框。在"Apply U,ROT on Nodes"对话框中,找到 Lab2 项,在多选列表中选中 UX、UY、UZ、ROTX、ROTY,如图 6.230 所示,单击 "Apply"按钮确认。

图 6.230　施加约束对话框

4）在节点 2(认为该简支梁的滑动铰支座一端),在 Apply U,ROT on Nodes 对话框中,找到 Lab2 项,在多选列表中选中 UY、UZ、ROTX、ROTY,如图 6.231 所示,单击 OK 按钮确认。

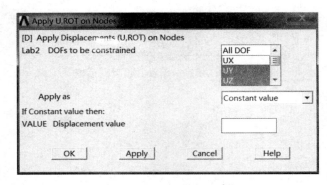

图 6.231　施加约束对话框

5）选择 Main Menu > Solution > Define Loads > Apply > Structural > Displacement > Symmetry B. C. > On Nodes 命令，弹出"Apply SYMM on Nodes"对话框。其作用是转化为平面问题。在"Norml symm surface is normal to"后选中 Z-axis，如图 6.232 所示，单击"OK"按钮确认。

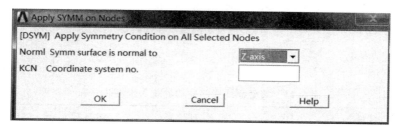

图 6.232　施加对称约束

6）选择 Main Menu > Solution > Solve > Current LS 命令，弹出"Solve Current Load"，对话框（见图 6.233）和一个信息窗口，仔细阅读，确认设置正确后关闭信息窗口，单击"OK"按钮，开始求解。

7）弹出对话框如图 6.234 所示，单击"Close"按钮即可。

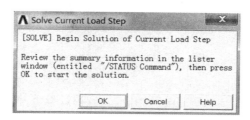

图 6.233　施加对称约束

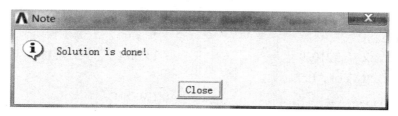

图 6.234　求解结束对话框

（7）后处理。

1）选择 Main Menu > General Postproc >Results Summary 命令，读取求解结果，如图 6.235 所示。

```
***** INDEX OF DATA SETS ON RESULTS FILE *****

SET    TIME/FREQ    LOAD STEP    SUBSTEP    CUMULATIVE
 1     2.3541          1            1           1
 2     9.4322          1            2           2
 3     21.281          1            3           3
```

图 6.235   求解结束对话框

结果对比分析：

表 6.13   等截面均质简支梁的前 3 阶振动频率

频率（Hz）	理论解	ANSYS 解
1 阶频率（Hz）	2.3528	2.3541
2 阶频率（Hz）	9.4113	9.4322
3 阶频率（Hz）	21.1755	21.281

从表 6.13 可以看出，该等截面梁的前 3 阶振动频率的理论解与 ANSYS 计算的数值解之间的误差不超过 1%。

6.9.1.3   ANSYS 命令流

```
WPSTYLE,,,,,,,,0
/PREP7
! *
ET,1,BEAM188
! *
! *
MPTEMP,,,,,,,,
MPTEMP,1,0
MPDATA,EX,1,,210e9
MPDATA,PRXY,1,,0.3
MPTEMP,,,,,,,,
MPTEMP,1,0
MPDATA,DENS,1,,7800
SECTYPE,  1, BEAM, RECT, , 0
SECOFFSET, CENT
SECDATA,0.1,0.1,0,0,0,0,0,0,0,0,
0,0,0
  K, ,,,,
  K, ,10,,,
LSTR,        1,        2
FLST,5,1,4,ORDE,1
FITEM,5,1
CM,_Y,LINE
LSEL, , , ,P51X
CM,_Y1,LINE
CMSEL,,_Y
! *
LESIZE,_Y1, , ,40, , , , ,1
! *
LMESH,        1
/UI,MESH,OFF
FINISH
/SOL
! *
ANTYPE,2
! *
! *
MODOPT,LANB,5
```

```
EQSLV,SPAR
MXPAND,5，，，0
LUMPM,0
PSTRES,0
！ *
MODOPT,LANB,5,0,1000，，OFF
FLST,2,1,1,ORDE,1
FITEM,2,1
！ *
/GO
D,P51X，，，，，，UX,UY,UZ,
ROTX,ROTY，
```

```
FLST,2,1,1,ORDE,1
FITEM,2,2
！ *
/GO
D,P51X，，，，，，UY,UZ,ROTX,
ROTY，，
DSYM,SYMM,Z，，
/STATUS,SOLU
SOLVE
FINISH
/POST1
SET,LIST
```

6.9.2 实验练习 1

跨度 $L=10$ m 的等截面简支梁,截面为正方形,边长为 0.1 m,如图 6.236 所示。材料密度为 $\rho=7800$ kg/m^3,弹性模量 $E=210$ GPa。在轴向压力 $F=170$ kN 的作用下,试分别通过材料力学(结构力学)理论解析方法与 ANSYS 数值方法进行分析该梁的前 2 阶自振频率。

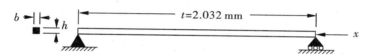

图 6.236 简支梁振动模型

6.9.2.1 理论解

本问题是考虑轴向力作用时,梁的弯曲振动频率计算公式为:

$$f_i = \frac{p_i}{2\pi} = \frac{1}{2\pi}\left(\frac{i\pi}{l}\right)^2 \sqrt{\frac{EI}{\rho A}\left(1 - \frac{F_N l^2}{(i\pi)^2 EI}\right)} = \frac{i^2\pi}{2}\sqrt{\frac{EI}{\rho A l^4}\left(1 - \frac{F_N l^2}{(i\pi)^2 EI}\right)}$$

式中:i 是频率阶次,F_N 是轴力,A 是横截面面积,l 是梁的长度。

$$f_1 = \frac{\pi}{2}\sqrt{\frac{EI}{\rho A l^4}\left(1 - \frac{F_N l^2}{\pi^2 EI}\right)}$$

$$= \frac{\pi}{2}\sqrt{\frac{210\times10^9\times10^{-4}}{7800\times10^{-2}\times10^4\times12}\left(1 - \frac{170000\times10^2\times12}{\pi^2\times210\times10^9\times10^{-4}}\right)}$$

$$= 0.2826 \text{ Hz}$$

$$f_2 = 2\pi\sqrt{\frac{EI}{\rho A l^4}\left(1 - \frac{F_N l^2}{4\pi^2 EI}\right)}$$

$$= 2\pi\sqrt{\frac{210\times10^9\times10^{-4}}{7800\times10^{-2}\times10^4\times12}\left(1 - \frac{170000\times10^2\times12}{4\pi^2\times210\times10^9\times10^{-4}}\right)}$$

$$= 8.164 \text{ Hz}$$

6.9.2.2　ANSYS 分析

（1）设定工作目录、项目名称，可根据需要任意填写，但注意不要使用中文。

（2）定义单元属性。

①选择 Main Menu > Preprocessor > Element Type > Add/Edit/Delete 命令，在弹出的对话框中单击"Add"按钮。

②弹出 Library of Element Types，在图 6.237 中选中"Beam，2 node 188"，单击按钮"OK"确认，回到"Element Types"对话框，如图 6.238 所示。

③选择 Main Menu > Preprocessor > Sections > Beam > Common Sections 命令，弹出"Beam Tool"对话框，在对话框中设置 ID 为 1，选择矩形截面，设置 B 和 H 为 0.1，如图 6.239 所示，单击按钮"OK"确认，关闭对话框。

（3）定义材料特性。

①选择 Main Menu > Preprocessor > Material Props > Material Models 命令，弹出"Define Material Model Behavior"对话框。

②在对话框右栏中选择 Structural > Linear > Elastic > Isotropic 命令，弹出对话框，在对话框中设置 EX 为 210E9，如图 6.240 所示，单击"OK"按钮确认。按图 6.241、图 6.242 设置材料密度为 7800 kg/m^3。

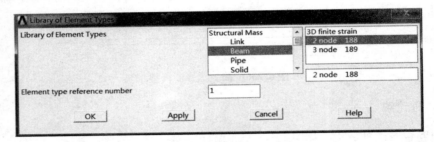

图 6.237　单元类型选择对话框

图 6.238　单元类型对话框

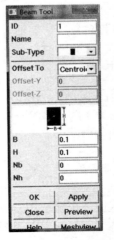

图 6.239　设置梁截面

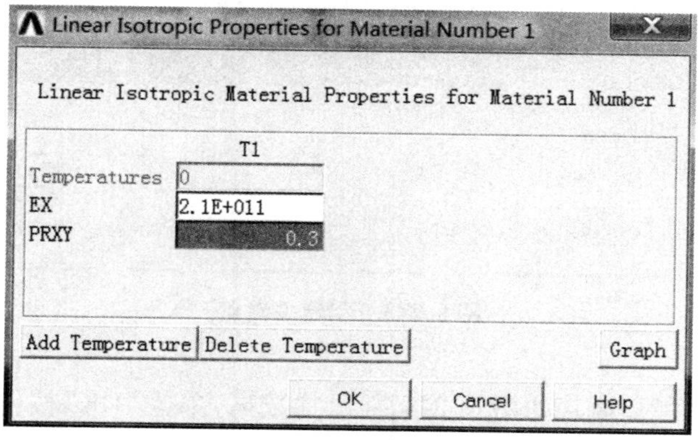

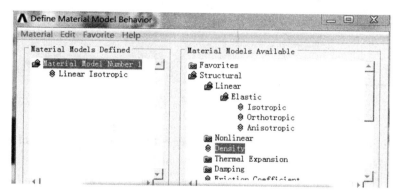

图 6.240　设置材料常数

图 6.241　设置材料密度

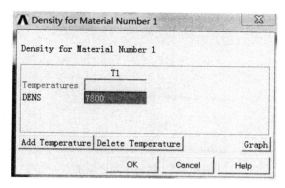

图 6.242　材料密度

（4）建立有限元模型。

①选择 Main Menu > Preprocessor > Modeling > Create >Keypoints > In Active CS 命令，弹出"Create Keypoints in Active Coordinate System"对话框。在对话框中，输入如图6.243

所示的数据,单击"Apply"按钮确认,建立关键点 1(0,0,0)。

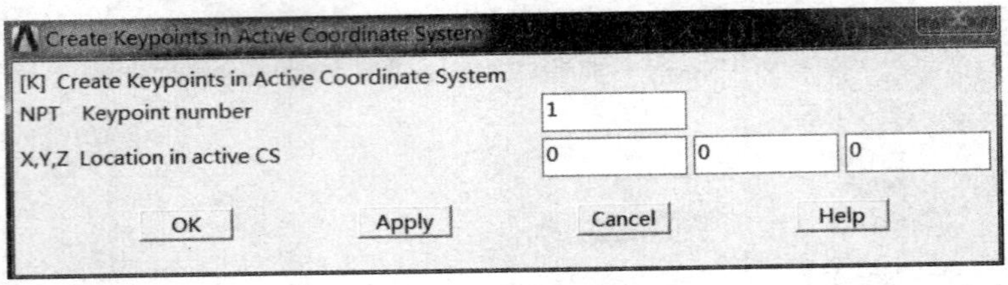

图 6.243　创建关键点

②继续在对话框中,输入如图 6.244 所示的数据,单击"OK"按钮确认,建立关键点 10(10,0,0)。

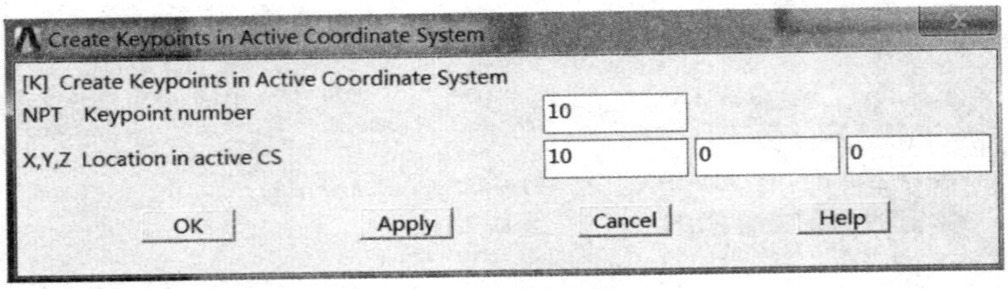

图 6.244　创建关键点

③选择 Main Menu > Preprocessor > Modeling > Create >Lines > Straight Line 命令,弹出实体选择对话框,依次选择关键点 1、10,单击"OK"按钮确认。

(5) 离散几何模型。

①GUI:Preprocessor/Meshing/Size Cntrls/ManualSize/Global/Size。

设置 NDIV:No. Of element divisions 为 40,见图 6.245。

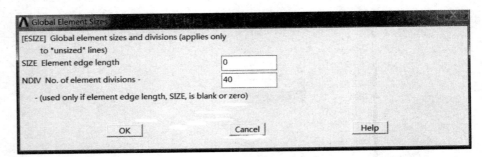

图 6.245　线网格划分设置

GUI:Preprocessor/Meshing/MeshTool,划分线网格,点击 Mesh,图 6.246。出现拾取对话框,点击线,点击"OK"按钮。

②选择 Main Menu > Solution>Define Loads > Apply >Structural> Displacement > On Nodes 命令,弹出实体选取对话框,选择节点 1(认为该简支梁的固定铰支座一端),单击

"OK"按钮确认,弹出"Apply U,ROT on Nodes"对话框。在"Apply U,ROT on Nodes"对话框中,找到 Lab2 项,在多选列表中选中 UX、UY、UZ、ROTX、ROTY,如图 6.247 所示,单击"Apply"按钮确认。

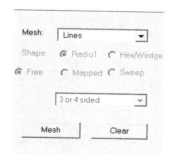

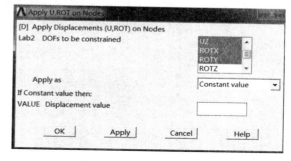

图 6.246 线网格划分   图 6.247 节点 1 施加约束

③在节点 2(认为该简支梁的滑动铰支座一端),在"Apply U,ROT on Nodes"对话框中,找到 Lab2 项,在多选列表中选中 UY、UZ、ROTX、ROTY,如图 6.248 所示,单击 OK 按钮确认。

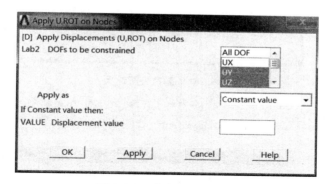

图 6.248 节点 2 施加约束

④选择 Main Menu > Solution > Define Loads > Apply > Structural > Displacement > Symmetry B. C. > On Nodes 命令,弹出"Apply SYMM on Nodes"对话框。其作用是转化为平面问题。在"Norml symm surface is normal to"后选中 Z-axis,如图 6.249 所示,单击"OK"按钮确认。

图 6.249 施加对称约束

（6）施加水平轴向力。选择 Main Menu > Solution > Define Loads > Apply > Structural > Force/Moment> On Nodes 命令，点击节点 2，施加水平载荷 170000 N，如图 6.250 所示，单击"OK"按钮确认。

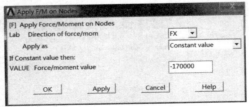

图 6.250　施加水平载荷

（7）静力求解。选择 Main Menu > Solution > Analysis Type > New Analysis 命令。选择"Static"，点击"OK"，如图 6.251 所示。

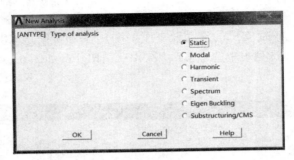

图 6.251　静态分析设置

选择 Main Menu > Solution >Analysis Type > Sol'n Controls 命令。

打开预应力开关：Calculate prestress effects，如图 6.252 所示。

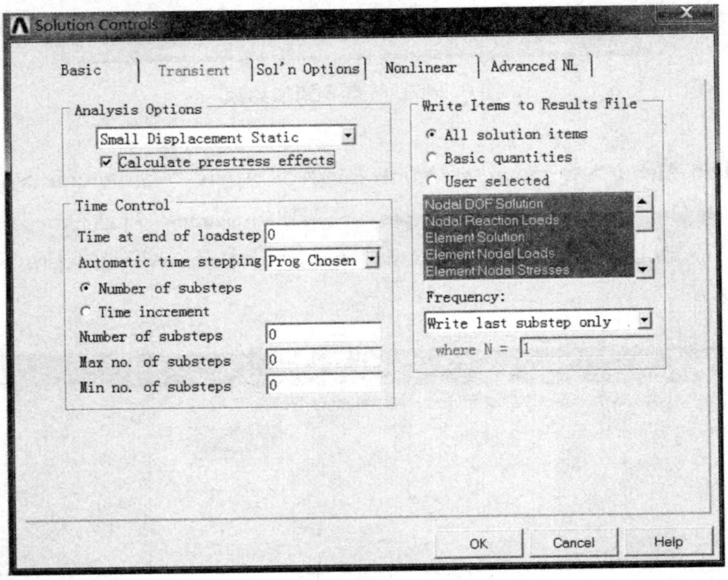

图 6.252　打开预应力开关

选择 Main Menu > Solution > Solve > Current LS 命令，弹出"Solve Current Load"对话框和一个信息窗口，仔细阅读，确认设置正确后关闭信息窗口，单击"OK"按钮，开始求解。求解结束，弹出对话框，单击"Close"按钮即可。

（8）再进行模态分析。

①选择 Main Menu > Solution > Analysis Type > New Analysis 命令，弹出"New Analysis"对话框，在对话框中选择"Modal"单选按钮，如图 6.253 所示，单击"OK"按钮确认，关闭对话框。

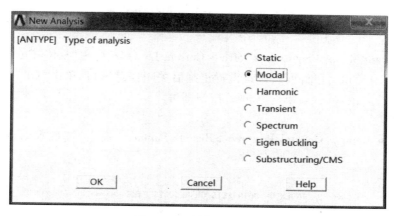

图 6.253　模态分析设置

②选择 Main Menu > Solution > Analysis Type > Analysis Options 命令，弹出"Modal Analysis"对话框，设置求解前 2 阶模态，并打开预应力开关。如图 6.254 所示，单击"OK"按钮确认。弹出模态分析起始频率和终止频率设置，如图 6.255 所示进行设置。

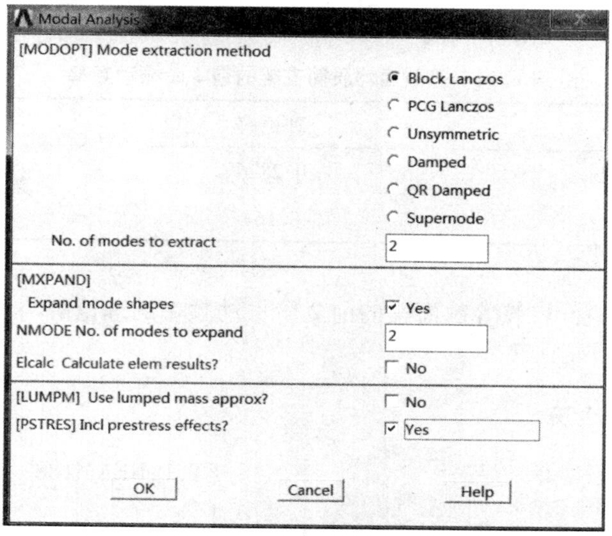

图 6.254　模态分析参数设置

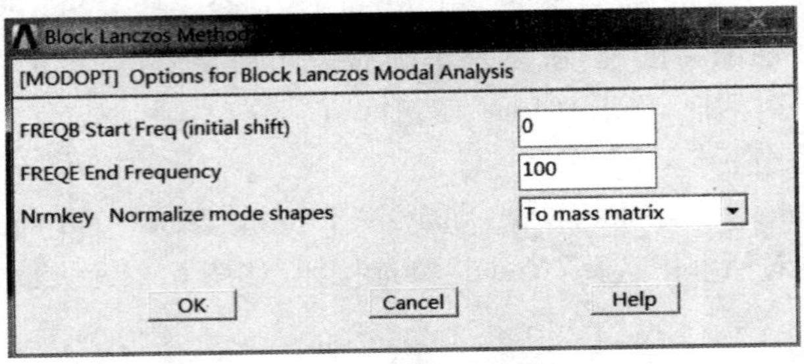

[MODOPT] Options for Block Lanczos Modal Analysis

FREQB Start Freq (initial shift)	0
FREQE End Frequency	100
Nrmkey Normalize mode shapes	To mass matrix

OK　　Cancel　　Help

图 6.255　起始频率和终止频率设置

③选择 Main Menu > Solution > Solve > Current LS 命令,弹出"Solve Current Load",对话框和一个信息窗口,仔细阅读,确认设置正确后关闭信息窗口,单击"OK"按钮,开始求解。求解结束,弹出对话框,单击"Close"按钮即可。

(9)后处理。

选择 Main Menu > General Postproc > Results Summary 命令,读取求解结果,如图 6.256 所示。

```
×××××  INDEX OF DATA SETS ON RESULTS FILE  ×××××

SET    TIME/FREQ    LOAD STEP    SUBSTEP    CUMULATIVE
  1    0.30149          1           1           1
  2    8.1935           1           2           2
```

图 6.256　模态求解结果

结果对比分析:

表 6.14　等截面均质简支梁的前 2 阶振动频率

频率(Hz)	理论解	ANSYS 解
1 阶频率(Hz)	0.2826	0.30149
2 阶频率(Hz)	8.164	8.1935

从表 6.14 可以看出,该等截面梁的前 2 阶振动频率的理论解与 ANSYS 计算的数值解相近。

6.9.2.3　APDL 命令流

```
WPSTYLE,,,,,,,,0            ET,1,BEAM188
/PREP7                     ! *
! *                        ! *
```

```
MPTEMP,,,,,,,,
MPTEMP,1,0
MPDATA,EX,1,,210e9
MPDATA,PRXY,1,,0.3
MPTEMP,,,,,,,,
MPTEMP,1,0
MPDATA,DENS,1,,7800
SECTYPE,   1, BEAM, RECT, , 0
SECOFFSET, CENT
SECDATA,0.1,0.1,0,0,0,0,0,0,0,
0,0,0
K, ,,,,
K, ,10,,,
LSTR,       1,       2
FLST,5,1,4,ORDE,1
FITEM,5,1
CM,_Y,LINE
LSEL, , , ,P51X
CM,_Y1,LINE
CMSEL,,_Y
! *
LESIZE,_Y1, , ,40, , , , ,1
! *
LMESH,       1
/UI,MESH,OFF
FLST,2,1,1,ORDE,1
FITEM,2,1
! *
/GO
D,P51X, , , , , ,UX, UY, UZ,
ROTX,ROTY,
FLST,2,1,1,ORDE,1
FITEM,2,2
! *
/GO
D,P51X, , , , , ,UY, UZ, ROTX,
ROTY, ,
```

```
DSYM,SYMM,Z, ,
FLST,2,1,1,ORDE,1
FITEM,2,2
! *
/GO
F,P51X,FX,-170000
! *
FINISH
/SOL
! *
ANTYPE,0
PSTRES,1
/STATUS,SOLU
SOLVE
! *
! *
! *
FINISH
/SOLUTION
ANTYPE,2
! *
! *
ANTYPE,2
! *
! *
MODOPT,LANB,2
EQSLV,SPAR
MXPAND,2, , ,0
LUMPM,0
PSTRES,1
! *
MODOPT,LANB,2,0,100, ,OFF
/STATUS,SOLU
SOLVE
FINISH
/POST1
SET,LIST
```

6.9.3　实例分析

有一个重量 $W = 11.121$ N 的仪器放置在刚度 $k = 840.64$ N/m 的橡胶支座上,试分别通过材料力学(结构力学)理论解析方法与 ANSYS 数值方法进行分析该仪器的自由振动的频率。

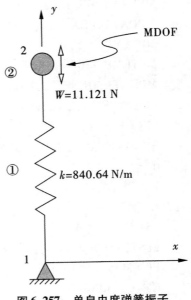

图 6.257　单自由度弹簧振子

6.9.3.1　理论解

根据单自由度弹簧质量系统的频率公式,可以确定出该系统的自由振动频率为:

$$f = \frac{1}{2\pi}\sqrt{\frac{k}{m}} = \frac{1}{2\times 3.14159}\sqrt{\frac{840.64}{11.121/9.8}} = 4.3318 \text{ Hz}$$

6.9.3.2　ANSYS 求解

这是一个简单的模态分析问题。在建模过程中,需要定义质量单元 Mass21 和弹簧单元 Combin14,并分别定义它们的实常数。另外本例中不再需要材料参数设置。在建立有限元模型过程中,可以采用节点建模,也可以进行关键点建模,根据弹簧刚度,设定本例有限元模型长度为1,网格划分段数应为1。在位移约束施加过程中,为了得到沿弹簧方向上的振动模态,弹簧的一端为全约束,另外带有质量的一端释放沿弹簧方向的自由度,其他两个方向约束其自由度,例如本 APDL 命令流中,弹簧模型方向为 Y 轴,在约束施加过程中,带有质量的一端约束其 X、Z 方向的自由度,释放 Y 方向的自由度。然后,进行模态求解过程。

这里给出了练习的 APDL 命令流,作为操作过程的辅助参考。

```
WPSTYLE,,,,,,,,0
/PREP7
! *
ET,1,MASS21
! *
ET,2,COMBIN14
! *
! *
R,1,1.135,1.135,1.135, , , ,
! *
R,2,840.64,0,0, , , ,
RMORE, ,
! *
K, , , , ,
```

```
K,2,,1,,
LSTR,        2,        1
CM,_Y,LINE
LSEL, , , ,        1
CM,_Y1,LINE
CMSEL,S,_Y
! *
! *
CMSEL,S,_Y1
LATT, ,2,2, , , ,
CMSEL,S,_Y
CMDELE,_Y
CMDELE,_Y1
! *
```

```
FLST,5,1,4,ORDE,1
FITEM,5,1
CM,_Y,LINE
LSEL, , , ,P51X
CM,_Y1,LINE
CMSEL,,_Y
! *
LESIZE,_Y1, , ,1, , , , ,1
! *
LMESH,      1
/UI,MESH,OFF
CM,_Y,KP
KSEL, , , ,      2
CM,_Y1,KP
CMSEL,S,_Y
! *
CMSEL,S,_Y1
KATT, ,      1, 1,      0
CMSEL,S,_Y
CMDELE,_Y
CMDELE,_Y1
! *
KMESH,      2
/UI,MESH,OFF
FINISH
/SOL
```

```
! *
ANTYPE,2
! *
! *
MODOPT,LANB,1
EQSLV,SPAR
MXPAND,1, , ,0
LUMPM,0
PSTRES,0
! *
MODOPT,LANB,1,0,12, ,OFF
FLST,2,1,1,ORDE,1
FITEM,2,2
! *
/GO
D,P51X, , , , , ,ALL, , , , ,
FLST,2,1,1,ORDE,1
FITEM,2,1
! *
/GO
D,P51X, , , , , ,UX,UZ, , , ,
SOLVE
FINISH
/POST1
SET,LIST
```

第 7 章 ANSYS 工程应用实例分析

ANSYS 用来模拟诸如大坝、水电站蜗壳、渡槽、导管架海洋平台以及孔闸等建筑物的力学行为时具有强大的优势,可以对这些结构的稳定性和应力状态进行分析计算,并且可以进行防渗计算。在计算中可以考虑水压力、淤砂压力、温度场、渗流场、重力场等作用,还可模拟混凝土裂缝的形成和发展过程。

我国地域广阔,各地地理环境变化大,气候条件也不尽相同,在修建大坝、水电站蜗壳的过程中不能简单地套用别人的经验,必须以本地的实际情况出发,充分考虑当地的地质、气候变化。一座大坝的建成,往往要耗费一两年甚至更长的时间,并且大坝往往涉及到其下游千万人的生命与财产,因此经济效益和安全可靠是两个十分重要的事项。如何保证结构安全可靠,一是要求结构设计合理,一是要科学地安排施工期。对于这样重要而影响因素复杂的建筑物,采用试验来模拟成本太高、周期太长、难以通过改变试验参数进行设计及优化,而且许多复杂情况无法用试验进行模拟。现在普遍采用的方法是数值模拟技术即计算机仿真,其中以 ANSYS 有限元分析软件的应用最为普遍。

7.1 土木工程实例分析

7.1.1 重力坝的静力分析

7.1.1.1 工程问题

选取应用非常广泛的重力坝结构型式,断面结构如图 7.1 所示。其中坝高 120 m,坝底宽 76 m,坝顶为 10 m,上游坝面坡度和下游坝面坡度如图 7.1 所示。

因为重力坝结构比较简单,垂直于长度方向的断面结构受力分布情况也基本相同,并且大坝的纵向长度远大于其横断面,因此大坝静力、抗震性能分析选用单位断面进行平面应变分析是可行的。大坝静力性能分析的计算条件如下:

(1)假设大坝的基础是嵌入到基岩中,地基是刚性的。

(2)大坝采用的材料参数为:弹性模量 E = 35 GPa,泊松比 $\nu = 0.2$,容重 $\gamma = 25$ kN/m^3。

(3)计算分析大坝水位为 120 m。

(4)水的质量密度 1000 kg/m^3。

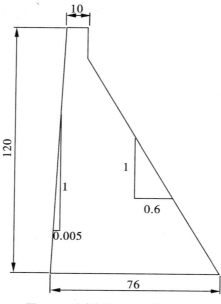

图7.1 重力坝断面图(单位:m)

7.1.1.2 ANSYS求解

(1)创建单元类型

①定义 PLANE182 单元: Main menu> Preprocessor> Element Type>Add/Edit/ Delete,弹出一个单元类型对话框,单击"Add"按钮。弹出如图7.2所示对话框。在该对话框左面滚动栏中选择"Solid",在右边的滚动栏中选择"Quad4node182",单击"OK"按钮完成"Type1 PLANE182"的添加。

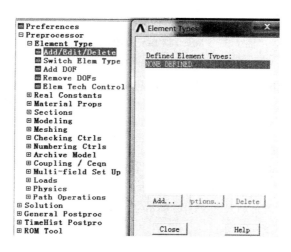

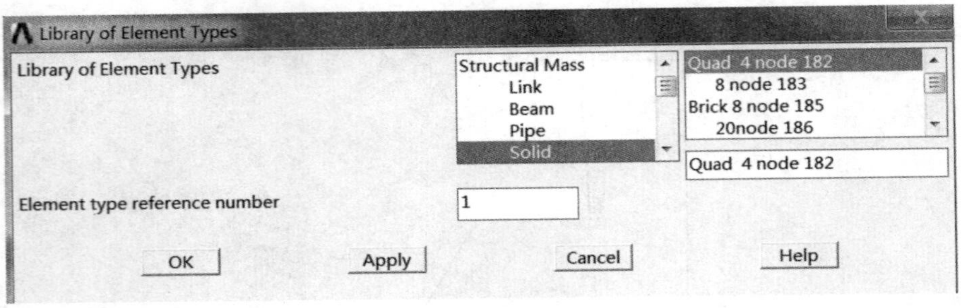

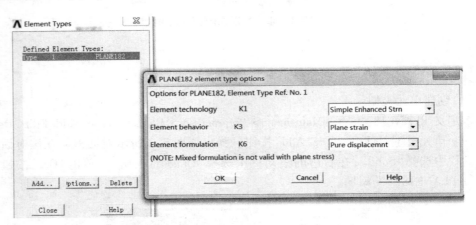

图 7.2 定义 PLANE182 单元对话框

②设定 PLANE182 单元选项：在单元类型对话框中，选中"Type 1 PLANE182"，单击"Options"按钮，弹出一个"PLANE182 element type options"对话框，如图 7.3 所示。在"Element technology K1"栏后面的下拉菜单中选取"Simple enhanced strn"，在"Element behavior K3"栏后面的下拉菜单中选取"Plane strain"，其他栏后面的下拉菜单采用 ANSYS 默认设置就可以，单击"OK"按钮。

图 7.3 Plane 182 单元库类型选项对话框

通过设置 PLANE182 单元选项"K3"为"Plane strain"来设定本实例分析采取平面应变模型进行分析。因为大坝是纵向很长的实体，故计算模型可以简化为平面应变问题。

（2）定义材料属性

执行 Main menu> Preprocessor> Material Props> Materia>Models，弹出"Define material Model behavior"对话框，如图 7.4 所示。在图 7.4 中右边栏中连续单击"Structural> Linear > Elastic > Isotropic"后又弹出如图 7.4 所示"Linear Isotropic Properties for Material Number1"对话框，在该对话框中"EX"后面的输入栏输入 3.5E10，在"PRXY"后面的输入栏输入 0.2，单击"OK"按钮。

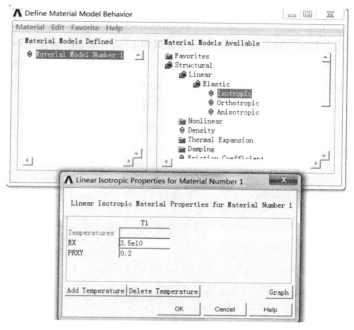

图 7.4　定义材料本构模型对话框

再选中"Density"并单击,弹出如图 7.5 所示"Density for Material Number1"对话框,在"DENS"后面的栏中输入边坡土体材料的密度 2500,单击"OK"按钮。

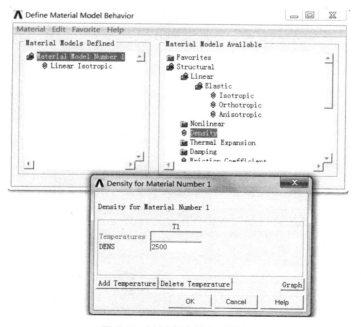

图 7.5　材料密度输入对话框

（3）建立模型和划分网格

1）创建大坝线模型。

①输入关键点：Main menu> Preprocessor> Mode ling> Create> Keypoints>In Active cs，弹出"Creae Keypoints in Active Cooedinate System"对话框，如图 7.6 所示。在"NPT keypoint number"栏后面输入 1，在"X,Y, Z Location in active CS"栏后面输入(0,0,0)，单击"Apply"按钮，这样就创建了关键点 1。再依次重复在"NPT keypoint number"栏后面输入"2、3、4、5"，在对应"X,Y, Z location in active cs"栏后面输入(76,0,0)、(15.6,104.1, 0)、(15.6,120,0)、(5.6,120,0)，最后单击"OK"按钮。

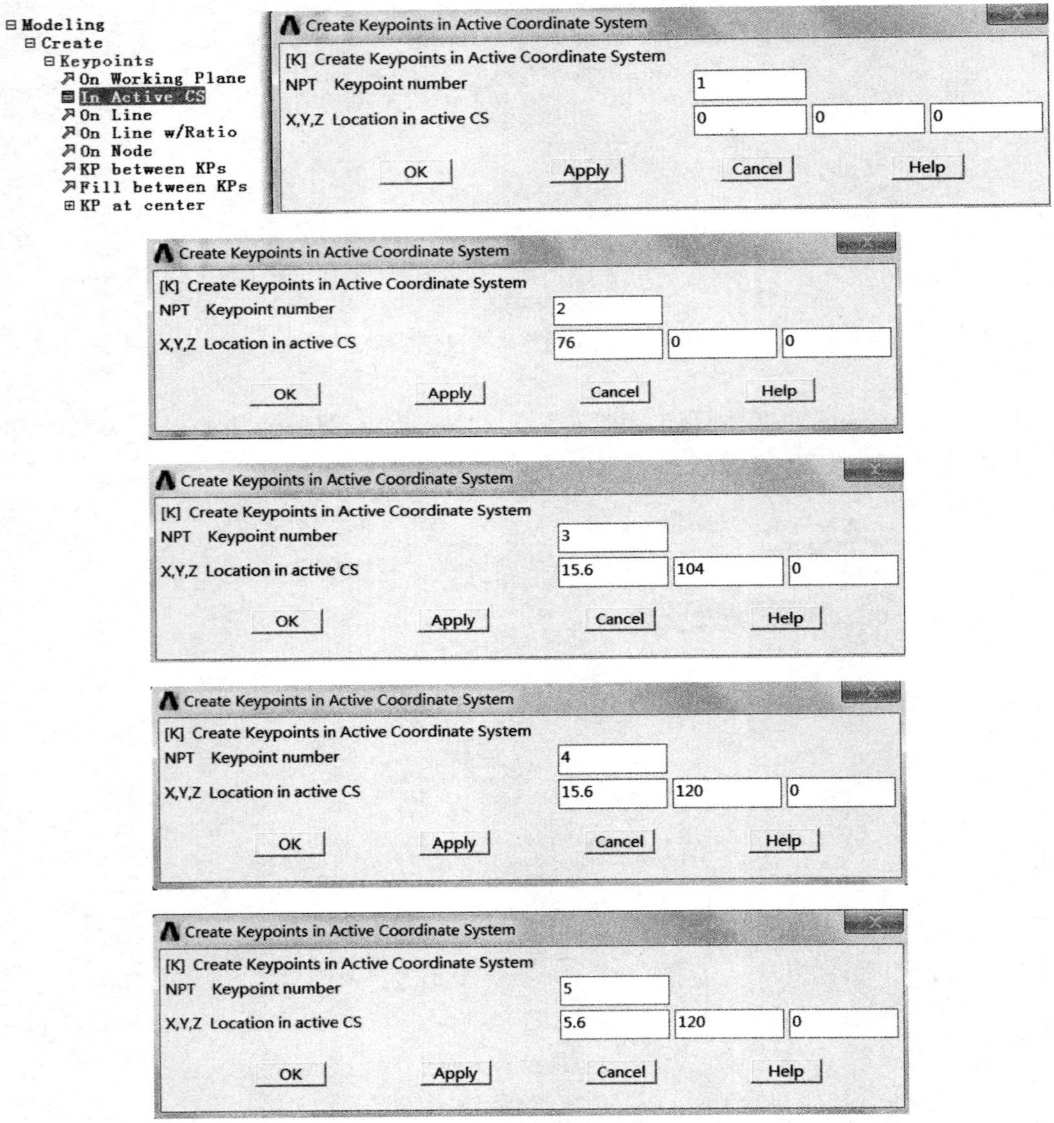

图 7.6　在当前坐标系创建关键点对话框

②创建坝体线模型：Main menu > Preprocessor > Modeling > Create > Lines > Lines Straight Line，弹出"Creae straight Lines"，如图 7.7 所示，对用鼠标依次单击关键点 1，2，单击"Apply"按钮，这样就创建了直接 L1，同样分别连接关键点"2、3"，"3、4""4、5"，"5、1"，最后单击"OK"按钮，就得到坝体线模型。

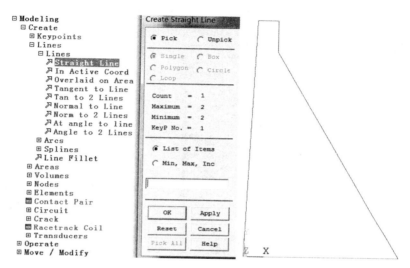

图 7.7　坝体线模型

2）创建坝体面模型。

①创建坝体面模型：Main menu > Preprocessor > Modeling > Create > Areas > Arbitrary > By Lines ，弹出一个"Create Area by Lines"对话框，在图形中选取线 1、2、3、4 和 5，单击"OK"按钮，就得到坝体模型的面模型，如图 7.8。

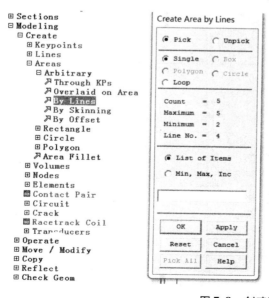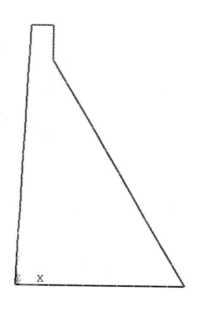

图 7.8　创建面

3）划分坝体单元网格。

①设置网格份数：Main menu> Preprocessor> Meshing> Size Cntrs> Manual size>Layers> Picked lines，弹出一个"Set Layer Controls"对话框，如图7.9所示，用鼠标选取线 L1，单击"OK"按钮。弹出一个"Area Layer Mesh Control on Picked Lines"对话框，如图7.10所示，在"No of line division"栏后面输入20，单击"OK"按钮。

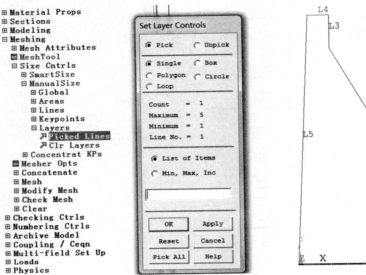

图7.9　拾取线 L1

图7.10　设置线段网格划分数

相同方法设置线 L2 分割份数为 32；设置线 L3、L4 和 L5 线的分割份数分别为 6、4、40。

②划分单元网格：Main menu> Preprocessor> Meshing>Mesh>Area>Free，弹出一个拾取面积对话框，，如图 7.11 所示。拾取重力坝面，单击拾取框上的"OK"按钮，得到坝体模型单元网格。

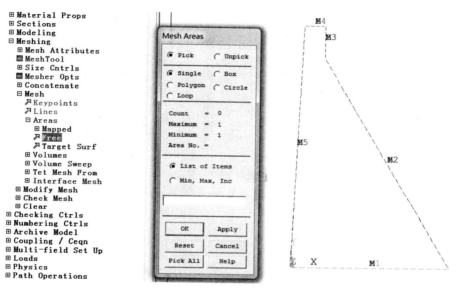

图 7.11 划分面

4）施加约束和荷载。

①给坝体模型底部施加位移约束：执行 Main menu> Solution> Define loads>Apply> Structural> Displacement> on nodes，弹出在节点上施加位移约束对话框，用鼠标选取隧道模型底面边界上所有节点，单击"OK"按钮。弹出"Apply u，ROT on Nodes"对话框，如图 7.12 所示，在"DOFs to be constrained"栏后面中选取"ALL DOF"，在"Apply as"栏后面的下拉菜单中选取"Constant value"，在"Displacement value"栏后面输入 0，然后单击"OK"按钮，如图 7.13 所示。

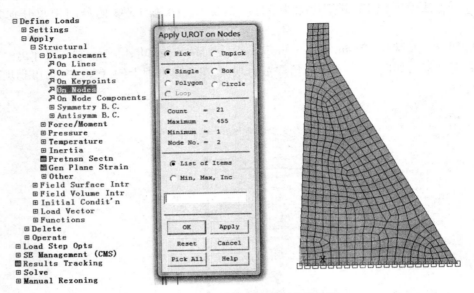

图 7.12　坝体模型底部施加位移约束

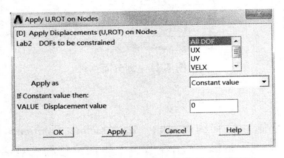

图 7.13　给坝体底部施加位移约束对话框

②施加重力加速度：Main menu> Solution> Define Loads> Apply> Structural >Inertia> Gravity> Global，弹出"Apply（Gravitational）Acceleration"对话框，如图 7.14 所示。在"Global Cartesian y-comp"栏后面输入重力加速度值 9.8 单击"OK"按钮，就完成了重力加速度的施加。

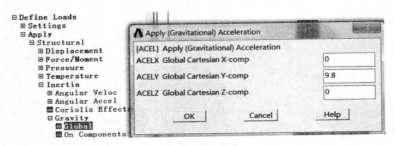

图 7.14　施加重力加速度对话框

③施加水压力载荷：Main menu> Solution> Define loads> Apply> Structural> Pressure> on lines，弹出一个对话框，用鼠标选中线 L5，单击"OK"。弹出"Apply PRES on lines"对话框，如图 7.15 所示。分别输入数据 0 和 1101370，单击"OK"按钮，就完成了水压力载荷的施加，如图 7.16 所示。

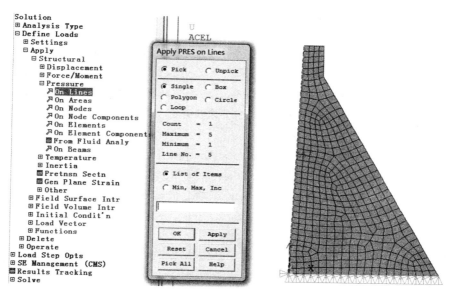

图 7.15　施加水压力载荷

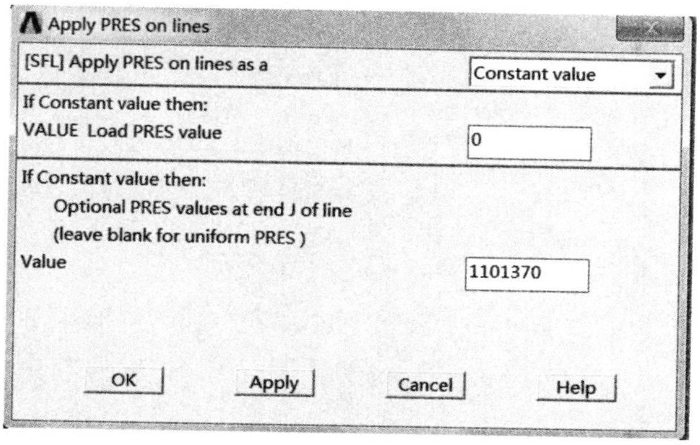

图 7.16　施加水压力对话框

本次加的荷载是水深为 120 m 时作用在坝上的水压力，迎水面坡度是 87°。

（5）静力分析求解

1）求解设置。

①指定求解类型：Main menu> Solution> Analysis Type> New Analysis，弹出一个如图 7.17 所示对话框，在"Type of analysis"栏后面选中"Static"，单击"OK"。

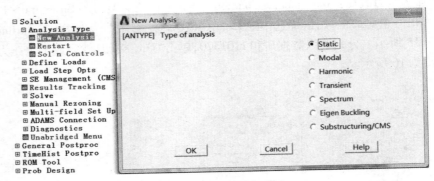

图7.17 指定求解类型

②设置载荷步: Main Menu > Solution > Analysis Type > Sol'n Controls,弹出一个"Solution controls"对话框,用鼠标单击"Basic"选项,如图 7.18 所示,在"Number of Substeps"栏后面输入5,在"Max no. of substeps"栏后面输入100,在"Min no, of substeps"栏后面输入1,单击"OK"按钮。

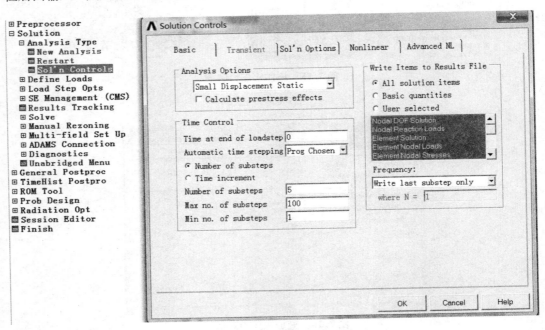

图7.18 设置载荷步

③设置线性搜索: Main menu > Solution > Analysis Type > Sol'n Controls,弹出一个"Solution controls"对话框,用鼠标单击"Nonlinear"选项,如图 7.19 所示,在"Line search"栏后面下拉菜单选中"ON",单击"OK"按钮。

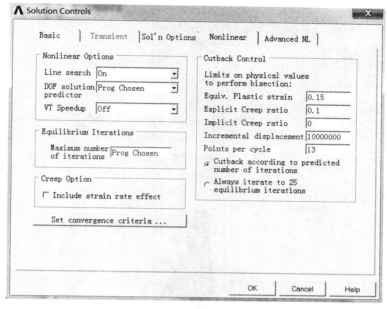

图 7.19 设置线性搜索

2）静力求解

求解：Main menu> Solution> Solve> Current ls，弹出一个求解选项信息和一个当前求解载荷步对话框，检查信息无错误后，单击"OK"按钮，开始求解运算到出现一个"Solution is done"的提示栏，表示求解结束，如图 7.20 所示。

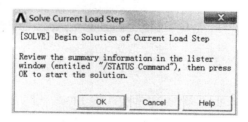

图 7.20 求解信息对话框

（6）静力分析求解结果

①绘制坝体变形图：Main menu> General Postproc> Plot results> Deformed Shape，弹出一个"Plot Deform Shape"对话框，如图 7.21 所示。选中"Def+ undeformed"，单击"OK"按钮，得到坝体变形图，如图 7.22 所示。

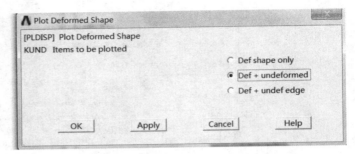

图 7.21　绘制坝体变形图

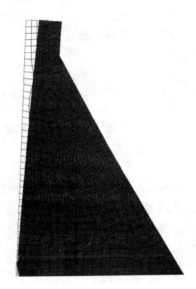

图 7.22　坝体变形图

②显示坝体位移云图：Main Menu> General Postproc> Plot results>Contour plot> Nodal solu，弹出一个“Contour Nodal solution data”对话框，如图 7.23 所示，用鼠标依次单击“Nodal Solution> DOF Solution>X- Compoment of displacement”，再单击“OK”按钮，就得到坝体位移云图，如图 7.24 所示。此时，坝体水平方向最大位移为 12.254 mm，位置发生在坝顶。

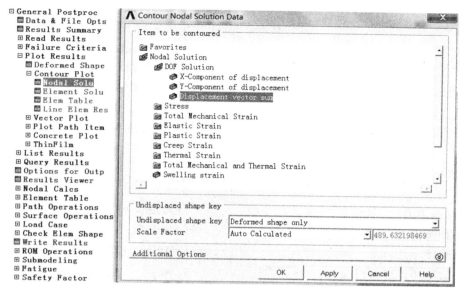

图 7.23　设置节点位移

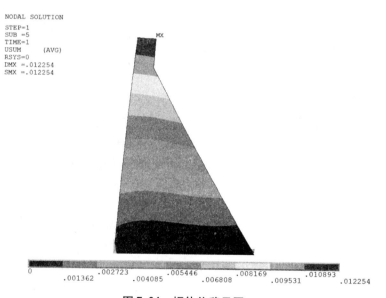

图 7.24　坝体位移云图

（7）APDL 命令流

WPSTYLE,,,,,,,,0
/PREP7
! *
ET,1,PLANE182

KEYOPT,1,1,3
KEYOPT,1,3,2
KEYOPT,1,6,0
! *

```
! *
! *
MPTEMP,,,,,,,,
MPTEMP,1,0
MPDATA,EX,1,,3.5e10
MPDATA,PRXY,1,,0.2
MPTEMP,,,,,,,,
MPTEMP,1,0
MPDATA,DENS,1,,2500

K,1,0,0,0,
K,2,76,0,0,
K,3,15.6,104,0,
K,4,15.6,120,0,
K,5,5.6,120,0,

LSTR,          1,          2
LSTR,          2,          3
LSTR,          3,          4
LSTR,          4,          5
LSTR,          5,          1
FLST,2,5,4
FITEM,2,1
FITEM,2,2
FITEM,2,3
FITEM,2,5
FITEM,2,4
AL,P51X
FLST,5,1,4,ORDE,1
FITEM,5,1
CM,_Y,LINE
LSEL, , , ,P51X
CM,_Y1,LINE
CMSEL,S,_Y
! *
! *
LESIZE,_Y1,0, ,20,0,4,0,0
CMDELE,_Y
```

```
CMDELE,_Y1
! *
FLST,5,1,4,ORDE,1
FITEM,5,2
CM,_Y,LINE
LSEL, , , ,P51X
CM,_Y1,LINE
CMSEL,S,_Y
! *
! *
LESIZE,_Y1,0, ,32,0,4,0,0
CMDELE,_Y
CMDELE,_Y1
! *
FLST,5,1,4,ORDE,1
FITEM,5,3
CM,_Y,LINE
LSEL, , , ,P51X
CM,_Y1,LINE
CMSEL,S,_Y
! *
! *
LESIZE,_Y1,0, ,6,0,4,0,0
CMDELE,_Y
CMDELE,_Y1
! *
FLST,5,1,4,ORDE,1
FITEM,5,4
CM,_Y,LINE
LSEL, , , ,P51X
CM,_Y1,LINE
CMSEL,S,_Y
! *
! *
LESIZE,_Y1,0, ,4,0,4,0,0
CMDELE,_Y
CMDELE,_Y1
! *
```

```
FLST,5,1,4,ORDE,1
FITEM,5,5
CM,_Y,LINE
LSEL, , , ,P51X
CM,_Y1,LINE
CMSEL,S,_Y
! *
! *
LESIZE,_Y1,0, ,40,0,4,0,0
CMDELE,_Y
CMDELE,_Y1
! *
MSHKEY,0
CM,_Y,AREA
ASEL, , , ,          1
CM,_Y1,AREA
CHKMSH,´AREA´
CMSEL,S,_Y
! *
AMESH,_Y1
! *
CMDELE,_Y
CMDELE,_Y1
CMDELE,_Y2
! *
FINISH
```

```
/SOL
FLST,2,21,1,ORDE,2
FITEM,2,1
FITEM,2,-21
! *
/GO
D,P51X, ,0, , , ,ALL, , , , ,
/REPLO
ACEL,0,9.8,0,
/REPLO
FLST,2,1,4,ORDE,1
FITEM,2,5
/GO
! *
SFL,P51X,PRES,0,1101370
FLST,2,1,4,ORDE,1
FITEM,2,5
/GO
! *
NSUBST,5,100,1
LNSRCH,1
/STATUS,SOLU
SOLVE
FINISH
/POST1
PLDISP,1
```

7.1.2　坝体工程抗震分析

7.1.2.1　谱分析

　　基于本工程实例对重力坝进行抗震分析,地震计算条件为:大坝设防地震烈度为 8 级,水平方向地震加速度为 0.2 g。

　　ANSYS 抗震分析计算:

　　(1)创建单元类型。

　　(2)定义材料属性。

　　(3)建立模型和划分网格。

　　(4)施加约束和荷载。

　　以上 4 步与前述过程相同。以下为抗震性能分析求解。

（5）模态分析求解。

①设置分析类型：Main menu> Solution> Analysis Type> New Analysis，弹出一个如图 7.25 所示对话框，在"Type of analysis"栏后面选中"Modal"，单击"OK"按钮。

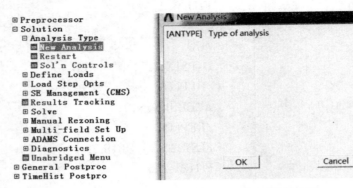

图 7.25 设置分析类型

②设置模态分析选项：执行 Main menu> Solution> Analysis Type> Analysis Options，弹出一个如图 7.26 所示对话框，在"Mode extraction method"栏后面选中"PCG Lanczos"，在"No. of modes to be extract"栏后面输入 18，在"Expand mode shapes"后面小方框用鼠标选中，在"No. of modes to be expand"栏后面输入 18，单击"OK"按钮，又弹出一个"PCG Lanczos Modal Analysis"对话框，如图 7.27 所示，按图中设置后，单击"0K"按钮。

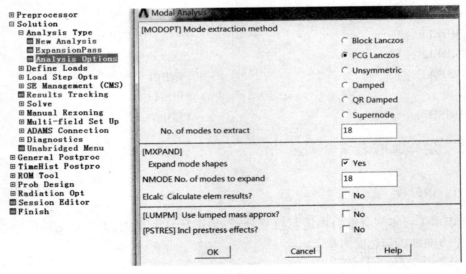

图 7.26 设置模态分析选项

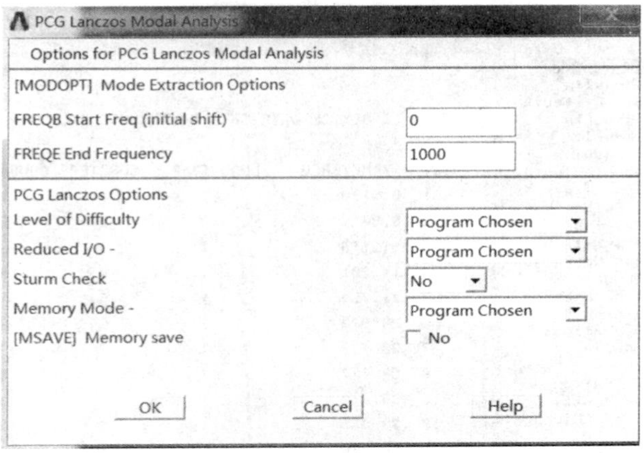

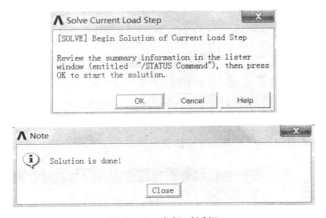

图7.27 设置频率求解阈值

③模态分析求解:执行 Main menu> Solution> Solve> Current ls,弹出一个模态求解选项信息(如图7.28所示)和一个当前求解载荷步对话框,检查信息无错误后,单击"OK"按钮,开始求解运算,直到出现一个"Solution is done"的提示栏,表示求解结束。

图7.28 求解对话框

④调出模态分析各阶频率:执行 Main menu> General Postproc> Read Summary,弹出如图7.29所示对话框。

动力求解和静力求解的模型相同,约束条件也相同。

谱分析时,ANSYS忽略材料非线性。

调出模态分析各阶频率是为后面求解反应谱值

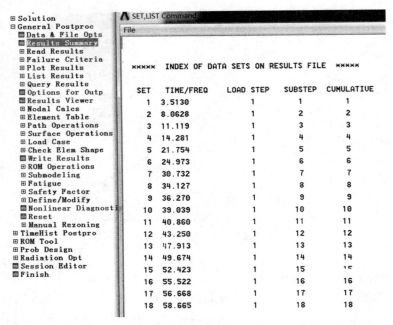

图 7.29　模态分析各阶频率

(6)反应谱分析求解。

①求出反应谱值:由图 7.29 中前 18 阶频率值 f,可以算出对应的周期 T,再根据大坝反应谱曲线方程式,可以计算出前 10 阶的反应谱值,计算过程略。

②设置反应谱分析求解选项。

设置分析类型:Main menu> Solution> Analysis Type> New Analysis,弹出如图 7.30 所示对话框,在"Type of analysis"栏后面选中"Spectrum",单击"OK"按钮。

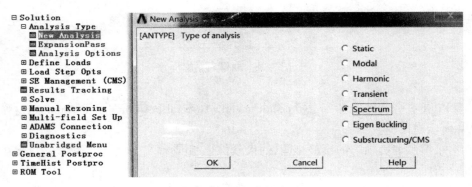

图 7.30　设置分析类型

设置反应谱分析选项:Main menu> Solution> Analysis Type> Analysis Options,弹出一个"Spectrum Analysis"对话框,如图 7.31 所示,在"Type of spectrum"后面栏中选取"Single

– pt resp",在"No. of modes for solu"后面输入 18,在"Calculate elem stress?"后面选中
"Yes",单击"OK"按钮。

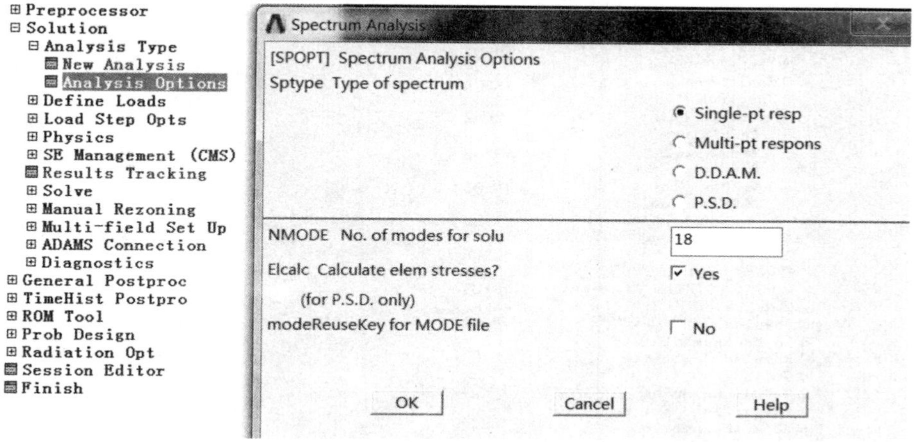

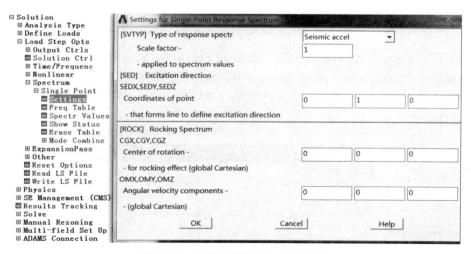

图 7.31　设置反应谱分析选项

设置反应谱单点分析选项:Main menu> Solution> Load Step Opts> Spectrum> Single
point> Settings,弹出一个"Setting for single– point Response Spectrum"对话框,如图 7.32 所
示。在"Type of response spectrum"栏后面下拉菜单选中"Seismic accel",在"SEDX,
SEDY,SEDZ"栏后面依次输入 0、1、0,单击"OK"按钮。

图 7.32　设置反应谱单点分析选项

定义反应谱分析频率表:Main menu> Solution> Load Step Opts> Spectrum Single point
> Freq table,弹出一个"Frequency Table"对话框,如图 7.33 所示。根据计算结果依次输
入大坝的前 18 阶振动频率。

⊕Preprocessor		

⊟Solution
　⊕Analysis Type
　⊕Define Loads
　⊟Load Step Opts
　　⊕Output Ctrls
　　▣Solution Ctrl
　　⊕Time/Frequenc
　　⊕Nonlinear
　　⊟Spectrum
　　　⊟Single Point
　　　　▣Settings
　　　　▣Freq Table
　　　　▣Spectr Values
　　　　▣Show Status
　　　　▣Erase Table
　　　　⊕Mode Combine
　⊕ExpansionPass
　⊕Other
　▣Reset Options
　▣Read LS File
　▣Write LS File
　⊕Physics
　⊕SE Management (CMS)
　▣Results Tracking
　⊕Solve
　▣Manual Rezoning
　▣Multi-field Set Up
　⊕ADAMS Connection
　▣Diagnostics
⊕General Postproc
⊕TimeHist Postpro
⊕ROM Tool
⊕Prob Design
⊕Radiation Opt
▣Session Editor
▣Finish

Frequency Table

[FREQ] Frequency Table

Enter up to 20 values of　Frequency

FREQ1	3.5013
FREQ2	8.0628
FREQ3	11.119
FREQ4	14.281
FREQ5	21.754
FREQ6	24.973
FREQ7	30.732
FREQ8	34.127
FREQ9	36.270
FREQ10	39.039
FREQ11	40.860
FREQ12	43.250
FREQ13	47.913
FREQ14	49.674
FREQ15	52.423
FREQ16	55.522
FREQ17	56.668
FREQ18	58.665
FREQ19	0

OK　　　Cancel　　　Help

图7.33　定义反应谱分析频率表

定义反应谱值：Main menu> Solution> Load Step opts> Spectrum> Single point> Spectr values，弹出一个"Spectrum Values Damping Ration"对话框，如图7.34所示，单击"OK"按钮。弹出一个"Spectrum values"对话框，如图7.35所示。根据计算结果依次输入大坝的前18阶反应谱值。

⊟Load Step Opts
　⊕Output Ctrls
　▣Solution Ctrl
　⊕Time/Frequenc
　⊕Nonlinear
　⊟Spectrum
　　⊟Single Point
　　　▣Settings
　　　▣Freq Table
　　　▣Spectr Values
　　　▣Show Status
　　　▣Erase Table
　　　⊕Mode Combine
　⊕ExpansionPass
　⊕Other
　▣Reset Options
　▣Read LS File
　▣Write LS File

Spectrum Values - Damping Ratio

[SV] Spectrum Values

Damping ratio for this curve -　　　　　　0

- in ascending order from previous ratios

Damping ratios for previously defined curves (up to 4 total)

DAMP1 =　0.000

DAMP2 =　0.000

DAMP3 =　0.000

DAMP4 =　0.000　Maximum curve limit reached

OK　　　Cancel　　　Help

图7.34　设置阻尼比

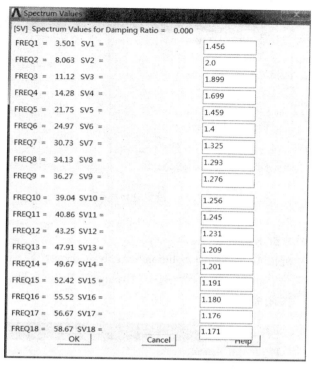

图 7.35　定义反应谱值

输入的振动频率必须按升序排列。FREQ1 必须大于零。

③反应谱分析求解：Main menu> Solution> Solve> Current ls，弹出一个模态求解选项信息和一个当前求解载荷步对话框，检查信息无错误后，单击"OK"按钮，开始求解运算，直到出现一个"Solution is done"的提示栏，表示求解结束，如图 7.36 所示。

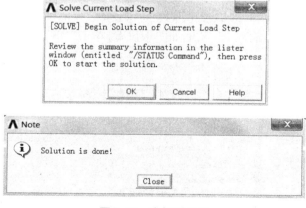

图 7.36　求解对话框

(7)模态扩展分析求解。

①设置分析类型：Main menu> Solution> Analysis Type> New Analysis，弹出一个"New Analysis"对话框，在"Type of analysis"栏后面选中"Modal"，单击"OK"按钮，如图 7.37 所示。

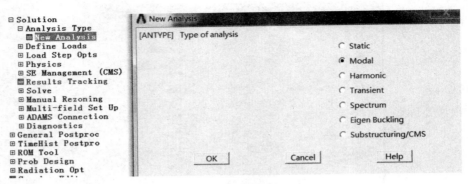

图 7.37　设置分析类型

②设置模态扩展分析求解选项

定义模态扩展分析：Main menu> Solution> Analysis Type> ExpansionPass，弹出一个"Expansion Pass"对话框，如图 7.38 所示，选中"Expansion Pass"选项，后面的文字由"Off"变为"On"，单击"OK"关闭窗口。

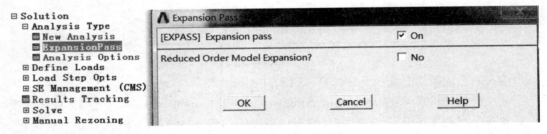

图 7.38　模态扩展对话框

设置模态扩展分析：Main menu> Preprocessor> Loads> Load Step opts>ExpansionPass>Single expand> Expand Modes，弹出一个"Expand Modes"对话框，如图 7.39 所示，在"No. of modes to expand"栏后面输入 18，其他如图中设置，单击"OK"按钮。

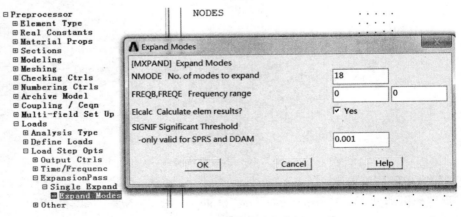

图 7.39　设置模态扩展分析

③模态扩展分析求解：Main menu> Solution> Solve> Current ls，弹出一个模态求解选项信息和一个当前求解载荷步对话框，检查信息无错误后，单击"OK"按钮开始求解运算，直到出现一个"Solution is done"的提示栏，表示求解结束，如图7.40所示。

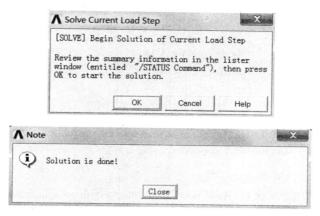

图 7.40　求解对话框

（8）合并模态分析求解。

①设置分析类型：Main menu> Solution> Analysis Type> New Analysis，弹出一个"New Analysis"对话框，在"Type of analysis"栏后面选中"spectrum"，单击"OK"按钮，如图7.41所示。

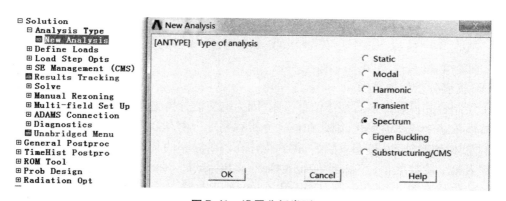

图 7.41　设置分析类型

②按平方和方根法进行组合：执行 Main menu> Solution> Load Step Opts> Spectrum> Single point> Mode combine，弹出一个"Mode combination methods"对话框，如图7.42所示，在"Mode Combination Method"栏后面下拉菜单中选取"SRSS"，在"Signification threshold"栏后面输入0.1，在"Type of output"栏后面下拉菜单中选取"Displacement"，单击"OK"按钮。

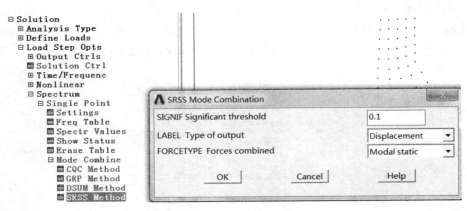

图 7.42　合并模态分析

③合并模态分析求解：执行 Main menu> Solution> Solve> Current ls，弹出一个模态求解选项信息和一个当前求解载荷步对话框，检查信息无错误后，单击"OK"按钮开始求解运算，直到出现一个"Solution is done"的提示栏，表示求解结束，如图 7.43 所示。

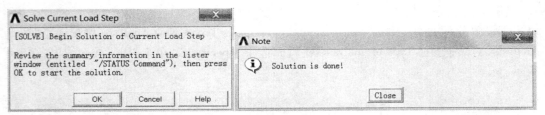

图 7.43　求解对话框

（9）抗震分析计算结果。

①绘制合并模态求解后坝体位移云图：因为响应谱分析是在频域内进行的，对于结构动力特性依赖于频率而变化，因此在模态分析后要进行模态合并求解，才能得到坝体结构真实的总体效应。合并模态求解后，得到坝体在各阶频率的真实位移云图。

读入第 1 阶数据：执行 Main menu> General Postproc> Read results> First set。绘制坝体第 1 阶位移云图：Main menu> General Postproc> Plot results>Contour Plot> Nodal solu，弹出一个"Contour Nodal solution data"对话框，如图 7.44 所示，用鼠标依次单击"Nodal solution> DOF Solution>x- Compoment of displacement"得到坝体第 1 阶 x 方向位移云图，如图 7.45 所示。

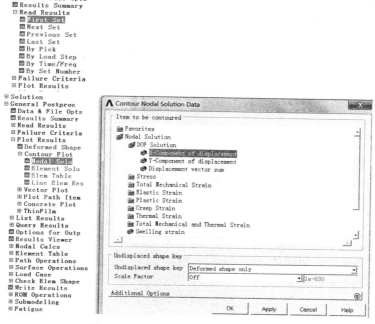

图 7.44　坝体第 1 阶 x 方向位移设置

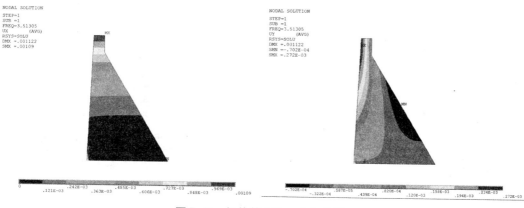

图 7.45　坝体第 1 阶 x 方向位移

　　读入下一阶数据：Main menu> General Postproc> Read results> Next set，如图 7.46 所示。绘制坝体下一阶位移云图：Main menu> General Postproc> Plot results > Contour Plot> Nodal solu，弹出一个"Contour Nodal solution data"对话框，用鼠标依次单击"Nodal solution> DOF Solution>x- Compoment of displacement"得到坝体下一阶 x 方向位移云图，如图 7.47 所示。

图 7.46　读入第 2 阶计算结果

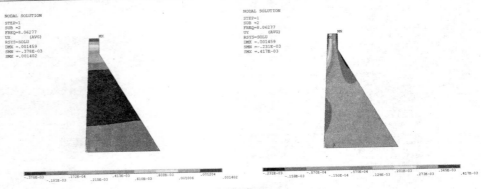

图 7.47　坝体第 2 阶 x 方向位移

②绘制坝体应力/应变云图。

读入第 1 阶数据：Main Menu> General Postproc> Read results> First set。绘制坝体第 1 阶应力：Main menu> General Postproc> Plot results> Contour Plot> Nodal solu，弹出一个 "Contour Nodal Solution Data" 对话框，用鼠标依次单击 "Nodal solution > stress > x - Compoment of stress" 得到坝体第 1 阶 x 方向应力云图，如图 7.48 所示。单击 "Nodal solution> stress>1 st principal stress"，得到坝体第 1 阶第 1 主应力云图，如图 7.49 所示。得到坝体第 2 阶 x 方向应力/第 1 主应力云图，如图 7.50、图 7.51 所示。

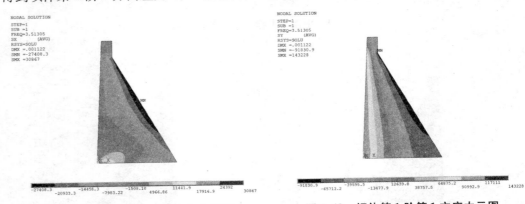

图 7.48　坝体第 1 阶 x 方向应力云图　　　　图 7.49　坝体第 1 阶第 1 主应力云图

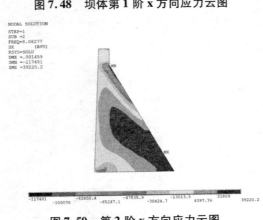
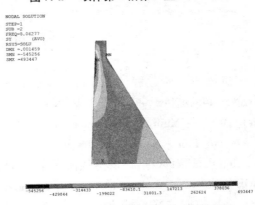

图 7.50　第 2 阶 x 方向应力云图　　　　图 7.51　坝体第 2 阶第 1 主应力云图

（10）APDL 命令流

```
WPSTYLE,,,,,,,,0
/PREP7
! *
ET,1,PLANE182
KEYOPT,1,1,3
KEYOPT,1,3,2
KEYOPT,1,6,0
! *
! *
! *
MPTEMP,,,,,,,,
MPTEMP,1,0
MPDATA,EX,1,,3.5e10
MPDATA,PRXY,1,,0.2
MPTEMP,,,,,,,
MPTEMP,1,0
MPDATA,DENS,1,,2500

K,1,0,0,0,
K,2,76,0,0,
K,3,15.6,104,0,
K,4,15.6,120,0,
K,5,5.6,120,0,

LSTR,        1,        2
LSTR,        2,        3
LSTR,        3,        4
LSTR,        4,        5
LSTR,        5,        1
FLST,2,5,4
FITEM,2,1
FITEM,2,2
FITEM,2,3
FITEM,2,5
FITEM,2,4
AL,P51X

FLST,5,1,4,ORDE,1
FITEM,5,1
CM,_Y,LINE
LSEL, , , ,P51X
CM,_Y1,LINE
CMSEL,S,_Y
! *
! *
LESIZE,_Y1,0, ,20,0,4,0,0
CMDELE,_Y
CMDELE,_Y1
! *
FLST,5,1,4,ORDE,1
FITEM,5,2
CM,_Y,LINE
LSEL, , , ,P51X
CM,_Y1,LINE
CMSEL,S,_Y
! *
! *
LESIZE,_Y1,0, ,32,0,4,0,0
CMDELE,_Y
CMDELE,_Y1
! *
FLST,5,1,4,ORDE,1
FITEM,5,3
CM,_Y,LINE
LSEL, , , ,P51X
CM,_Y1,LINE
CMSEL,S,_Y
! *
! *
LESIZE,_Y1,0, ,6,0,4,0,0
CMDELE,_Y
CMDELE,_Y1
! *
```

```
FLST,5,1,4,ORDE,1
FITEM,5,4
CM,_Y,LINE
LSEL, , , ,P51X
CM,_Y1,LINE
CMSEL,S,_Y
! *
! *
LESIZE,_Y1,0, ,4,0,4,0,0
CMDELE,_Y
CMDELE,_Y1
! *
FLST,5,1,4,ORDE,1
FITEM,5,5
CM,_Y,LINE
LSEL, , , ,P51X
CM,_Y1,LINE
CMSEL,S,_Y
! *
! *
LESIZE,_Y1,0, ,40,0,4,0,0
CMDELE,_Y
CMDELE,_Y1
! *
MSHKEY,0
CM,_Y,AREA
ASEL, , , ,          1
CM,_Y1,AREA
CHKMSH,'AREA'
CMSEL,S,_Y
! *
AMESH,_Y1
! *
CMDELE,_Y
CMDELE,_Y1
CMDELE,_Y2
! *
FINISH
```

```
/SOL
FLST,2,21,1,ORDE,2
FITEM,2,1
FITEM,2,-21
! *
/GO
D,P51X, ,0, , , ,ALL, , , , ,
/REPLO
ACEL,0,9.8,0,
/REPLO
FLST,2,1,4,ORDE,1
FITEM,2,5
/GO
! *
SFL,P51X,PRES,0,1101370

! *
ANTYPE,2
! *
! *
MODOPT,LANP,18
EQSLV,PCG
MXPAND,18, , ,0
LUMPM,0
PSTRES,0
! *
MODOPT,LANP,18,0,1000,
PCGOPT,0, ,AUTO,    NO, ,AUTO
MSAVE,0
! *
/STATUS,SOLU
SOLVE
FINISH
/POST1
SET,LIST
FINISH
/SOL
! *
```

ANTYPE,8

！ ＊

SPOPT,SPRS,18,1,0

SVTYP,2,1,

SED,0,1,0,

ROCK,0,0,0,0,0,0,

！ ＊

！ ＊

FREQ,3.5013,8.0628,11.119,14.281,21.754,24.973,30.732,34.127,36.270

FREQ,39.039,40.860,43.250,47.913,49.674,52.423,55.522,56.668,58.665

！ ＊

！ ＊

SV,0,1.456,2.0,1.899,1.699,1.459,1.4,1.325,1.293,1.276,

SV,0,1.256,1.245,1.231,1.209,1.201,1.191,1.180,1.176,1.171,

！ ＊

/STATUS,SOLU

SOLVE

/STATUS,SOLU

！ ＊

！ ＊

！ ＊

FINISH

/SOLUTION

ANTYPE,2

！ ＊

！ ＊

！ ＊

EXPASS,1

FINISH

/PREP7

MXPAND,18,0,0,1,0.001,

FINISH

/SOL

/STATUS,SOLU

SOLVE

FINISH

/SOLUTION

ANTYPE,8

！ ＊

！ ＊

FINISH

/PREP7

FINISH

/SOL

！ ＊

ANTYPE,8

！ ＊

SRSS,0.1,DISP, ,STATIC

/STATUS,SOLU

SOLVE

FINISH

7.1.2.2　瞬态分析

（1）问题描述

本节中采用的模型依然为本重力坝模型，这里不再叙述。分析采用的地震波是宁河天津波地震记录，取其垂直方向和南北方向的记录，记录时长 19.11 s，时间间隔 0.01 s。从记录值中每隔 0.1 s 取一个值，一共 190 个，如表 7.1、表 7.2 所示。

表 7.1　地震波数据（水平加速度）

时间/s	水平加速度	时间/s	水平加速度	时间/s	水平加速度
1.000E-01	2.465E-02	3.200E+00	-4.360E-03	6.300E+00	-2.431E-02
2.000E-01	4.765E-02	3.300E+00	2.529E-02	6.400E+00	-9.224E-03
3.000E-01	-4.425E-02	3.400E+00	2.825E-02	6.500E+00	-4.912E-03
4.000E-01	8.682E-03	3.500E+00	8.130E-04	6.600E+00	6.432E-02
5.000E-01	1.409E-02	3.600E+00	-6.958E-02	6.700E+00	-9.584E-02
6.000E-01	3.268E-02	3.700E+00	-2.913E-02	6.800E+00	1.046E-02
7.000E-01	1.418E-02	3.800E+00	-2.417E-03	6.900E+00	-8.325E-02
8.000E-01	5.593E-03	3.900E+00	-1.168E-01	7.000E+00	-2.490E-01
9.000E-01	-1.910E-02	4.000E+00	-2.931E-02	7.100E+00	-5.873E-01
1.000E+00	-1.529E-02	4.100E+00	-5.934E-02	7.200E+00	-9.097E-01
1.100E+00	9.539E-03	4.200E+00	2.614E-02	7.300E+00	-1.041E+00
1.200E+00	7.112E-02	4.300E+00	-4.646E-02	7.400E+00	9.641E-02
1.300E+00	5.337E-02	4.400E+00	3.009E-02	7.500E+00	9.226E-01
1.400E+00	4.624E-02	4.500E+00	9.326E-03	7.600E+00	1.156E+00
1.500E+00	3.146E-02	4.600E+00	4.150E-02	7.700E+00	1.413E+00
1.600E+00	-6.186E-02	4.700E+00	7.263E-02	7.800E+00	1.078E+00
1.700E+00	-2.167E-02	4.800E+00	3.565E-02	7.900E+00	4.720E-01
1.800E+00	7.336E-02	4.900E+00	3.738E-02	8.000E+00	3.432E-02
1.900E+00	-1.952E-02	5.000E+00	-1.206E-02	8.100E+00	-7.843E-01
2.000E+00	-4.387E-03	5.100E+00	3.089E-02	8.200E+00	-1.227E+00
2.100E+00	-3.205E-02	5.200E+00	4.182E-02	8.300E+00	-6.772E-01
2.200E+00	-4.102E-02	5.300E+00	-7.661E-03	8.400E+00	-7.929E-02
2.300E+00	9.666E-03	5.400E+00	-5.002E-02	8.500E+00	-1.480E-01
2.400E+00	-8.128E-02	5.500E+00	1.065E-02	8.600E+00	4.377E-01
2.500E+00	1.630E-02	5.600E+00	1.292E-01	8.700E+00	-4.003E-01
2.600E+00	-2.771E-02	5.700E+00	4.424E-02	8.800E+00	-2.905E-01
2.700E+00	2.020E-02	5.800E+00	4.593E-02	8.900E+00	5.863E-02
2.800E+00	8.321E-02	5.900E+00	-1.136E-02	9.000E+00	-1.601E-01
2.900E+00	4.076E-02	6.000E+00	2.603E-02	9.100E+00	-6.673E-02
3.000E+00	-8.230E-04	6.100E+00	5.242E-03	9.200E+00	7.500E-02
3.100E+00	3.499E-03	6.200E+00	-2.572E-02	9.300E+00	-3.485E-01

时间/s	水平加速度	时间/s	水平加速度	时间/s	水平加速度
9.400E+00	−2.863E−01	1.260E+01	−6.332E−02	1.580E+01	2.102E−01
9.500E+00	5.038E−01	1.270E+01	−1.289E−01	1.590E+01	1.959E−01
9.600E+00	8.156E−01	1.280E+01	−3.497E−01	1.600E+01	2.525E−01
9.700E+00	7.804E−01	1.290E+01	3.105E−02	1.610E+01	−1.245E−01
9.800E+00	−2.149E−01	1.300E+01	7.422E−03	1.620E+01	−3.189E−01
9.900E+00	−1.305E+00	1.310E+01	2.437E−02	1.630E+01	−5.420E−02
1.000E+01	−3.441E−01	1.320E+01	−2.355E−01	1.640E+01	1.779E−01
1.010E+01	7.947E−01	1.330E+01	1.532E−01	1.650E+01	1.016E−01
1.020E+01	9.079E−02	1.340E+01	9.013E−02	1.660E+01	9.569E−02
1.030E+01	−1.075E−01	1.350E+01	−2.518E−02	1.670E+01	1.163E−02
1.040E+01	−7.281E−02	1.360E+01	−1.693E−01	1.680E+01	−5.125E−02
1.050E+01	2.844E−01	1.370E+01	−2.324E−01	1.690E+01	5.305E−02
1.060E+01	5.316E−02	1.380E+01	−2.120E−02	1.700E+01	5.320E−02
1.070E+01	4.486E−02	1.390E+01	−1.773E−01	1.710E+01	−1.266E−01
1.080E+01	5.093E−02	1.400E+01	3.442E−01	1.720E+01	8.960E−03
1.090E+01	−1.436E−01	1.410E+01	2.392E−01	1.730E+01	−7.051E−02
1.100E+01	−1.726E−01	1.420E+01	2.046E−01	1.740E+01	−2.080E−01
1.110E+01	−1.723E−01	1.430E+01	7.420E−02	1.750E+01	1.547E−01
1.120E+01	−1.709E−01	1.440E+01	−1.965E−01	1.760E+01	−1.499E−01
1.130E+01	−1.838E−03	1.450E+01	−1.154E−01	1.770E+01	1.040E−01
1.140E+01	4.302E−02	1.460E+01	−5.295E−03	1.780E+01	−7.651E−03
1.150E+01	−1.164E−02	1.470E+01	2.138E−02	1.790E+01	−1.640E−01
1.160E+01	−1.477E−01	1.480E+01	−1.112E−01	1.800E+01	−1.266E−01
1.170E+01	−5.046E−01	1.490E+01	−2.315E−02	1.810E+01	−2.281E−01
1.180E+01	1.181E−01	1.500E+01	8.832E−02	1.820E+01	7.060E−02
1.190E+01	3.273E−01	1.510E+01	9.405E−02	1.830E+01	1.862E−01
1.200E+01	1.467E−01	1.520E+01	−8.777E−02	1.840E+01	1.366E−01
1.210E+01	4.069E−01	1.530E+01	7.600E−02	1.850E+01	−7.485E−02
1.220E+01	5.041E−02	1.540E+01	−1.726E−01	1.860E+01	1.099E−01
1.230E+01	3.451E−01	1.550E+01	−2.022E−01	1.870E+01	−1.818E−02
1.240E+01	1.451E−01	1.560E+01	−2.588E−01	1.880E+01	1.687E−01
1.250E+01	−3.083E−01	1.570E+01	1.041E−01	1.890E+01	5.908E−02

时间/s	水平加速度
1.900E+01	1.418E-02

表 7.2 地震波数据(垂直加速度)

时间/s	垂直加速度	时间/s	垂直加速度	时间/s	垂直加速度
1.000E-01	−2.436E-02	3.100E+00	1.422E-01	6.100E+00	−9.712E-02
2.000E-01	3.634E-02	3.200E+00	2.474E-01	6.200E+00	8.426E-02
3.000E-01	−3.463E-02	3.300E+00	8.357E-02	6.300E+00	3.956E-02
4.000E-01	1.759E-02	3.400E+00	−9.280E-03	6.400E+00	1.663E-01
5.000E-01	6.114E-02	3.500E+00	2.031E-02	6.500E+00	5.252E-02
6.000E-01	−2.594E-02	3.600E+00	4.796E-02	6.600E+00	1.988E-02
7.000E-01	−3.104E-02	3.700E+00	3.635E-03	6.700E+00	1.227E-01
8.000E-01	7.362E-02	3.800E+00	6.548E-02	6.800E+00	3.820E-02
9.000E-01	4.909E-02	3.900E+00	1.198E-01	6.900E+00	3.707E-02
1.000E+00	−4.473E-03	4.000E+00	−4.948E-02	7.000E+00	−1.818E-01
1.100E+00	−1.350E-02	4.100E+00	1.004E-01	7.100E+00	4.451E-02
1.200E+00	−4.875E-02	4.200E+00	2.865E-02	7.200E+00	−1.573E-01
1.300E+00	3.170E-02	4.300E+00	1.741E-02	7.300E+00	−8.639E-02
1.400E+00	−1.099E-01	4.400E+00	−4.390E-02	7.400E+00	−4.227E-02
1.500E+00	1.660E-02	4.500E+00	3.168E-02	7.500E+00	9.645E-02
1.600E+00	−2.400E-02	4.600E+00	−9.322E-02	7.600E+00	1.554E-01
1.700E+00	−1.045E-02	4.700E+00	−1.077E-01	7.700E+00	1.598E-01
1.800E+00	−9.465E-03	4.800E+00	−4.064E-02	7.800E+00	−1.389E-01
1.900E+00	−4.354E-02	4.900E+00	−1.131E-01	7.900E+00	1.091E-01
2.000E+00	−4.548E-03	5.000E+00	2.200E-02	8.000E+00	−2.949E-01
2.100E+00	1.365E-01	5.100E+00	3.008E-03	8.100E+00	4.595E-02
2.200E+00	1.493E-01	5.200E+00	5.197E-02	8.200E+00	−4.560E-01
2.300E+00	2.243E-02	5.300E+00	5.409E-02	8.300E+00	−7.395E-03
2.400E+00	6.636E-02	5.400E+00	−1.499E-03	8.400E+00	1.275E-01
2.500E+00	−1.569E-01	5.500E+00	−1.464E-01	8.500E+00	1.369E-01
2.600E+00	−1.869E-02	5.600E+00	−6.917E-02	8.600E+00	−2.881E-01
2.700E+00	−9.919E-02	5.700E+00	1.183E-01	8.700E+00	−2.198E-01
2.800E+00	−1.468E-01	5.800E+00	2.182E-01	8.800E+00	7.072E-01
2.900E+00	1.020E-02	5.900E+00	1.006E-01	8.900E+00	1.317E-01
3.000E+00	−3.610E-02	6.000E+00	8.155E-02	9.000E+00	3.182E-02

时间/s	垂直加速度	时间/s	垂直加速度	时间/s	垂直加速度
9.100E+00	−3.738E−01	1.240E+01	−1.226E−03	1.570E+01	1.451E−01
9.200E+00	7.280E−02	1.250E+01	1.021E−01	1.580E+01	5.195E−02
9.300E+00	−2.218E−01	1.260E+01	3.597E−02	1.590E+01	1.027E−01
9.400E+00	−4.583E−02	1.270E+01	−4.236E−02	1.600E+01	8.562E−02
9.500E+00	1.562E−01	1.280E+01	4.639E−02	1.610E+01	−8.908E−02
9.600E+00	−4.804E−02	1.290E+01	−4.727E−02	1.620E+01	−1.201E−01
9.700E+00	5.737E−02	1.300E+01	−2.844E−02	1.630E+01	−1.857E−02
9.800E+00	−2.649E−01	1.310E+01	−1.714E−01	1.640E+01	2.811E−02
9.900E+00	4.153E−02	1.320E+01	2.618E−02	1.650E+01	−6.653E−02
1.000E+01	3.061E−01	1.330E+01	−3.293E−03	1.660E+01	5.574E−02
1.010E+01	−5.813E−02	1.340E+01	−5.319E−02	1.670E+01	6.091E−02
1.020E+01	8.603E−02	1.350E+01	−4.201E−02	1.680E+01	−1.359E−01
1.030E+01	1.308E−02	1.360E+01	−1.270E−02	1.690E+01	−5.190E−02
1.040E+01	2.559E−03	1.370E+01	4.783E−02	1.700E+01	−2.389E−02
1.050E+01	−2.689E−01	1.380E+01	−5.936E−02	1.710E+01	−1.295E−02
1.060E+01	1.747E−01	1.390E+01	−5.586E−02	1.720E+01	1.718E−02
1.070E+01	2.373E−01	1.400E+01	1.910E−01	1.730E+01	1.897E−02
1.080E+01	1.319E−01	1.410E+01	1.556E−02	1.740E+01	−1.765E−01
1.090E+01	−9.847E−02	1.420E+01	8.769E−02	1.750E+01	−2.439E−02
1.100E+01	−3.006E−02	1.430E+01	1.171E−01	1.760E+01	6.171E−02
1.110E+01	3.019E−01	1.440E+01	−8.164E−02	1.770E+01	−7.190E−03
1.120E+01	3.237E−02	1.450E+01	−1.230E−01	1.780E+01	−8.599E−03
1.130E+01	5.284E−02	1.460E+01	−5.375E−02	1.790E+01	−4.267E−02
1.140E+01	4.251E−02	1.470E+01	−5.117E−02	1.800E+01	9.119E−02
1.150E+01	−1.938E−03	1.480E+01	2.764E−02	1.810E+01	1.529E−02
1.160E+01	−3.132E−02	1.490E+01	9.017E−02	1.820E+01	3.388E−02
1.170E+01	−4.203E−02	1.500E+01	4.507E−02	1.830E+01	5.965E−02
1.180E+01	−1.752E−01	1.510E+01	−1.427E−02	1.840E+01	−4.193E−02
1.190E+01	2.770E−02	1.520E+01	−6.129E−02	1.850E+01	3.701E−02
1.200E+01	2.160E−01	1.530E+01	−1.055E−01	1.860E+01	1.189E−01
1.210E+01	−1.524E−01	1.540E+01	6.608E−02	1.870E+01	−6.526E−02
1.220E+01	−1.322E−01	1.550E+01	2.563E−02	1.880E+01	−6.189E−02
1.230E+01	−6.335E−03	1.560E+01	−5.257E−02	1.890E+01	3.124E−02

时间/s	垂直加速度
1.900E+01	-2.910E-02

(2)分析问题

为了便于 ANSYS 顺利读入数据文件,需要将表7.1、表7.2 的数据做成两个文本文件。文件一"ACELX. txt"存储时间和水平加速度两列数据,文件二"ACELY. txt"存储时间和竖向加速度两列数据。文本文件中的数据的格式为:第一列为时间数据,顶格;第二列为加速度数据,若为正,则与第一列间空两格;若为负,则空一格。将做好的文件放在 ANSYS 的工作目录下。

瞬态动力学分析,也称时间历程分析,可以用来分析结构承受任意的随时间变化载荷作用时的动力响应。本节中将采用 FULL 法来分析地震响应。

(3)GUI 过程

1)有限元模型的建立。

将本例重力坝的有限元模型读入。

2)加载及求解。由于在求解中使用了 APDL 的循环功能,所以使用命令流的方式进行加载和求解。

! 先将 ACELX 和 ACELY 文件放于工作目录下。

! * * * * * * * * *读入地震载荷数据* * * * * * * * *

* DIM,TJX,ARRAY,2,190,0! 定义 2X190 的数组 TJX 存储水平方向地震波数据

* DIM,TJY,ARRAY,2,190,0! 定义 2X190 的数组 TJY 存储竖直方向地震波数据

* CREATE,ANSUITMP! 创建 ANSYS 的临时宏文件 ANSUITMP

* VREAD,TJX(1,1),´ACELX´,´TXT´,´´,190! 读入 ACELX. TXT 数据到 TJX 数组里

(E9.3,E11.3)! 读入的数据格式

* END! 结束宏文件 ANSUITMP

/INPUT,ANSUITMP! 从宏文件 ANSUITMP 中读入操作命令

* CREATE,ANSUITMP! 创建 ANSYS 的临时宏文件 ANSUITMP

* VREAD,TJY(1,1),´ACELY´,´TXT´,´´,190! 读入 ACELY. TXT 数据到 TJY 数组里

(E9.3,E11.3)! 读入的数据格式

* END! 结束宏文件 ANSUITMP

/INPUT,ANSUITMP! 从宏文件 ANSUITMP 中读入操作命令

! * * * * * * * * * * 加载及求解* * * * * * * * * * * * * * *

/SOLU

ANTYPE,4! 指定分析类型为瞬态动力学分析

TRNOPT,FULL! 瞬态动力学分析采用 FULL 法

TIMINT,OFF! 关闭时间积分效应

OUTRES,BASIC,ALL! 输出基本项,每一步都输出

KBC,1! 指定载荷

TIME,1E-10! 指定载荷步结束时间

NSUB,4,8！指定载荷子步数为 4,最大子步数为 8

SSTIF,ON！打开应力刚化效应

ACEL,0,9.8,0！施加重力加速度

ALLS！选中所有元素

SOLVE！求解第一个载荷步

！在自重作用下,计算结构地震响应

TIMINT,ON！打开时间积分效应

！＊＊＊＊＊＊＊＊＊＊施加地震载荷＊＊＊＊＊＊＊＊＊

＊DO,T,1,190,1！开始 t 从 1 到 190 的循环

TIME,0.1＊T！设定此载荷步的结束时间为 0.1＊T

KBC,0！指定载荷为递增载荷

NSUB,1！指定载荷子步数为 1

ALPHAD,0.05！设定质量阻尼 ALPHA 为 0.05

BETAD,0.01！设定刚度阻尼 BETA 为 0.01

ACEL,TJX(2,T),TJY(2,T)

ALLSEL！选中所有元素

SOLVE！求解第一个载荷步

＊ENDDO！循环结束

SAVE！保存

(4)计算结果

时间历程后处理器 POST26,如图 7.52 所示。

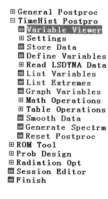
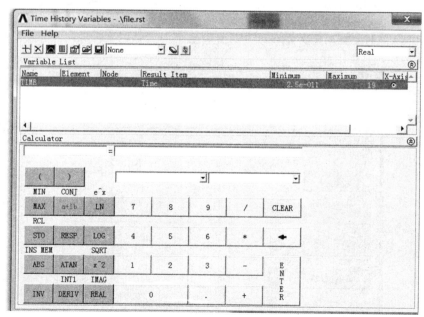

图 7.52　时间历程后处理器

点击"+",弹出对话框,选择"X–Component of displacement",点击"OK",如图7.53所示。

选取重力坝顶部的节点,点击"OK",如图7.54所示。

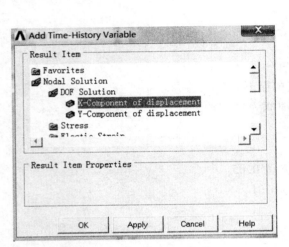

图 7.53　设置 x 方向位移时程

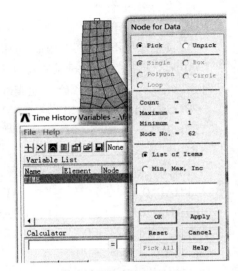

图 7.54　选取重力坝顶部的节点

点击"Graph Data"按钮,如图7.55所示,查看该节点在地震载荷下的位移随时间的变化,如图7.56所示。

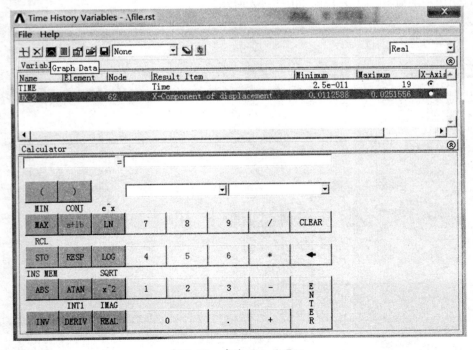

图 7.55　点击 Graph Data

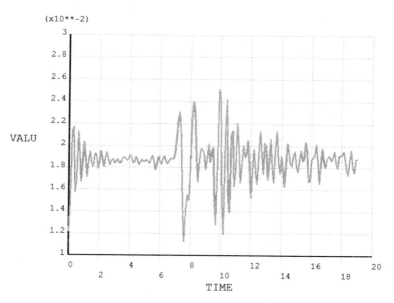

图 7.56　重力坝顶部位移曲线

可以看出该重力坝坝顶在地震 10 s 左右时,其位移达到最大值。

同时,可以通过数学运算,得到该重力坝顶点的速度和加速度时程曲线,如图 7.57、图 7.58 所示。

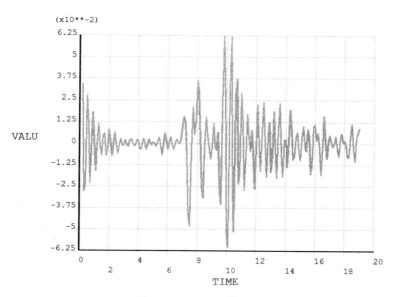

图 7.57　重力坝顶部速度曲线

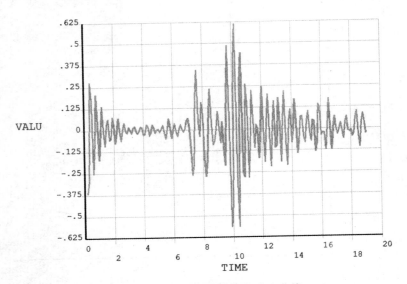

图 7.58　重力坝顶部节点加速度曲线

可以看出重力坝在 10 s 左右动力响应最大,取 9.8 s 时刻的重力坝状态,在 POST1 里分析。找到 9.8 s 时刻,点击"Read",点击"Close",如图 7.59 所示。如图 7.60 所示。分别选中图 7.60、图 7.62 所示项目,点击"OK"按钮,显示如图 7.61、图 7.63 所示结果。计算结果,如图 7.61 所示,如图 7.63 所示。

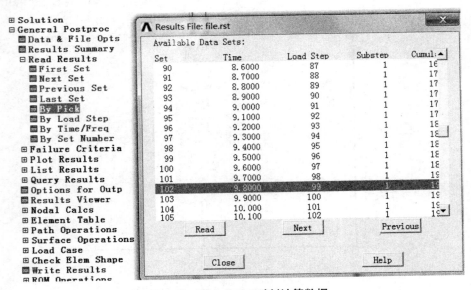

图 7.59　读入 9.8 s 时刻计算数据

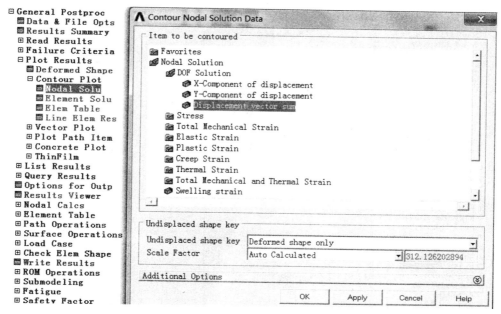

图 7.60 重力坝 9.8 s 时刻位移显示设置

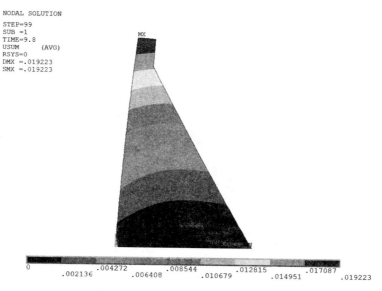

图 7.61 重力坝 9.8 s 时刻位移图

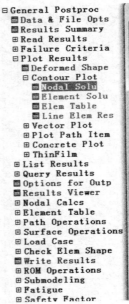
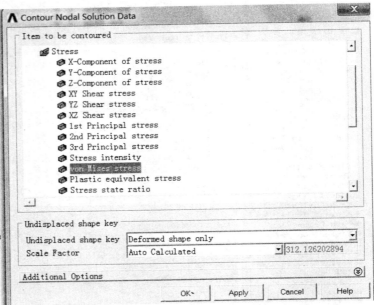

图 7.62　重力坝 9.8 s 时刻应力显示设置

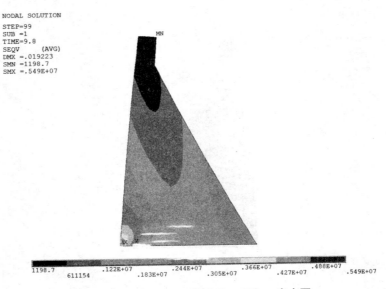

图 7.63　重力坝 9.8 s 时刻 Von-Mises 应力图

（5）APDL 命令流

WPSTYLE,,,,,,,,0

/PREP7

! *

ET,1,PLANE182

```
KEYOPT,1,1,3
KEYOPT,1,3,2
KEYOPT,1,6,0
! *
MPTEMP,,,,,,,,
MPTEMP,1,0
MPDATA,EX,1,,3.5e10
MPDATA,PRXY,1,,0.2
MPTEMP,,,,,,,,
MPTEMP,1,0
MPDATA,DENS,1,,2500

K,1,0,0,0,
K,2,76,0,0,
K,3,15.6,104,0,
K,4,15.6,120,0,
K,5,5.6,120,0,

LSTR,        1,        2
LSTR,        2,        3
LSTR,        3,        4
LSTR,        4,        5
LSTR,        5,        1
FLST,2,5,4
FITEM,2,1
FITEM,2,2
FITEM,2,3
FITEM,2,5
FITEM,2,4
AL,P51X
FLST,5,1,4,ORDE,1
FITEM,5,1
CM,_Y,LINE
LSEL, , , ,P51X
CM,_Y1,LINE
CMSEL,S,_Y
! *
LESIZE,_Y1,0, ,20,0,4,0,0
CMDELE,_Y
CMDELE,_Y1
! *
FLST,5,1,4,ORDE,1
FITEM,5,2
CM,_Y,LINE
LSEL, , , ,P51X
CM,_Y1,LINE
CMSEL,S,_Y
! *
LESIZE,_Y1,0, ,32,0,4,0,0
CMDELE,_Y
CMDELE,_Y1
! *
FLST,5,1,4,ORDE,1
FITEM,5,3
CM,_Y,LINE
LSEL, , , ,P51X
CM,_Y1,LINE
CMSEL,S,_Y
! *
LESIZE,_Y1,0, ,6,0,4,0,0
CMDELE,_Y
CMDELE,_Y1
! *
FLST,5,1,4,ORDE,1
FITEM,5,4
CM,_Y,LINE
LSEL, , , ,P51X
CM,_Y1,LINE
CMSEL,S,_Y
! *
LESIZE,_Y1,0, ,4,0,4,0,0
CMDELE,_Y
CMDELE,_Y1
! *
FLST,5,1,4,ORDE,1
FITEM,5,5
```

```
CM,_Y,LINE
LSEL, , , ,P51X
CM,_Y1,LINE
CMSEL,S,_Y
! *
LESIZE,_Y1,0, ,40,0,4,0,0
CMDELE,_Y
CMDELE,_Y1
! *
MSHKEY,0
CM,_Y,AREA
ASEL, , , ,           1
CM,_Y1,AREA
CHKMSH,´AREA´
CMSEL,S,_Y
! *
AMESH,_Y1
! *
CMDELE,_Y
CMDELE,_Y1
CMDELE,_Y2
! *
FINISH
/SOL
FLST,2,21,1,ORDE,2
FITEM,2,1
FITEM,2,-21
! *
/GO
D,P51X, ,0, , , ,ALL, , , , ,
/REPLO
ACEL,0,9.8,0,
/REPLO
FLST,2,1,4,ORDE,1
FITEM,2,5
/GO
! *
SFL,P51X,PRES,0,1101370
```

```
*DIM,TJX,ARRAY,2,190,0
*DIM,TJY,ARRAY,2,190,0
*CREATE,ANSUITMP
*VREAD,TJX(1,1),´ACELX´,´TXT
´,´´,190
(E9.3,E11.3)
*END
/INPUT,ANSUITMP
*CREATE,ANSUITMP
*VREAD,TJY(1,1),´ACELY´,´TXT
´,´´,190
(E9.3,E11.3)
*END
/INPUT,ANSUITMP
/SOLU
ANTYPE,4
TRNOPT,FULL
TIMINT,OFF
OUTRES,BASIC,ALL
KBC,1
TIME,1E-10
NSUB,4,8
SSTIF,ON
ACEL,0,9.8,0
ALLS
SOLVE
TIMINT,ON
*DO,T,1,190,1
TIME,0.1*T
KBC,0
NSUB,1
ALPHAD,0.05
BETAD,0.01
ACEL,TJX(2,T),TJY(2,T)
ALLSEL
SOLVE
*ENDDO
SAVE
```

7.1.3 重力坝静力分析练习

7.1.3.1 坝体工程概述

本次进行力学分析的坝体工程为混凝土重力坝,混凝土的强度等级采用的是 C20。假设坝体的长度为 100 m、高为 30 m、宽从上到下由 3 m 变化到 10 m、基础深 5 m,坝体一侧为垂直的,下游一侧为倾斜的,坝体的断面如图 7.64 所示,图中的曲线表示河岸线。假设坝体的两侧嵌入河流两岸的岩石中,并且坝体的基础也嵌入基岩中。计算分析的水位为 30 m,采用国标钢筋混凝土设计规范进行验算,看 C20 混凝土能否满足设计要求。

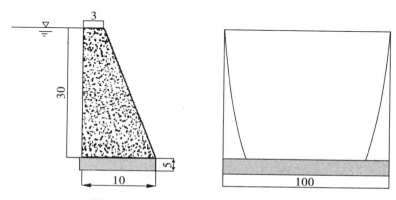

图 7.64 混凝土重力坝断面图(单位:m)

7.1.3.2 有限元分析的力学简化

在采用有限元程序进行坝体工程力学分析时,如果按照真实的坝体模型进行分析,是一个三维问题,分析起来耗费时间和计算机资源,其分析结果也未必很理想。通常处理的手段是根据弹性力学理论,将这种在纵向比较长而横断面比较小的坝体结构简化为平面应变的模式进行分析;即认为坝体结构在纵向是不变形的,没有位移,只在横断面方向产生位移,但是在纵向和横向都有应力产生;并且认为在横断面方向所产生的位移和应力是相等的,这样是进行了近似处理,由于边界条件的影响,在两侧河岸处的位移实际上比坝中要小,不过在坝中段采用这样的力学简化是完全合理的。位移边界的简化是将基础端视为固定端,因坝体嵌入基岩内,这样的简化是合理的。

将本来是三维的坝体力学问题简化为弹性力学理论中的平面应变问题后,采用 ANSYS 软件进行有限元分析就比较容易了,而且能够用较短的计算机运行时间和较低的计算机硬件配置,达到利用有限元力学分析结果来满足工程设计的要求。

7.1.3.3 ANSYS 求解分析

(1)创建单元类型

拾取菜单"Main Menu>Preprocessor>Element Type>Add/Edit/Delete"。弹出对话框,

单击"Add"按钮,弹出图 7.65 所示的对话框,在左侧列表中选"Structural Solid",在右侧列表中选"Quad 4node 182",单击"OK"按钮。出现单元类型对话框,如图 7.66 所示,点击"Options",出现对话框,图 7.67 所示,将单元力学模型的"K3"设置为"Plain Strain",点击"OK",回到图 7.65,点击"Close"按钮。

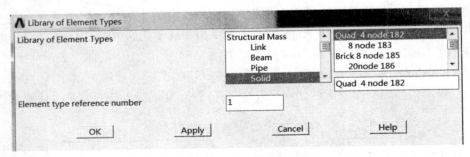

图 7.65   单元类型设置对话框

图 7.66   已定义的单元类型

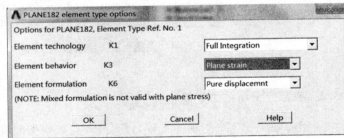

图 7.67   设置单元关键字

（2）定义材料特性

拾取菜单"Main Menu>Preprocessor>Material Props>Material Models"。弹出对话框,在右侧列表中依次双击"Structural""Linear""Elastic""Isotropic",弹出的图 7.68 所示的对话框,在"EX"文本框中输入 25.9e9（弹性模量）,在"PRXY"文本框中输入 0.2（泊松比）。

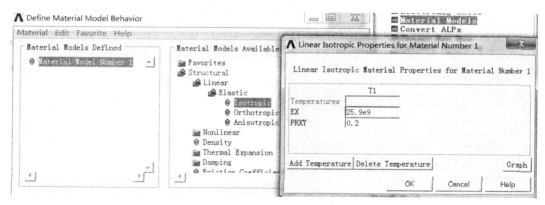

图 7.68 定义材料特性

再点击"Density",如图 7.69 所示,输入 2300,点击"OK"按钮。

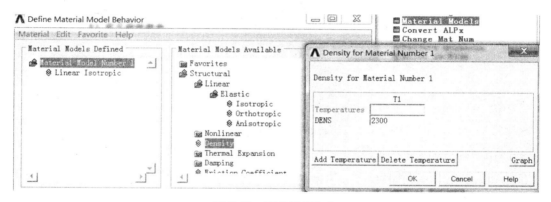

图 7.69 定义材料密度

(3)建立几何模型

1)创建关键点。

点击主菜单中的"Preprocessor>Modeling>Create>Keypoints>In Active CS",弹出对话框,在"Keypoint number"一栏中输入关键点号 1,在"XYZ Location"。一栏中输入关键点 1 的坐标(0,0,0),如图 7.70 所示,点击"Apply"按钮,在生成 1 关键点同时参照图图 7.71 所示依次创建关键点 2(10,0,0)、3(3,30,0)、4(0,30,0)。

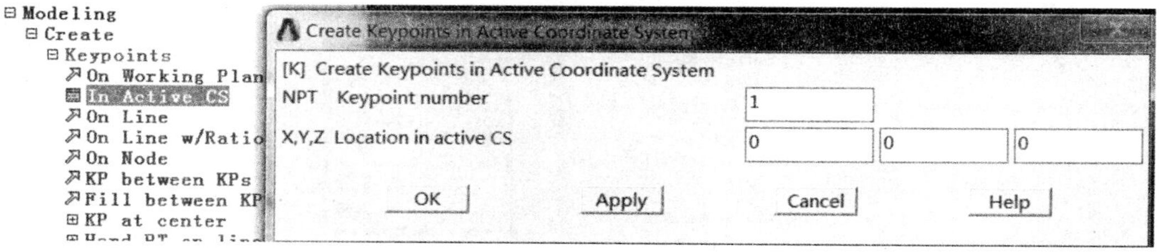

图 7.70 创建关键点

Create Keypoints in Active Coordinate System

[K] Create Keypoints in Active Coordinate System
NPT　Keypoint number
X,Y,Z　Location in active CS

2		
10	0	0

OK　　Apply　　Cancel　　Help

Create Keypoints in Active Coordinate System

[K] Create Keypoints in Active Coordinate System
NPT　Keypoint number
X,Y,Z　Location in active CS

3		
3	30	0

OK　　Apply　　Cancel　　Help

Create Keypoints in Active Coordinate System

[K] Create Keypoints in Active Coordinate System
NPT　Keypoint number
X,Y,Z　Location in active CS

4		
0	30	0

OK　　Apply　　Cancel　　Help

图 7.71　创建关键点

2）由关键点创建面。

点击主菜单中的"Preprocessor>Modeling>Create>Areas>Arbitray>Through KPs"，弹出关键点拾取框，如图 7.72，依次用鼠标左键点击关键点 1、2、3、4，点击拾取框的"OK"，生成面。

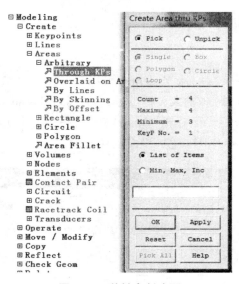

图 7.72　关键点创建面

（4）网格划分

点击主菜单中"Preprocessor/Meshing/Size Cntrls/ManualSize/Global/Size"，在 SIZE 栏中输入 1，如图 7.73，点击"OK"按钮。

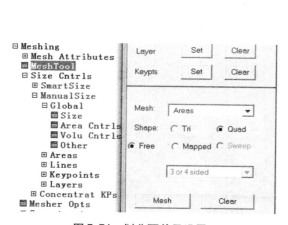

图 7.73　设置单元长度

点击主菜单中"Preprocessor/Meshing/MeshTool"，如图 7.74，选择"Areas""Quad""Free"，点击"Mesh"，出现拾取面对话框，如图 7.74，点击重力坝截面，点击拾取面对话框"OK"，完成网格划分，如图 7.75 所示。

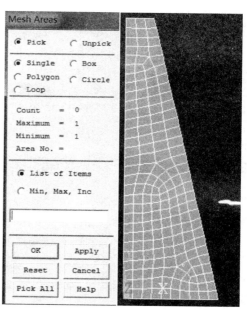

图 7.74　划分面单元设置　　　　　　图 7.75　划分面

（5）加载

1）施加位移约束。

点击主菜单中的"Preprocessor>Solution>Define Loads>Apply>Structural>Displacement>On Lines"，弹出"线选择"对话框，如图 7.76，点选 X 轴重合的线（重力坝底部），然后点击"OK"按钮，弹出对话框如图 7.77 所示，选择右上列表框中的"All DOF"，并点击"OK"

按钮。

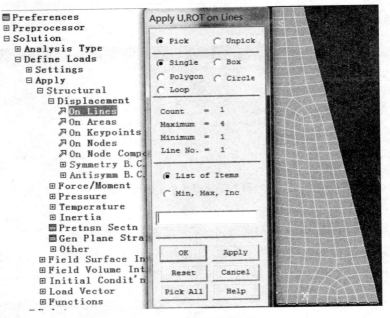

图 7.76　拾取线对话框

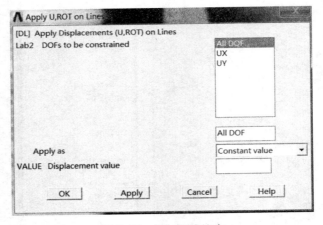

图 7.77　施加位移约束

2）施加水压力载荷。

点击主菜单中的"Preprocessor>Solution>Define Loads>Apply>Structural>Pressure>On Lines"，弹出对话框图 7.78 所示，点击沿 Y 轴竖直线（重力坝承受水压力的线段），点击"OK"，出现图 7.79 对话框，分别输入数据"0""300000"，施加三角形水压力载荷。

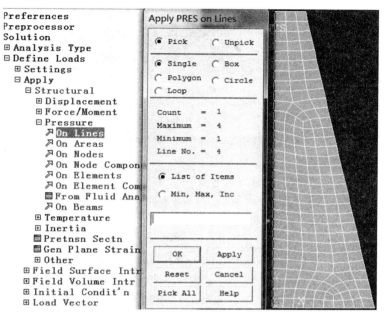

图 7.78 拾取线对话框

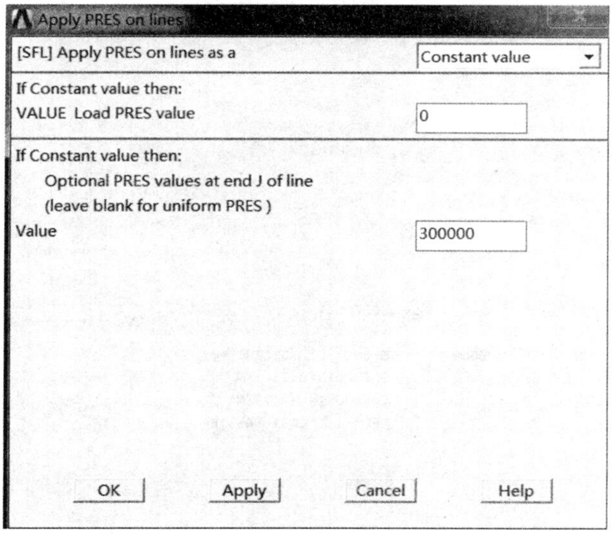

图 7.79 施加水压力载荷

3）施加重力加速度。

点击主菜单中的"Preprocessor > Solution > Define Loads > Apply > Structural > Inertia > Gravity>Global"，弹出对话框图 7.80 所示，在"Y-comp"栏中输入 10（注意：ANSYS 中施加重力加速度方向与实际重力加速度方向相反），点击"OK"按钮。

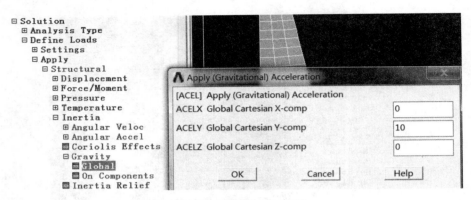

图7.80 施加重力加速度

(6)求解

点击主菜单中的"Solution>Solve>Current LS",弹出对话框(图7.81),点击"OK"按钮,开始进行分析求解。分析完成后,又弹出一信息窗口提示用户已完成求解,点击"Close"按钮关闭对话框即可。至于在求解时产生的 STATUS Command 窗口,点击"File>Close"关闭即可。

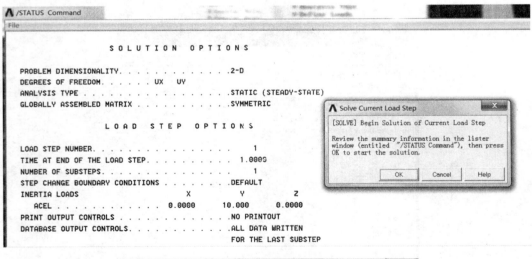

图7.81 求解对话框

(7)查看结果

点击主菜单中的"General Postproc>Plot Results>Contour Plot>Nodal Solu",弹出对话

框,选择"DOF Solution>X−Component of displacement",点击"OK",可以看出重力坝 X 方向的最大位移值 5.617 mm,如图 7.82 所示。

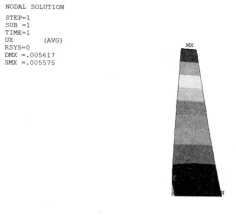

图 7.82　重力坝 X 方向位移

同理,可以查看 Y 方向的位移,图 7.83 所示。Y 方向的最大位移值为 0.697 mm。

图 7.83　重力坝 Y 方向位移

查看第一主应力,选择如图 7.84 所示,得到重力坝第一主应力云图,结果如图 7.85 所示。可以看出最大拉应力为 2.5 MPa。

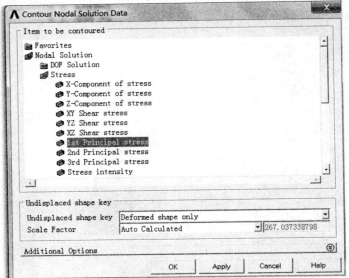

图 7.84　查看第一主应力设置

图 7.85　重力坝第一主应力云图

(8) 变形和强度验算

1) 变形验算。

可看出,最大的 X 方向位移为 5.617 mm,Y 方向位移为 0.697 mm。由混凝土规范变形要求得出,其最大的变形量为 L/650 mm,所以 30000/650 = 46.154 mm(L 为坝高)。故从变形的角度来看,该坝体工程是满足设计要求。

2）强度验算。

强度验算主要是进行混凝土的应力验算。其控制设计的为第一主应力即最大拉应力为 2.55 MPa。根据混凝土结构设计规范，C20 混凝土的抗拉强度设计值为 1.10 MPa。故抗拉强度超过了设计值，要采取相应的措施。

（9）APDL 命令流

```
WPSTYLE,,,,,,,,0
/PREP7
! *
ET,1,PLANE182
! *
KEYOPT,1,1,0
KEYOPT,1,3,2
KEYOPT,1,6,0
MPTEMP,,,,,,,,
MPTEMP,1,0
MPDATA,EX,1,,25.5e9
MPDATA,PRXY,1,,0.2
MPTEMP,,,,,,,,
MPTEMP,1,0
MPDATA,DENS,1,,2300
K,1,0,0,0,
K,2,10,0,0,
K,3,3,30,0,
K,4,0,30,0,
LSTR,       1,       2
LSTR,       2,       3
LSTR,       3,       4
LSTR,       4,       1
FLST,2,4,4
FITEM,2,4
FITEM,2,2
FITEM,2,3
FITEM,2,1
AL,P51X
! *
LESIZE,ALL,1,,,,1,,,1,
MSHAPE,0,2D
MSHKEY,0

! *
CM,_Y,AREA
ASEL,,,,       1
CM,_Y1,AREA
CHKMSH,'AREA'
CMSEL,S,_Y
! *
AMESH,_Y1
! *
CMDELE,_Y
CMDELE,_Y1
CMDELE,_Y2
! *
/UI,MESH,OFF
FINISH
/SOL
FLST,2,11,1,ORDE,3
FITEM,2,2
FITEM,2,32
FITEM,2,-41
! *
/GO
D,P51X,,,,,,ALL,,,,,
FLST,2,1,4,ORDE,1
FITEM,2,4
/GO
! *
SFL,P51X,PRES,0,300000
ACEL,0,10,0,
/STATUS,SOLU
SOLVE
FINISH
```

7.1.4 斜拉桥三维仿真计算

7.1.4.1 工程概述

（1）材料性能

主梁、索塔：$E=3.5e10,\rho=2500\ \text{kg/m}^3,v=0.17$。

刚性鱼刺横梁和主塔连接横梁：$E=1.0e16,\rho=0,v=0$。

斜拉索：$E=1.9e10,\rho=1200\ \text{kg/m}^3,v=0.25$。

图 7.86　斜拉桥三维示意图

（2）截面特性

主梁：$b=1.6,h=16$。

上索塔：$b=3.4,h=4.7$。

中索塔：$b=9,h=6$。

下索塔：$b=8,h=5$。

刚性鱼刺横梁和索塔横梁：$b=1,h=1$。

斜拉索：$A=0.012$。

（3）其他参数

主跨：360。

边跨：174。

桥宽：28。

塔高：162。

主塔连接横梁长：30。

塔的倒 Y 分叉点距桥面：60。

塔底距桥面：30。

塔底横桥向距离:20。

斜索在主梁每 6 米处布置一根,索塔处也布置横梁且被斜拉索吊住。主塔从塔顶往下每隔 18 米设置一个斜索张拉集中点,共分 4 个张拉点。上面 3 个集中点每个单侧可以张拉 7 条索,第 4 个点张拉 8 条斜拉索,所以在单个主塔的每侧都有 29 条斜索,在塔上 4 个节点上张拉 116 条,在塔的倒 Y 分叉点也张拉一条吊索,总计在塔上张拉 117 条吊索。

(4)边界条件

左桥端仅给予竖向和横向的平移自由度约束,右桥端仅给予横向的平移自由度约束,索塔底部完全约束,刚横梁在索塔处仅给予横向和竖向约束,索单元和梁单元给予完全铰约束。

(5)建模假设

采用空间鱼刺模型。所有截面几何特性以及质量集中于桥的主梁上,横梁相对为刚性件,只起到传递力的作用。其他假设如下:

·主梁处于全漂状态,主梁在索塔处以及两个桥端都释放纵向约束。

·中、下塔柱使用一个梁单元模拟,上塔柱使用四个梁单元模拟,索塔横梁采用两个梁单元模拟。索塔横梁采用两个刚梁单元模拟。

7.1.4.2　建模及结果分析

(1)建立模型(本例应用 APDL 命令流的模式),在图 7.87。命令输入行中直接输入命令流。

图 7.87　命令输入窗口

①定义单元类型。执行路径"Main menu > Preprocessor > Element Type > Add/Edit/Delete",1 号单元选择 BEAM188,它将用于对梁柱的建模;2 号单元选择 LINK180,它将用于对斜拉索的建模。

/PREP7

!　*

ET,1,BEAM188

!　*

ET,2,LINK180

②定义材料属性。路径: Main menu> Preprocessor> Meshing> Mesh Attributes>Default Attributes, 1 号材料属性为:EX=3.5E10,PRXY=0.17,DENS=2500,它将用于对主梁、塔柱的建模:2 号材料属性:EX=10E15,PREY=0,DENS=0,它将用于对鱼刺横梁和塔柱连接横梁的建模:3 号材料属性:EX=1.9E10,PRXY=0.25,DENS=1200,它将用于对斜拉索的建模。

MPTEMP,,,,,,,,

MPTEMP,1,0
MPDATA,EX,1,,3.5e10
MPDATA,PRXY,1,,0.17
MPTEMP,,,,,,,,
MPTEMP,1,0
MPDATA,DENS,1,,2500

MPTEMP,,,,,,,,
MPTEMP,1,0
MPDATA,EX,2,,10e15
MPDATA,PRXY,2,,0
MPTEMP,,,,,,,,
MPTEMP,1,0
MPDATA,DENS,2,,0

MPTEMP,,,,,,,,
MPTEMP,1,0
MPDATA,EX,3,,1.9e10
MPDATA,PRXY,3,,0.25
MPTEMP,,,,,,,,
MPTEMP,1,0
MPDATA,DENS,3,,1200

③定义梁截面和实常数。

路径：Main menu> Preprocessor> Sections>Beam>Common Sections。

SECTYPE, 1, BEAM, RECT, , 0
SECOFFSET, CENT
SECDATA,1.6,16,0,0,0,0,0,0,0,0,0,0
SECTYPE, 2, BEAM, RECT, , 0
SECOFFSET, CENT
SECDATA,3.4,4.7,0,0,0,0,0,0,0,0,0,0
SECTYPE, 3, BEAM, RECT, , 0
SECOFFSET, CENT
SECDATA,9,6,0,0,0,0,0,0,0,0,0,0
SECTYPE, 4, BEAM, RECT, , 0
SECOFFSET, CENT
SECDATA,8,5,0,0,0,0,0,0,0,0,0,0
SECTYPE, 5, BEAM, RECT, , 0
SECOFFSET, CENT

SECDATA,1,1,0,0,0,0,0,0,0,0,0,0

路径：Main menu> Preprocessor> Real constants> Add/ Edit/ Delete。1 号为斜拉索实常数。

R,1,0.012, ,0

④创建节点和单元。由于数据较多,这里用 APDL 语言直接给出程序段。

```
! 建立主梁节点
*do,i,1,59            ! 此循环用于建立主梁的半跨节点
x=-174*2+(i-1)*6      ! 最左端 x=174*2,x=0 左边的节点 x 坐标值,间距为 6
y1=-14               ! 桥面宽 28 米,故左边节点为-14
y2=14                ! 桥面宽 28 米,故右边节点为 14
n,3*(i-1)+1,x         ! 建立主梁节点          3*(i-1)+1 为节点号
n,3*(i-1)+2,x,y1      ! 以下两行建立桥面两边节点
n,3*i,x,y2
*enddo
! 建立主梁单元
TYPE,   1
MAT,        1
ESYS,       0
SECNUM,   1
TSHAP,LINE
! *
*do,i,1,58,1          ! 以下循环建立桥面中线主梁单元
j=3*(i-1)+1
e,j,j+3
*enddo
! 建立鱼刺刚横梁
TYPE,   1
MAT,        2
ESYS,       0
SECNUM,   5
TSHAP,LINE
! *
*do,i,1,59,1          ! 以下循环用于建立桥面鱼刺横梁的节点
j=3*(i-1)+1
j1=3*(i-1)+2
j2=3*i
e,j,j1
e,j,j2
```

```
* enddo
! 建立半跨主塔
i=59*3              ! 变量用于记录桥面的节点数,即至此已经建立了59*3个
节点了,用于指导以后设定节点的编号
n,i+1,-174,-10,-30   ! 以下两行记录塔脚节点
n,i+2,-174,10,-30
n,i+3,-174,-15       ! 以下两行用于建立与桥面齐高的主塔节点
n,i+4,-174,15
* do,j,1,5,1         ! 以下循环用于建立索塔在桥面以上的节点
k=i+4+j
n,k,-174,0,60+(j-1)*18
* enddo
! 建立下索塔单元
TYPE, 1
MAT, 1
ESYS, 0
SECNUM, 4
TSHAP,LINE
! *
e,i+1,i+3            ! 以下用于建立主塔在桥面以下的两根塔柱单元
e,i+2,i+4
! 建立中索塔单元
TYPE, 1
MAT, 1
ESYS, 0
SECNUM, 3
TSHAP,LINE
! *
e,i+3,i+5           ! 以下用于建立倒 Y 分叉点到桥面间的两根塔柱单元 i+5=
182 号
e,i+4,i+5
! 建立上索塔单元
TYPE, 1
MAT, 1
ESYS, 0
SECNUM, 2
TSHAP,LINE
! *
```

```
*do,j,1,4,1                    ！以下用于建立倒 Y 分叉点以上的塔柱单元
k=i+4+j
e,k,k+1
*enddo
```

！建立与塔的倒 Y 分叉点链接的索单元

```
TYPE,    2
MAT,         3
REAL,        1
ESYS,        0
SECNUM,   2
TSHAP,LINE
!  *
e,i+5,89
e,i+5,90
```

！建立主塔倒 Y 分叉点以上第一个张拉点连接的索单元

```
*do,j,1,8,1
```

！此循环用于建立主塔倒 Y 分叉点以上第一个张拉点连接的所有索单元,共 32 个

```
e,i+6,89+3*j
e,i+6,89-3*j
e,i+6,90+3*j
e,i+6,90-3*j
*enddo
```

！建立与主塔的其他三个张拉点连接的单元

```
*do,k,1,3,1
*do,j,1,7,1
e,i+6+k,113+(k-1)*21+3*j        ！一共有 28 个索单元连接在每个张拉点上
e,i+6+k,65-(k-1)*21-3*j
e,i+6+k,114+(k-1)*21+3*j
e,i+6+k,66-(k-1)*21-3*j
*enddo
*enddo
```

！生成全桥模型节点

```
i=i+9                          ！记录半跨的所有节点数
nsym,x,i,all                   ！用映射法直接建立另半跨节点
esym,,i,all                    ！用映射法直接建立另半跨单元
nummrg,all
```

！建立索塔连接横梁单元

```
TYPE,   1
```

```
MAT,        2
ESYS,          0
SECNUM,   5
TSHAP,LINE
! *
i=i-9
n,1000,-174
e,1000,i+3
e,1000,i+4
n,2000,174
e,2000,i+3+j
e,2000,i+4+j
```

！施加主塔的四个脚上的全约束

```
nsel,s,loc,z,-30
d,all,all
allsel
```

！在左桥端施加 x,z 约束

```
nsel,s,loc,x,-348          ！仅给左端主梁施加约束
nsel,r,loc,y,0
d,all,ux
d,all,uz
allsel
```

！在右桥端施加 z 约束

```
nsel,s,loc,x,348          ！仅给右端主梁施加约束
nsel,r,loc,y,0
d,all,uz
allsel
numcmp,all
```

！施加重力场

```
acel,,,9.8
```

！耦合节点,耦合跨中由于对称而重复的单元节点以及两主塔上塔横梁和主梁的重合节点,

```
cpintf,uy
cpintf,uz
cpintf,rotx
cpintf,rotz
Finish
```

(2)静力计算

点击主菜单中的"Solution>Solve>Current LS",弹出对话框,点击"OK"按钮,开始进行分析求解。分析完成后,又弹出一信息窗口提示用户已完成求解,点击"Close"按钮关闭对话框即可。至于在求解时产生的"STATUS Command"窗口,点击"File>Close"关闭即可。

(3)查看结果

点击主菜单中的"General Postproc>Plot Results>Contour Plot>Nodal Solu",弹出对话框(图 7.88),选择"DOF Solution>Displacement vector sum",点击"OK"按钮,得到该斜拉桥的位移云图。

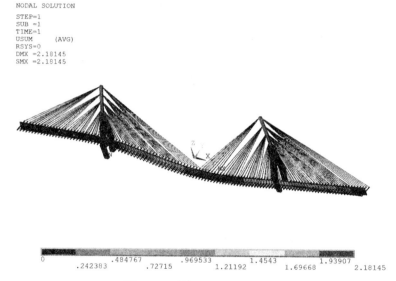

图 7.88　斜拉桥的位移云图

另外,通过更改模型,还可以对该斜拉桥的在地震、风载荷及车辆等动载荷工况下进行动力响应求解。具体载荷工况及计算过程请参考相关资料和书籍。

7.2　ANSYS 在机械工程的应用

7.2.1　斜齿圆柱齿轮模态分析

本例介绍一个复杂结构——斜齿圆柱齿轮模型的创建方法,以及利用 ANSYS 对其进行固有频率和振型研究即模态分析的方法、步骤和过程。

7.2.1.1　问题描述

图 7.89 为一个标准渐开线斜齿圆柱齿轮的视图。已知:齿轮的模数 $n=2$ mm,齿数 $z=24$,螺旋角 $\beta=10°$,其他尺寸如图所示,建立其几何模型并分析其固有频率。

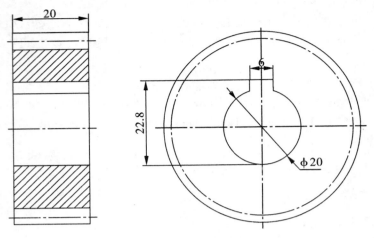

图 7.89 斜齿圆柱齿轮

7.2.1.2 ANSYS 求解

(1)选择单元类型

拾取菜单"Main menu> Preprocessor→>Element Type→Add/Edit/ Delete",弹出如图 7.90 左所示的对话框,单击"Add"按钮,弹出如图 7.90 右所示的对话框在左侧列表中选 "Structural solid",在右侧列表中选"Brick8node185"单击"OK 按钮,最后单击如图 7.90 所示对话框中的"Close"按钮。

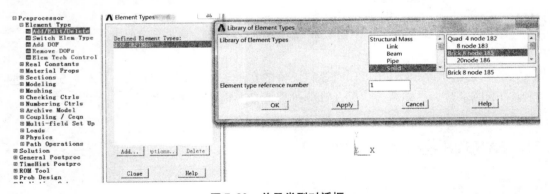

图 7.90 单元类型对话框

(2)定义材料模型

拾取菜单"Main menu> Preprocessor>Material Props>Material Models",弹出如图 7.91 所示的对话框,在右侧列表中依次拾取"Structural""Linear""Elastic Isotropic",弹如图 7.91 所示的对话框,在"EX"文本框中输入 2e11(弹性模量),在"PRXY"文本框中输入 0.3(泊松比),单击"OK"按钮;再拾取图 7.92 所示对话框中右侧列表"Structural"下的

"Density"，弹出如图 7.92 所示的对话框在"DENS"文本框中输入 7800（密度），单击"OK"
按钮。然后关闭对话框。

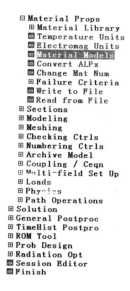
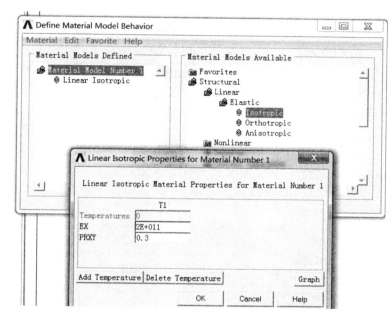

图 7.91　材料特性对话框

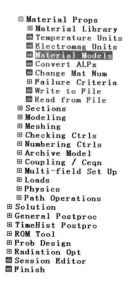
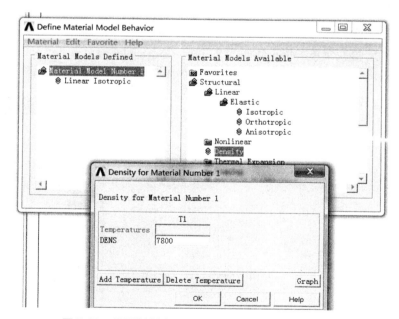

图 7.92　设置材料密度

（3）建模

①创建齿轮端面齿廓曲线上的关键点。

拾取菜单"Main menu> Preprocessor>modeling>Create>Keypoints>In Active cs",弹出如图 7.93 所示的对话框,在"NPT"文本框中输入 1,在"X,Y,Z"文本框中分别输入 21.87e-3,0,0,单击"Apply"按钮,如图 7.93 所示;再在"NPT"文本框中输入 2,在"X,Y,Z"文本框中分别输入 22.82e-3,1.13e-3,0 单击"Apply"按钮;再在"NPT"文本橙中输入 3,在"X,Y,Z"文本框中分别输入 24.02e-3,1.47e-3,0,单击"Apply"按钮;再在"NPT"文本框中输入 4,在"X,Y,Z"文本框中分别输入 24.62e-3,1.73e-3,0,单击"Apply"按钮;再在"NPT"文本框中输入 5,在"X,Y,Z"文本框中分别输入 25.22e-3,2.08e-3,0,单击"Apply"按钮;再在"NPT"文本框中输入 6,在"X,Y,Z"文本框中分别输入 25.82e-3,2.4e-3,0,单击"Apply"按钮;再在"NPT"文本框中输入 7,在"X,Y,Z"输文本框中分别输入 26.92e-3,3.23e-3,0,单击"Apply"按钮;再在"NPT"文本框中输入 8,在"X,Y,Z"文本框中分别输入 27.11e-3,0,0,单击"OK"按钮。

齿廓各点坐标通过计算得到。

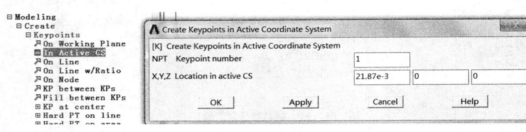

图 7.93 创建齿轮端面齿廓曲线上的关键点

②创建样条曲线。

拾取菜单"Main Menu> Preprocessor>modeling>Create>Splines>Spline thru KPs",弹出拾取窗口,依次拾取关键点 2、3、4、5、6、7,单击"OK"按钮,如图 7.94 所示。

图 7.94 创建样条曲线

③镜像样条曲线。

抬取菜单"Main menu> Preprocessor> Modeling> Reflect>Lines",弹出拾取窗口,拾取样条曲线,单击拾取窗口中的"OK"按钮(图 7.95),弹出"Reflect lines"对话框,选择"X-Z plane Y",单击"OK"按钮,如图 7.96 所示。

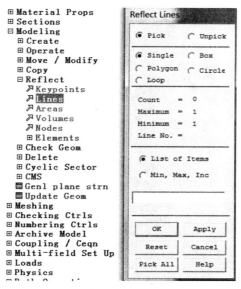

图7.95 拾取样条曲线

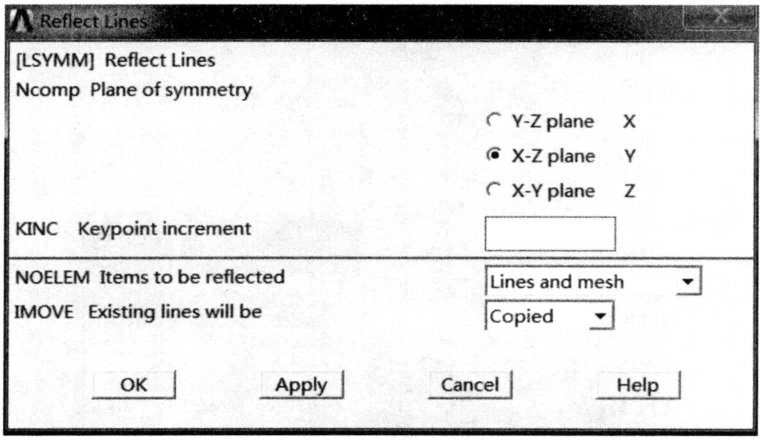

图7.96 镜像样条曲线

④创建圆弧。

抬取菜单"Main menu>Preprocessor>Modeling>Create>Lines>Arcs>Through 3 KPs",弹出拾取窗口,依次拾取关键点 2、9、1,单击"Appy"按钮;再依次拾取关键点 7、10、8,单击"OK"按钮,如图 7.97 所示。

⑤创建端面齿槽面。

拾取菜单"Main menu> Preprocessor>Modeling>Create>Areas>Arbitrary>By Lines",弹出拾取窗口,依次拾取线 1、4、2、3,单击"OK"按钮,如图 7.98 所示。

图 7.97　创建圆弧　　　　　　　　　　　　图 7.98　拾取线对话框

⑥激活总体圆柱坐标系。

拾取菜单"Utility menu> Work plane> Change Active Cs to Global Cylindrical",如图 7.99所示。

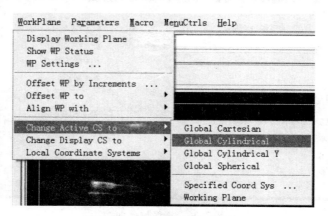

图 7.99　激活总体圆柱坐标系

⑦由齿槽面挤出齿槽体。

拾取菜单"Main Menu>Preprocessor>Modeling operate>Extrude>Areas>By XYZ Offset",弹出拾取窗口,拾取齿槽面,单击"OK"按钮,弹出如图 7.100 所示的对话框,在"DX,DY,DZ"文本框分别输入 0,8.412,0.02,单击 OK"按钮。

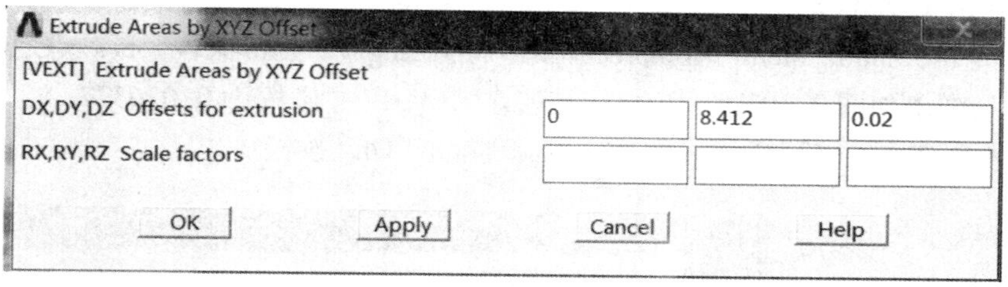

图7.100　通过偏移挤出体对话框

⑧复制齿槽体。

抬取菜单"Main menu>Preprocessor>Modeling>Copy>Volumes",弹出拾取窗口,拾取齿槽体,单击OK"按钮;随后弹出如图7.101所示的对话框,在"ITIME"本框中输入24,在"DY"文本框中输入360/24,单击"OK"按钮。

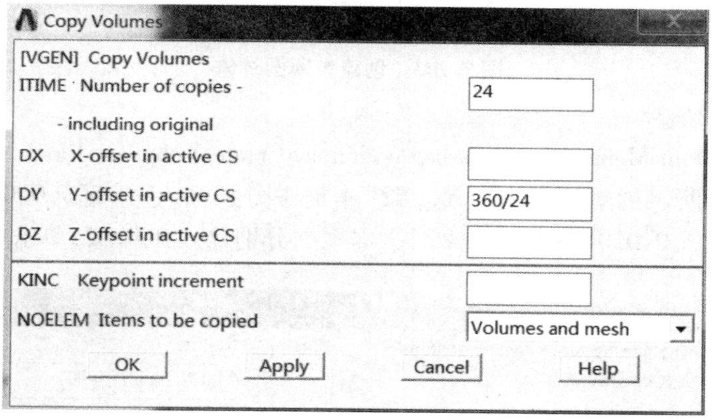

图7.101　复制齿槽体

⑨激活全局直角坐标系。

抬取菜单"Utility menu>Work plane>Change Active Cs to>Global Cartesian",如图7.102所示。

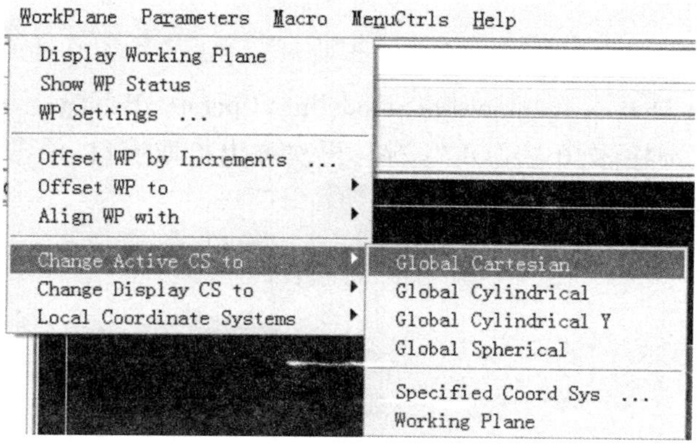

图7.102　激活全局直角坐标系

⑩创建齿顶圆柱体。

抬取菜单"Main Menu > Preprocessor > Modeling > Create > Volumes > Cylinder > By Dimension",弹出如图 7.103 所示的对话框,在"RAD1"文本框中 0.026377,在"RAD2"文本框中输入 0.01,在"Z2"文本框中输入 0.02,单击"OK"按钮。

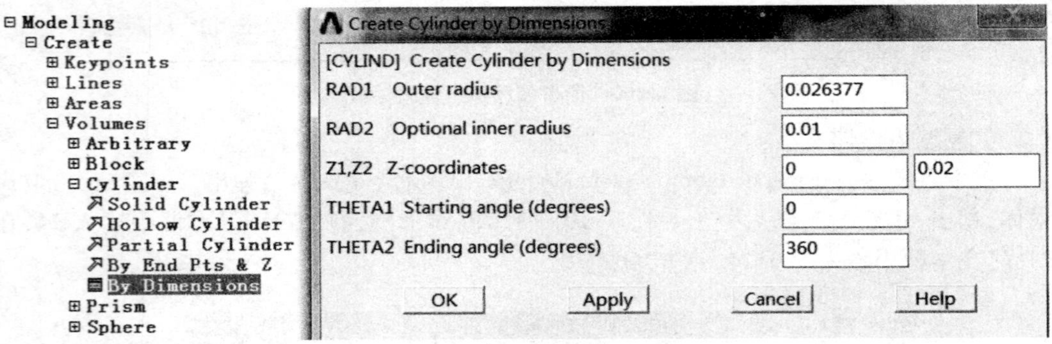

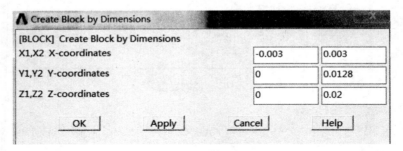

图 7.103　创建齿顶圆柱体

⑪创建键槽块。

抬取菜单"Main Menu>Preprocessor>Modeling>Create Volumes>Block>By Dimension",弹出如图 7.104 所示的对话框,在"X1,X2"本框中分别输入 -0.003,0.003,在"Y1,Y2"文本框中分别输入 0,0.0128,在"Zl,Z2"文本框中分别输入 0,0.02,单击"OK"按钮。

图 7.104　创建块对话框

⑫作布尔减运算。

抬取菜单"Main Menu> Preprocessor>Modeling>Operate>Booleans>Subtract>Volumes",弹出抬取窗口,抬取圆柱体,单击"OK"按钮;再次弹出抬取窗口,单击"Pick All"按钮,如图 7.105 所示。齿轮模型如图 7.106 所示。

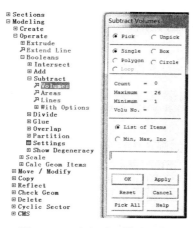

图7.105　布尔减运算拾取框　　　　　　图7.106　齿轮模型

⑬划分单元。

拾取菜单"Main menu> Preprocessor>Meshing>Meshtool",弹出如图7.107 所示的对话框,选择"Smart Size",将其下方滚动条的值(智能尺寸 Smart Size 的级别)选择为9;单击"Size Controls"区域中"Gobal"后面的"set"按钮,弹出如图7.108 所示的对话框,在"SIZE"文本框中输入0.002,单击"OK"按钮。

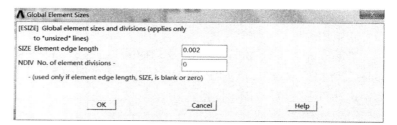

图 7.107　Meshtool 对话框　　　　　　图 7.108　单元尺寸对话框

在图 7.107 所示对话框的"Mesh"区域,选择单元形状为"Tet"(四面体),选择划分单元的方法为"Free"(自由划分)。单击"Mesh"按钮,弹出拾取窗口,拾取体,单击"OK"按钮。

(4)施加约束和求解

①激活总体圆柱坐标系。

拾取菜单"Utility menu> WorkP|ane→> Change active CS to> Global Cylindrical"。

②选择内孔表面上的所有节点。

拾取菜单"Utility Menu>Select>Entities",弹出如图 7.109 所示的对话框,在各下拉列表框、文本框、单选按钮中依次选择或输入"Nodes""By Location""X coordinates""0.01""From Full",单击"OK"按钮。

③旋转所选择节点的节点坐标系到当前坐标系。

格取菜单"Main Menu > Preprocessor > Modeling > Move/Modify > Rotate Node CS > To Active CS",弹出拾取窗口,单击"Pick All"按钮,如图 7.110 所示。

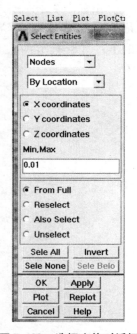

图 7.109　选择实体对话框

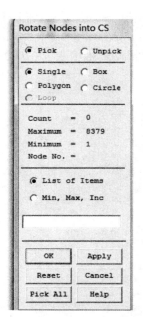

图 7.110　拾取窗口

④施加约束。

拾取菜单"Main Menu > Solution > Define loads > Apply > Structural > Displacement > On nodes",弹出拾取窗口,单击"Pick All"按钮。弹出如图 7.111 所示的对话框,在"Lab2"表框中选择"UX",单击"OK"按钮。

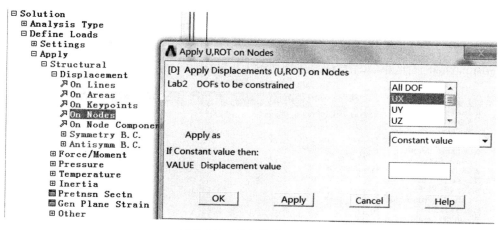

图 7.111　施加约束对话框

⑤选择所有。

拾取菜单"Utility Menu> Select> Everything",如图 7.112 所示。

图 7.112　选择实体对话框

⑥指定分析类型。

拾取菜单"Main menu>Solution>Analysis Type>New Analysis",弹出如图 7.113 所示的对话框,选择"Type of analysis"参数为"Modal",单击"OK"按钮。

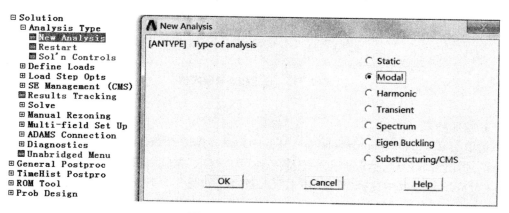

图 7.113　指定分析类型

⑦指定分析选项。

拾取菜单"Main menu>Solution>Analysis Type>Analysis Options",弹出如图 7.114 所示的对话框,在"No. of modes to extract"文本框中输入 6,单击"OK"按钮,弹出"Block Lanczos method"对话框,单击"OK"按钮,如图 7.115 所示。

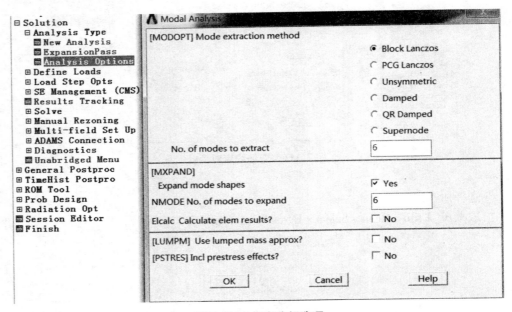

图 7.114 指定分析选项

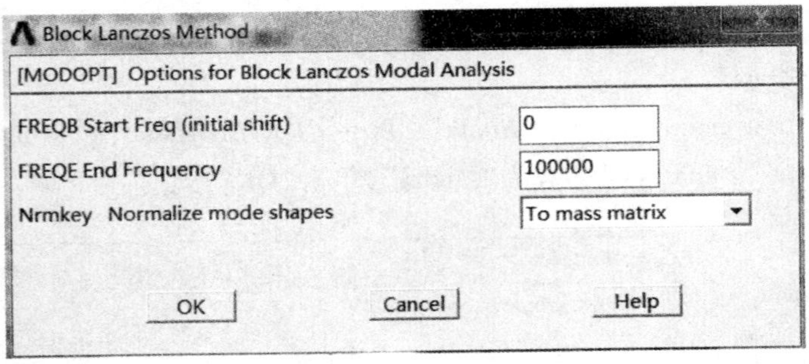

图 7.115 设定模态求解阈值

⑧施加约束。

拾取菜单"Main Menu>Solution>Define loads>Apply> Structural>Displacement>On Areas",弹出拾取窗口,拾取面 208 键槽侧面,单击"OK"按钮,如图 7.116 所示,弹出对话框,在"Lab2"划表框中选择"UX",单击"OK"按钮,如图 7.117 所示。

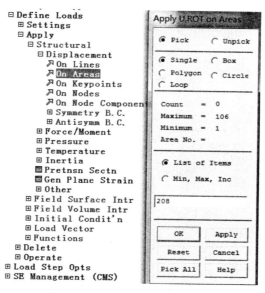

图 7. 116　拾取面 208 键槽侧面

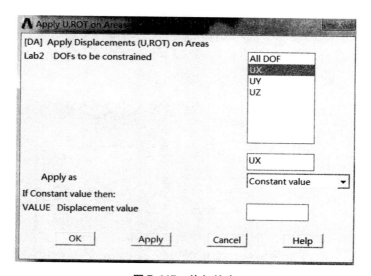

图 7. 117　施加约束

⑨选择齿轮端面上的节点。

抬取菜单"Uility Menu>Select>Entities",弹出如图 7. 118 所示的对话框,在各下拉列表框、文本框依次选择或"Nodes""By location coordinate""Z coordinates""0""From Full",单击"Apply"按钮;再次在各下拉列表框本框、单选按钮中依次选择或输入"Nodes""By Location""X coordinates""0,0.015""Reselect",单击"OK"按钮。

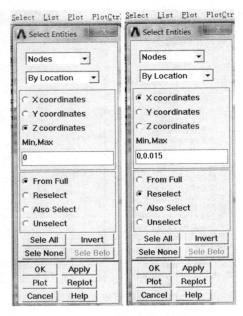

图 7.118 选择实体对话框

⑩施加约束。

拾取菜单" Main Menu > Solution > Define loads > Apply > Structural > Displacement > On Nodes",弹出拾取窗口,单击"Pick All"按钮,弹出如图 7.119 所示的对话框,在"Lab2"列表框中选择"UZ",如图 7.120 所示,单击"OK"按钮。

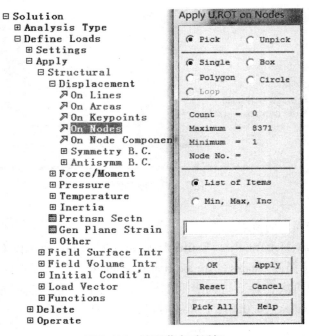

图 7.119 拾取节点对话框

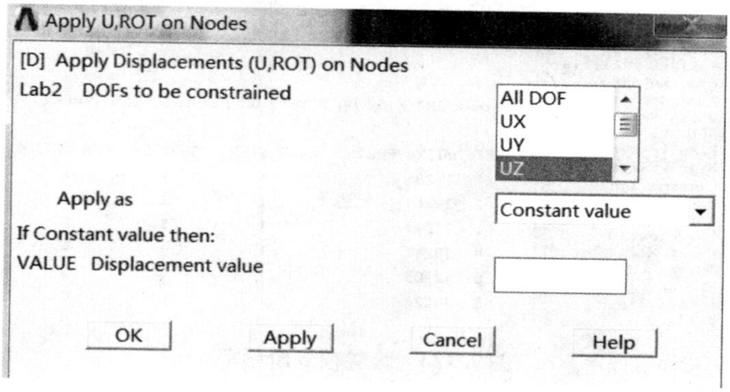

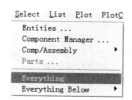

图 7.120　施加约束对话框

⑪选择所有。

拾取菜单"Utility Menu> Select> Everything",如图 7.121 所示。

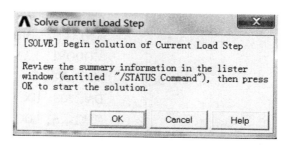

图 7.121　选择实体对话框

⑫求解。

拾取菜单"Main menu> Solution>Solve>Current LS",弹出如图 7.122 对话框,单击 "Solve Current load Step"对话框中的"OK"按钮。当出现"Solution is done!"提示时,求解 结束即可查看结果。

图 7.122　求解对话框

⑬列表固有频率。

拾取菜单"Main menu>General Postpro>Results Summary",弹出如图 7.123 所示的窗 口,图中列表显示了模型的前 6 阶频率。

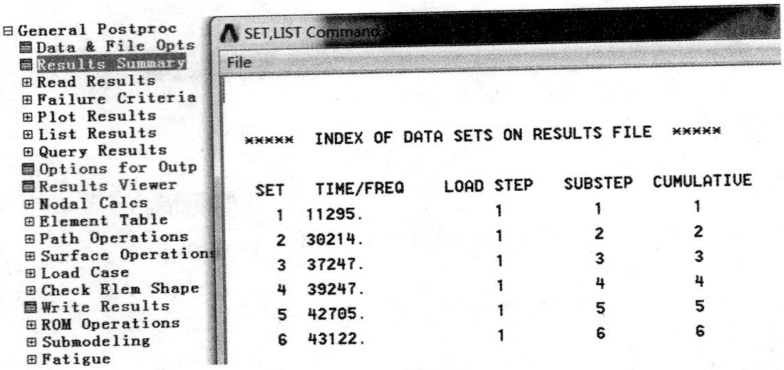

```
⊟ General Postproc
  ■ Data & File Opts
  ■ Results Summary
  ⊞ Read Results
  ⊞ Failure Criteria
  ⊞ Plot Results
  ⊞ List Results
  ⊞ Query Results
  ■ Options for Outp
  ■ Results Viewer
  ⊟ Nodal Calcs
  ⊟ Element Table
  ⊞ Path Operations
  ⊞ Surface Operations
  ⊟ Load Case
  ⊟ Check Elem Shape
  ■ Write Results
  ⊞ ROM Operations
  ⊞ Submodeling
  ⊞ Fatigue
```

```
SET,LIST Command
File

 ***** INDEX OF DATA SETS ON RESULTS FILE *****

  SET   TIME/FREQ   LOAD STEP   SUBSTEP   CUMULATIVE
   1    11295.          1          1          1
   2    30214.          1          2          2
   3    37247.          1          3          3
   4    39247.          1          4          4
   5    42705.          1          5          5
   6    43122.          1          6          6
```

图 7.123　齿轮前 6 阶频率

7.2.1.3　APDL 命令流

```
/CLEAR
/PREP7
ET, 1, SOLID185
MP, EX, 1, 2E11
MP, PRXY, 1, 0.3
MP, DENS, 1, 7800
K, 1, 21.87E-3
K, 2, 22.82E-3, 1.13E-3
K, 3, 24.02E-3, 1.47E-3
K, 4, 24.62E-3, 1.73E-3
K, 5, 25.22E-3, 2.08E-3
K, 6, 25.82E-3, 2.4E-3
K, 7, 26.92E-3, 3.23E-3
K, 8, 27.11E-3
BSPLIN, 2, 3, 4, 5, 6, 7
LSYMM, Y, 1
LARC, 2, 9, 1
LARC, 7, 10, 8
AL, ALL
CSYS, 1
VEXT, 1,,,0, 8.412, 20E-3
VGEN, 24, 1,,,0, 360/24
CSYS, 0
CYL4, 0, 0, 10E-3, 0, 26.37E-3,
360, 20E-3
    BLOCK, -3E-3, 3E-3, 0, 12.8E-
3, 0, 20E-3
VSBV, 25, ALL
SMRTSIZE, 9
ESIZE, 0.002
MSHAPE, 1
MSHKEY, 0
VMESH, ALL
CSYS, 1
NSEL, S, LOC, X, 0.01
NROTAT, ALL
D, ALL, UX
ALLSEL, ALL
FINISH
/SOLU
ANTYPE,  MODAL
MODOPT, LANB, 6
MXPAND, 6
DA, 208, UX
NSEL, S, LOC, Z, 0
NSEL, A, LOC, Z, 20E-3
NSEL, R, LOC, X, 0, 15E-3
D, ALL, UZ
ALLSEL, ALL
SOLVE
FINISH
```

/POST1　　　　　　　　　　　　　　　FINISH
SET，LIST

7.2.2　齿轮啮合接触分析

7.2.2.1　分析问题

一对啮合的齿轮在工作时产生接触,分析其接触的位置、面积和接触力的大小。相关参数如下:

　　顶直径:24;
　　齿底直径:20;
　　齿数:10;
　　厚度:4;
　　弹性模量:2.06E11。

7.2.2.2　ANSYS 求解

(1)定义单元类型

本例中选用四节点四边形板单元 PLANE182。PLANE182 不仅可用于计算平面应力问题,还可以用于分析平面应变和轴对称问题。

①从主菜单中选择"Preprocessor > Element Type > Add/Edit/Delete"命令,打开"Element Types"(单元类型)对话框。

②单击 Options 按钮,打开如图 7.124 所示的"PLANE/82 element type option"(单元选项设置)对话框,对 PLANE182 单元进行设置,使其可用于计算平面应力问题。在"Element technology"下拉列表框中选择"Reduced integration"选项。在"Element behavior"(单元行为方式)下拉列表框中选择"Plane strs w/thk"(平面应力)选项。单击"OK"按钮,关闭单元选项设置对话框,返回到如图 7.124 的单元类型对话框按钮,关闭单元类型对话框,结束单元类型的添加。

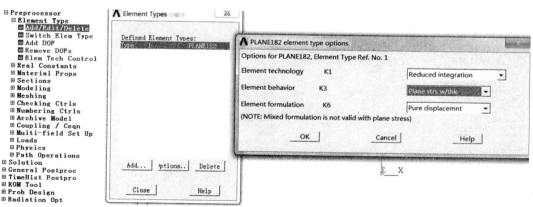

图 7.124　单元选项设置对话框

（2）定义实常数

实例中平面应力行为方式的 PLANE182 单元，需要设置厚度实常数。

①从主菜单中选择 Preprocessor > Real Constants > Add/Edit/Delete 命令，打开如图 7.125 所示的"Real Constants"（实常数）对话框。

②单击"Add"按钮，打开如图 7.125 所示的"Element Type for Real Constants"（实常数单元类）对话框，要求选择欲定义实常数的单元类型。

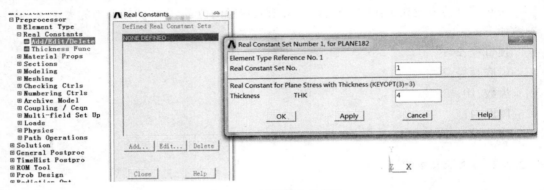

图7.125　设置厚度实常数

（3）定义材料属性

定义材料弹性模量、泊松比和摩擦系数，如图 7.126 所示。

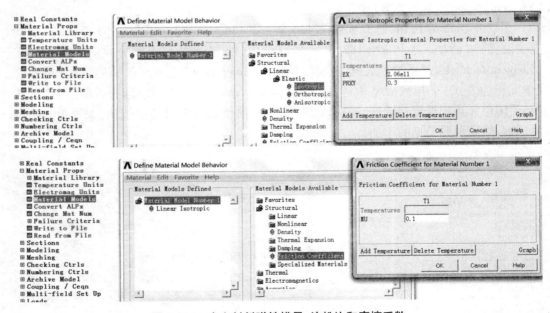

图7.126　定义材料弹性模量、泊松比和摩擦系数

（4）建立齿轮面模型

这里给出 APDL 命令流,可以在 GUI 命令输入窗口中输入完成。

图 7.127 命令输入窗口

CSYS,1
/prep7
K,1,20,0,,
K,110,16,40,,
KWPAVE,   110
wprot,−50,0,0
CSYS,4
K,2,12.838,0,,
CSYS,1
K,120,16,43,,
K,130,16,46,,
K,140,16,49,,
K,150,16,52,,
K,160,16,55,,
KWPAVE,   120
wprot,3,0,0
CSYS,4
K,3,13.676,0,,
KWPAVE,   130
wprot,3,0,0
CSYS,4
K,4,14.513,0,,
KWPAVE,   140
wprot,3,0,0
CSYS,4
K,5,15.351,0,,
KWPAVE,   150
wprot,3,0,0
CSYS,4
K,6,16.189,0,,
KWPAVE,   160
wprot,3,0,0

CSYS,4
K,7,17.027,0,,
CSYS,1
K,8,24,9.857,,
K,9,24,13,,
K,10,20,−5,,
LSTR,   10,   1
LSTR,   1,   2
LSTR,   2,   3
LSTR,   3,   4
LSTR,   4,   5
LSTR,   5,   6
LSTR,   6,   7
LSTR,   7,   8
LSTR,   8,   9
FLST,2,9,4,ORDE,2
FITEM,2,1
FITEM,2,−9
LCOMB,P51X, ,0
CSYS,0
WPAVE,0,0,0
CSYS,1
! *
WPCSYS,−1,0
wprot,13,0,0
CSYS,4
FLST,3,1,4,ORDE,1
FITEM,3,1
LSYMM,Y,P51X, , ,1000,0,0
FLST,2,2,4,ORDE,2
FITEM,2,1
FITEM,2,−2

LGLUE,P51X

FLST,2,2,4,ORDE,2
FITEM,2,3
FITEM,2,-4
LCOMB,P51X, ,0

CSYS,1
FLST,3,5,4,ORDE,3
FITEM,3,3
FITEM,3,5
FITEM,3,-8
LGEN,10,P51X, , , ,36, , ,0

FLST,2,2,4,ORDE,2
FITEM,2,13
FITEM,2,17
LGLUE,P51X
FLST,2,2,4,ORDE,2
FITEM,2,18
FITEM,2,22
LGLUE,P51X
FLST,2,2,4,ORDE,2
FITEM,2,23
FITEM,2,27
LGLUE,P51X
FLST,2,2,4,ORDE,2
FITEM,2,28
FITEM,2,32
LGLUE,P51X
FLST,2,2,4,ORDE,2
FITEM,2,33
FITEM,2,37
LGLUE,P51X
FLST,2,2,4,ORDE,2
FITEM,2,38
FITEM,2,42
LGLUE,P51X

FLST,2,2,4,ORDE,2
FITEM,2,43
FITEM,2,47
LGLUE,P51X
FLST,2,2,4,ORDE,2
FITEM,2,5
FITEM,2,48
LGLUE,P51X
FLST,2,2,4,ORDE,2
FITEM,2,2
FITEM,2,6
LGLUE,P51X
FLST,2,2,4,ORDE,2
FITEM,2,4
FITEM,2,12
LGLUE,P51X
FLST,2,2,4,ORDE,2
FITEM,2,13
FITEM,2,51
LGLUE,P51X
FLST,2,2,4,ORDE,2
FITEM,2,17
FITEM,2,-18
LGLUE,P51X

FLST,2,2,4,ORDE,2
FITEM,2,17
FITEM,2,-18
LCOMB,P51X, ,0
FLST,2,2,4,ORDE,2
FITEM,2,22
FITEM,2,-23
LCOMB,P51X, ,0
FLST,2,2,4,ORDE,2
FITEM,2,27
FITEM,2,-28
LCOMB,P51X, ,0
FLST,2,2,4,ORDE,2

```
FITEM,2,32                          FITEM,2,29
FITEM,2,-33                         FITEM,2,-32
LCOMB,P51X, ,0                      FITEM,2,34
FLST,2,2,4,ORDE,2                   FITEM,2,-37
FITEM,2,37                          FITEM,2,39
FITEM,2,-38                         FITEM,2,-42
LCOMB,P51X, ,0                      FITEM,2,44
FLST,2,2,4,ORDE,2                   FITEM,2,-46
FITEM,2,42                          FITEM,2,49
FITEM,2,-43                         FITEM,2,-50
LCOMB,P51X, ,0                      LGLUE,P51X
FLST,2,2,4,ORDE,2                   FLST,2,60,4,ORDE,12
FITEM,2,5                           FITEM,2,6
FITEM,2,47                          FITEM,2,12
LCOMB,P51X, ,0                      FITEM,2,18
FLST,2,2,4,ORDE,2                   FITEM,2,23
FITEM,2,2                           FITEM,2,28
FITEM,2,48                          FITEM,2,33
LCOMB,P51X, ,0                      FITEM,2,38
FLST,2,2,4,ORDE,2                   FITEM,2,43
FITEM,2,4                           FITEM,2,47
FITEM,2,6                           FITEM,2,-48
LCOMB,P51X, ,0                      FITEM,2,51
FLST,2,2,4,ORDE,2                   FITEM,2,-100
FITEM,2,13                          LGLUE,P51X
FITEM,2,51                          /REPLO
LCOMB,P51X, ,0                      FLST,2,60,4
FLST,2,40,4,ORDE,20                 FITEM,2,76
FITEM,2,1                           FITEM,2,73
FITEM,2,-5                          FITEM,2,71
FITEM,2,7                           FITEM,2,81
FITEM,2,-11                         FITEM,2,75
FITEM,2,13                          FITEM,2,72
FITEM,2,-17                         FITEM,2,77
FITEM,2,19                          FITEM,2,74
FITEM,2,-22                         FITEM,2,70
FITEM,2,24                          FITEM,2,67
FITEM,2,-27                         FITEM,2,79
```

```
FITEM,2,80
FITEM,2,78
FITEM,2,69
FITEM,2,64
FITEM,2,82
FITEM,2,65
FITEM,2,61
FITEM,2,87
FITEM,2,68
FITEM,2,66
FITEM,2,83
FITEM,2,62
FITEM,2,60
FITEM,2,59
FITEM,2,84
FITEM,2,63
FITEM,2,86
FITEM,2,88
FITEM,2,85
FITEM,2,58
FITEM,2,97
FITEM,2,100
FITEM,2,93
FITEM,2,55
FITEM,2,28
FITEM,2,89
FITEM,2,99
FITEM,2,94
FITEM,2,6
FITEM,2,95
FITEM,2,91
FITEM,2,98
```

（5）对齿面划分网格

```
MSHAPE,0,2D
MSHKEY,0
! *
FLST,5,2,5,ORDE,2
FITEM,5,2
```

```
FITEM,2,96
FITEM,2,90
FITEM,2,56
FITEM,2,57
FITEM,2,92
FITEM,2,53
FITEM,2,54
FITEM,2,52
FITEM,2,33
FITEM,2,18
FITEM,2,51
FITEM,2,47
FITEM,2,12
FITEM,2,38
FITEM,2,23
FITEM,2,48
FITEM,2,43
AL,P51X
CYL4, , ,8
ASBA,       1,       2
CSYS,0
FLST,3,1,5,ORDE,1
FITEM,3,3
AGEN,2,P51X, , ,44, , , ,0
! *
LOCAL,11,1,44,0,0, , , ,1,1,
CSYS,11,
FLST,3,1,5,ORDE,1
FITEM,3,1
AGEN,2,P51X, , , ,-8.9, , ,0
ADELE,       1, , ,1
```

```
FITEM,5,-3
CM,_Y,AREA
ASEL, , , ,P51X
CM,_Y1,AREA
CHKMSH,'AREA'
```

CMSEL,S,_Y

! *

AMESH,_Y1

! *

CMDELE,_Y

CMDELE,_Y1

CMDELE,_Y2

! *

/UI,MESH,OFF

（5）定义接触对

①从应用菜单中选择"Select Entities"命令,在类型下拉列表中选择"Lines",单击"Apply"按钮,如图 7.128 所示。

②打开线选择对话框,选择一个齿轮上可能与另一个齿轮相接触的线,单击"OK"按钮,如图 7.129 所示。

③在实体选择对话框中的类型下拉列表中选择"Nodes",在选择方式下拉列表中选择"Attached to",在单选列表中选择"Lines,all",如图 7.130 所示。

图 7.128　选择实体对话框

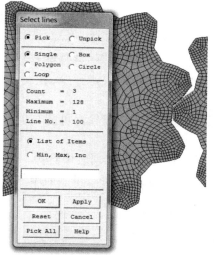

图 7.129　线拾取对话框

图 7.130　节点拾取对话框

④从应用菜单中选择"Select > Comp/ Assembly > Create Component"命令,在"Component name"文本框中输入"node1",单击"OK"按钮,如图 7.131 所示。

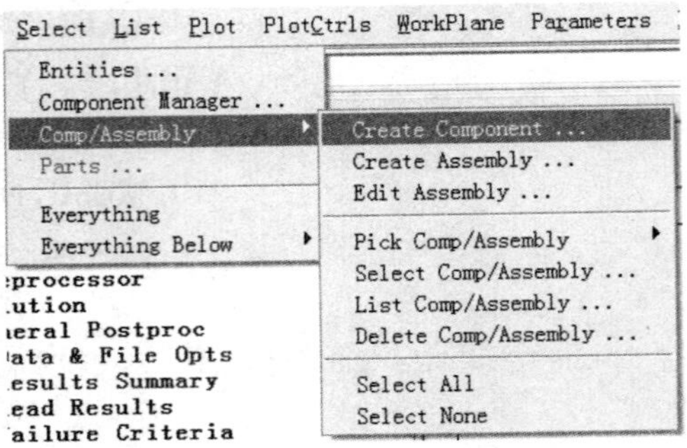

图 7.131　创建组件

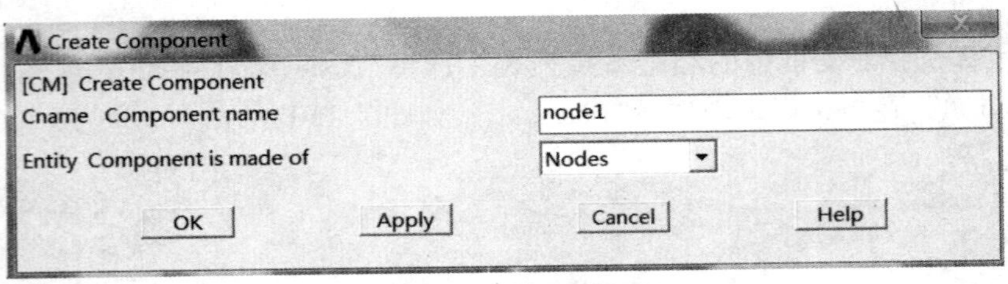

图 7.132　设置组件名

⑤从应用菜单中选择"Select Entities"命令,在类型下拉列表中选择"Lines",单击"Apply"按钮,如图 7.133 所示。

⑥打开线选择对话框,选择另一个齿轮上可能与前一个齿轮相接触的线,单击"OK"按钮,如图 7.134 所示。

⑦在实体选择对话框中的类型下拉列表中选择"Nodes",在选择方式下拉列表中选择"Attached to",在单选列表中选择"Lines,all",如图 7.135 所示。

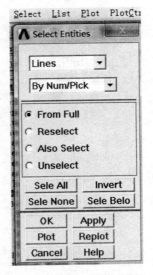

图 7.133　选择实体对话框

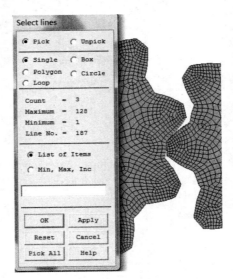

图 7.134　拾取线对话框

图 7.135　选择节点对话框

⑧从应用菜单中选择"Select > Comp/ Assembly > Create Component"命令,在"Component name"文本框中输入"node2",单击"OK"按钮,如图7.136、图7.137所示。

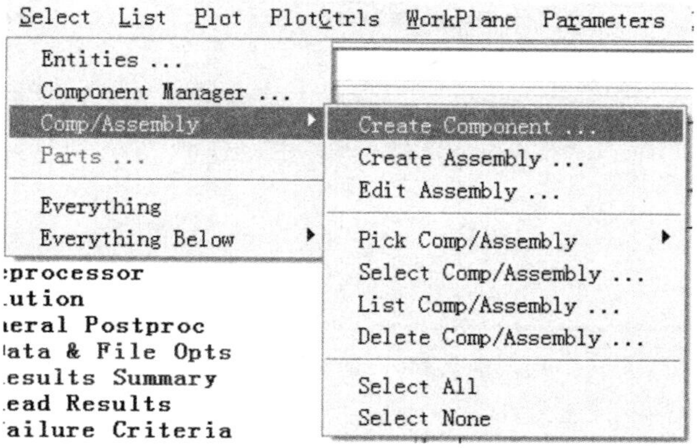

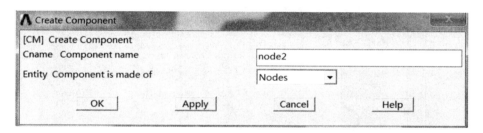

图7.136 创建组件

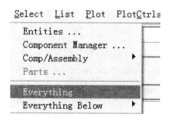

图7.137 设置组件名

⑨从应用菜单中选择"Select> Everything"命令,如图7.138所示。

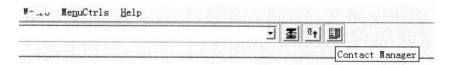

图7.138 选择实体对话框

⑩单击工具条中的"接触定义向导"按钮(最后一项),如图7.139所示。

图7.139 接触定义向导按钮(最右端)

ANSYS 会打开"Contact Manager"对话框,如图 7.140 所示。

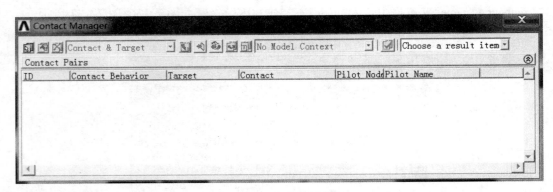

图 7.140　定义接触向导

⑪选择工具条中的第一项,会打开下一步操作的向导,如图 7.141 所示。点击"Next"。

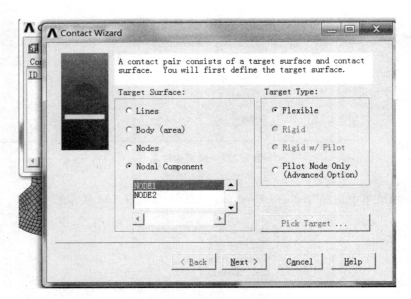

图 7.141　定义接触对(一)

在对话框中选择"NODE2",点击"Next"按钮,如图 7.142 所示。

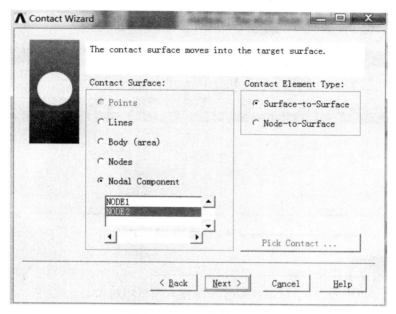

图 7.142 定义接触对(二)

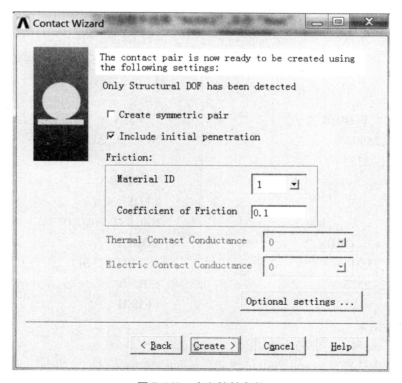

图 7.143 定义接触参数

在弹出如图 7.143 所示的对话框内点击"Create"按钮,ANSYS 会提示接触对建立完成,在提示对话框中单击"OK",所得结果如图 7.144 所示。

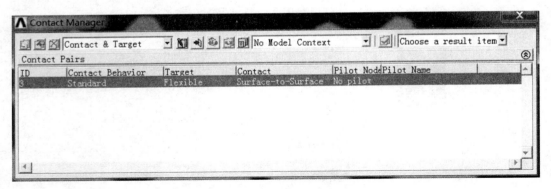

图 7.144　接触对创建显示

(6)定义边界条件及求解

这时给出 APDL 命令流,可以在 GUI 命令输入窗口中输入。

```
CSYS,1
EPLOT
FLST,2,24,1,ORDE,2
FITEM,2,2550
FITEM,2,-2573
NROTAT,P51X
FINISH
/SOL
FLST,2,24,1,ORDE,2
FITEM,2,2550
FITEM,2,-2573
! *
/GO
D,P51X, , , , , ,UX, , , , ,
FLST,2,24,1,ORDE,2
FITEM,2,2550
FITEM,2,-2573
! *
```

```
/GO
D,P51X, ,-0.2, , , ,UY, , , , ,
CSYS,0
FLST,2,24,1,ORDE,2
FITEM,2,341
FITEM,2,-364
! *
/GO
D,P51X, ,-0.2, , , ,ALL, , , , ,
ALLSEL,ALL

ANTYPE,0
NLGEOM,1
NSUBST,20,0,0
TIME,1
/STATUS,SOLU
SOLVE
FINISH
```

(7) 查看结果

①查看 Von-Mises 等效应力

从主菜单中选择"General Postproc> Plot results> Contour plot> Nodal solu"命令,打开"Contour Nodal Solution Data"对话框,如图 7.145 所示。点击"OK"按钮,弹出如图 7.146

所示应力云图。

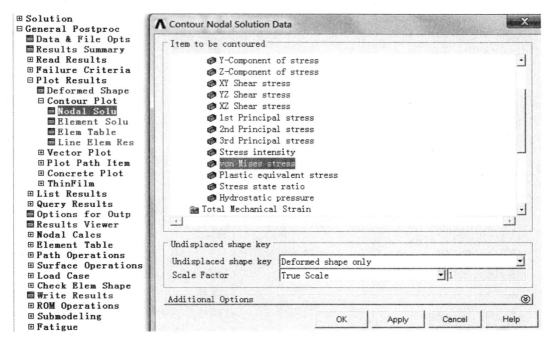

图 7.145 Von-Mises 等效应力设置

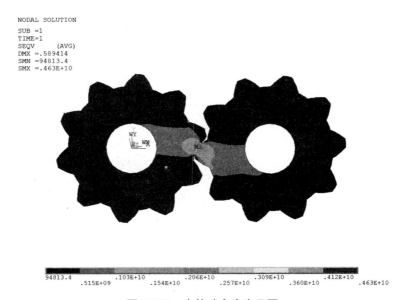

图 7.146 齿轮啮合应力云图

7.2.2.3　APDL 命令流

```
WPSTYLE,,,,,,,,0                    K,8,24,9.857,,
CSYS,1                             K,9,24,13,,
/PREP7                             K,10,20,-5,,
K,1,20,0,,                         LSTR,        10,          1
K,110,16,40,,                      LSTR,         1,          2
KWPAVE,     110                    LSTR,         2,          3
wprot,-50,0,0                      LSTR,         3,          4
CSYS,4                             LSTR,         4,          5
K,2,12.838,0,,                     LSTR,         5,          6
CSYS,1                             LSTR,         6,          7
K,120,16,43,,                      LSTR,         7,          8
K,130,16,46,,                      LSTR,         8,          9
K,140,16,49,,                      FLST,2,9,4,ORDE,2
K,150,16,52,,                      FITEM,2,1
K,160,16,55,,                      FITEM,2,-9
KWPAVE,     120                    LCOMB,P51X, ,0
wprot,3,0,0                        CSYS,0
CSYS,4                             WPAVE,0,0,0
K,3,13.676,0,,                     CSYS,1
KWPAVE,     130                    ! *
wprot,3,0,0                        WPCSYS,-1,0
CSYS,4                             wprot,13,0,0
K,4,14.513,0,,                     CSYS,4
KWPAVE,     140                    FLST,3,1,4,ORDE,1
wprot,3,0,0                        FITEM,3,1
CSYS,4                             LSYMM,Y,P51X, , ,1000,0,0
K,5,15.351,0,,                     FLST,2,2,4,ORDE,2
KWPAVE,     150                    FITEM,2,1
wprot,3,0,0                        FITEM,2,-2
CSYS,4                             LGLUE,P51X
K,6,16.189,0,,
KWPAVE,     160                    FLST,2,2,4,ORDE,2
wprot,3,0,0                        FITEM,2,3
CSYS,4                             FITEM,2,-4
K,7,17.027,0,,                     LCOMB,P51X, ,0
CSYS,1
```

CSYS,1
FLST,3,5,4,ORDE,3
FITEM,3,3
FITEM,3,5
FITEM,3,-8
LGEN,10,P51X, , , ,36, , ,0

FLST,2,2,4,ORDE,2
FITEM,2,13
FITEM,2,17
LGLUE,P51X
FLST,2,2,4,ORDE,2
FITEM,2,18
FITEM,2,22
LGLUE,P51X
FLST,2,2,4,ORDE,2
FITEM,2,23
FITEM,2,27
LGLUE,P51X
FLST,2,2,4,ORDE,2
FITEM,2,28
FITEM,2,32
LGLUE,P51X
FLST,2,2,4,ORDE,2
FITEM,2,33
FITEM,2,37
LGLUE,P51X
FLST,2,2,4,ORDE,2
FITEM,2,38
FITEM,2,42
LGLUE,P51X
FLST,2,2,4,ORDE,2
FITEM,2,43
FITEM,2,47
LGLUE,P51X
FLST,2,2,4,ORDE,2
FITEM,2,5
FITEM,2,48

LGLUE,P51X
FLST,2,2,4,ORDE,2
FITEM,2,2
FITEM,2,6
LGLUE,P51X
FLST,2,2,4,ORDE,2
FITEM,2,4
FITEM,2,12
LGLUE,P51X
FLST,2,2,4,ORDE,2
FITEM,2,13
FITEM,2,51
LGLUE,P51X
FLST,2,2,4,ORDE,2
FITEM,2,17
FITEM,2,-18
LGLUE,P51X

FLST,2,2,4,ORDE,2
FITEM,2,17
FITEM,2,-18
LCOMB,P51X, ,0
FLST,2,2,4,ORDE,2
FITEM,2,22
FITEM,2,-23
LCOMB,P51X, ,0
FLST,2,2,4,ORDE,2
FITEM,2,27
FITEM,2,-28
LCOMB,P51X, ,0
FLST,2,2,4,ORDE,2
FITEM,2,32
FITEM,2,-33
LCOMB,P51X, ,0
FLST,2,2,4,ORDE,2
FITEM,2,37
FITEM,2,-38
LCOMB,P51X, ,0

```
FLST,2,2,4,ORDE,2
FITEM,2,42
FITEM,2,-43
LCOMB,P51X, ,0
FLST,2,2,4,ORDE,2
FITEM,2,5
FITEM,2,47
LCOMB,P51X, ,0
FLST,2,2,4,ORDE,2
FITEM,2,2
FITEM,2,48
LCOMB,P51X, ,0
FLST,2,2,4,ORDE,2
FITEM,2,4
FITEM,2,6
LCOMB,P51X, ,0
FLST,2,2,4,ORDE,2
FITEM,2,13
FITEM,2,51
LCOMB,P51X, ,0
FLST,2,40,4,ORDE,20
FITEM,2,1
FITEM,2,-5
FITEM,2,7
FITEM,2,-11
FITEM,2,13
FITEM,2,-17
FITEM,2,19
FITEM,2,-22
FITEM,2,24
FITEM,2,-27
FITEM,2,29
FITEM,2,-32
FITEM,2,34
FITEM,2,-37
FITEM,2,39
FITEM,2,-42
FITEM,2,44
```

```
FITEM,2,-46
FITEM,2,49
FITEM,2,-50
LGLUE,P51X
FLST,2,60,4,ORDE,12
FITEM,2,6
FITEM,2,12
FITEM,2,18
FITEM,2,23
FITEM,2,28
FITEM,2,33
FITEM,2,38
FITEM,2,43
FITEM,2,47
FITEM,2,-48
FITEM,2,51
FITEM,2,-100
LGLUE,P51X
/REPLO
FLST,2,60,4
FITEM,2,76
FITEM,2,73
FITEM,2,71
FITEM,2,81
FITEM,2,75
FITEM,2,72
FITEM,2,77
FITEM,2,74
FITEM,2,70
FITEM,2,67
FITEM,2,79
LFITEM,2,80
FITEM,2,78
FITEM,2,69
FITEM,2,64
FITEM,2,82
FITEM,2,65
FITEM,2,61
```

```
FITEM,2,87                    FITEM,2,38
FITEM,2,68                    FITEM,2,23
FITEM,2,66                    FITEM,2,48
FITEM,2,83                    FITEM,2,43
FITEM,2,62                    AL,P51X
FITEM,2,60
FITEM,2,59                    CYL4, , ,8
FITEM,2,84                    ASBA,      1,      2
FITEM,2,63
FITEM,2,86
FITEM,2,88                    ! *
FITEM,2,85                    ET,1,PLANE182
FITEM,2,58                    ! *
FITEM,2,97                    KEYOPT,1,1,1
FITEM,2,100                   KEYOPT,1,3,3
FITEM,2,93                    KEYOPT,1,6,0
FITEM,2,55                    ! *
FITEM,2,28                    ! *
FITEM,2,89                    R,1,4, ,
FITEM,2,99                    ! *
FITEM,2,94                    ! *
FITEM,2,6                     MPTEMP,,,,,,,,
FITEM,2,95                    MPTEMP,1,0
FITEM,2,91                    MPDATA,EX,1,,2.06e11
FITEM,2,98                    MPDATA,PRXY,1,,0.3
FITEM,2,96                    MPTEMP,,,,,,,,
FITEM,2,90                    MPTEMP,1,0
FITEM,2,56                    MPDATA,MU,1,,0.1
FITEM,2,57                    CSYS,0
FITEM,2,92                    FLST,3,1,5,ORDE,1
FITEM,2,53                    FITEM,3,3
FITEM,2,54                    AGEN,2,P51X, , ,44, , , ,0
FITEM,2,52                    ! *
FITEM,2,33                    LOCAL,11,1,44,0,0, , , ,1,1,
FITEM,2,18                    CSYS,11,
FITEM,2,51
FITEM,2,47                    FLST,3,1,5,ORDE,1
FITEM,2,12                    FITEM,3,1
```

```
AGEN,2,P51X, , , ,-8.9, , ,0
ADELE,        1, , ,1
MSHAPE,0,2D
MSHKEY,0
! *
FLST,5,2,5,ORDE,2
FITEM,5,2
FITEM,5,-3
CM,_Y,AREA
ASEL, , , ,P51X
CM,_Y1,AREA
CHKMSH,'AREA'
CMSEL,S,_Y
! *
AMESH,_Y1
! *
CMDELE,_Y
CMDELE,_Y1
CMDELE,_Y2
! *
/UI,MESH,OFF
FLST,5,3,4,ORDE,3
FITEM,5,6
FITEM,5,28
FITEM,5,100
LSEL,S, , ,P51X
NSLL,S,1
CM,node1,NODE
FLST,5,3,4,ORDE,2
FITEM,5,185
FITEM,5,-187
LSEL,S, , ,P51X
NSLL,S,1
CM,node2,NODE
ALLSEL,ALL
/COM, CONTACT PAIR CREATION
- START
CM,_NODECM,NODE
CM,_ELEMCM,ELEM
CM,_KPCM,KP
CM,_LINECM,LINE
CM,_AREACM,AREA
CM,_VOLUCM,VOLU
/GSAV,cwz,gsav, ,temp
MP,MU,1,0.1
MAT,1
R,3
REAL,3
ET,2,169
ET,3,172
KEYOPT,3,9,0
KEYOPT,3,10,2
R,3,
RMORE,
RMORE, ,0
RMORE,0
! Generate the target surface
NSEL,S, , ,NODE1
CM,_TARGET,NODE
TYPE,2
ESLN,S,0
ESURF
CMSEL,S,_ELEMCM
! Generate the contact surface
NSEL,S, , ,NODE2
CM,_CONTACT,NODE
TYPE,3
ESLN,S,0
ESURF
ALLSEL
ESEL,ALL
ESEL,S,TYPE, ,2
ESEL,A,TYPE, ,3
ESEL,R,REAL, ,3
/PSYMB,ESYS,1
/PNUM,TYPE,1
```

```
/NUM,1
EPLOT
ESEL,ALL
ESEL,S,TYPE,,2
ESEL,A,TYPE,,3
ESEL,R,REAL,,3
CMSEL,A,_NODECM
CMDEL,_NODECM
CMSEL,A,_ELEMCM
CMDEL,_ELEMCM
CMSEL,S,_KPCM
CMDEL,_KPCM
CMSEL,S,_LINECM
CMDEL,_LINECM
CMSEL,S,_AREACM
CMDEL,_AREACM
CMSEL,S,_VOLUCM
CMDEL,_VOLUCM
/GRES,cwz,gsav
CMDEL,_TARGET
CMDEL,_CONTACT
/COM, CONTACT PAIR CREATION
- END
/MREP,EPLOT
CSYS,1
EPLOT
FLST,2,24,1,ORDE,2
FITEM,2,2550
FITEM,2,-2573
NROTAT,P51X
FINISH
/SOL
```

```
FLST,2,24,1,ORDE,2
FITEM,2,2550
FITEM,2,-2573
! *
/GO
D,P51X, , , , , ,UX, , , , ,
FLST,2,24,1,ORDE,2
FITEM,2,2550
FITEM,2,-2573
! *
/GO
D,P51X, ,-0.2, , , ,UY, , , , ,
CSYS,0
FLST,2,24,1,ORDE,2
FITEM,2,341
FITEM,2,-364
! *
/GO
D,P51X, ,-0.2, , , ,ALL, , , , ,
ALLSEL,ALL
ANTYPE,0
NLGEOM,1
NSUBST,20,0,0
TIME,1
/STATUS,SOLU
SOLVE
FINISH
/POST1
! *
/EFACET,1
PLNSOL, S,EQV, 0,1.0
! *
```

7.3　化工装备实例分析——球罐在地震载荷下的动力响应

在地震作用下球罐的震害主要表现为支撑结构的破坏、基础的不均匀下沉、球罐的移位或翻倒及球罐附属管线的断裂等,从而导致内部有毒或易燃介质的外泄,引起火灾、爆炸及污染环境等次生灾害,危及人身与工厂的安全。通过抗震计算,结合许多地震中的破

坏事故,使我们能够了解球罐的薄弱环节,对指导球罐的抗震设计有很大的帮助。

地震力包括水平地震力和垂直地震力。结构由地震引起的振动称为结构的地震反应,它包括地震在结构中引起的内力、变形和位移,可以用结构瞬态动力学进行分析。

7.3.1　问题描述

某球罐如图 7.147 所示,球壳本体材料为 15MnNbR,内直径为 15700 mm,名义厚度为 44 mm。上部为 U 形支柱,如图 7.148 所示,顶部盖帽由 10 mm 厚 16MnR 钢板卷制而成,U 形柱内部的水平和垂直两块加强板均为 10 mm 厚 16MnR 钢板,上下支柱之间的支承板为 44 mm 厚 16MnR 钢板,下支柱用 Q235A 钢板卷制成 560×10 的钢管,共 10 根。拉杆选用 20 钢制成的 $\varphi = 50$ 圆钢,在每相邻支柱间交叉布置,支柱底板为 54 mm 厚的 Q235A 钢板。

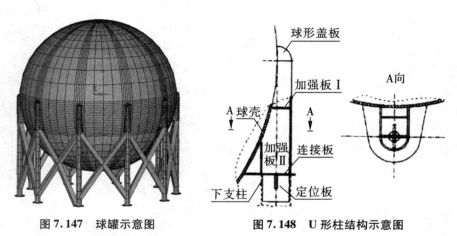

图 7.147　球罐示意图　　　　　图 7.148　U 形柱结构示意图

支柱底板底面至球壳中心的距离为 10340 mm,上支柱高度为 2700 mm,底板直径为 986 mm。

7.3.2　分析问题

由于本节主要是动力学分析,而罐壁厚度远远小于球罐内径,可将问题视为板壳问题。在建立有限元模型时,球壳采用 SHELL181 单元,支柱采用 PIPE288 单元,而拉杆采用 LINK180 单元,这样模型在满足精度要求的情况下将得到很大简化。在建模时,由于结构是周期对称结构,所以先建立 1/20(18 度)的模型,再通过镜像复制得到 l/10(36 度)的模型,最后通过复制偏移得到整体的模型(360 度)。

在有限元计算时,将基础视为刚体,将支柱底面的各个自由度全部约束。

分析采用的地震波是宁河天津波地震记录,取其垂直方向和南北方向的记录,记录时长 19.11 s,时间间隔 0.01 s。从记录值中每隔 0.1 s 取一个值,一共 190 个。详见 7.1.2 节。

7.3.3　ANSYS 求解

由于该球罐模型复杂,本例主要采用命令流的方式进行。

(1)定义单元、截面参数、实常数与材料属性

```
/PREP7
! 定义单元
ET,1,SHELL181
ET,2,PIPE288
ET,3,LINK180
/REPLO
! 定义材料属性
MPTEMP,,,,,,,,,
MPTEMP,1,0
MPDATA,EX,1,,2.094e11
MPDATA,PRXY,1,,0.262
MPTEMP,,,,,,,,
MPTEMP,1,0
MPDATA,DENS,1,,7830
MPTEMP,,,,,,,,
MPTEMP,1,0
MPDATA,EX,2,,2e11
MPDATA,PRXY,2,,0.3
MPTEMP,,,,,,,,
MPTEMP,1,0
```

(2)创建球罐模型

```
! 球壳建模
K,1,7.85
K,2,,-7.85
K,3,,7.85
CSYS,1
L,2,1
L,1,3
AROTAT,1,2,,,,,2,3,18
! 盖板建模
WPOFFS,7.85
CSWPLA,11,1
K,5,0.28
```

```
MPDATA,DENS,2,,7800
! 定义单元截面参数、实常数
sect,1,shell,,
secdata,0.044,1,0.0,3
secoffset,MID
seccontrol,,,,,,,
sect,2,shell,,
secdata,0.054,1,0,3
secoffset,MID
seccontrol,0,0,0,0,1,1,1
sect,3,shell,,
secdata,0.02,1,0,3
secoffset,MID
seccontrol,0,0,0,0,1,1,1
SECTYPE,4,PIPE,,
SECDATA,0.56,0.01,0,0,1,0,0,0,
SECOFFSET,0,0,
SECCONTROL,0,
R,1,0.19625,,0
```

```
K,6,0.28,90
L,5,6
AROTAT,6,,,,,,1,6,180,1
APTN,2,3
! 托板建模
K,100,2.617,180,-0.28
K,101,,,-0.28
L,100,101
WPROTA,,90
CSWPLA,12,1
K,102,0.28
L,102,101
```

```
LCOMB,2,7
K,1000,,,2.7
K,1001,,,10.34
L,1,1000
L,1000,1001
ADRAG,2,,,,,,7
WPOFFS,,,1.08
ASBW,ALL
WPOFFS,,,1.62
ASBW,ALL
APTN,8,9
APTN,2,10
! 支柱底板
CSYS,12
K,1002,0.493,,10.34
L,1001,1002
AROTAT,18,,,,,,1,6,180,2
! 删除多余面
CSYS,2
ASEL,S,LOC,X,0,7.849
ADEL,ALL,,,1
CSYS
ALLSEL
NUMMRG,ALL,1E-7
NUMCMP,ALL
! 加强版1
A,12,15,10
! 连接板
A,9,17,13,20
! 分割面,方便划分网格
WPCSYS,,0
WPROTA,,,4
ASBW,ALL
WPCSYS,,0
WPROTA,,-90
WPROTA,,,-4
ASBW,ALL
WPROTA,,,28
```

```
ASBW,ALL
WPROTA,,,56
ASBW,ALL
WPROTA,,,-160
ASBW,ALL
ALLSEL
AGLUE,ALL
NUMMRG,ALL,1E-7
NUMCMP,ALL
! 划分网格
MSHAPE,0
MSHKEY,1
! 连接板
ASEL,S,AREA,,10
AESIZE,ALL,0.2
AATT,       2,,   1,       0,   1
LCCAT,35,36
AMESH,ALL
ALLSEL
! 支柱底板
ASEL,S,AREA,,2,6,4
AESIZE,ALL,0.2
AATT,       2,,   1,       0,   2
AMESH,ALL
ALLSEL
! 其它板
CSYS,2
ASEL,S,LOC,X,7.851,15.7
ASEL,U,AREA,,10
ASEL,U,AREA,,2,6,4
AESIZE,ALL,0.2
AATT,       2,,   1,       0,   3
LCCAT,64,63
LCCAT,14,6
LCCAT,63,65
AMESH,ALL
ALLSEL
! 赤道附近球壳
```

```
ASEL,S,LOC,X,7.85
ASEL,R,LOC,Z,-4,0
ASEL,R,LOC,Y,-30,4
AESIZE,ALL,0.2
AATT,      1,,    1,      0,  1
MSHAPE,0
MSHKEY,0
AMESH,ALL
ALLSEL
ASEL,S,LOC,X,7.85
ASEL,R,LOC,Z,-18,-4
ASEL,R,LOC,Y,-30,4
MSHAPE,0
MSHKEY,1
! 控制纬线方向划分数
LESIZE,45,,,3
LESIZE,22,,,6
LESIZE,24,,,9
LESIZE,51,,,3
LSEL,S,LINE,,27
LSEL,A,LINE,,39,41,1
LSEL,A,LINE,,49
LESIZE,ALL,,,2
AMESH,ALL
ALLSEL
! 北温带球壳
ASEL,S,LOC,Y,4,80
LSEL,S,LINE,,59,61,1
LESIZE,ALL,,,10,0.3
AMESH,ALL
ALLSEL
! 南温带球壳
ASEL,S,LOC,Y,-80,-30
ASEL,R,LOC,X,7.85
LSEL,S,LINE,,54,56,1
LESIZE,ALL,,,10,0.5
AMESH,ALL
! 极地球壳
```

```
ASEL,S,LOC,Y,80,90
ASEL,A,LOC,Y,-90,-80
MSHAPE,0
MSHKEY,0
AESIZE,ALL,0.2
AMESH,ALL
ALLSEL
! 删除连接线
LSEL,S,LCCA
LDEL,ALL
ALLSEL
! X-Y 平面镜像
CSYS
ARSYM,Z,ALL
! 支柱
LSEL,S,LINE,,8
LESIZE,ALL,,,10
LATT,2,,2,,,,4
LMESH,ALL
ALLSEL
NUMMRG,ALL,1E-7
NUMCMP,ALL
! 复制 10 次成形过程
CSYS,5
AGEN,10,ALL,,,,36
lGEN,10,8,,,,,36
ALLSEL
NUMMRG,ALL,1E-7
NUMCMP,ALL
CSYS,0
N,100001,7.100392,-6.138,-
2.307057,,,,
CSYS,5
FLST,4,1,1,ORDE,1
FITEM,4,100001
NGEN,10,100001,P51X,,,,36,
,1,
! 生成拉杆单元
```

```
TYPE,  3
MAT,      2
REAL,  1
ESYS,       0
TSHAP,LINE
FLST,2,2,1
FITEM,2,4324
FITEM,2,500005
E,P51X
FLST,2,2,1
FITEM,2,500005
FITEM,2,10086
E,P51X
FLST,2,2,1
FITEM,2,10077
FITEM,2,500005
E,P51X
FLST,2,2,1
FITEM,2,5327
FITEM,2,500005
E,P51X

FLST,2,2,1
FITEM,2,5327
FITEM,2,600006
E,P51X
FLST,2,2,1
FITEM,2,6330
FITEM,2,600006
E,P51X
FLST,2,2,1
FITEM,2,600006
FITEM,2,10095
E,P51X
FLST,2,2,1
FITEM,2,600006
FITEM,2,10086
E,P51X
```

```
FLST,2,2,1
FITEM,2,6330
FITEM,2,700007
E,P51X
FLST,2,2,1
FITEM,2,700007
FITEM,2,10095
E,P51X
FLST,2,2,1
FITEM,2,7333
FITEM,2,700007
E,P51X
FLST,2,2,1
FITEM,2,700007
FITEM,2,10104
E,P51X

FLST,2,2,1
FITEM,2,8336
FITEM,2,800008
E,P51X
FLST,2,2,1
FITEM,2,7333
FITEM,2,800008
E,P51X
FLST,2,2,1
FITEM,2,800008
FITEM,2,10113
E,P51X
FLST,2,2,1
FITEM,2,10104
FITEM,2,800008
E,P51X

FLST,2,2,1
FITEM,2,9329
FITEM,2,900009
```

```
E,P51X
FLST,2,2,1
FITEM,2,900009
FITEM,2,10113
E,P51X
FLST,2,2,1
FITEM,2,8336
FITEM,2,900009
E,P51X
FLST,2,2,1
FITEM,2,900009
FITEM,2,10122
E,P51X

FLST,2,2,1
FITEM,2,14
FITEM,2,1000010
E,P51X
FLST,2,2,1
FITEM,2,9329
FITEM,2,1000010
E,P51X
FLST,2,2,1
FITEM,2,1000010
FITEM,2,1070
E,P51X
FLST,2,2,1
FITEM,2,1000010
FITEM,2,10122
E,P51X

FLST,2,2,1
FITEM,2,1315
FITEM,2,100001
E,P51X
FLST,2,2,1
FITEM,2,100001
FITEM,2,1070
```

```
E,P51X
FLST,2,2,1
FITEM,2,14
FITEM,2,100001
E,P51X
FLST,2,2,1
FITEM,2,100001
FITEM,2,10050
E,P51X

FLST,2,2,1
FITEM,2,2318
FITEM,2,200002
E,P51X
FLST,2,2,1
FITEM,2,200002
FITEM,2,10059
E,P51X
FLST,2,2,1
FITEM,2,200002
FITEM,2,1315
E,P51X
FLST,2,2,1
FITEM,2,200002
FITEM,2,10050
E,P51X

FLST,2,2,1
FITEM,2,3321
FITEM,2,300003
E,P51X
FLST,2,2,1
FITEM,2,2318
FITEM,2,300003
E,P51X
FLST,2,2,1
FITEM,2,300003
FITEM,2,10068
```

```
E,P51X
FLST,2,2,1
FITEM,2,300003
FITEM,2,10059
E,P51X

FLST,2,2,1
FITEM,2,4324
FITEM,2,400004
E,P51X
FLST,2,2,1
FITEM,2,3321
FITEM,2,400004
E,P51X
FLST,2,2,1
FITEM,2,400004
FITEM,2,4770
E,P51X
FLST,2,2,1
FITEM,2,400004
FITEM,2,10068
E,P51X

NUMCMP,NODE
! 补充加强杆
LSTR,     468,     456
LSTR,     422,     409
LSTR,     373,     360
LSTR,     324,     311
LSTR,     275,     262
LSTR,     226,     213
LSTR,     177,     164
LSTR,     128,     115
LSTR,      79,      66
```

（3）加载与求解

```
FINISH
/SOL
! 底座施加全约束
```

```
! 补充加强杆网格划分
FLST,5,10,4,ORDE,3
FITEM,5,7
FITEM,5,1012
FITEM,5,-1020
CM,_Y,LINE
LSEL, , , ,P51X
CM,_Y1,LINE
CMSEL,S,_Y
! *
! *
CMSEL,S,_Y1
LATT,2,1,2, , , ,4
CMSEL,S,_Y
CMDELE,_Y
CMDELE,_Y1
! *
FLST,5,10,4,ORDE,3
FITEM,5,7
FITEM,5,1012
FITEM,5,-1020
CM,_Y,LINE
LSEL, , , ,P51X
CM,_Y1,LINE
CMSEL, ,_Y
! *
LESIZE,_Y1, , ,1, , , , ,1
! *
FLST,2,10,4,ORDE,3
FITEM,2,7
FITEM,2,1012
FITEM,2,-1020
LMESH,P51X


FLST,2,40,5,ORDE,40
FITEM,2,2
FITEM,2,6
```

FITEM,2,28

FITEM,2,32

FITEM,2,54

FITEM,2,58

FITEM,2,80

FITEM,2,84

FITEM,2,106

FITEM,2,110

FITEM,2,132

FITEM,2,136

FITEM,2,158

FITEM,2,162

FITEM,2,184

FITEM,2,188

FITEM,2,210

FITEM,2,214

FITEM,2,236

FITEM,2,240

FITEM,2,262

FITEM,2,266

FITEM,2,288

FITEM,2,292

FITEM,2,314

FITEM,2,318

FITEM,2,340

FITEM,2,344

FITEM,2,366

FITEM,2,370

FITEM,2,392

FITEM,2,396

FITEM,2,418

FITEM,2,422

FITEM,2,444

FITEM,2,448

FITEM,2,470

FITEM,2,474

FITEM,2,496

FITEM,2,500

! *

/GO

DA,P51X,ALL,

! 读入地震载荷数据

* DIM,TJX,ARRAY,2,190,0

* DIM,TJY,ARRAY,2,190,0

* CREATE,ANSUITMP

* VREAD,TJX(1,1),´ACELX´,´TXT
´,´´,190

（E9.3,E11.3）

* END

/INPUT,ANSUITMP

* CREATE,ANSUITMP

* VREAD,TJY(1,1),´ACELY´,´TXT
´,´´,190

（E9.3,E11.3）

* END

/INPUT,ANSUITMP

! 设定瞬态分析类型

/SOLU

ANTYPE,4

TRNOPT,FULL

TIMINT,OFF

OUTRES,BASIC,ALL

KBC,1

TIME,1E-10

NSUB,4,8

SSTIF,ON

ACEL,0,9.8,0

ALLS

SOLVE

TIMINT,ON

! 施加地震载荷

* DO,T,1,190,1

TIME,0.1 * T

KBC,0

NSUB,1

ALPHAD,0.05

BETAD,0.01
ACEL,TJX(2,T),TJY(2,T)
ALLSEL

SOLVE
＊ENDDO
SAVE

（4）求解结果

①时间历程后处理。首先进行时间历程后处理，找到结构在整个地震激励过程中位移最大的时刻，可以认为这一时刻为结构最危险的时刻。在这一部分，主要对球罐顶点的节点和球壳最下面节点进行位移和速度的时间历程后处理，以考察球罐整体结构在地震激励的过程中的运动。例如，对于球罐顶点节点，其求解结果如图 7.149、图 7.150 所示。

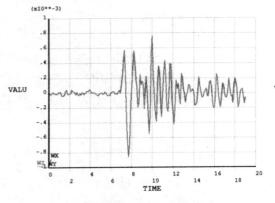
球罐顶点X方向位移曲线

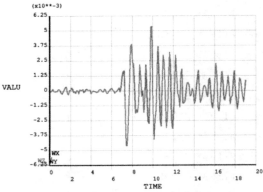
球罐顶点X方向速度曲线

图 7.149　球罐顶点 X 方向位移和速度时程曲线

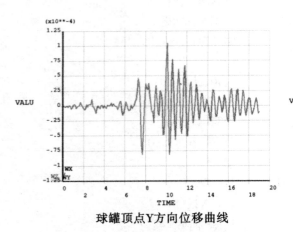
球罐顶点Y方向位移曲线

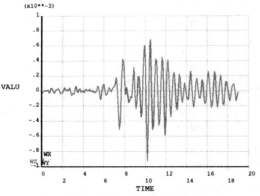
球罐顶点Y方向速度曲线

图 7.150　球罐顶点 Y 方向位移和速度时程曲线

②通用后处理。由时间后处理可以看出，约在第 10 s 的时候，球壳的位移达到最大值。所以通用后处理的结果取第 10 s 时的结果数据。选择 10.8 s，点击"Read"按钮，点击"Close"按钮，如图 7.151、图 7.152 所示。

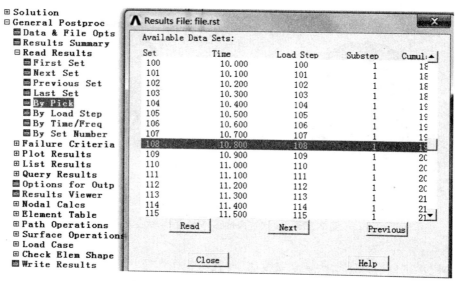

图 7.151　读取 10.8 s 时刻计算结果

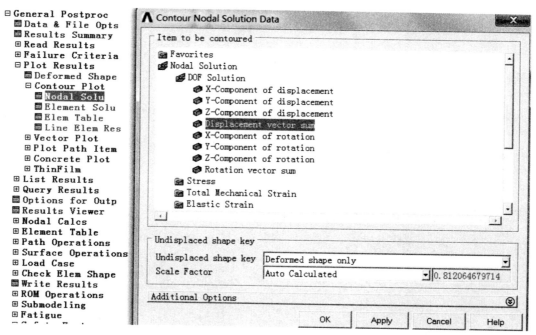

图 7.152　设置位移计算结果显示

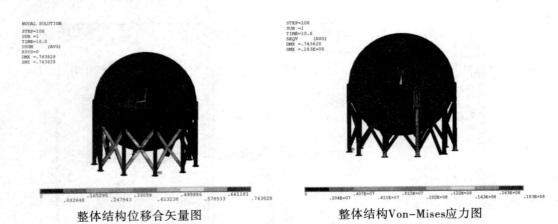

整体结构位移合矢量图　　　　　　整体结构Von-Mises应力图

图 7.153　整体结构位移、Von-Mises 应力图

　　另外,还可以对球罐结构承受风载荷、雪载荷等作用分析,可以参考相关其他资料和书籍进行。

参考文献

［1］陈国荣. 有限单元法原理及应用. 2 版. 北京:科学出版社,2016.

［2］王勖成. 有限单元法(2013 版). 北京:清华大学出版社.

［3］龙驭球. 有限元法概论. 2 版. 北京:高等教育出版社,1991.

［4］叶金铎,李金安,杨秀萍,等. 有限单元法及工程应用. 北京:清华大学出版社,2012.

［5］龚曙光. ANSYS 基础应用及范例解析. 北京:机械工业出版社,2003.

［6］周长城,胡仁喜,熊文波,等. ANSYS 11.0 基础与典型范例. 北京:电子工业出版社,2007.

［7］李围. ANSYS 土木工程应用实例. 2 版. 北京:中国水利水电出版社,2007.

［8］胡仁喜,康士廷. ANSYS 13.0 土木工程有限元分析. 北京:机械工业出版社,2012.

［9］余伟炜,高炳军. ANSYS 在机械与化工装备中的应用. 2 版. 北京:中国水利水电出版社,2007.

［10］高耀东. ANSYS 机械工程应用精华60 例.4 版. 北京:电子工业出版社,2012.

［11］博弈创作室. APDL 参数化有限元分析技术及其应用实例. 北京:中国水利水电出版社,2004.

［12］邢静忠,王永岗,陈晓霞. ANSYS 7.0 分析实例与工程应北京:机械工业出版社,2004.